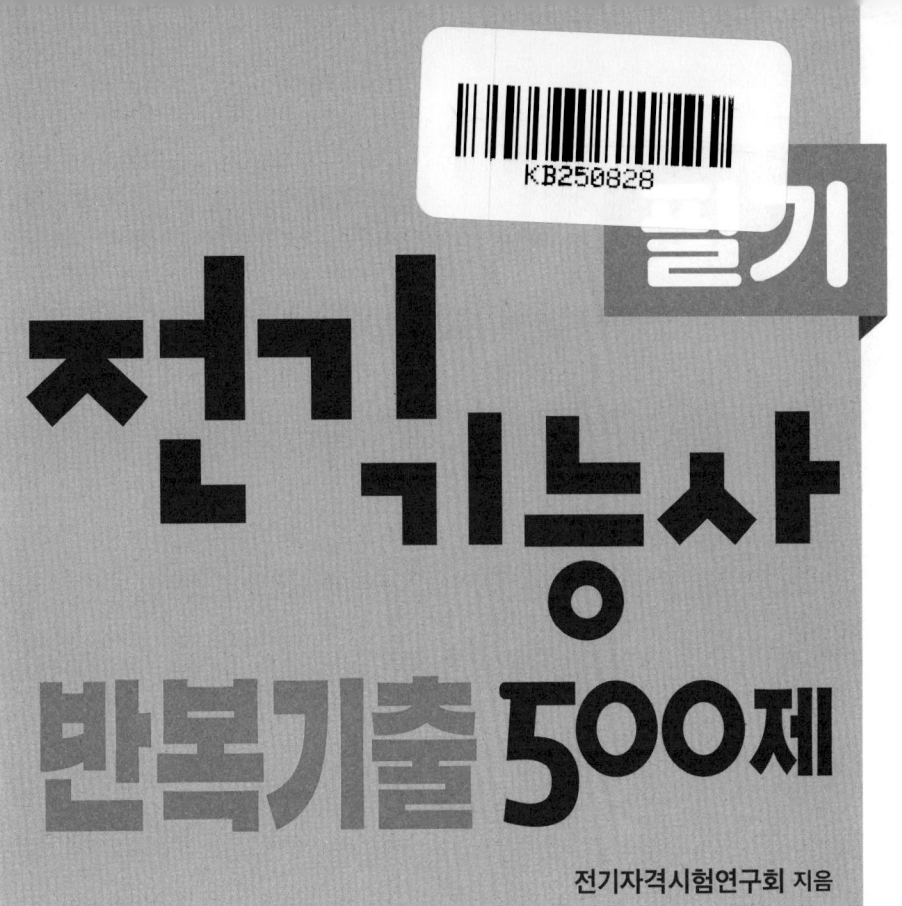

필기

전기기능사
반복기출 500제

전기자격시험연구회 지음

BM (주)도서출판 성안당

■ 도서 A/S 안내

이 책을 펴내면서…

전기수험생 여러분!

전기라는 학문은 눈에 보이지 않는 전류나 전압, 전력 등을 수학적인 개념으로 전개하여 공식으로 정리한 약간의 추상적인 개념이 가미된 학문이므로 처음 공부하는 수험생에게는 만만치 않은 부담이 됩니다.

이에 저자는 각 과목별로 정리되는 중요한 공식과 요약 등을 되도록 쉽게 이해할 수 있도록 서술하였으며, 출제 빈도가 높은 유형의 문제 등을 표기함으로써 수험생들이 되도록 짧은 시간 내에 학습할 수 있도록 최선을 다하였습니다.

또한, 모든 자격시험이 CBT로 전환되고 정보의 정점인 챗GPT의 돌입으로 최첨단의 디지털 정보의 세상이 되다보니 시험문제 유형도 마치 유행처럼 주기가 짧아지고 있습니다.

이에 저자는 최첨단 디지털 세상에 발맞춰 새로운 구원투수와 같은 교재가 절실히 필요하다고 생각되어 다음과 같은 부분에 중점을 두어 새롭게 집필하였습니다.

첫째, 실제 시험을 본 수험생들의 정보를 모아 100% 복원된 CBT문제가 수록되어 있습니다.

둘째, 자주 출제되는 핵심이론과 함께 지난 기출문제에서부터 최근 CBT기출복원문제까지 철저히 분석하여 출제 빈도수가 높고 반복되어 출제되는 문제 500제를 엄선하였습니다. 그리고 어렵고 빈도가 낮은 문제는 피하고 계산문제부터 설명이 필요한 문제까지 간단 명료하게 실었습니다.

셋째, 한국전기설비규정(KEC)에 맞추어 전기설비 과목의 내용을 개정하였습니다.

전기는 현대사회에서 없어서는 안 될 아주 중요한 에너지원인 만큼 폭넓은 전기 지식을 갖춘 전문 인력이 전기분야에서 꼭 필요합니다.

수험생들이 이 책으로 충실히 공부하신다면 자격증뿐만 아니라, 각종 공채시험이나 공무원 시험 준비에도 많은 도움이 될 것입니다.

열심히 공부하여 꼭 좋은 성과가 있기를 바랍니다.

끝으로 이 책을 펴내는 데 도움을 주신 성안당 이종춘 회장님 그리고 편집부 직원분들께 감사드립니다.

저자 씀

전기기능사 CBT를
한 번에 합격하는 최적 구성

시험에 꼭 나오는 핵심이론
시험에 자주 출제되는 핵심이론만을 집약하여 과목별로 구성

시험에 자주 출제되는 반복기출 500제
시험에 빠지지 않고 반복되어 출제되는 기출문제 500문제를 엄선하고 상세한 해설로 풀이하여 단기간에 합격할 수 있도록 구성

최근 기출문제
최근 출제되었던 기출문제를 풀면서 실전시험 최종 마무리 구성

이 책의 구성과 특징

01 시험에 꼭 나오는 과목별 핵심이론

다년간 시험에 출제되는 중요한 핵심이론만을 체계적으로 정리해 단기간에 학습할 수 있도록 구성하였다.

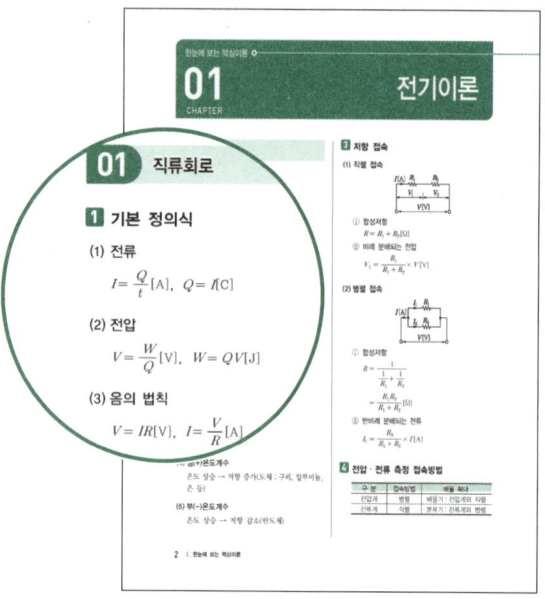

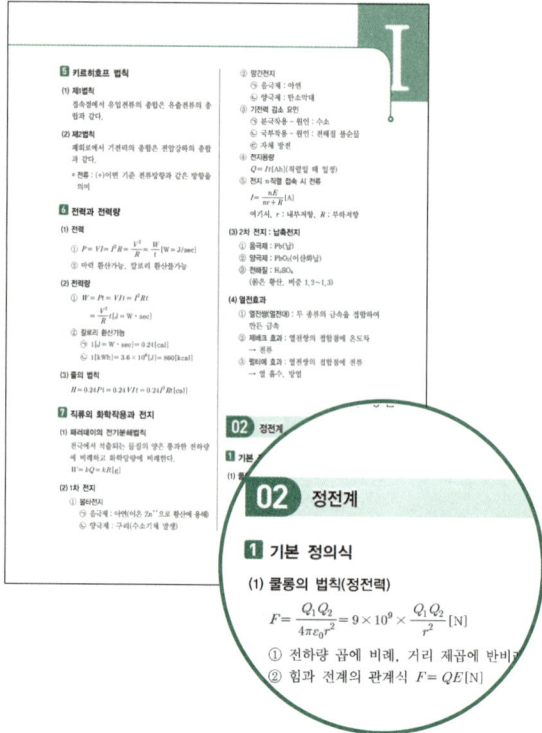

02 시험에 자주 반복되어 출제되는 반복기출 500제

다년간 반복되어 출제되는 기출문제 500문제를 엄선하고 상세한 해설로 풀이하여 단기간에 합격할 수 있도록 구성하였다.

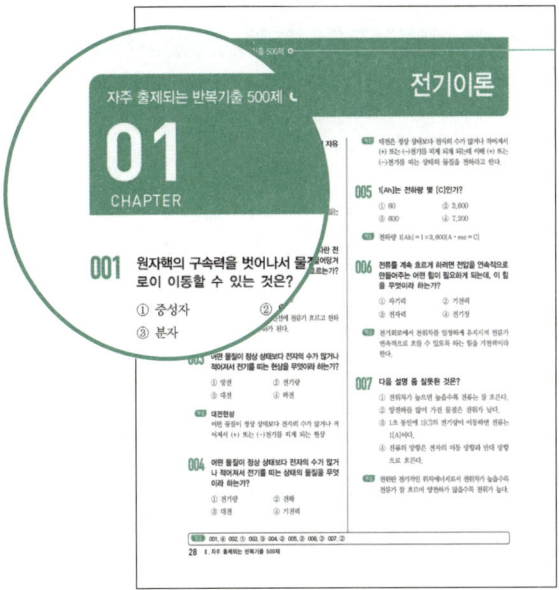

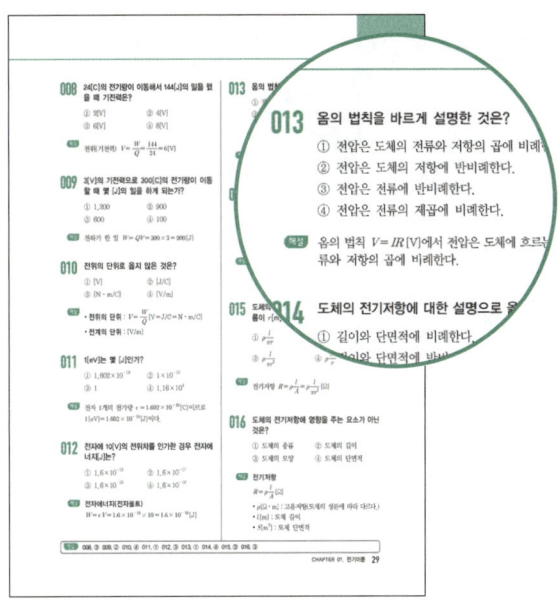

03 최근 과년도 출제문제

실전시험에 대비할 수 있도록 최근 과년도 출제문제를 수록하여 시험에 대한 감각을 기를 수 있도록 구성하였다.

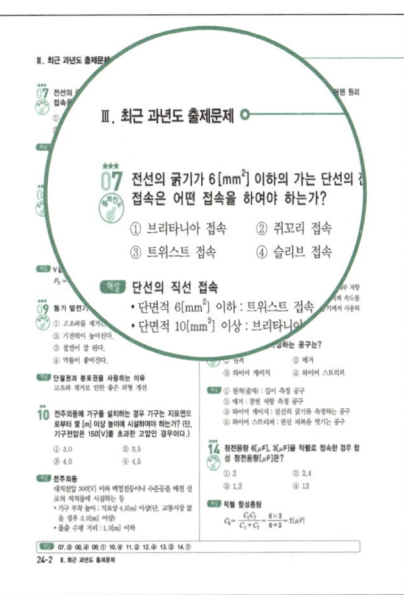

자격시험안내

01 시행처

한국산업인력공단

02 시험과목

필기	실기
1. 전기이론 2. 전기기기 3. 전기설비	전기설비작업

03 검정방법

- **필기** : 객관식 4지 택일형(60문항)
- **실기** : 작업형 → 4시간 30분 정도, 전기설비작업

04 합격기준

- **필기** : 100점 만점에 60점 이상
- **실기** : 100점 만점에 60점 이상

05 출제기준

필기과목명	문제수	주요항목	세부항목
전기이론, 전기기기, 전기설비	60	1. 전기의 성질과 전하에 의한 전기장	① 전기의 본질 ② 정전기의 성질 및 특수현상 ③ 콘덴서(커패시터) ④ 전기장과 전위
		2. 자기의 성질과 전류에 의한 자기장	① 자석에 의한 자기현상 ② 전류에 의한 자기현상 ③ 자기회로
		3. 전자력과 전자유도	① 전자력 ② 전자유도
		4. 직류회로	① 전압과 전류 ② 전기저항
		5. 교류회로	① 정현파 교류회로 ② 3상 교류회로 ③ 비정현파 교류회로
		6. 전류의 열작용과 화학작용	① 전류의 열작용 ② 전류의 화학작용
		7. 변압기	① 변압기의 구조와 원리 ② 변압기 이론 및 특성 ③ 변압기 결선 ④ 변압기 병렬운전 ⑤ 변압기 시험 및 보수
		8. 직류기	① 직류기의 원리와 구조 ② 직류발전기의 종류 및 특성 ③ 직류전동기의 종류 및 특성 ④ 직류전동기의 이론 및 용도 ⑤ 직류기의 시험법
		9. 유도전동기	① 유도전동기의 원리와 구조 ② 유도전동기의 속도제어 및 용도
		10. 동기기	① 동기기의 원리와 구조 ② 동기발전기의 이론 및 특성 ③ 동기발전기의 병렬운전 ④ 동기전동기의 운전
		11. 정류기 및 제어기기	① 정류용 반도체 소자 ② 정류회로의 특성 ③ 제어정류기 ④ 사이리스터의 응용회로 ⑤ 제어기 및 제어장치
		12. 보호계전기	① 보호계전기의 종류 및 특성
		13. 배선재료 및 공구	① 전선 및 케이블 ② 배선재료 ③ 전기설비에 관련된 공구
		14. 전선접속	① 전선의 피복 벗기기 ② 전선의 각종 접속방법 ③ 전선과 기구단자와의 접속

필기과목명	문제수	주요항목	세부항목
전기이론, 전기기기, 전기설비	60	15. 배선설비공사 및 전선허용 전류 계산	① 전선관시스템 ② 케이블트렁킹시스템 ③ 케이블덕팅시스템 ④ 케이블트레이시스템 ⑤ 케이블공사 ⑥ 저압 옥내배선 공사 ⑦ 특고압 옥내배선 공사 ⑧ 전선허용전류
		16. 전선 및 기계기구의 보안 공사	① 전선 및 전선로의 보안 ② 과전류차단기 설치공사 ③ 각종 전기기기 설치 및 보안공사 ④ 접지공사 ⑤ 피뢰설비 설치공사
		17. 가공인입선 및 배전선 공사	① 가공인입선 공사 ② 배전선로용 재료와 기구 ③ 장주, 건주(전주세움) 및 가선(전선설치) ④ 주상기기의 설치
		18. 고압 및 저압 배전반 공사	① 배전반 공사 ② 분전반 공사
		19. 특수장소 공사	① 먼지가 많은 장소의 공사 ② 위험물이 있는 곳의 공사 ③ 가연성 가스가 있는 곳의 공사 ④ 부식성 가스가 있는 곳의 공사 ⑤ 흥행장, 광산, 기타 위험 장소의 공사
		20. 전기응용시설 공사	① 조명배선 ② 동력배선 ③ 제어배선 ④ 신호배선 ⑤ 전기응용기기 설치공사

CBT(컴퓨터시험) 가이드

01 자격검정 CBT 들어가기

🔼 큐넷에서 표시된 부분을 클릭하면 '웹체험 자격검정 CBT'를 할 수 있습니다.

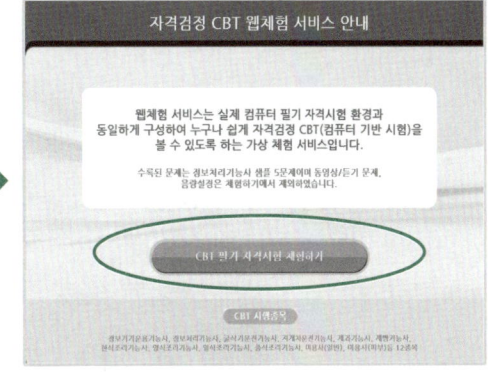

🔼 'CBT 필기 자격시험 체험하기'를 클릭하면 시작됩니다.

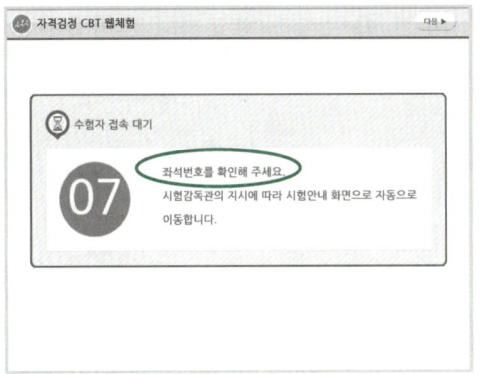

🔼 시험 시작 전 배정된 좌석에 앉으면 수험자 정보를 확인합니다.

🔼 시험장 감독위원이 컴퓨터에 표시된 수험자 정보와 신분증의 일치 여부를 확인합니다.

02 자격검정 CBT 둘러보기

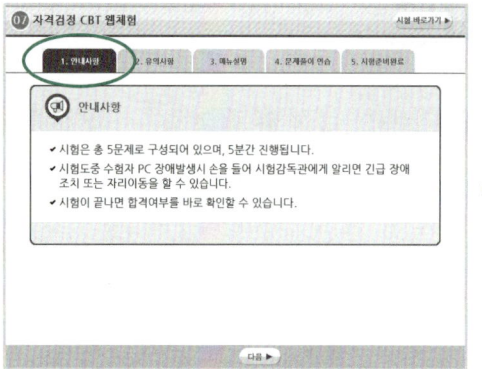

○ 수험자 정보 확인이 끝난 후 시험 시작 전 'CBT 안내사항'을 확인합니다.

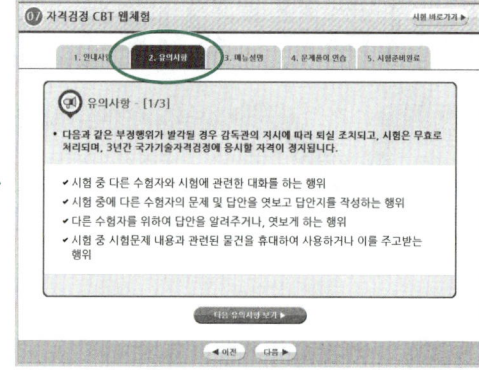

○ 'CBT 유의사항'을 확인합니다. '다음 유의사항 보기'를 클릭하면 전체 유의사항을 확인할 수 있으며 보지 못한 유의사항이 있으면 '이전 유의사항 보기'를 클릭하여 다시 볼 수 있습니다.

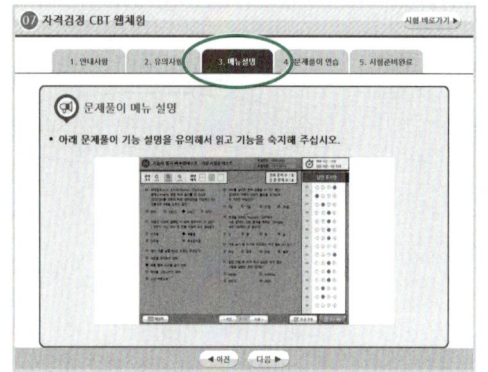

○ '문제풀이 메뉴 설명'을 확인합니다.
▷▷▷'자격검정 CBT MENU 미리 알아두기'에서 자세히 살펴보기

○ '자격검정 CBT 문제풀이 연습'을 클릭하면 실제 시험과 동일한 방식으로 진행됩니다.

03 자격검정 CBT 연습하기

🔵 자격검정 CBT 문제풀이 연습을 시작합니다. 총 3문제로 구성되어 있습니다.

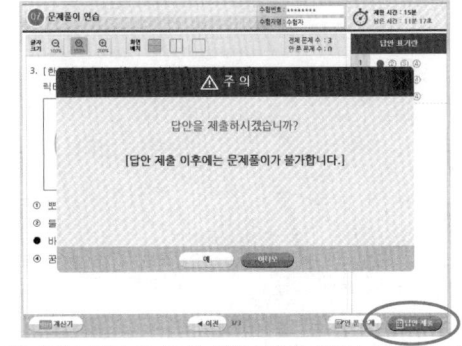

🔵 시험 문제를 다 푼 후 답안 제출을 하거나 시험 시간이 경과되었을 경우 시험이 종료됩니다.

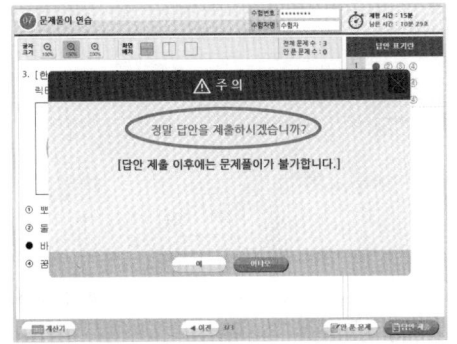

🔵 답안 제출은 실수 방지를 위해 두 번의 확인 과정을 거칩니다. 시험 종료 후 시험 결과를 바로 확인할 수 있습니다.

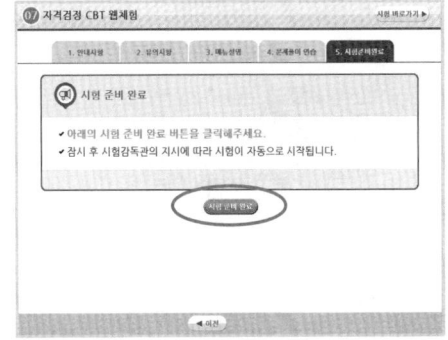

🔵 시험 안내·유의 사항, 메뉴 설명 및 문제풀이 연습까지 모두 마친 수험자는 '시험 준비 완료'를 클릭합니다. 클릭후 '자격검정 CBT 웹체험 문제풀이' 단계로 넘어갑니다.

🔵 자격검정 CBT 웹체험 문제풀이를 시작합니다. 총 5문제로 구성되어 있습니다.

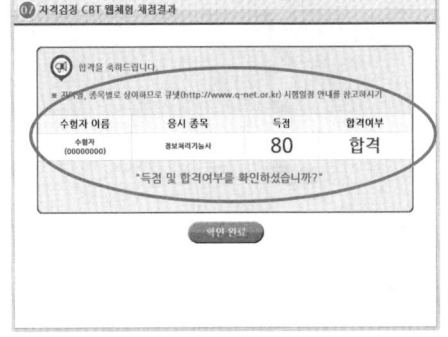

🔵 답안을 제출하면 점수와 합격 여부를 바로 알 수 있습니다.

자격검정 CBT 메뉴 미리 알아두기

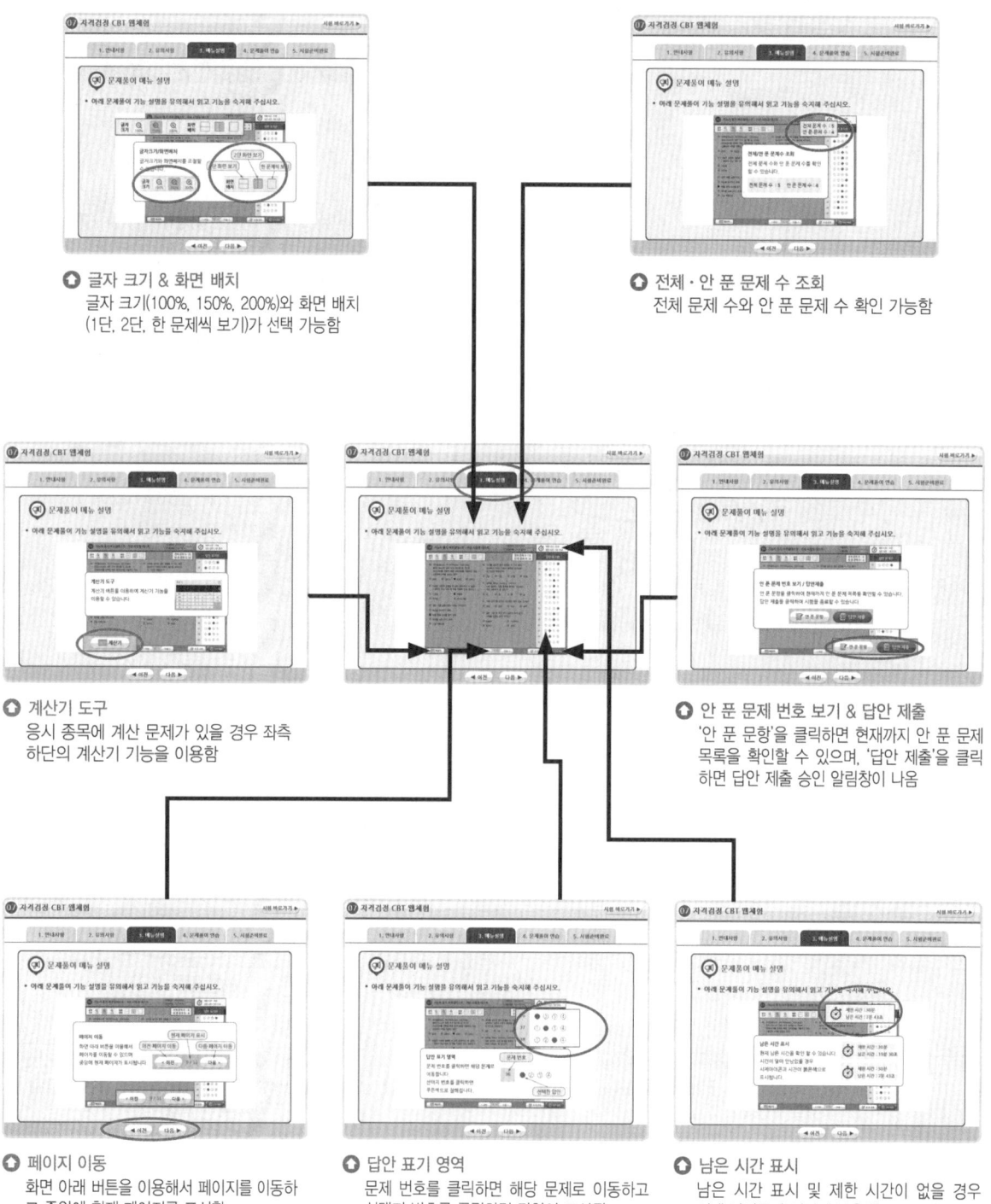

글자 크기 & 화면 배치
글자 크기(100%, 150%, 200%)와 화면 배치
(1단, 2단, 한 문제씩 보기)가 선택 가능함

전체 · 안 푼 문제 수 조회
전체 문제 수와 안 푼 문제 수 확인 가능함

계산기 도구
응시 종목에 계산 문제가 있을 경우 좌측
하단의 계산기 기능을 이용함

안 푼 문제 번호 보기 & 답안 제출
'안 푼 문항'을 클릭하면 현재까지 안 푼 문제
목록을 확인할 수 있으며, '답안 제출'을 클릭
하면 답안 제출 승인 알림창이 나옴

페이지 이동
화면 아래 버튼을 이용해서 페이지를 이동하
고 중앙에 현재 페이지를 표시함

답안 표기 영역
문제 번호를 클릭하면 해당 문제로 이동하고
선택지 번호를 클릭하면 답안이 표시됨

남은 시간 표시
남은 시간 표시 및 제한 시간이 없을 경우
시계 아이콘과 시간이 붉은색으로 표시됨

차 례

I. 한눈에 보는 핵심이론

Ⅱ. 자주 출제되는 반복기출 500제

Ⅲ. 최근 과년도 출제문제

한눈에 보는 핵심이론

01 전기이론

CHAPTER

01 직류회로

1 기본 정의식

(1) 전류

$$I = \frac{Q}{t}\,[\text{A}], \quad Q = It\,[\text{C}]$$

(2) 전압

$$V = \frac{W}{Q}\,[\text{V}], \quad W = QV\,[\text{J}]$$

(3) 옴의 법칙

$$V = IR\,[\text{V}], \quad I = \frac{V}{R}\,[\text{A}]$$

2 전기저항 : 전선이 갖는 저항

(1) 전기저항

$$R = \rho\frac{l}{A} = \rho\frac{4l}{\pi D^2}\,[\Omega]$$

(2) 고유저항

$$\rho = 1\,[\Omega \cdot \text{m}] = 10^6\,[\Omega \cdot \text{mm}^2/\text{m}]$$

(3) 도전율

$$\sigma = \frac{1}{\rho}\,[\mho/\text{m} = \text{S/m}]$$

(4) 정(+)온도계수

온도 상승 → 저항 증가(도체 : 구리, 알루미늄, 은 등)

(5) 부(−)온도계수

온도 상승 → 저항 감소(반도체)

3 저항 접속

(1) 직렬 접속

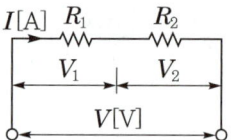

① 합성저항

$$R = R_1 + R_2\,[\Omega]$$

② 비례 분배되는 전압

$$V_1 = \frac{R_1}{R_1 + R_2} \times V\,[\text{V}]$$

(2) 병렬 접속

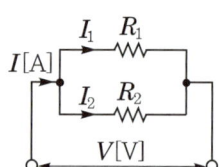

① 합성저항

$$R = \cfrac{1}{\cfrac{1}{R_1} + \cfrac{1}{R_2}}$$

$$= \frac{R_1 R_2}{R_1 + R_2}\,[\Omega]$$

② 반비례 분배되는 전류

$$I_1 = \frac{R_2}{R_1 + R_2} \times I\,[\text{A}]$$

4 전압 · 전류 측정 접속방법

구 분	접속방법	배율 확대
전압계	병렬	배율기 : 전압계와 직렬
전류계	직렬	분류기 : 전류계와 병렬

5 키르히호프 법칙

(1) 제1법칙

접속점에서 유입전류의 총합은 유출전류의 총합과 같다.

(2) 제2법칙

폐회로에서 기전력의 총합은 전압강하의 총합과 같다.

* 전류 : (+)이면 기준 전류방향과 같은 방향을 의미

6 전력과 전력량

(1) 전력

① $P = VI = I^2R = \dfrac{V^2}{R} = \dfrac{W}{t}$[W = J/sec]

② 마력 환산가능, 칼로리 환산불가능

(2) 전력량

① $W = Pt = VIt = I^2Rt$

$\quad = \dfrac{V^2}{R}t$[J = W·sec]

② 칼로리 환산가능

㉠ 1[J = W·sec] $= 0.24$[cal]

㉡ 1[kWh] $= 3.6 \times 10^6$[J] $= 860$[kcal]

(3) 줄의 법칙

$H = 0.24Pt = 0.24VIt = 0.24I^2Rt$[cal]

7 직류의 화학작용과 전지

(1) 패러데이의 전기분해법칙

전극에서 석출되는 물질의 양은 통과한 전하량에 비례하고 화학당량에 비례한다.

$W = kQ = kIt$[g]

(2) 1차 전지

① 볼타전지

㉠ 음극제 : 아연(이온 Zn^{++}으로 황산에 용해)

㉡ 양극제 : 구리(수소기체 발생)

② 망간전지

㉠ 음극제 : 아연

㉡ 양극제 : 탄소막대

③ 기전력 감소 요인

㉠ 분극작용 – 원인 : 수소

㉡ 국부작용 – 원인 : 전해질 불순물

㉢ 자체 방전

④ 전지용량

$Q = It$[Ah](직렬일 때 일정)

⑤ 전지 n직렬 접속 시 전류

$I = \dfrac{nE}{nr + R}$[A]

여기서, r : 내부저항, R : 부하저항

(3) 2차 전지 : 납축전지

① 음극제 : Pb(납)

② 양극제 : PbO_2(이산화납)

③ 전해질 : H_2SO_4

(묽은 황산, 비중 1.2~1.3)

(4) 열전효과

① 열전쌍(열전대) : 두 종류의 금속을 접합하여 만든 금속

② 제벡 효과 : 열전쌍의 접합점에 온도차 → 전류

③ 펠티에 효과 : 열전쌍의 접합점에 전류 → 열 흡수, 방열

02 정전계

1 기본 정의식

(1) 쿨롱의 법칙(정전력)

$$F = \dfrac{Q_1 Q_2}{4\pi\varepsilon_0 r^2} = 9 \times 10^9 \times \dfrac{Q_1 Q_2}{r^2} [N]$$

① 전하량 곱에 비례, 거리 제곱에 반비례

② 힘과 전계의 관계식 $F = QE$[N]

(2) 전계(E[V/m])

전계 안에 단위 점전하를 두었을 때 작용하는 힘

(3) 전위

$$V = \frac{Q}{4\pi\varepsilon_0 r} = 9 \times 10^9 \times \frac{Q}{r} \,[\text{V}]$$

(4) 유전율

$$\varepsilon = \varepsilon_0 \varepsilon_s \,[\text{F/m}]$$

공기 유전율 $\varepsilon_0 = 8.855 \times 10^{-12}\,[\text{F/m}]$

비유전율 ε_s(진공·공기 = 1 : 가장 작다.)

(5) 전속 총수

$Q\,[\text{C}]$

(6) 전기력선 총수

$\dfrac{Q}{\varepsilon_0 \varepsilon_s}$ 개

(7) 전속밀도

$$D = \varepsilon_0 \varepsilon_s E\,[\text{C/m}^2]$$

2 전기력선의 성질

① 양전하에서 시작해서 음전하에서 끝난다.
② 전기력선 밀도는 전계의 세기와 같다.
③ 두 개의 전기력선은 서로 반발하며 교차하지 않는다.
④ 전기력선은 도체 표면, 등전위면에 수직으로 출입한다.
⑤ 도체 내부에 존재하지 않는다.

3 콘덴서

(1) 콘덴서의 전하량, 전압, 정전용량 계산식

① 전하량, 전압

$$Q = CV\,[\text{C}], \quad V = \frac{Q}{C}\,[\text{V}]$$

② 평행판 콘덴서 정전용량

$$C = \frac{Q}{V} = \frac{\varepsilon_0 \varepsilon_s A}{d}\,[\text{F}]$$

③ 직렬 접속

$$C = \frac{1}{\dfrac{1}{C_1} + \dfrac{1}{C_2}} = \frac{C_1 C_2}{C_1 + C_2}$$

④ 병렬 접속

$$C = C_1 + C_2\,[\text{F}]$$

⑤ 전계 축적에너지

$$W = \frac{1}{2}QV = \frac{1}{2}CV^2 = \frac{Q^2}{2C}\,[\text{J}]$$

(2) 콘덴서 종류

① 직류용
　㉠ 전해 콘덴서 : 용량이 작고 일반적
　㉡ 탄탈 콘덴서 : 용량이 크고 고가
② 교류용
　㉠ 세라믹 콘덴서 : 용량이 커서 교류에 널리 사용
　㉡ 바리콘 콘덴서 : 용량 가변 가능

03 정자계

1 기본 정의식

(1) 쿨롱의 법칙(자기력)

$$F = \frac{m_1 m_2}{4\pi\mu_0 r^2} = 6.33 \times 10^4 \times \frac{m_1 m_2}{r^2}\,[\text{N}]$$

① 힘과 자계의 관계식

$$F = mH\,[\text{N}], \quad H = \frac{F}{m}\,[\text{AT/m}]$$

② 전하량 곱에 비례, 거리 제곱에 반비례

(2) 자속밀도

$$B = \frac{\text{자속}}{\text{면적}} = \mu_0 \mu_s H\,[\text{Wb/m}^2]$$

$$1[\text{Wb/m}^2] = 10^4[\text{gauss}]$$

(3) 투자율

$$\mu = \mu_0 \mu_s [\text{H/m}]$$

여기서, μ_0 : 진공, 공기의 투자율

$$(= 4\pi \times 10^{-7} [\text{H/m}])$$

μ_s : 비투자율(진공, 공기 = 1)

(4) 자성체의 종류

① 상자성체

$\mu_s > 1$, 알루미늄, 백금, 주석

② 강자성체

$\mu_s \gg 1$, 니켈, 코발트, 철, 망간

③ 반(역)자성체

$\mu_s < 1$, 안티몬

(5) 자기력선수

$$N = \frac{m}{\mu_0} \text{개}$$

$$* \ 1[\text{Wb}] \rightarrow \frac{1}{\mu_0} = 7.96 \times 10^5 \text{개}$$

2 여러 가지 자계(자장)의 정의식

(1) 무한장 직선도체

$$H = \frac{I}{2\pi r} [\text{AT/m}]$$

(전류에 비례, 거리 r에 반비례)

(2) 환상 솔레노이드 내부 자계

$$H = \frac{NI}{l} = \frac{NI}{2\pi r} [\text{AT/m}]$$

(3) 무한장 솔레노이드 내부 자계

$$H = \frac{N}{l} I = nI [\text{AT/m}]$$

(4) 솔레노이드 외부 자계

$$H = 0$$

(5) 원형 코일 중심 자계

$$H = \frac{NI}{2r} [\text{AT/m}]$$

3 자계에 관한 법칙 정리

(1) 비오-사바르의 법칙

전류에 의한 자계(자장)의 세기 정의

$$\Delta H = \frac{I \Delta l \sin\theta}{4\pi r^2} [\text{AT/m}]$$

(2) 앙페르의 오른나사법칙

전류에 의한 자장(자기력선)의 방향

(3) 플레밍의 왼손법칙

① 전동기의 회전방향

(엄지, 검지, 중지 : F, B, I)

② 전자력 $F = IBl \sin\theta [\text{N}]$

(4) 플레밍의 오른손법칙

① 발전기의 기전력방향

(엄지, 검지, 중지 : v, B, e)

② 기전력 $e = vBl \sin\theta [\text{V}]$

(5) 전자유도법칙

① 패러데이(크기)의 법칙 : 자속의 시간적인 변화율에 비례

② 렌츠(방향)의 법칙 : 자속의 증감을 방해(-)하는 방향

③ 유도기전력의 크기

$$e = -N \frac{\Delta\Phi}{\Delta t} [\text{V}]$$

(6) 자기유도법칙

$$e = -L \frac{\Delta I}{\Delta t} [\text{V}]$$

4 히스테리시스현상(자기이력현상)

자계를 증가시키면 일부 자속밀도가 자성체에 남아서 히스테리시스 1주기마다 루프(면적)를 형성시키는 현상

(1) 가로축-세로축

자기장(자계)-자속밀도

(2) 루프가 만나는 점

① 세로축(종축) : 잔류자기
② 가로축(횡축) : 보자력

(3) 영구자석

잔류자기, 보자력, 루프면적이 모두 크다.

(4) 전자력

잔류자기만 크고 모두 작다.

(5) 바크하우젠 효과

$B-H$ 곡선을 자세히 관찰하면 매끄럽지 않고 B가 계단적으로 증가 또는 감소하는 현상

5 자계의 계산식 정리

(1) 평행 도체 사이에 작용하는 힘

$$F = \frac{2I_1I_2}{r} \times 10^{-7}[\text{N/m}]$$

① 전류 방향 동일 : 흡인력
② 전류 방향 반대 : 반발력

(2) 기자력

자속을 발생시키는 원천
$$F = NI = R\Phi[\text{AT}]$$

(3) 자기저항

$$R = \frac{NI}{\Phi} = \frac{l}{\mu_0\mu_s A}[\text{AT/Wb}]$$

(4) 자기 인덕턴스

$$L = \frac{N\Phi}{I} = \frac{\mu AN^2}{l}[\text{H}] \propto N^2$$

(5) 상호 인덕턴스

$$M = \frac{\mu AN_1N_2}{l} = k\sqrt{L_1L_2} = \frac{L_가 - L_차}{4}$$

* $0 \le k \le 1$: 자속의 결합계수

(6) 코일 접속

① 가동 : $L_가 = L_1 + L_2 + 2M[\text{H}]$
② 차동 : $L_차 = L_1 + L_2 - 2M[\text{H}]$

③ 코일의 수직교차 또는 자기력선의 영향이 없으면 $M = 0$

(7) 전자에너지

$$W = \frac{1}{2}LI^2[\text{J}]$$

04 교류회로

1 기초 사항

(1) 주기

1사이클 동안의 소요시간 $T = \frac{1}{f}[\text{sec}]$

(2) 주파수

1초 동안 사이클의 수 $f = \frac{1}{T(주기)}[\text{Hz}]$

(3) 호도법[rad]

$\pi[\text{rad}] = 180°$

$\frac{\pi}{3} = 60°, \quad \frac{\pi}{4} = 45°, \quad \frac{\pi}{6} = 30°$

(4) 각주파수

$$\omega = \frac{2\pi}{T} = 2\pi f[\text{rad/sec}]$$

① $60[\text{Hz}] \rightarrow \omega = 2\pi \times 60 = 377[\text{rad/sec}]$
② $50[\text{Hz}] \rightarrow \omega = 2\pi \times 50 = 314[\text{rad/sec}]$

2 기본 정현파의 크기

(1) 순시값

$$i(t) = I_m\sin\omega t = I_m\sin 2\pi ft = I_m\sin\frac{2\pi}{T}t[\text{A}]$$

(2) 실효값

$$I = \frac{I_m}{\sqrt{2}} = 0.707I_m = 1.11I_{av}$$

(3) 평균값

$$I_{av} = \frac{2}{\pi} I_m = 0.637 I_m = 0.9I$$

(4) 파고율

$$\frac{\text{최댓값}}{\text{실횻값}} \ \text{(기본 정현파 : 1.414)}$$

(5) 파형률

$$\frac{\text{실횻값}}{\text{평균값}} \ \text{(기본 정현파 : 1.11)}$$

(6) 구형파

파고율, 파형률= 1

(7) 삼각파

$$\text{실횻값} \ I = \frac{I_m}{\sqrt{3}}, \ \text{파형률} = 1.15$$

3 교류의 크기와 벡터의 표기 예시

(1) 순시전류

$$i(t) = 10\sqrt{2}\sin\left(377t + \frac{\pi}{3}\right)[\text{A}]$$

(2) 전류 최댓값

$$I_m = 10\sqrt{2}\,[\text{A}]$$

(3) 실횻값

$$I = \frac{10\sqrt{2}}{\sqrt{2}} = 10[\text{A}]$$

(4) 평균값

$$I_{av} = \frac{2}{\pi}I_m = \frac{2}{\pi} \times 10\sqrt{2} = 9[\text{A}]$$

(5) 벡터 표기법

$$\begin{aligned}\dot{I} &= 10\underline{/60°} = 10e^{j60°} \\ &= 10\cos60° + j10\sin60° \\ &= 5 + j5\sqrt{3}\,[\text{A}]\end{aligned}$$

4 기본 교류소자의 특징

$$V = IZ\,[\text{V}]$$

여기서, $Z[\Omega]$: 임피던스

(1) 임피던스

교류에서 전류를 방해하는 성분(실수 : 저항, 허수 : 리액턴스)

① 저항
  ㉠ $R[\Omega]$
  ㉡ I, V 위상차 0°(동상)

② 유도성 리액턴스
  ㉠ $\dot{X_L} = j\omega L = jX_L[\Omega]$
  ㉡ I가 V보다 90° 뒤진다.(지상, 유도성)

③ 용량성 리액턴스
  ㉠ $\dot{X_C} = -j\dfrac{1}{\omega C} = -jX_C[\Omega]$
  ㉡ I가 V보다 90° 앞선다.(진상, 용량성)

④ 합성 임피던스
  $$\dot{Z} = R + j(X_L - X_C)[\Omega]$$

(2) 어드미턴스 : 임피던스의 역수

$$Y = \frac{1}{Z} = \frac{1}{R} \pm j\frac{1}{X}\,[\mho]$$

(실수 : 컨덕턴스, 허수 : 서셉턴스)

5 $R-L-C$ 직렬회로과 병렬회로

(1) $R-L$ 직렬회로와 벡터

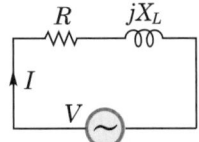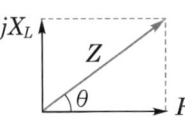

합성 임피던스 $\dot{Z} = R + jX_L[\Omega]$

① 임피던스 크기
  $$Z = \sqrt{R^2 + X_L^2}\,[\Omega]$$

② 역률

$$\cos\theta = \frac{R}{Z}$$

③ 위상차

$$\theta = \tan^{-1}\frac{X_L}{R}$$

④ I, V 위상관계

I가 V보다 θ만큼 뒤진다.(지상, 유도성)

(2) $R-C$ 직렬회로와 벡터

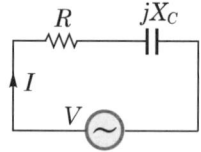 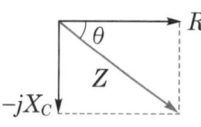

합성 임피던스 $\dot{Z} = R - jX_C[\Omega]$

① 임피던스 크기

$$Z = \sqrt{R^2 + X_C^2}\ [\Omega]$$

② 위상차

$$\theta = \tan^{-1}\frac{X_C}{R}$$

③ I, V 위상관계

I가 V보다 θ만큼 앞선다.(진상, 용량성)

(3) $R-L-C$ 직렬회로

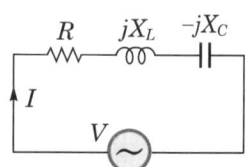

합성 임피던스 $\dot{Z} = R + j(X_L - X_C)[\Omega]$

① 임피던스 절대값

$$Z = \sqrt{R^2 + (X_L - X_C)^2}\ [\Omega]$$

② 직렬공진조건

$$X_L = X_C \rightarrow \omega L = \frac{1}{\omega C}$$

③ 공진주파수

$$f = \frac{1}{2\pi\sqrt{LC}}\ [\mathrm{Hz}]$$

④ 최소값, 최대값 : Z 최소, I 최대

(4) $R-L-C$ 병렬회로의 합성 어드미턴스

① $R-L$ 병렬회로

$$\dot{Y} = \frac{1}{R} - j\frac{1}{X_L}\ [\mho]$$

② $R-C$ 병렬회로

$$\dot{Y} = \frac{1}{R} + j\frac{1}{X_C} = \frac{1}{R} + j\omega C\ [\mho]$$

위상 $\theta = \tan^{-1}\omega CR$

③ $R-L-C$ 병렬공진회로 : Y, I 최소, Z 최대

6 단상교류전력

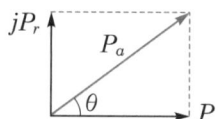

$$\dot{P_a} = P \pm jP_r\ [\mathrm{VA}]$$

(1) 유효전력(R)

$$P = VI\cos\theta = I^2 R = \frac{V^2}{R}\ [\mathrm{W}]$$

(2) 무효전력(X)

$$P_r = VI\sin\theta = I^2 X\ [\mathrm{Var}]$$

(3) 피상전력(Z)

$$P_a = VI\ [\mathrm{VA}]$$

(4) 역률

$$\cos\theta = \frac{P}{P_a}$$

(5) 무효율

$$\sin\theta = \frac{P_r}{P_a}$$

7 대칭 3상 교류회로

(1) 대칭 3상 교류조건

① 기전력의 크기 및 주파수 크기 동일

② 각 상의 위상차 $\frac{2}{3}\pi(= 120°)$

(2) 3상 결선법

① Y 결선(성형 결선)

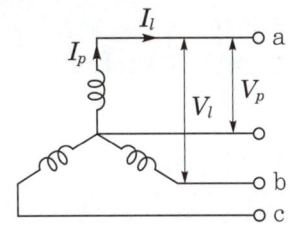

㉠ $\dot{V}_l = \sqrt{3}\ V_p\ \underline{/30°}$

㉡ $I_l = I_p$

㉢ 선간전압 V_l이 상전압 V_p보다 30° 앞선다.

② △ 결선(환형 결선)

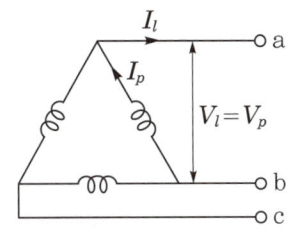

㉠ $V_l = V_p$

㉡ $\dot{I}_l = \sqrt{3}\ I_p\ \underline{/-30°}$

㉢ 상전류 I_p가 선전류 I_l보다 30° 앞선다.

(3) 3상 교류전력(1상 전력 3배)

① 유효전력

$$P = 3 \times P_1(1상\ 전력) = \sqrt{3}\ V_l I_l \cos\theta\,[\mathrm{W}]$$

② 무효전력

$$P_r = \sqrt{3}\ V_l I_l \sin\theta\,[\mathrm{Var}]$$

③ 피상전력

$$P_a = \sqrt{3}\ V_l I_l\,[\mathrm{VA}]$$

(4) 3상 회로 결선 △ → Y변환 시 Z와 소비전력 비교

① 임피던스

$$Z_Y = \frac{1}{3} Z_\triangle$$

② 소비전력

$$P_Y = \frac{1}{3} Z_\triangle$$

(5) 2전력계법에 의한 3상 전력

$$P = P_1 + P_2\,[\mathrm{W}]$$

8 비정현파(왜형파, 비사인파)

(1) 비정현파 분석

푸리에급수(무수히 많은 주파수 성분의 합성)

(2) 성분

고조파, 기본파, 직류분

(3) 발생요인

① 발전기의 전기자 반작용

② 철심의 자기포화 및 히스테리시스 현상

③ 다이오드의 비직선 성질에 의한 왜형

(4) 표현식

$$i(t) = 5 + 10\sqrt{2}\,\sin\omega t + 3\sqrt{2}\,\sin\!\left(3\omega t + \frac{\pi}{6}\right)[\mathrm{A}]$$

(5) 실효값

$$I = \sqrt{5^2 + 10^2 + 3^2} \fallingdotseq 11.6\,[\mathrm{A}]$$

(6) 왜형률

$$\frac{고조파}{기본파} = \frac{3}{10} = 0.3 = 30\,[\%]$$

(7) 임피던스

① 기본파

$$\dot{Z}_1 = R + j\omega L\,[\Omega]$$

② 2고조파

$$\dot{Z}_2 = R + j2\omega L\,[\Omega]$$

02
CHAPTER

전기기기

01 직류기

1 직류발전기

(1) 직류기 구성요소

계자	자속 발생
전기자	기전력 발생
정류자	교류를 직류로 변환
브러쉬	기전력 외부 인출 (접촉저항이 큰 탄소브러시 사용 : 불꽃없는 양호한 정류)
공극	자속을 전기자 도체에 골고루 분포

(2) 직류발전기 권선법

① 전기자 권선법
  ㉠ 고상권, 폐로권, 이층권, 중권, 파권, 단절권, 분포권
  ㉡ 중권 : a(병렬회로수)$= P$(극수)
  ㉢ 파권 : a(병렬회로수)$= 2$

② 균압환(4극 이상 중권에 반드시 시설)
  ㉠ 전기자 권선 내 순환 전류 방지를 위한 원형 도체
  ㉡ 브러시에서 불꽃 발생 방지

③ 발전기의 유기기전력
$$E = \frac{PZ}{60a}\phi N[\text{V}]$$

(3) 직류기의 전기자 반작용 발생 결과

전기자 반작용 결과	발전기	전동기
자속 감소	기전력 감소	토크 감소
중성축 이동방향	회전 방향	회전 반대 방향
90° 뒤진 전류	감자 작용	증자 작용
90° 앞선 전류	증자 작용	감자 작용
방지대책	보극 : 정류개선	
	보상권선 : 전기자 반작용 방지	

(4) 직류발전기의 종류

구 분	타여자 발전기	분권 발전기
등가회로		
전기자전류	$I_a = I$	$I_a = I + I_f$
기전력	$E = V + I_a R_a$	

구 분	직권 발전기
등가회로	
전기자전류	$I_a = I_s = I$
기전력	$E = V + I(R_a + R_s)[\text{V}]$

① 직권발전기
  직류전동기 전압강하 승압용
② 가동 복권, 과복권발전기
  급전선, 부하의 전압강하 보상용
③ 차동 복권발전기
  수하 특성을 이용한 정전류 발생(아크 용접용)

(5) 전압변동률
$$\varepsilon = \frac{V_0 - V_n}{V_n} \times 100\,[\%]$$

(6) 병렬운전조건
① 극성이 일치할 것
② 단자전압이 같을 것
③ 부하전류 분담은 용량에 비례할 것
④ 외부 특성 곡선이 약간의 수하 특성일 것

2 직류전동기

(1) 직류전동기 기본식

① 역기전력

$E = V - I_a R_a [\text{V}]$

② 전기적 출력

$P_0 = E I_a [\text{W}]$

③ 토크

$\tau = 0.975 \dfrac{P_0}{N} [\text{kg} \cdot \text{m}]$

(2) 전동기 종류

구 분	분권전동기	직권전동기
등가 회로		
토크 기전력	$\tau = K\phi I_a \ [\text{N} \cdot \text{m}]$ $E = k\Phi N [\text{V}]$	$\tau \propto I^2 \propto \dfrac{1}{N^2}$
회전수와 관계	자속에 반비례 계자저항에 비례	회전수 제곱에 반비례
속도변동	가장 작다.	가장 크다.
특징	정속도 전동기	벨트운전금지 (위험속도도달)
용도	환풍기, 송풍기	전기철도

(3) 분권전동기와 분권발전기의 기동 시 계자저항기

① 전동기 : 최소=0

② 발전기 : 최대

(4) 타여자 전동기

속도조정 광범위(압연기, 엘리베이터에 사용)

(5) 직류전동기의 속도제어와 제동법

속도제어	전압제어법(일그너), 저항제어법, 계자제어법	
역회전	계자나 전기자회로 중 한 회로 극성을 반 대로 접속	
제동법	역상제동	역회전하여 제동(급제동 목적)
	회생제동	전동기 운동에너지를 발전기 로 동작시켜 발전된 전력을 회 생시켜서 제동
	발전제동	전동기를 발전기로 운전하여 운동에너지를 열로 소비시키 면서 제동

(6) 직류기 손실

무부하손	철손	• 히스테리시스손 (감소대책 : 규소 강판) • 와류손 (감소대책 : 성층철심)
	기계손	풍손, 마찰손
부하손		동손(1차, 2차 구리손)
		표유부하손 : 측정이나 계산으로 구할 수 없는 손실로 부하전류가 흐를 때 도체나 철심 내부에서 생기는 손실

(7) 기기 효율

① 발전기, 변압기

$\eta_G = \dfrac{출력}{출력 + 손실} \times 100 [\%]$

② 전동기

$\eta_M = \dfrac{입력 - 손실}{입력} \times 100 [\%]$

02 동기기

1 동기발전기

(1) 동기속도

$N_s = \dfrac{120f}{P} [\text{rpm}]$

(2) 회전계자형 채용

전기자를 고정시키고 자극 N, S를 회전시키는
방식

(3) 전기자 권선법 채용

권선법	고상권, 폐로권, 이층권, 중권, 단절권, 분포권
단절권, 분포권	고조파 제거에 따른 파형의 개선
Y결선	• 선간전압 = $\sqrt{3} \times$ 상전압 • 제3고조파 발생 방지 • 중성점 접지와 절연 용이

2 동기발전기(터빈발전기) 출력

$$P = \frac{EV}{x_s}\sin\delta\,[\text{W}]$$

(최대출력 부하각 : $\delta = 90°$)

3 동기발전기 특성 곡선

(1) 무부하 포화 곡선

계자전류 – 단자전압 관계

(2) 단락곡선

계자전류 – 단락전류 관계

(3) 단락전류

$$I_s = \frac{E}{x_s}\,[\text{A}]$$

(돌발단락전류 제한 : 누설 리액턴스)

4 단락비

(1) 기본식

$$K_s = \frac{I_s}{I_n} = \frac{100}{\%Z_s}$$

여기서, $\%Z_s$: %임피던스, I_s : 단락전류
$\qquad\quad I_n$: 정격전류

(2) 단락비가 큰 기기

① 동기 임피던스가 작다.
② 전기자 반작용이 작다.
③ 전압변동률이 작다.
④ 안정도가 좋다
⑤ 기기가 대형이어서 공극이 크고 중량이 무겁다.

5 동기발전기 병렬운전조건

조 건	조건이 맞지 않을 경우
기전력 크기	무효순환전류 $I_c = \dfrac{\text{유도기전력의 차}}{2Z_s}$
기전력 위상	유효순환전류 $I_c = \dfrac{E_A}{Z_s}\sin\delta[\text{A}]$

조 건	조건이 맞지 않을 경우
기전력 주파수	–
기전력 파형	–

6 동기기 이상현상과 방지대책

이상현상	방지대책
자기여자현상	안정도 증대
난조현상	제동권선 설치

7 역률 개선장치 비교

동기 조상기	진상용 콘덴서
지상, 진상 공급 가능	진상 공급
전류 조정이 연속적	전류 조정이 단계적
가격이 비싸고 손실이 큼	경제적

03 변압기

1 변압기 구조 및 원리

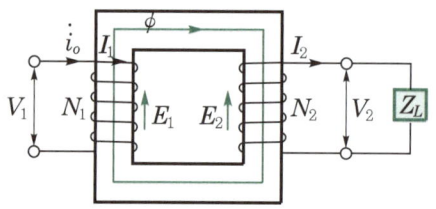

(1) 기전력

$$E = 4.44fN\Phi_m\,[\text{V}]$$

(2) 권수비

$$a = \frac{N_1}{N_2} = \frac{V_1}{V_2} = \frac{I_2}{I_1} = \sqrt{\frac{R_1}{R_2}}$$

(3) 변압기 정격용량

정격 2차 전압 × 정격 2차 전류

2 변압기 등가회로

(1) 등가회로

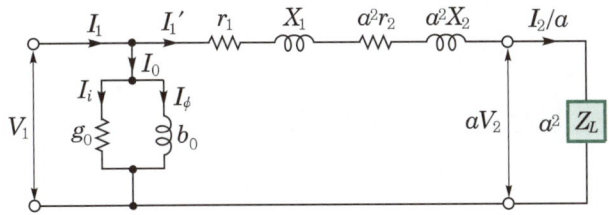

(2) 등가회로 작성시험

① 무부하시험
② 단락시험
③ 저항측정시험

(3) 무부하시험

① 여자어드미턴스

$$\dot{Y}_0 = g_0 - jb_0 \, [\mho]$$

② 여자전류

$$I_0 = \text{철손전류} + \text{자화전류(자속 발생)}$$

(4) 기전력과 자속

$$E = 4.44 f N \Phi_m \, [\text{V}]$$

$\Phi_m = \dfrac{E}{4.44 f N} \, [\text{V}]$이므로 자속($\phi_m$)은 전압에 비례하고 주파수에 반비례한다.

3 전압변동률

(1) 전압변동률

$$\varepsilon = p\cos\theta + q\sin\theta \, [\%]$$

① %임피던스 강하

$$z = \sqrt{p^2 + q^2} \, [\%]$$

② 최대전압변동률

$$\cos\theta = 1 : \varepsilon_{\max} = p \, [\%]$$

(2) 변압기 단락시험

① 임피던스전압 : 변압기 2차측 단락한 후 1차측에 정격전류가 흐를 수 있도록 인가한 전압
② 임피던스와트 : 변압기 2차측 단락한 후 전부하 시 변압기 구리손(동손)

4 변압기 손실계산시험과 효율

측정시험	종 류
무부하손 (무부하시험)	철손, 유전체손, 표유부하손(여자전류)
부하손 (단락시험)	동손(구리손), 표유부하손(부하전류)
효율	$\eta = \dfrac{\text{출력}}{\text{출력} + \text{손실}} \times 100 \, [\%]$ 변압기 최대효율 조건 : 무부하손 = 부하손

5 변압기 결선

Y–Y 결선	• 중성점 접지 가능 • 절연 용이 • 비접지 시 고조파 발생 • 유도장해 발생
△–△ 결선	• 선로에 3고조파가 발생하지 않음 • 유도장해 발생 없음 • V결선 운전 가능
기타 결선	• Y–△ : 강압용 • △–Y : 승압용 • 1, 2차 위상차 $\dfrac{\pi}{6}$[rad] = 30°

(1) V결선 출력

$$P_V = \sqrt{3}\, P_1$$

(P_1 : 변압기 1대 용량)

(2) 출력비

$$\frac{\sqrt{3}}{3} = 57.7 \, [\%]$$

(3) 이용률

$$\frac{\sqrt{3}}{2} = 86.6 \, [\%]$$

6 변압기 병렬운전조건

(1) 일치 조건

극성, 주파수, 위상, 파형, 상회전 방향(3상)

(2) 병렬운전 불가능한 조합

　　△－△와 △－Y, Y－Y와 △－Y

(3) 변압기 상수 변환

　　① 3상을 2상으로 변환 : 스코트결선(전기철도)

　　② 3상을 6상으로 변환 : 포크결선(수은정류기)

7 특수 변압기

(1) 단권변압기

$$\frac{\text{자기용량}}{\text{부하용량}} = \frac{\text{고전압} - \text{저전압}}{\text{고전압}}$$

(2) 누설변압기

　　수하 특성(정전류 특성), 용접용 변압기

(3) 계기용 변압기(PT)

　　2차측에 보호계전기, 전압계 접속

(4) 계기용 변류기(CT)

　　2차측에 보호계전기, 전류계 접속

(5) CT 점검(전류계 교환) 시 2차측 절연보호를 위해 반드시 먼저 단락시킨다.

8 변압기 절연유와 내부고장 검출

(1) 절연유의 구비조건

　　① 절연내력이 클 것

　　② 인화점이 높을 것

　　③ 응고점, 점도가 낮을 것

　　④ 냉각효과가 클 것

(2) 변압기 열화방지 대책

　　① 콘서베이터

　　② 흡습호흡기(브리더)

　　③ 불활성 질소 봉입

(3) 변압기 내부고장 검출 계전기

차동전류	전류차가 일정값 이상일 때 동작
비율차동	고장전류가 일정 비율 이상일 때 동작

부흐홀츠	변압기유 열화방지(변압기와 콘서베이터 사이에 설치하여 유증기 검출)

(4) 주상변압기 냉각방식

　　유입자냉식

(5) 변압기 온도상승시험

　　단락시험법(가장 널리 사용)

04 유도기

1 유도전동기 기본 정의식

(1) 원리

　　회전자계 발생(3상)

(2) 슬립

$$s = \frac{N_s - N}{N_s}$$

(3) 전동기 회전속도

$$N = (1 - s)N_s [\text{rpm}]$$

(4) 운전상태에 따른 슬립과 회전속도

운전상태	정지상태	동기속도	정상 운전	역회전
슬립	$s = 1$	$s = 0$	$0 < s < 1$	$2 - s$
회전속도	$N = 0$	N_s	$(1 - s)N_s$	$-N_s$

2 유도전동기 운전 시 2차 계산식

(1) 2차 기전력

$$E_{2s} = s E_2 [\text{V}]$$

(2) 2차 주파수

$$f_2 = s f_1 [\text{Hz}]$$

(3) 등가저항

$$R = \frac{1 - s}{s} r_2 [\Omega]$$

(4) 2차 구리손(동손)

$$P_{c2} = s P_2 [\mathrm{W}]$$

(5) 2차 효율

$$\eta_2 = \frac{P_0}{P_2} = 1 - s = \frac{N}{N_s}$$

(6) 토크

공급전압의 제곱에 비례, $\tau \propto E_2{}^2$

3 3상 유도전동기 기동법과 속도제어법

전동기	농 형	권선형
기동법	• 전전압(직입)기동법 • Y-△기동법 • 리액터기동법 • 기동보상기법	2차 저항기동법 (비례추이)
속도 제어	• 전원전압제어 • 극수변환법 • 주파수변환법	• 종속법 • 2차 저항제어법 (비례추이) • 2차 여자제어법 (슬립제어)

(1) Y-△기동법

기동전류와 기동토크 $\frac{1}{3}$ 배 감소

(2) 인버터 장치 약호

VVVF(가변전압 가변주파수 변환장치)

(3) 2차 여자법(슬립제어)

슬립주파수의 전압 공급

4 비례추이(권선형 유도전동기)

① 기동 시 특징
  ㉠ 최대토크 불변
  ㉡ 기동전류 감소
  ㉢ 기동토크 증가
② 비례추이 가능 : 1차 전류, 1차 입력, 역률(1차값)
③ 비례추이 불가능 : 2차 출력, 효율, 2차 구리손 (동손)(2차값)

5 원선도 작성 시 필요한 시험

① 저항측정 시험
② 무부하시험
③ 구속시험(단락시험)

6 단상 유도전동기 특징과 종류

(1) 특징

기동토크를 발생시키기 위한 보조권선(기동권선) 필요

(2) 종류

① 반발기동 : 기동토크가 가장 크다.
② 콘덴서기동 : 역률과 효율이 좋다.(가정용 선풍기, 세탁기, 냉장고 사용)
③ 분상기동 : 기동권선(운전권선보다 가늘고 권선이 적음)
④ 셰이딩코일 : 회전자는 농형, 자극 일부에 홈을 만들어 단락된 코일을 끼워 기동, 역회전 불가능

(3) 토크 크기

반발기동 > 반발유도 > 콘덴서기동 > 분상기동 > 셰이딩코일형

7 속도, 토크, 효율, 슬립 출력 특성 곡선

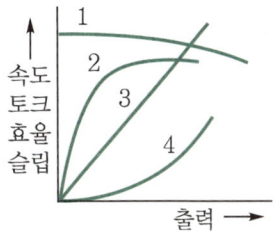

1 : 속도, 2 : 효율, 3 : 토크, 4 : 슬립

8 동기발전기와 유도발전기의 특징(비교)

(1) 동기기

① 역률과 효율이 좋다.
② 동기속도로 일정하다.

③ 기기가 크고 튼튼하다.
④ 단점 : 계자 여자를 위한 직류 여자기가 반드시 필요하다.

(2) 유도발전기

① 가격이 저렴하다.
② 조작이 쉽다.
③ 동기발전기처럼 동기화할 필요가 없다.
④ 단점 : 효율과 역률이 낮다.

05 정류기

1 전력변환장치의 종류

구 분	기 능
컨버터(정류기)	교류 → 직류
인버터	직류 → 교류
사이클로컨버터	교류 → 다른 크기 교류
초퍼	고정 직류 → 가변 직류

2 다이오드

(1) P형, N형 반도체 결합에 의한 정류작용

구 분	P형 반도체	N형 반도체
전기전도 반송자	정공(결합전자의 이탈)	전자
불순물	3가 불순물 : 억셉터	5가 불순물 : 도너
	갈륨, 인듐	안티몬, 비소

(2) 반도체 정류소자

Ge, Si, Se

(3) 다이오드 접속

① 직렬 접속 : 과전압 보호
② 병렬 접속 : 과전류 보호

(4) 제너 다이오드

정전압 다이오드

(5) 발광 다이오드(LED)

전류를 순방향으로 흘려 주었을 때, 빛을 내는 반도체(인화갈륨 : 초록색을 띠며 탁상시계, 계산기 등에 사용)

3 정류회로 직류성분 전압 E_d[V] (전압강하 무시)

단상 반파	단상 전파	3상 반파	3상 전파
$0.45E$	$0.9E$	$1.17E$	$1.35E$

(1) 맥동률

전파, 다상일수록 작아진다.

4 사이리스터 정류회로

(1) SCR의 종류

① SCR
   ㉠ 특징
     • 게이트단자(P형 반도체)신호를 이용한 턴온, 위상제어
     • 3단자, 단방향
   ㉡ 심벌

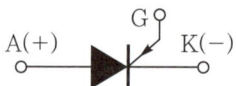

② GTO
   ㉠ 특징
     • 자기소호기능이 가장 좋다.
     • 3단자, 단방향
   ㉡ 심벌

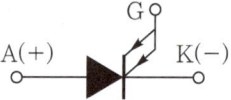

③ TRIAC
   ㉠ 특징
     • 양방향 점호, 소호 가능, 위상제어, 교류전력제어. DIAC와 같이 사용
     • 3단자, 양방향

ⓛ 심벌

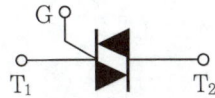

④ IGBT
　ㄱ 특징 : 구동전력이 적고, 고속스위칭소자
　ⓛ 심벌

5 SCR의 위상제어(α : 위상 점호각) 및 직류분

(1) 단상 반파

① 저항 부하

$$E_d = \frac{\sqrt{2}\,E}{\pi}\left(\frac{1+\cos\alpha}{2}\right)$$
$$= 0.45E\left(\frac{1+\cos\alpha}{2}\right)[\mathrm{V}]$$

② 인덕턴스(유도성) 부하
$$E_d = 0.45E\cos\alpha\,[\mathrm{V}]\,[\mathrm{V}]$$

(2) 단상 전파

① 저항 부하
$$E_d = 0.9E\left(\frac{1+\cos\alpha}{2}\right)[\mathrm{V}]$$

② 인덕턴스 부하
$$E_d = 0.9E\cos\alpha\,[\mathrm{V}]$$

03 전기설비
CHAPTER

1 전선의 종류

약 호	명 칭
OW	옥외용 비닐절연전선
DV	인입용 비닐절연전선
FL	형광방전등전선
NR	450/750[V] 일반용 단심 비닐절연전선
NF	일반용 유연성 단심 비닐절연전선
VV	비닐절연 비닐시스 케이블
CN-CV-W	동심중성선 수분침투방지형(수밀형) 전력케이블

2 전선의 접속

① 전선의 세기 80[%] 이상 유지(20[%] 이상 감소시키지 말 것)
② 전기저항을 증가시키지 말 것
③ 절연내력은 접속 전의 절연내력 이상일 것

3 트위스트 접속

굵기가 6[mm²] 이하, 가는 전선

4 브리타니아 접속

굵기가 10[mm²] 이상, 굵은 전선

5 쥐꼬리 접속(종단 접속)

박스 내에서 심선을 90°가 되도록 교차하여 2~3가닥 꼬아서 접속하고 와이어 접속기(커넥터)를 끼울 것

6 리노테이프

연피 케이블 접속

7 터미널러그

기계기구의 단자와 전선의 접속 시 6[mm²]를 초과하는 연선에 사용

8 S형 슬리브에 의한 직선 접속

2번 이상 꼬아서 사용 → 전선의 끝은 슬리브의 끝에서 조금 나오는 것이 바람직

9 전선의 병렬사용 시 조건

① 동일한 도체, 동일한 굵기, 동일한 길이일 것
② 구리선(동선) 50[mm²] 이상 또는 알루미늄선 70[mm²] 이상 사용

10 점멸스위치의 설치

전압측 전선에 설치

11 3로 스위치

2개소 점멸 → 4개소(3로 2개, 4로 2개)

12 타임스위치

주택(3분), 숙박시설(1분)

13 멀티탭

한 개의 콘센트에 여러 개 연결

14 테이블탭

코드길이가 짧을 때 연장

15 **와이어 게이지**

전선의 굵기 측정

16 **드라이브 이트**

화약 폭발력 이용해 콘크리트에 구멍을 뚫는 공구

17 **와이어 스트리퍼**

피복 절연물 벗기는 공구

18 **프레셔 툴**

터미널 압착

19 **클리퍼**

굵은 전선 절단

20 **파이프 렌치**

금속관 접속부분을 조이는 공구

21 **오스터**

금속관에 나사내는 공구

22 **히키, 벤더**

금속관을 구부리는 공구

23 **리머**

전선 손상 방지를 위해 관 내면을 다듬는 공구

24 **녹아웃 펀치, 홀소**

구멍뚫는 공구

25 **스프링 와셔, 2중 너트**

진동이 있는 기계기구

26 **피시 테이프**

배관에 전선을 쉽게 넣을 때 사용

27 **링 리듀서**

녹 아웃 지름이 큰 경우 사용

28 **절연부싱**

금속관 끝에 전선피복을 보호

29 **로크 너트**

관과 박스 접속

30 **유니온 커플링**

금속관을 돌릴 수 없을 때

31 **어스테스터, 콜라우시 브리지**

접지저항 측정

32 **절연저항계(메거)**

절연저항 측정

33 **전압의 구분**

구 분	직 류	교 류
저압	1,500[V] 이하	1,000[V] 이하
고압	7,000[V] 이하	
특고압	7,000[V] 초과	

34 **수용가설비의 전압강하**

설비의 유형	조명(%)	기타(%)
저압 수전	3	5
고압 이상 수전	6	8

35 전선식별

상 (문자)	L1	L2	L3	중성선	접지/보호도체
색상	갈색	검은색	회색	파란색	녹색 – 노란색

36 보호도체(PE, Protective Conductor)

감전에 대한 보호 등 안전을 위해 제공되는 도체

37 저압 옥내배선공사 시 공통 사항

① 모든 관, 몰드, 덕트 내 OW, DV 사용금지, 전선 접속점 없을 것
② 연동연선 사용(단선 사용 시 최대 10[mm²] 사용가능)
③ 저압 옥내배선의 사용전선 최소단면적

단면적	구 분
2.5[mm²]	옥내배선 연동연선
1.5[mm²]	전광표시장치, 출퇴표시등, 제어회로
1.0[mm²]	소세력회로, MI케이블
0.75[mm²]	진열장, 이동전선코드, 캡타이어케이블

④ 나전선을 사용할 수 있는 경우
  ㉠ 전기로용, 전선의 피복 부식 우려 장소에 시설되는 경우
  ㉡ 이동 기중기용 접촉전선, 버스덕트공사, 라이팅덕트공사

38 지지점 거리

지지점 거리	구 분
1[m]	가요전선관, 캡타이어케이블
1.5[m]	합성수지관, 금속몰드
2[m]	애자, 금속관, 케이블, 라이팅덕트
3[m]	금속덕트, 버스덕트
6[m]	애자, 관, 덕트 등 조영재에 따르지 않을 경우

39 직각 배관 시 곡선 반지름(곡률 반경)

3배	제거용이한 제2종 가요전선관
6배	합성수지관, 금속관, 일반케이블, 일반가요전선관
8배	단심케이블
12배	연피, 알루미늄피케이블

40 직각 배관 시 곡선(굽힘) 반지름

$$R = 6d + \frac{D}{2}\,[\text{mm}]$$

여기서, d : 전선관 안지름(내경)[mm]
  D : 바깥지름(외경)[mm]

41 애자사용공사

① 구비조건 : 절연성, 난연성 및 내수성
② 전선 상호 간 간격 : 6[cm] 이상일 것
③ 전선과 조영재 간의 간격(이격거리)

전 압	시설장소	간격[cm]
400[V] 이하		2.5
400[V] 초과	건조한 장소	2.5
	기타 장소 (물기, 습기 있는 곳)	4.5

42 합성수지몰드공사

① 폭 3.5[cm] 이하, 몰드 두께 2.0[mm] 이상
② 사람의 접촉 우려가 없는 장소 : 5[cm], 몰드 두께 1.0[mm] 이하

43 금속몰드공사

① 폭 5[cm] 이하, 몰드 두께 0.5[mm] 이상
② 400[V] 이하, 건조하고 전개된 장소, 점검가능한 은폐장소에 시설

44 금속관의 종류

분류	호 칭	종 류
박강	바깥지름(외경), 홀수	19, 25, 31, 39, 51, 63, 75
후강	안지름(내경), 짝수	16, 22, 28, 36, 42, 54, 70, 82, 92, 104

① 관 두께 : 콘크리트 매입 1.2[mm] 이상
② 교류회로에서는 1회로의 전선 전부를 동일 금속관 내에 시설하여 전자적 불평형을 방지할 것

45 합성수지관공사

① 호칭 : 안지름(내경), 짝수, 두께 2[mm] 이상
② 접속 시 삽입 깊이 : 바깥지름(외경)의 1.2배 이상(접착제 사용 0.8배 이상)

46 금속제 가요전선관공사

0.8[mm] 이상

47 가요전선관의 상호 접속 시 사용부품

스플릿 커플링

48 가요전선관과 금속관의 접속 시 사용부품

콤비네이션 커플링

49 금속덕트공사

① 덕트 : 폭 4[cm] 이상, 두께 1.2[mm] 이상 철판 사용
② 버스덕트의 종류

피더 버스	도중 부하 접속 불가능
플러그인 버스	도중 부하 접속용 플러그가 있는 구조
탭붙이 버스	도중 부하 접속 가능

50 플로어덕트공사

두께 2[mm] 이상

51 케이블트레이의 종류

사다리형, 펀칭형, 그물망(메시)형, 바닥밀폐형

52 전선관 규격결정 시 전선이 차지하는 최대 단면적

구 분	케이블 또는 절연도체 단면적 비율
전선관시스템	$\frac{1}{3}$
케이블트렁킹, 케이블덕팅	20[%](관내 전광표시장치, 제어회로 배선이면 50[%])

53 과전류차단기의 시설 제한

접지공사의 접지도체, 중성선

54 저압용 퓨즈(gG)의 용단 특성

정격전류	시간 (분)	정격전류 배수	
		불용단전류	용단전류
4[A] 이하	60	1.5	2.1
16[A] 미만	60	1.5	1.9

55 용도별 배선용 차단기의 동작 특성

정격전류	시간 (분)	용도별 정격전류 배수			
		주택용		산업용	
		부동작 전류	동작 전류	부동작 전류	동작 전류
63[A] 이하	60	1.13배	1.45배	1.05배	1.3배
63[A] 초과	120				

56 고압용 퓨즈의 특성

구 분	정격전류 배수		
	불용단전류	용단전류	용단시간
비포장퓨즈	1.25배	2배	2분
포장퓨즈	1.3배	2배	120분

57 과전류보호장치 설치 위치

① 분기점 설치 원칙
② 3m 이내 : 감전·화재보호
③ 제한 없음 : P_1으로 분기회로 단락보호

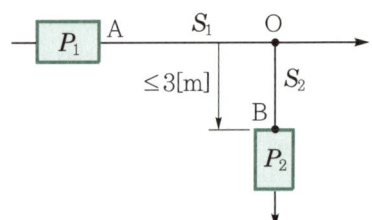

58 분기회로 설계 시 습기있는 장소 수구

필히 단독으로 별도 설치

59 누전차단기(지락차단장치)의 시설

① 사용전압 50[V]를 초과하는 저압의 기계·기구를 사람이 쉽게 접촉할 수 있는 곳의 전기를 공급하는 전로
② 대지전압 150[V]를 초과 300[V] 이하 주택 인입구 : 인체감전보호용

60 인체가 물에 젖은 상태(화장실, 비데)의 전기사용장소 규정

인체감전보호용 누전차단기 부착된 콘센트	접지극있는 방적형 콘센트
	정격감도전류 15[mA] 이하, 동작시간 0.03초 이하의 전류동작형
정격용량 3[kVA] 이하 절연변압기로 보호된 전로	

① 접지극이 있는 방적형 콘센트 사용
② 인체감전보호용 누전차단기 사용 : 정격용량 3[kVA] 이하 절연변압기로 보호된 전로에 접속

61 건축물에 따른 간선의 수용률

건축물의 종류	수용률[%]
학교, 사무실, 은행	70

62 건축물의 종류에 대응한 표준부하[VA/m²]

건물의 종류	표준부하
사무실, 은행, 상점, 이발소, 미용원	30
주택, 아파트	40

63 전동기 보호장치의 생략

① 정격 출력이 0.2[kW] 이하
② 전동기 운전 중 상시취급자가 감시할 수 있는 위치에 시설하는 경우
③ 전동기의 구조나 부하의 성질로 보아 전동기가 손상될 수 있는 과전류가 생길 우려가 없는 경우
④ 단상전동기로써 그 전원측 전로에 시설하는 과전류차단기의 정격전류가 16[A](배선용차단기는 20[A]) 이하인 경우

64 누설전류

최대 공급전류의 $\dfrac{1}{2,000}$ 이하일 것

65 저압전로의 절연저항[MΩ]

전로사용전압[V]	DC시험전압[V]	절연저항
SELV 및 PELV	250	0.5
FELV, 500[V] 이하	500	1.0
500[V] 초과	1,000	1.0

※ ELV : 특별저압(2차 전압이 AC 50[V], DC 120[V] 이하)
 • SELV(비접지), PELV(접지)
 • FELV는 1, 2차가 전기적으로 절연되지 않은 회로

66 절연내력시험(10분 동안 가할 것)

기 기	시험전압 : 최대 사용전압×배 (최저 시험전압)	
변압기 (권선 간) 전로 (전로와 대지 간)	비접지	7,000[V] 이하 : 1.5배 (최저 500[V])
		7,000[V] 초과 : 1.25배 (최저 10,500[V])
	60[kV] 넘는 중성점 직접 접지 0.72배	

67 접지공사의 목적

① 이상전압의 억제
② 감전 및 화재사고 방지
③ 보호계전기의 동작 확보
④ 전로의 대지전압 상승 방지

68 기계기구 철대, 외함 접지공사 생략 가능한 항목

① 사용전압 직류 300[V], 교류 대지전압 150[V] 이하 전기기계기구를 건조한 장소에 설치
② 동작전류 30[mA] 이하, 동작시간 0.03[sec] 이하 **전류동작형** 인체감전보호용 누전차단기 시설

69 변압기 중성점 접지목적

고·저압 혼촉 사고 방지

70 접지극 시설원칙

매설깊이	75[cm]
금속제 지지물 간격(이격거리)	1[m]
병렬시공 접지극 간격(이격거리)	2[m]
접지동봉길이	0.9[m]
합성수지관으로 접지도체 보호	지하 75[cm] ~ 지상 2[m]
접지극 대용 전기저항값	수도관 3[Ω], 건물 철골 2[Ω]

71 접지저항 저감대책

① 접지봉 연결개수, 길이, 접지판 면적 증가
② 접지극 깊게 매설
③ 토양의 고유저항을 화학적으로 저감

72 큰 고장전류가 접지도체를 통하여 흐르지 않을 경우 접지도체의 최소 단면적[mm²]

도 체	피뢰시스템 접속되지 않은 경우	피뢰시스템 접속
구리 소재	6	16
철제	50	

73 전압 종별 접지도체 최소 단면적

구 분	최소 단면적
고압, 특고압 전기설비	6[mm²]
중성점 접지용	16[mm²](조건없는 경우)
	6[mm²](고압, 25[kV] 이하인 중성선 다중 접지식으로 지락 시 2초 이내에 자동차단장치 시설된 경우)

74 저압, 고압 가공전선의 경동선의 굵기

사용전압	전선의 굵기[mm]	
400[V] 이하	절연전선 : 2.6	나전선 : 3.2
	시가지 내 : 5.0	시가지 외 : 4.0
400[V] 초과, 고압	(※ 사용전압 400[V] 초과한 저압 가공전선은 인입용 비닐절연전선 사용하면 안 된다.)	

75 가공전선로의 케이블 시설 시 조가선(조가용선) 사용

조가선(조가용선) 행거 간격 50[cm] 이하(금속제 테이프 20[cm] 이하)

76 저압, 고압 가공전선의 높이[m]

구 분	저 압	고 압
도로 횡단	6	6
철도 횡단	6.5	6.5
횡단보도교	3.5(★ : 3)	3.5
기타	5	5

★ : 전선이 케이블, 절연전선인 경우

77 전선로 완금 표준길이[mm]

전선 조	저 압	고 압	특고압
2조	900	1,400	1,800
3조	1,400	1,800	2,400

78 래크(Rack) 배선

저압 가공전선로 전선을 수직 배선하는 방식

79 지지물에 따른 가공전선로의 표준 지지물 간 거리(경간)[m]

목주, A종	150[m]
B종	250[m]
철탑	600[m]

80 가공인입선

① 지지물에서 분기하여 수용가 입구까지 이르는 전선
② 인입선의 굵기 : 2.6[mm] 이상의 인입용 비닐 절연전선
〔단, 지지물 간 거리(경간) 15[m] 이하 2.0[mm] 이상〕
③ 저압, 고압 인입선의 노면상 최소높이[m]

장소 구분	저 압	고 압
도로 횡단	5(a : 3)	6
철도 횡단	6.5	6.5
횡단보도교	3	3.5

a : 기술상 부득이하고 교통에 지장이 없는 경우

81 이웃 연결(연접) 인입선(저압)

수용가에서 분기하여 지지물을 거치지 않고 다른 수용가까지 이르는 전선
① 선로 긍장 : 100[m] 이하
② 폭 5[m] 넘는 도로 횡단 금지
③ 옥내 관통 금지

82 전장 16[m] 이하, 설계하중 6.8[kN] 이하인 지지물 건주 시 전주 땅에 묻히는 깊이 (지지물 기초 안전율 : 2 이상)

① 15[m] 이하 : 전체 길이 $\times \dfrac{1}{6}$ 이상
② 15[m] 초과 : 2.5[m] 이상

83 전주의 발판볼트 시설 높이

1.8[m] 이상

84 장주공사

완금, 애자 등을 전주에 시설하는 작업

85 COS용 완철 설치

최하단 전력선용 완철에서 0.75[m] 하부

86 지지선(지선)의 시설

① 지지선(지선) 안전율 2.5 이상, 최저 허용인장하중 4.31[kN] 이상
② 소선은 2.6[mm] 이상 금속선, 연선 사용 : 3조 이상
③ 도로 횡단의 경우 지표상 5[m] 이상

87 지중전선로

① 관로식, 암거식, 또는 직접매설식
② 지중전선로의 직접매설식과 관로식 매설깊이

매설깊이	조 건
1.0[m]	차량, 기타 중량물 압력받는 장소
0.6[m]	차량, 기타 중량물 압력받을 우려가 없는 장소

88 폐쇄식 배전반

큐비클형

89 고압 및 특고압 배전반 부하의 합계용량이 300[kVA]를 초과하는 경우

전류계, 전압계 부착

90 저고압 배전반 앞면 간격(이격거리)

1.5[m](특고압 배전반 앞면은 1.7[m])

91 배전반, 분전반 위치

점검 불가능한 은폐장소 시설 금지

92 진상용 콘덴서

역률 개선(부하측에 분산 설치 : 효과적)

93 특수장소의 시설

폭연성 먼지(분진), 화약류 가루(분말), 가연성 가스	금속관, 케이블
화약류 저장소	
가연성 먼지(분진), 위험물	금속관, 케이블, 합성수지관
성냥, 석유류, 셀룰로이드 가연성 위험물질 제조, 저장	
불연성 먼지 (정미소, 제분소)	금속관, 케이블, 합성수지관, 가요전선관, 애자, 덕트, 캡타이어케이블

94 화약류 저장소

① 대지전압 : 300[V] 이하
② 전기기계기구는 전폐형
③ 개폐기에서 화약류 저장소의 입구 : 케이블 이용한 지중전선로
④ 개폐기, 과전류차단기는 저장소 밖에 시설할 것

95 시설장소에 따른 노면상 높이

높 이	장소 및 공사방법
2.5[m]	사람이 상시통행 터널 내 애자공사
3.5[m]	저압 크레인 또는 호이스트 등의 트롤리선
4.5[m]	전주외등(교통지장없는 경우 3[m])

96 전기울타리의 시설

① 사용전압 : 250[V] 이하
② 사용전선 : 2[mm] 이상의 경동선

97 교통신호등 : 사용전압 300[V] 이하

사용전압 150[V]를 초과하는 경우 누전차단기 시설

98 자주 출제되는 심벌

심 벌	명 칭
⊠	배전반
B	배선용 차단기
	교류차단기
	매입콘센트
WP	방수용 콘센트
	비상콘센트
MD	금속덕트
	피뢰기
EQ	지진감지기
▬	천장은폐배선

99 기구 배광에 의한 조명방식의 분류

구 분	하향 광속	장 소
직접조명방식	90[%] 이상	수술실
전반조명방식	40 ~ 60[%]	공장, 학교, 사무실

100 계전기의 종류

(1) 선택지락계전기(SGR)

다회선 송전선로에서 지락 발생한 회선만을 검출하여 선택차단 동작

(2) 전자식 과전류계전기(EOCR)

전동기가 과전류 결상, 구속보호 등에 사용되며 단락시간과 기동시간을 정확히 구분

(3) 부족전류계전기(UCR)

전류가 정정값 이하가 되었을 때 동작(전동기나 변압기의 여자회로에만 설치)

II

자주 출제되는 반복기출 500제

01
CHAPTER

전기이론

001 원자핵의 구속력을 벗어나서 물질 내에서 자유로이 이동할 수 있는 것은?

① 중성자　　　　② 양자
③ 분자　　　　　④ 자유전자

> **해설** 자유전자
> 원자핵의 구속력을 벗어나 자유로이 이동할 수 있는 전자

002 음전하와 양전하로 대전된 도체를 가느다란 전선으로 연결하면 양전하가 음전하를 끌어당겨 중화가 된다. 이 때 전선에 무엇이 흐르는가?

① 전류　　　　　② 전압
③ 전력　　　　　④ 저항

> **해설** 대전된 도체를 접속하면 전선에 전류가 흐르고 전하량이 합쳐지면서 중화가 된다.

003 어떤 물질이 정상 상태보다 전자의 수가 많거나 적어져서 전기를 띠는 현상을 무엇이라 하는가?

① 방전　　　　　② 전기량
③ 대전　　　　　④ 하전

> **해설** 대전현상
> 어떤 물질이 정상 상태보다 전자의 수가 많거나 적어져서 (+) 또는 (−)전기를 띠게 되는 현상

004 어떤 물질이 정상 상태보다 전자의 수가 많거나 적어져서 전기를 띠는 상태의 물질을 무엇이라 하는가?

① 전기량　　　　② 전하
③ 대전　　　　　④ 기전력

> **해설** 어떤 물질이 정상 상태보다 전자의 수가 많거나 적어져서 (+) 또는 (−)전하를 띠는 현상을 대전 현상이라 하는데 이때 (+) 또는 (−)전기를 띠는 상태의 물질을 전하라고 한다.

005 1[Ah]는 전하량 몇 [C]인가?

① 60　　　　　　② 3,600
③ 600　　　　　④ 7,200

> **해설** 전하량 $1[Ah] = 1 \times 3,600[A \cdot sec = C]$

006 전류를 계속 흐르게 하려면 전압을 연속적으로 만들어주는 어떤 힘이 필요하게 되는데, 이 힘을 무엇이라 하는가?

① 자기력　　　　② 기전력
③ 전자력　　　　④ 전기장

> **해설** 전기회로에서 전위차를 일정하게 유지시켜 전류가 연속적으로 흐를 수 있도록 하는 힘을 기전력이라 한다.

007 다음 설명 중 잘못된 것은?

① 전위차가 높으면 높을수록 전류는 잘 흐른다.
② 양전하를 많이 가진 물질은 전위가 낮다.
③ 1초 동안에 1[C]의 전기량이 이동하면 전류는 1[A]이다.
④ 전류의 방향은 전자의 이동 방향과 반대 방향으로 흐른다.

> **해설** 전위란 전기적인 위치에너지로서 전위차가 높을수록 전류가 잘 흐르며 양전하가 많을수록 전위가 높다.

정답 001. ④　002. ①　003. ③　004. ②　005. ②　006. ②　007. ②

008 24[C]의 전기량이 이동해서 144[J]의 일을 했을 때 기전력은?

① 2[V]　　　　② 4[V]
③ 6[V]　　　　④ 8[V]

해설 전위(기전력) $V = \dfrac{W}{Q} = \dfrac{144}{24} = 6[V]$

009 3[V]의 기전력으로 300[C]의 전기량이 이동할 때 몇 [J]의 일을 하게 되는가?

① 1,200　　　② 900
③ 600　　　　④ 100

해설 전하가 한 일 $W = QV = 300 \times 3 = 900[J]$

010 전위의 단위로 옳지 않은 것은?

① [V]　　　　　② [J/C]
③ [N·m/C]　　④ [V/m]

해설
• 전위의 단위 : $V = \dfrac{W}{Q}[V = J/C = N\cdot m/C]$
• 전계의 단위 : [V/m]

011 1[eV]는 몇 [J]인가?

① 1.602×10^{-19}　　② 1×10^{-10}
③ 1　　　　　　　　　　④ 1.16×10^{4}

해설 전자 1개의 전기량 $e = 1.602 \times 10^{-19}[C]$이므로 $1[eV] = 1.602 \times 10^{-19}[J]$이다.

012 전자에 10[V]의 전위차를 인가한 경우 전자에너지[J]는?

① 1.6×10^{-16}　　② 1.6×10^{-17}
③ 1.6×10^{-18}　　④ 1.6×10^{-19}

해설 전자에너지(전자볼트)
$W = eV = 1.6 \times 10^{-19} \times 10 = 1.6 \times 10^{-18}[J]$

013 옴의 법칙을 바르게 설명한 것은?

① 전압은 도체의 전류와 저항의 곱에 비례한다.
② 전압은 도체의 저항에 반비례한다.
③ 전압은 전류에 반비례한다.
④ 전압은 전류의 제곱에 비례한다.

해설 옴의 법칙 $V = IR$[V]에서 전압은 도체에 흐르는 전류와 저항의 곱에 비례한다.

014 도체의 전기저항에 대한 설명으로 옳은 것은?

① 길이와 단면적에 비례한다.
② 길이와 단면적에 반비례한다.
③ 길이에 반비례하고 단면적에 비례한다.
④ 길이에 비례하고 단면적에 반비례한다.

해설 전기저항 $R = \rho\dfrac{l}{A}$ 이므로 길이에 비례하고 단면적에 반비례한다.

015 도체의 길이가 l[m], 고유저항 ρ[Ω·m], 반지름이 r[m]인 도체의 전기저항[Ω]은?

① $\rho\dfrac{l}{\pi r}$　　　　② $\rho\dfrac{rl}{\pi}$
③ $\rho\dfrac{l}{\pi r^2}$　　　④ $\rho\dfrac{\pi l}{r}$

해설 전기저항 $R = \rho\dfrac{l}{A} = \rho\dfrac{l}{\pi r^2}[Ω]$

016 도체의 전기저항에 영향을 주는 요소가 아닌 것은?

① 도체의 종류　　② 도체의 길이
③ 도체의 모양　　④ 도체의 단면적

해설 전기저항
$R = \rho\dfrac{l}{A}[Ω]$
• $\rho[Ω\cdot m]$: 고유저항(도체의 성분에 따라 다르다.)
• $l[m]$: 도체 길이
• $S[m^2]$: 도체 단면적

정답　008. ③　009. ②　010. ④　011. ①　012. ③　013. ①　014. ④　015. ③　016. ③

017 권선 저항과 온도와의 관계로 옳은 것은?

① 온도와는 무관하다.
② 온도가 상승하면 권선 저항은 감소한다.
③ 온도가 상승하면 권선 저항은 증가한다.
④ 온도가 상승하면 권선 저항은 증가와 감소를 반복한다.

해설 권선 저항은 정온도 특성을 가지므로 온도가 상승하면 권선 저항도 증가한다.

018 5[Ω]의 저항 4개, 10[Ω]의 저항 3개, 100[Ω]의 저항 1개가 있다. 이들을 모두 직렬 접속할 때 합성저항[Ω]은?

① 75   ② 50
③ 150   ④ 100

해설 **직렬합성저항**
$R_0 = 5 \times 4 + 10 \times 3 + 100 \times 1 = 150[Ω]$

019 6[Ω], 8[Ω], 9[Ω]의 저항 3개를 직렬로 접속하여 5[A]의 전류를 흘려줬다면 이 회로의 전압은 몇 [V]인가?

① 117   ② 115
③ 100   ④ 90

해설 $V = IR = 5 \times (6 + 8 + 9) = 115[V]$

020 $R_1[Ω]$, $R_2[Ω]$, $R_3[Ω]$의 저항 3개를 직렬 접속했을 때 R_2에 걸리는 전압[V]은?

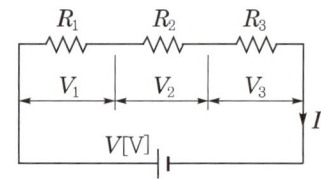

① $\dfrac{R_1 R_3}{R_1 + R_2 + R_3} V$

② $\dfrac{R_2}{R_1 + R_2 + R_3} V$

③ $\dfrac{1}{R_1 + R_2 + R_3} V$

④ $\dfrac{R_3 - R_1}{R_1 + R_2 + R_3} V$

해설 직렬 합성저항 $R_o = R_1 + R_2 + R_3[Ω]$

전류 $I = \dfrac{V}{R} = \dfrac{V}{R_1 + R_2 + R_3}[A]$

R_2에 걸리는 전압 $V_2 = IR_2 = \dfrac{R_2}{R_1 + R_2 + R_3} V$

021 그림과 같은 회로에서 합성저항은 몇 [Ω]인가?

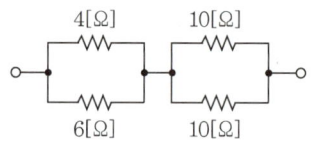

① 6.6   ② 7.4
③ 8.7   ④ 9.4

해설 합성저항 $= \dfrac{4 \times 6}{4 + 6} + \dfrac{10}{2} = 7.4[Ω]$

022 똑같은 크기의 저항 5개를 가지고 얻을 수 있는 합성저항의 최대값은 최소값의 몇 배인가?

① 5배   ② 10배
③ 25배   ④ 20배

해설 최대 합성저항은 직렬이고 최소 합성저항은 병렬이므로 직렬은 병렬의 $n^2 = 5^2 = 25$ 배이다.

023 10[Ω] 저항 5개를 가지고 얻을 수 있는 가장 작은 합성저항값[Ω]은?

① 1   ② 2
③ 4   ④ 5

해설 저항은 병렬 접속 시 그 합성값이 감소한다. 따라서, 10[Ω] 저항 5개를 모두 병렬로 접속할 때 가장 작은 합성저항은 $\dfrac{10}{5} = 2[Ω]$을 얻을 수 있다.

024 저항 R_1, R_2의 병렬회로에서 전전류가 I일 때 R_2에 흐르는 전류[A]는?

① $\dfrac{R_1 + R_2}{R_1} I$

② $\dfrac{R_1 + R_2}{R_2} I$

③ $\dfrac{R_1}{R_1 + R_2} I$

④ $\dfrac{R_2}{R_1 + R_2} I$

해설 R_1, R_2에 흐르는 전체 전류를 I라 하면 저항의 병렬 접속 시 각 저항에 흐르는 전류는 반비례 분배된다.

따라서, R_2에 흐르는 전류 $I_2 = \dfrac{R_1}{R_1 + R_2} I$

025 저항 2[Ω]과 3[Ω]을 병렬로 연결했을 때의 전류는 직렬로 연결했을 때 전류의 몇 배인가?

① 0.24

② 3.16

③ 4.17

④ 6

해설 직렬 접속 저항 $R_1 = 2 + 3 = 5[Ω]$

병렬 접속 저항 $R_2 = \dfrac{2 \times 3}{2 + 3} = 1.2[Ω]$

전류비 $= \dfrac{R_1}{R_2} = \dfrac{5}{1.2} = 4.17$

026 다음 회로에서 B점의 전위가 100[V], D점의 전위가 60[V]라면 전류 I는 몇 [A]인가?

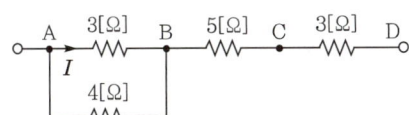

① $\dfrac{12}{7}[A]$

② $\dfrac{22}{7}[A]$

③ $\dfrac{20}{7}[A]$

④ $\dfrac{10}{7}[A]$

해설 $V_{BD} = V_B - V_D = 100 - 60 = 40[V]$

$I_{BD} = \dfrac{V_{BD}}{R_{BD}} = \dfrac{40}{5+3} = 5[A]$

$I = \dfrac{4}{3+4} I_{BD} = \dfrac{4}{3+4} \times 5 = \dfrac{20}{7}[A]$

027 키르히호프의 법칙을 이용하여 방정식을 세우는 방법으로 잘못된 것은?

① 키르히호프의 제1법칙을 회로망의 임의의 점에 적용한다.

② 계산결과 전류가 +로 표시된 것은 처음에 정한 방향과 반대 방향임을 나타낸다.

③ 각 폐회로에서 키르히호프의 제2법칙을 적용한다.

④ 각 회로의 전류를 문자로 나타내고 방향을 가정한다.

해설 키르히호프의 제2법칙

처음에 정한 방향과 전류 방향이 같으면 "+"로, 처음에 정한 방향과 전류 방향이 반대이면 "−"로 표시한다.

028 그림과 같은 회로에서 전류 I[A]를 구하면?

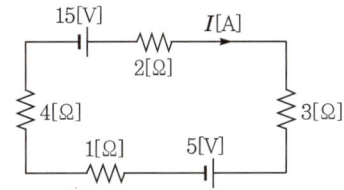

① 1　　　　② 2

③ 3　　　　④ 4

해설 전류 $I = \dfrac{15 - 5}{2 + 3 + 1 + 4} = \dfrac{10}{10} = 1[A]$

029 다음 중 전력량 1[J]과 같은 것은?

① 1[kcal]　　② 1[W·sec]

③ 1[kg·m]　　④ 1[kWh]

해설 전력량 $W = Pt[J]$이므로 $1[J] = 1[W \cdot sec]$

030 그림의 휘트스톤 브리지의 평형 조건은?

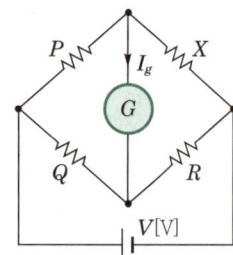

① $X = \dfrac{Q}{P}R$ ② $X = \dfrac{P}{Q}R$

③ $X = \dfrac{Q}{R}P$ ④ $X = \dfrac{P^2}{R}Q$

해설 휘트스톤 브리지회로의 평형 조건은
$P \cdot R = Q \cdot X$이므로 $X = \dfrac{P}{Q}R$이 된다.

031 1[kWh]와 같은 값은?

① 3.6×10^3[J]   ② 3.6×10^6[N/m²]

③ 3.6×10^6[J]   ④ 3.6×10^3[N/m²]

해설 전력량 1[kWh]=3.6×10^6[J]

032 다음 중 줄의 법칙을 응용한 전기기기가 아닌 것은?

① 백열전구   ② 열전대

③ 전기 다리미   ④ 전열기

해설 **줄의 법칙**
전열기에서 발생하는 열량을 정의한 법칙으로 전기 부하가 줄의 법칙을 응용한 기기이다.
* **열전대** : 열전기효과가 나타나는 다른 두 금속의 조합(백금-백금로듐, 크로멜-알루멜)

033 4[Ω]의 저항에 200[V]의 전압을 인가할 때 소비되는 전력은?

① 20[W]   ② 400[W]

③ 2.5[W]   ④ 10[kW]

해설 소비전력 $P = \dfrac{V^2}{R} = \dfrac{200^2}{4} = 10,000$[W] = 10[kW]

034 정격 전압에서 1[kW]의 전력을 소비하는 저항에 정격의 90[%] 전압을 가했을 때, 전력은 몇 [W]가 되는가?

① 630   ② 780

③ 810   ④ 900

해설 $P = \dfrac{V^2}{R} = 1,000$[W]이라 하면
$P' = \dfrac{(0.9V)^2}{R} = 0.81\dfrac{V^2}{R} = 0.81P$
$= 0.81 \times 1,000$[W] = 810[W]

035 같은 저항 4개를 그림과 같이 연결하여 a-b 간에 일정 전압을 가했을 때 소비전력이 가장 큰 것은 어느 것인가?

해설 각 회로에 소비되는 전력
① 합성저항이 4R[Ω]이므로 $P_1 = \dfrac{V^2}{4R}$[W]
② 합성저항 $R_0 = 2R + \dfrac{R}{2} = 2.5R$[Ω]이므로
$P_2 = \dfrac{V^2}{2.5R} = \dfrac{0.4V^2}{R}$[W]

③ 합성저항 $R_0 = \dfrac{R}{2} \times 2 = R[\Omega]$이므로

$$P_3 = \dfrac{V^2}{R}[\mathrm{W}]$$

④ 합성저항 $R_0 = \dfrac{R}{4} = 0.25R[\Omega]$이므로

$$P_4 = \dfrac{V^2}{0.25R} = \dfrac{4V^2}{R}[\mathrm{W}]$$

※ **빠른 답 찾기**

소비전력 $P = \dfrac{V^2}{R}[\mathrm{W}]$이므로 합성저항이 가장

작은 회로를 찾으면 된다.

---

036 100[V], 100[W]용 전구와 100[V], 200[W]용 전구를 직렬로 연결하여 100[V]의 전원에 연결한 경우 어느 전구가 더 밝겠는가?

① 두 전구의 밝기가 같다.

② 100[W]

③ 200[W]

④ 두 전구 모두 안 켜진다.

해설 100[W]의 저항 $R_1 = \dfrac{V^2}{P_1} = \dfrac{100^2}{100} = 100[\Omega]$

200[W]의 저항 $R_2 = \dfrac{V^2}{P_2} = \dfrac{100^2}{200} = 50[\Omega]$

직렬 접속 시 전류가 일정하므로 저항값이 큰 부하일수록 소비전력이 더 크게 발생하여 전구가 더 밝아지므로 100[W]의 전구가 더 밝다.

---

037 200[V], 60[W] 전등 10개를 20시간 사용하였다면 사용전력량은 몇 [kWh]인가?

① 24

② 12

③ 10

④ 11

해설 **전력량**

$$W = Pt = 60 \times 10 \times 20$$
$$= 12,000[\mathrm{Wh}]$$
$$= 12[\mathrm{kWh}]$$

---

038 전기분해를 통하여 석출된 물질의 양은 통과한 전기량 및 화학당량과 어떤 관계가 있는가?

① 전기량과 화학당량에 비례한다.

② 전기량과 화학당량에 반비례한다.

③ 전기량에 비례하고 화학당량에 반비례한다.

④ 전기량에 반비례하고 화학당량에 비례한다.

해설 **패러데이의 법칙**

전극에서 석출되는 물질의 양은 전기량과 화학당량에 비례한다.

$$W = kQ = kIt[\mathrm{g}]$$

---

039 황산구리 용액에 10[A]의 전류를 60분간 흘린 경우 이때 석출되는 구리의 양[g]은? (단, 구리의 전기화학당량은 0.3293×10^{-3}[g/C]이다.)

① 11.86

② 5.93

③ 7.82

④ 1.67

해설 **전극에서 석출되는 물질의 양**

$$W = kQ = kIt[\mathrm{g}]$$
$$= 0.3293 \times 10^{-3} \times 10 \times 60 \times 60$$
$$\fallingdotseq 11.86[\mathrm{g}]$$

---

040 묽은 황산(H_2SO_4) 용액에 구리(Cu)와 아연(Zn)판을 넣으면 전지가 된다. 이때 양극(+)에 대한 설명으로 옳은 것은?

① 구리판이며 수소 기체가 발생한다.

② 구리판이며 산소 기체가 발생한다.

③ 아연판이며 수소 기체가 발생한다.

④ 아연판이며 산소 기체가 발생한다.

해설 **볼타전지의 재료**

음극제	아연(이온 Zn^{++}으로 황산에 용해)
양극제	구리(수소 기체가 발생)

---

041 다음 중 망간 건전지의 양극으로 무엇을 사용하는가?

① 아연판
② 구리판
③ 탄소막대
④ 묽은 황산

 해설

망간전지	음극제	아연
	양극제	탄소막대

042 납축전지의 전해액으로 사용되는 것은?

① H_2SO_4
② $2H_2O$
③ PbO_2
④ $PbSO_4$

해설 납축전지의 재료

음극제	Pb(납)
양극제	PbO_2(이산화납)
전해질	H_2SO_4(묽은 황산, 비중 1.2 ~ 1.3)

043 (㉠), (㉡)에 들어갈 내용으로 알맞은 것은?

> 2차 전지의 대표적인 것으로 납축전지가 있다.
> 전해액으로 비중 약 (㉠) 정도의 (㉡)을 사용한다.

① ㉠ 1.15 ~ 1.21, ㉡ 묽은 황산
② ㉠ 1.25 ~ 1.36, ㉡ 질산
③ ㉠ 1.01 ~ 1.15, ㉡ 질산
④ ㉠ 1.23 ~ 1.26, ㉡ 묽은 황산

해설 납축전지의 재료

음극제	Pb(납)
양극제	PbO_2(이산화납)
전해질	H_2SO_4(묽은 황산, 비중 1.2 ~ 1.3)

044 전지의 기전력 1.5[V], 내부저항이 0.5[Ω]인 전지 20개를 직렬로 연결하고 5[Ω]의 부하저항을 접속한 경우 부하에 흐르는 전류[A]는?

① 2
② 3
③ 4
④ 5

해설 전지 n개 접속 시 부하에 흐르는 전류

$$I = \frac{nE}{nr+R} = \frac{20 \times 1.5}{20 \times 0.5 + 5} = \frac{30}{15} = 2[A]$$

045 기전력 1.5[V], 내부저항 0.2[Ω]인 전지 5개를 직렬로 접속하여 단락시켰을 때의 전류[A]는?

① 1.5
② 2.5
③ 6.5
④ 7.5

해설 단락시켰을 때 전지의 전류

$$I = \frac{nE}{nr} = \frac{1.5 \times 5}{0.2 \times 5} = 7.5[A]$$

046 1.2[V], 20[Ah]의 축전지 5개를 직렬로 접속하면 전체 기전력은 6[V]이다. 전지의 용량은 몇 [Ah]이겠는가?

① 100
② 200
③ 50
④ 20

해설 전지가 직렬로 접속된 경우 기전력은 전지의 개수만큼 증가하지만 전지의 용량은 일정하므로 20[Ah]이다.

047 두 금속을 접속하여 여기에 온도차가 발생하면 그 접점에서 기전력이 발생하여 전류가 흐르는 현상은?

① 줄 효과
② 홀(hole) 효과
③ 제벡 효과
④ 펠티에 효과

해설 제벡 효과
두 금속을 접합하여 접합점에 온도차가 발생하면 그 접점에서 기전력이 발생하여 전류가 흐르는 현상

048 두 금속을 접속하여 여기에 전류를 흘리면, 줄열 외에 그 접점에서 열의 발생 또는 흡수가 일어나는 현상은?

① 줄 효과
② 홀 효과
③ 제벡 효과
④ 펠티에 효과

정답 041. ③ 042. ① 043. ④ 044. ① 045. ④ 046. ④ 047. ③ 048. ④

해설 펠티에 효과

두 금속을 접합하여 접합점에 전류를 흘려주면 열의 흡수, 또는 방열이 발생하는 현상

049 유전율의 단위는?

① [F/m]　　　　　② [V/m]

③ [C/m²]　　　　　④ [H/m]

해설 유전율의 단위

[F/m]

050 다음 중 비유전율이 가장 작은 것은?

① 공기　　　　　② 고무

③ 운모　　　　　④ 규소수지

해설 유전율 $\varepsilon = \varepsilon_0 \varepsilon_s$ [F/m]

• 공기 유전율 $\varepsilon_0 = 8.855 \times 10^{-12}$ [F/m]

• 비유전율 ε_s(진공, 공기 = 1 : 가장 작다.)

051 가우스의 정리에 의해 구할 수 있는 것은?

① 전계의 세기

② 전하 간의 힘

③ 전위

④ 전계에너지

해설 가우스의 정리

전기력선의 총수를 계산하여 전계의 세기도 계산할 수 있는 법칙이다.

052 전기장 중에 단위전하를 놓았을 때 그것에 작용하는 힘은 어느 값과 같은가?

① 전기장의 세기　　② 전하

③ 전위　　　　　④ 전위차

해설 전기장 중에 단위전하를 놓았을 때 그것에 작용하는 힘은 전기장의 세기이다.

053 1[C]의 전하에 100[N]의 힘이 작용했다면 전기장의 세기[V/m]는?

① 10　　　　　② 50

③ 100　　　　　④ 0.01

해설 전기장의 세기

단위전하에 작용하는 힘

힘과의 관계식 $F = QE$[N]식에서

전기장 $E = \dfrac{F}{Q} = \dfrac{100}{1}$ [V/m]

054 다음 중 전기력선의 성질로 틀린 것은?

① 전기력선은 양전하에서 나와 음전하에서 끝난다.

② 전기력선의 접선 방향이 그 점의 전장의 방향이다.

③ 전기력선의 밀도는 전기장의 크기를 나타낸다.

④ 전기력선은 서로 교차한다.

해설 같은 전기력선은 서로 반발하며 교차하지 않는다.

055 전기력선에 대한 설명으로 잘못된 것은?

① 전기력선은 서로 교차하지 않는다.

② 같은 전기력선은 서로 끌어당긴다.

③ 전기력선의 밀도는 전기장의 크기를 나타낸다.

④ 전기력선은 도체의 표면에 수직이다.

해설 같은 전기력선은 서로 반발하며 교차하지 않는다.

056 극성을 가지고 있는 콘덴서로서 교류회로에 사용할 수 없는 것은?

① 마일러 콘덴서　　② 마이카 콘덴서

③ 세라믹 콘덴서　　④ 전해 콘덴서

해설 콘덴서의 종류

직류용	• 전해 콘덴서 : 용량이 작고 일반적
	• 탄탈 콘덴서 : 용량이 크고 고가
교류용	• 세라믹 콘덴서 : 용량이 커서 교류에 널리 사용
	• 바리콘 콘덴서 : 용량 가변 가능

057 용량이 크고 가격이 비싸며 극성이 있어 직류 용으로 사용하는 콘덴서는?

① 세라믹 콘덴서   ② 탄탈 콘덴서
③ 마일러 콘덴서   ④ 마이카 콘덴서

해설 콘덴서의 종류

직류용	• 전해 콘덴서 : 용량이 작고 일반적
	• 탄탈 콘덴서 : 용량이 크고 고가
교류용	• 세라믹 콘덴서 : 용량이 커서 교류에 널리 사용
	• 바리콘 콘덴서 : 용량 가변 가능

058 다음 중 용량을 변화시킬 수 있는 콘덴서는?

① 바리콘 콘덴서   ② 마일러 콘덴서
③ 전해 콘덴서   ④ 세라믹 콘덴서

해설 콘덴서의 종류

직류용	• 전해 콘덴서 : 용량이 작고 일반적
	• 탄탈 콘덴서 : 용량이 크고 고가
교류용	• 세라믹 콘덴서 : 용량이 커서 교류에 널리 사용
	• 바리콘 콘덴서 : 용량 가변 가능

059 비유전율이 큰 산화티탄 등을 유전체로 사용한 것으로 극성이 없으며 가격에 비해 성능이 우 수하여 널리 사용되고 있는 콘덴서의 종류는?

① 마일러 콘덴서   ② 마이카 콘덴서
③ 전해 콘덴서   ④ 세라믹 콘덴서

해설 콘덴서의 종류

직류용	• 전해 콘덴서 : 용량이 작고 일반적
	• 탄탈 콘덴서 : 용량이 크고 고가
교류용	• 세라믹 콘덴서 : 용량이 커서 교류에 널리 사용
	• 바리콘 콘덴서 : 용량 가변 가능

060 어떤 도체에 10[V]의 전위를 주었을 때 1[C]의 전하가 축적되었다면 이 도체의 정전용량[F]는?

① 1   ② 0.1
③ 10   ④ 0.01

해설 정전용량 $C = \dfrac{Q}{V} = \dfrac{1}{10} = 0.1[\text{F}]$

061 2[μF], 3[μF], 5[μF]의 콘덴서 3개를 병렬로 접속했을 때의 합성정전용량은 몇 [F]인가?

① 1.5   ② 4
③ 8   ④ 10

해설 콘덴서를 병렬로 접속하면 저항의 접속과는 반대로 더하면 된다.
즉, 합성정전용량 $C_0 = 2 + 3 + 5 = 10[\mu\text{F}]$

062 정전용량이 같은 콘덴서 2개를 병렬로 연결하 였을 때의 합성정전용량은 직렬로 접속하였을 때의 몇 배인가?

① $\dfrac{1}{4}$ ② $\dfrac{1}{2}$
③ 2   ④ 4

해설 콘덴서의 정전용량이 $C[\text{F}]$이라면,
병렬 합성정전용량 $C_{병} = 2C$

직렬 합성정전용량 $C_{직} = \dfrac{C}{2}$

$\dfrac{C_{병}}{C_{직}} = \dfrac{2C}{\dfrac{C}{2}} = 2^2 = 4$

063 30[μF]과 40[μF]의 콘덴서를 병렬로 접속한 후 100[V]의 전압을 가했을 때 총전하량은 몇 [C]인가?

① 17×10^{-4}
② 34×10^{-4}
③ 56×10^{-4}
④ 70×10^{-4}

해설 합성정전용량 $C_0 = 30 + 40 = 70[\mu\text{F}]$
총전하량 $Q = CV$
$= 70 \times 10^{-6} \times 100 = 70 \times 10^{-4}[\text{C}]$

064 전압 200[V]이고 $C_1 = 10[\mu F]$와 $C_2 = 5[\mu F]$인 콘덴서를 병렬로 접속하면 C_2에 분배되는 전하량은 몇 [μC]인가?

① 100　　　　　② 2,000

③ 500　　　　　④ 1,000

해설 C_2에 축적되는 전하량
$$Q_2 = C_2 V = 5 \times 200 = 1,000[\mu C]$$

065 1[μF]의 콘덴서에 30[kV]의 전압을 가한 후 30[Ω]의 저항을 통해 방전시킬 경우 이 때 발생하는 에너지[J]는 얼마인가?

① 450　　　　　② 900

③ 1,000　　　　④ 1,200

해설 콘덴서에 축적되는 에너지
$$W = \frac{1}{2}CV^2$$
$$= \frac{1}{2} \times 1 \times 10^{-6} \times (30 \times 10^3)^2 = 450[J]$$

066 $C[F]$의 콘덴서에 $W[J]$의 에너지를 축적하기 위해서는 몇 [V]의 충전전압이 필요한가?

① $\sqrt{\dfrac{W}{C}}$　　　　② $\sqrt{\dfrac{2W}{C}}$

③ $\sqrt{\dfrac{W}{2C}}$　　　　④ $\sqrt{\dfrac{2C}{W}}$

해설 콘덴서에 축적되는 에너지
$$W = \frac{1}{2}CV^2$$
$$V^2 = \frac{2W}{C} \text{ 이므로 } V = \sqrt{\frac{2W}{C}}\,[V]$$

067 패러데이관에서 단위전위차에 축적되는 에너지[J]는?

① $\dfrac{1}{2}$　　　　　② 1

③ ED　　　　　④ $\dfrac{1}{2}ED$

해설 단위전하 1[C]에서 나오는 전속관을 패러데이관이라 하며 그 양단에는 항상 1[C]의 전하가 있다. 단위전위차는 1[V]이므로

보유에너지 $W = \dfrac{1}{2}QV = \dfrac{1}{2} \times 1 \times 1 = \dfrac{1}{2}[J]$

068 수정을 이용한 마이크로폰은 다음 중 어떤 원리를 이용한 것인가?

① 핀치 효과

② 압전기 효과

③ 펠티에 효과

④ 톰슨 효과

해설 압전기 효과

㉠ 유전체 표면에 압력이나 인장력을 가하면 전기 분극이 발생하는 효과

㉡ 응용기기 : 수정발진기, 마이크로폰, 초음파 발생기, crystal pick-up 등

069 도체계에서 임의의 도체를 일정 전위(일반적으로 영전위)의 도체로 완전 포위하면 내부와 외부의 전계를 완전히 차단할 수 있는 데 이를 무엇이라 하는가?

① 핀치 효과　　　② 톰슨 효과

③ 정전 차폐　　　④ 자기 차폐

해설 정전 차폐

도체가 정전유도되지 않도록 도체 바깥을 포위하여 접지하는 것을 정전 차폐라 하며 완전 차폐가 가능하다.

070 다음 중 투자율의 단위에 해당되는 것은?

① [H/m]　　　　② [F/m]

③ [A/m]　　　　④ [V/m]

해설 투자율

자속의 투과비율 $\mu = \mu_0 \mu_s[H/m]$

• μ_0 : 진공, 공기의 투자율($= 4\pi \times 10^{-7}[H/m]$)

• μ_s : 비투자율(진공, 공기=1)

정답 064. ④　065. ①　066. ②　067. ①　068. ②　069. ③　070. ①

071 진공의 투자율 μ_0[H/m]는?

① 6.33×10^4　　② 8.855×10^{-12}

③ $4\pi \times 10^{-7}$　　④ 9×10^9

해설 진공의 투자율

$\mu_0 = 4\pi \times 10^{-7}$[H/m]

072 자극 가까이에 물체를 두었을 때 자화되지 않는 물체는?

① 상자성체　　② 반자성체

③ 강자성체　　④ 비자성체

해설 비자성체

강자성체 이외의 자성이 약해서 전혀 자성을 갖지 않는 물질로서 상자성체와 반자성체를 포함하며 자계에 힘을 받지 않는다.

073 다음 중 반자성체는?

① 안티몬　　② 알루미늄

③ 코발트　　④ 니켈

해설 자성체의 종류

상자성체	$\mu_s > 1$, 알루미늄, 백금, 주석
강자성체	$\mu_s \gg 1$, 니켈, 코발트, 철, 망간
반(역)자성체	$\mu_s < 1$, 안티몬

074 다음 물질 중 강자성체로만 짝지어진 것은?

① 철, 구리, 니켈, 아연

② 구리, 비스무트, 코발트, 망간

③ 니켈, 코발트, 철

④ 철, 니켈, 아연, 망간

해설 자성체의 종류

상자성체	$\mu_s > 1$, 알루미늄, 백금, 주석
강자성체	$\mu_s \gg 1$, 니켈, 코발트, 철, 망간
반(역)자성체	$\mu_s < 1$, 안티몬

075 반자성체 물질의 특색을 나타낸 것은? (단, μ_s는 비투자율이다.)

① $\mu_s > 1$

② $\mu_s \gg 1$

③ $\mu_s = 1$

④ $\mu_s < 1$

해설 자성체의 종류

상자성체	$\mu_s > 1$, 알루미늄, 백금, 주석
강자성체	$\mu_s \gg 1$, 니켈, 코발트, 철, 망간
반(역)자성체	$\mu_s < 1$, 안티몬

076 자석의 성질로 옳은 것은?

① 자석은 고온이 되면 자력이 증가한다.

② 자기력선에는 고무줄과 같은 장력이 존재한다.

③ 자기력선은 자석 내부에서도 N극에서 S극으로 이동한다.

④ 자기력선은 자성체는 투과하고, 비자성체는 투과하지 못한다.

해설 자석의 성질

• 자석은 고온이 되면 자력의 성질이 사라진다.

• 자기력선은 고무줄과 같은 장력이 존재한다.

• 자기력선은 N극에서 S극으로 진행한다.

• 자석 내부에서는 S극에서 N극으로 진행한다.

077 공기 중에서 1[Wb]의 자극으로부터 나오는 자기력선의 총수는 몇 개인가?

① 6.33×10^4

② 7.96×10^5

③ 8.855×10^3

④ 1.256×10^6

해설 자기력선의 총수

$$N = \frac{m}{\mu_0} = \frac{1}{4\pi \times 10^{-7}} = 7.96 \times 10^5 \text{개}$$

정답 071. ③ 072. ④ 073. ① 074. ③ 075. ④ 076. ② 077. ②

078 다음 (   )에 들어갈 내용으로 알맞은 것은?

> 두 자극 사이에 작용하는 자기력의 크기는 양 자극의 세기의 곱에 (㉠)하며, 자극 간의 거리의 제곱에 (㉡)한다.

① ㉠ 반비례, ㉡ 비례
② ㉠ 비례, ㉡ 반비례
③ ㉠ 반비례, ㉡ 반비례
④ ㉠ 비례, ㉡ 비례

해설 **쿨롱의 법칙**
두 자극 사이에 작용하는 자기력의 크기는 양 자극의 세기의 곱에 비례하며, 자극 간의 거리의 제곱에 반비례한다.

$$F = \frac{m_1 \cdot m_2}{4\pi\mu_0 r^2}[\text{N}]$$

079 자극의 세기가 m_1, m_2[Wb]이고, 거리가 r[m]인 두 자극 사이에 작용하는 자기력의 크기[N]는 얼마인가?

① $k\dfrac{m_1 \cdot m_2}{r}$　　② $k\dfrac{r}{m_1 \cdot m_2}$

③ $k\dfrac{m_1 \cdot m_2}{r^2}$　　④ $k\dfrac{r^2}{m_1 \cdot m_2}$

해설 **쿨롱의 법칙**
두 자극 사이에 작용하는 자기력의 크기는 양 자극의 세기의 곱에 비례하며, 자극 간의 거리의 제곱에 반비례한다.

$$F = k\frac{m_1 \cdot m_2}{r^2} = \frac{m_1 \cdot m_2}{4\pi\mu_0 r^2}[\text{N}]$$

080 자극의 세기가 5[Wb]인 점에 50[N]의 힘이 작용하였다. 이 때 작용한 자계의 세기[AT/m]는 얼마인가?

① 5　　　　　　② 10
③ 15　　　　　④ 25

해설 힘과 자계의 관계식 $F = mH[\text{N}]$에서
자계 $H = \dfrac{F}{m} = \dfrac{50}{5} = 10[\text{AT/m}]$

081 자속이 통과하는 면적이 3[cm²]인 도체에 3.6×10^{-4}[Wb]의 자속이 통과한다면 자속밀도는 몇 [Wb/m²]인가?

① 1.2　　　　　② 10
③ 20　　　　　④ 0.8

해설 **자속밀도**
$$B = \frac{\text{자속}}{\text{면적}} = \frac{3.6 \times 10^{-4}}{3 \times 10^{-4}} = 1.2[\text{Wb/m}^2]$$

082 자속이 통과하는 면적이 10[cm²], 투자율이 1,000인 철심에 5×10^{-6}[Wb]인 자속이 통과한다면 자속밀도는 몇 [Wb/m²]인가?

① 5×10^{-3}　　　② 5×10^{-6}
③ 2×10^{-3}　　　④ 2×10^{-4}

해설 **자속밀도**
$$B = \frac{\phi}{S} = \frac{5 \times 10^{-6}}{10 \times 10^{-4}} = 5 \times 10^{-3}[\text{Wb/m}^2]$$

083 공심 솔레노이드 내부 자기장의 세기가 500[AT/m]일 때 자속밀도의 세기[Wb/m²]는?

① $2\pi \times 10^{-5}$　　　② $4\pi \times 10^{-3}$
③ $2\pi \times 10^{-4}$　　　④ $4\pi \times 10^{-4}$

해설 **자속밀도와 자기장의 관계식**
$$B = \mu_0 H = 4\pi \times 10^{-7} \times 500 = 2\pi \times 10^{-4}[\text{Wb/m}^2]$$

084 자속밀도 1[Wb/m²]은 몇 [gauss]인가?

① $4\pi \times 10^{-7}$　　　② 10^{-6}
③ 10^4　　　　　　④ $\dfrac{4\pi}{10}$

해설 자속밀도의 단위환산

$1[\text{Wb}/\text{m}^2] = 10^4[\text{gauss}]$

085 전류에 의해 만들어지는 자기장의 자기력선 방향을 간단하게 알 수 있는 법칙은?

① 앙페르의 오른나사법칙
② 렌츠의 자기유도법칙
③ 플레밍의 왼손법칙
④ 패러데이의 전자유도법칙

해설 앙페르의 오른나사법칙
전류에 의한 자기장의 방향을 알기 쉽게 정의한 법칙

086 긴 직선 도선에 i의 전류가 흐를 때 이 도선으로부터 r만큼 떨어진 곳의 자장의 세기는?

① 전류 i에 반비례하고 r에 비례한다.
② 전류 i에 비례하고 r에 반비례한다.
③ 전류 i의 제곱에 반비례하고 r에 반비례한다.
④ 전류 i에 반비례하고 r의 제곱에 반비례한다.

해설 직선 도선에 의한 자장의 세기
$H = \dfrac{I}{2\pi r}[\text{AT/m}]$이므로 전류 i에 비례하고 거리 r에 반비례한다.

087 환상 솔레노이드의 내부 자장과 전류의 세기에 대한 설명으로 맞는 것은?

① 전류의 세기에 반비례한다.
② 전류의 세기에 비례한다.
③ 전류의 세기 제곱에 비례한다.
④ 전혀 관계가 없다.

해설 내부 자장의 세기
$H = \dfrac{NI}{2\pi r}[\text{AT/m}]$

088 반지름 10[cm], 권수 100회인 원형 코일에 15[A]의 전류가 흐르면 코일 중심의 자장의 세기는 몇 [AT/m]인가?

① 22,500
② 15,000
③ 7,500
④ 1,000

해설 원형 코일 중심의 자계
$H = \dfrac{NI}{2r} = \dfrac{100 \times 15}{2 \times 0.1} = 7,500[\text{AT/m}]$

089 자기 히스테리시스 곡선의 횡축과 종축은 어느 것을 나타내는가?

① 자기장의 크기와 보자력
② 투자율과 자속밀도
③ 투자율과 잔류자기
④ 자기장의 크기와 자속밀도

해설 히스테리시스 곡선에서 횡축(가로축)은 자기장의 세기, 종축(세로축)은 자속밀도를 나타내며, 횡축과 만나는 점을 보자력, 종축과 만나는 점을 잔류자기라 한다.

090 히스테리시스 곡선에서 세로축과 만나는 점의 값은 무엇을 나타내는가?

① 자속밀도
② 잔류자기
③ 보자력
④ 자기장

해설 히스테리시스 곡선이 만나는 점의 좌표
• 세로축(종축) : 잔류자기
• 가로축(횡축) : 보자력

091 히스테리시스 곡선이 횡축과 만나는 점의 값은 무엇을 나타내는가?

① 보자력
② 잔류자기
③ 자속밀도
④ 자장의 세기

해설 히스테리시스 곡선이 만나는 점의 좌표
• 세로축(종축) : 잔류자기
• 가로축(횡축) : 보자력

정답 085. ① 086. ② 087. ② 088. ③ 089. ④ 090. ② 091. ①

092 자속을 발생시키는 원천을 무엇이라 하는가?

① 기전력　　　　② 전자력
③ 기자력　　　　④ 정전력

해설 **기자력**
㉠ 자속 Φ를 발생시키는 원천
㉡ 정의식 $F = NI = R\Phi$[AT]

093 다음 중 자기작용에 관한 설명으로 틀린 것은?

① 기자력의 단위는 [AT]을 사용한다.
② 자기회로의 자기저항이 작은 경우는 누설자속이 거의 발생되지 않는다.
③ 자기장 내에 있는 도체에 전류를 흘리면 힘이 작용하는 데 이 힘을 기전력이라 한다.
④ 평행한 두 도체 사이에 전류가 동일한 방향으로 흐르면 흡인력이 작용한다.

해설 **전자력**
• 자기장 내에 있는 도체에 전류를 흘려주면 도체가 받는 힘
• $F = IBl\sin\theta$[N]

094 자로의 길이 l[m], 투자율 μ, 단면적 A[m²]인 자기회로의 자기저항[AT/Wb]은?

① $\dfrac{\mu}{lA}$　　　　② $\dfrac{\mu l}{A}$

③ $\dfrac{\mu A}{l}$　　　　④ $\dfrac{l}{\mu A}$

해설 **자기회로의 자기저항**
$$R = \frac{l}{\mu A} = \frac{NI}{\phi}\,[\text{AT/Wb}]$$

095 다음 중 자기저항의 단위에 해당되는 것은?

① [Ω]　　　　② [Wb/AT]
③ [H/m]　　　④ [AT/Wb]

해설 기자력 $F = NI = R\phi$[AT]에서
자기저항(자속의 통과를 방해하는 성분)을 구하면
$$R = \frac{NI}{\phi}\,[\text{AT/Wb}]$$

096 자기회로에서 자기저항이 2,000[AT/Wb]이고 기자력이 50,000[AT]이라면 자속[Wb]은?

① 50　　　　② 20
③ 25　　　　④ 10

해설
$$\text{자속 } \Phi = \frac{F}{R_m} = \frac{50,000}{2,000} = 25\,[\text{Wb}]$$

097 자기회로와 전기회로의 대응관계가 잘못된 것은?

① 기자력 – 기전력
② 자기저항 – 전기저항
③ 자속 – 전계
④ 투자율 – 도전율

해설 **자기회로와 전기회로의 대응관계**

자기회로값	전기회로값
기자력	기전력
자속	전류
자기저항	전기저항
투자율	도전율

098 공기 중에서 자속밀도 2[Wb/m²]의 평등 자장 속에 길이 60[cm]의 직선 도선을 자장의 방향과 30°각으로 놓고 여기에 5[A]의 전류를 흐르게 하면 이 도선이 받는 힘은 몇 [N]인가?

① 2　　　　② 5
③ 6　　　　④ 3

해설 **전자력의 세기**
$$F = IBl\sin\theta$$
$$= 5 \times 0.6 \times 2 \times \sin 30° = 3\,[\text{N}]$$

099 공기 중에서 자속밀도 4[Wb/m²]의 평등 자장 속에 길이 10[cm]의 직선 도선을 자장의 방향과 30°각으로 놓고 여기에 3[A]의 전류를 흐르게 하면 이 도선이 받는 힘은 몇 [N]인가?

① 0.2 ② 0.3
③ 0.6 ④ 1.2

해설 전자력의 세기

$$F = IBl\sin\theta$$
$$= 3 \times 4 \times 0.1 \times \sin30° = 0.6[\text{N}]$$

100 두 개의 평행도선에서 전류의 방향이 동일한 경우 어떠한 현상이 발생하는가?

① 서로 끌어당긴다.
② 서로 밀어낸다.
③ 서로 밀어냈다 끌어당긴다.
④ 회전하는 힘이 작용한다.

해설 평행도체 사이에 작용하는 힘(전자력)

$$F = \frac{2I_1I_2}{r} \times 10^{-7}[\text{N/m}]$$

• 전류 방향 동일 : 흡인력
• 전류 방향 반대(왕복도체) : 반발력

101 두 개의 평행한 도체가 진공 중(또는 공기 중)에 20[cm] 떨어져 있고, 100[A]의 같은 크기의 전류가 흐르고 있을 때 1[m]당 발생하는 힘의 크기[N/m]는?

① 0.05
② 0.01
③ 50
④ 100

해설 평행도체 사이에 작용하는 힘

$$F = \frac{2I_1I_2}{r} \times 10^{-7}[\text{N/m}]$$
$$= \frac{2 \times 100 \times 100}{0.2} \times 10^{-7} = 10^{-2} = 0.01[\text{N/m}]$$

102 길이가 1[m]인 두 직선도선이 1[m] 떨어져 평행하게 있을 때 이 도선의 단위길이당 작용하는 힘의 세기가 2×10⁻⁷[N]일 경우 전류의 세기 [A]는?

① 1 ② 3
③ 4 ④ 2

해설 평행도선 사이에 작용하는 힘의 세기

$$F = \frac{2I_1I_2}{r} \times 10^{-7}[\text{N/m}]$$
$$F = \frac{2I^2}{1} \times 10^{-7} = 2 \times 10^{-7}[\text{N/m}]$$
$$I^2 = 1 \text{이므로} \quad I = 1[\text{A}]$$

103 길이가 1[m]인 두 직선도선이 1[m] 떨어져 평행하게 있을 때 이 도선의 단위길이당 작용하는 힘의 세기가 18×10⁻⁷[N]일 경우 전류의 세기[A]는?

① 1 ② 2
③ 4 ④ 3

해설 평행도선 사이에 작용하는 힘의 세기

$$F = \frac{2I_1I_2}{r} \times 10^{-7}[\text{N/m}]$$
$$F = \frac{2I^2}{1} \times 10^{-7} = 18 \times 10^{-7}[\text{N/m}]$$
$$I^2 = 9 \text{이므로} \quad I = 3[\text{A}]$$

104 막대자석의 자극의 세기가 m[Wb]이고 길이가 l[m]인 경우 자기모멘트[Wb · m]는 얼마인가?

① $\dfrac{m}{l}$

② ml

③ $\dfrac{l}{m}$

④ $2ml$

해설 막대자석의 모멘트 $M = ml[\text{Wb} \cdot \text{m}]$

105 전기자 도체와 자속밀도가 이루는 각이 직각이라면 발전기의 유도기전력은?

① $\dfrac{vB}{l}$ ② $\dfrac{1}{vBl}$

③ vBl ④ $\dfrac{Bl}{v}$

해설   발전기의 유도기전력 $e = vBl\sin\theta[\mathrm{V}]$
직각이므로 $\sin\theta = \sin 90° = 1$
$e = vBl[\mathrm{V}]$

106 다음 중 발전기의 유도기전력의 방향을 알 수 있는 법칙은?

① 렌츠의 법칙
② 플레밍의 오른손법칙
③ 플레밍의 왼손법칙
④ 옴의 법칙

해설   **플레밍의 오른손법칙**
발전기에서 유도되는 기전력의 방향을 알기 쉽게 정의한 법칙
• 엄지 : 도체의 운동속도
• 검지 : 자속밀도
• 중지 : 유도기전력

107 코일에서 유도되는 기전력의 크기는 자속의 시간적인 변화율에 비례한다는 것으로 유도기전력의 크기를 정의한 법칙은?

① 렌츠의 법칙
② 플레밍의 법칙
③ 패러데이의 법칙
④ 줄의 법칙

해설   **패러데이의 법칙**
유도기전력의 크기를 정의한 법칙으로서 코일에서 유도기전력의 크기는 자속의 시간적인 변화율에 비례한다.

108 패러데이의 전자유도법칙에서 유도기전력에 관한 내용으로 옳은 것은?

① 자속의 시간변화율에 비례한다.
② 권수에 반비례한다.
③ 자속에 비례한다.
④ 권수에 비례하고 자속에 반비례한다.

해설   유도기전력 $e = N\dfrac{\triangle\Phi}{\triangle t}[\mathrm{V}]$

109 전자유도 현상에 의한 기전력의 방향을 정의한 법칙은?

① 렌츠의 법칙   ② 플레밍의 법칙
③ 패러데이의 법칙   ④ 줄의 법칙

해설   **렌츠의 법칙**
전자유도 현상에 의한 유도기전력의 방향을 정의한 법칙으로서 "유도기전력은 자신이 발생 원인이 되는 자속의 변화를 방해하려는 방향으로 발생한다."는 법칙이다.

110 권수가 150인 코일에서 2초간 1[Wb]의 자속이 변화한다면 코일에 발생되는 유도기전력의 크기는 몇 [V]인가?

① 50   ② 75
③ 100   ④ 150

해설   **코일에 유도되는 기전력**
$e = N\dfrac{d\phi}{dt} = 150 \times \dfrac{1}{2} = 75[\mathrm{V}]$

111 자기 인덕턴스 200[mH]의 코일에서 0.1[s] 동안에 30[A]의 전류가 변화하였다. 코일에 유도되는 기전력[V]은?

① 6   ② 15
③ 60   ④ 150

해설 코일에 유도되는 기전력

$$e = -L\frac{\triangle I}{\triangle t}[V]$$

$$e = 200 \times 10^{-3} \times \frac{30}{0.1} = 60[V]$$

112 두 코일이 있다. 한 코일에서 매초 전류가 150[A]의 비율로 변할 때, 다른 코일에서는 60[V]의 기전력이 발생하였다면, 두 코일의 상호 인덕턴스는 몇 [H]인가?

① 4.0

② 2.5

③ 0.4

④ 25

해설 상호 유도전압 $e = M\frac{\Delta I}{\Delta t}[V]$

상호 인덕턴스 $M = e \times \frac{\Delta t}{\Delta I} = 60 \times \frac{1}{150} = 0.4[H]$

113 100회 감은 코일에 전류 0.5[A]가 0.1[sec] 동안 0.3[A]가 되었을 때 2×10^{-4}[V]의 기전력이 발생하였다면 코일의 자기 인덕턴스[μH]는?

① 5　　　　　　② 10

③ 200　　　　　④ 100

해설 코일에 유도되는 기전력 $e = -L\frac{\triangle I}{\triangle t}[V]$

$$L = 2 \times 10^{-4} \times \frac{0.1}{0.5 - 0.3} = 10^{-4}[H] = 100[\mu H]$$

114 환상 솔레노이드에 감겨진 코일의 권회수를 3배로 늘리면 자체 인덕턴스는 몇 배로 되는가?

① 3　　　　　　② 9

③ $\frac{1}{3}$　　　　　④ $\frac{1}{9}$

해설 환상 솔레노이드의 자기 인덕턴스

$$L = \frac{\mu S N^2}{l}[H] \propto N^2 \text{이므로 } 3^2 = 9\text{배가 된다.}$$

115 자기 인덕턴스가 각각 L_1[H], L_2[H]인 두 개의 코일이 직렬로 가동 접속되었을 때 합성 인덕턴스는? (단, 자기력선에 의한 영향을 서로 받는 경우이다.)

① $L_1 + L_2 - M$　　② $L_1 + L_2 - 2M$

③ $L_1 + L_2 + M$　　④ $L_1 + L_2 + 2M$

해설 가동 결합 합성 인덕턴스 $L_{가} = L_1 + L_2 + 2M[H]$

116 자기 인덕턴스가 각각 L_1[H], L_2[H]인 두 개의 코일이 직렬로 가동 접속되었을 때 합성 인덕턴스는? (단, 자기력선에 의한 영향을 서로 받지 않는 경우이다.)

① $L_1 + L_2 + M$　　② $L_1 + L_2 + 2M$

③ $L_1 + L_2 - M$　　④ $L_1 + L_2$

해설 자기력선에 의한 영향을 받지 않으면 상호 인덕턴스 $M = 0$이므로

합성 인덕턴스 $L_0 = L_1 + L_2[H]$

117 자기 인덕턴스가 각각 50[mH], 80[mH]이고 상호 인덕턴스가 60[mH]인 경우 두 코일 간에 누설자속이 없는 경우 가동 접속 합성 인덕턴스 값[mH]은?

① 120　　　　　② 240

③ 250　　　　　④ 300

해설 가동 접속 합성 인덕턴스(완전 결합 $k=1$)

$L_0 = L_1 + L_2 + 2M = 50 + 80 + 2 \times 60 = 250[mH]$

118 자기 인덕턴스가 각각 L_1, L_2[H]인 두 원통 코일이 서로 직교하고 있다. 두 코일 간의 상호 인덕턴스는?

① $L_1 + L_2$　　　② $L_1 L_2$

③ 0　　　　　④ $\sqrt{L_1 L_2}$

해설 코일 간에 수직 교차하면 자속이 쇄교되지 않으므로 상호 인덕턴스 $M = 0$이다.

119 자체 인덕턴스가 40[mH]인 코일에 10[A]의 전류가 흐를 때 저장되는 에너지는 몇 [J]인가?

① 2 　　　　　 ② 3
③ 4 　　　　　 ④ 8

해설 코일에 축적되는 전자에너지

$$W = \frac{1}{2}LI^2$$
$$= \frac{1}{2} \times 40 \times 10^{-3} \times 10^2 = 2\,[\mathrm{J}]$$

120 자체 인덕턴스 0.2[H]의 코일에 5[A]의 전류가 흐르고 있다. 축적되는 전자에너지[J]는?

① 0.25 　　　　② 1.25
③ 2.5 　　　　　④ 25

해설 $W = \frac{1}{2}LI^2$
$$= \frac{1}{2} \times 0.2 \times 5^2 = 2.5\,[\mathrm{J}]$$

121 코일에 흐르는 전류가 0.5[A], 축적되는 에너지가 0.2[J]이 되기 위한 자기 인덕턴스는 몇 [H]인가?

① 0.8 　　　　　② 1.6
③ 10 　　　　　 ④ 16

해설 코일에 축적되는 $W = \frac{1}{2}LI^2[\mathrm{J}]$에서

$$L = \frac{2W}{I^2} = \frac{2 \times 0.2}{0.5^2} = 1.6\,[\mathrm{H}]$$

122 $e = 100\sin\left(314t - \frac{\pi}{6}\right)$[V]인 파형의 주파수는 약 몇 [Hz]인가?

① 40 　　　　　② 50
③ 60 　　　　　④ 80

해설 $\omega = 2\pi f = 314$이므로 $f = \frac{314}{2\pi} = 50\,[\mathrm{Hz}]$

123 $e = 141\sin\left(120\pi t - \frac{\pi}{3}\right)$[V]인 파형의 주파수는 몇 [Hz]인가?

① 120 　　　　　② 60
③ 30 　　　　　 ④ 15

해설 각주파수 $\omega = 120\pi\,[\mathrm{rad/s}]$이므로
주파수 $f = \frac{\omega}{2\pi} = \frac{120\pi}{2\pi} = 60\,[\mathrm{Hz}]$

124 각속도 $\omega = 377$[rad/sec]인 사인파 교류의 주파수는 약 몇 [Hz]인가?

① 30 　　　　　② 60
③ 90 　　　　　④ 120

해설 $\omega = 377\,[\mathrm{rad/s}]$
$$f = \frac{\omega}{2\pi} = \frac{377}{2\pi} = 60\,[\mathrm{Hz}]$$

125 회전자가 1초에 30회전하면 각속도[rad/s]는?

① 30π 　　　　② 60π
③ 90π 　　　　④ 120π

해설 1초 30회전하므로 주파수 $f = 30\,[\mathrm{Hz}]$
각속도 $\omega = 2\pi f = 2\pi \times 30 = 60\pi\,[\mathrm{rad/s}]$

126 실효값 20[A], 주파수 $f = 60$[Hz], 0°인 전류의 순시값 i[A]를 수식으로 옳게 표현한 것은?

① $i = 20\sin(60\pi t)$
② $i = 20\sqrt{2}\sin(120\pi t)$
③ $i = 20\sin(120\pi t)$
④ $i = 20\sqrt{2}\sin(60\pi t)$

해설 순시값 전류 $i(t) = $ 최대값 $\times \sin(2\pi f t + \theta)$
$$= \sqrt{2}\,I\sin(\omega t + \theta)$$
$$= 20\sqrt{2}\sin(120\pi t)\,[\mathrm{A}]$$
전류 최대값 = 실효값 $\times \sqrt{2} = 20\sqrt{2}\,[\mathrm{A}]$

127 주파수 60[Hz], 최대값이 200[V], 위상 0°인 교류의 순시값으로 맞는 것은?

① $100\sin 60\pi t$ ② $200\sin 120\pi t$
③ $200\sqrt{2}\sin 120\pi t$ ④ $200\sqrt{2}\sin 60\pi t$

해설 순시값 $v(t)=$최대값$\times\sin(\omega t+\theta)$
$=200\sin 2\pi\times 60t=200\sin 120\pi t[\text{V}]$

128 30[W] 전열기에 220[V], 주파수 60[Hz]인 전압을 인가한 경우 평균전압[V]은?

① 243 ② 198
③ 211 ④ 311

해설 전압의 최대값 $V_m=220\sqrt{2}[\text{V}]$
평균값 $V_{av}=\dfrac{2}{\pi}V_m=\dfrac{2}{\pi}\times 220\sqrt{2}=198[\text{V}]$

※ 쉬운 풀이
• 평균값 $V_{av}=0.9V=0.9\times 220=198[\text{V}]$
• 실효값 $V=1.11V_{av}[\text{V}]$

129 평균값이 100[V]인 경우 실효값[V]은?

① 100 ② 111
③ 127 ④ 200

해설 실효값 $V=1.11V_{av}=1.11\times 100=111[\text{V}]$

130 $v=100\sqrt{2}\sin\left(120\pi t+\dfrac{\pi}{4}\right)$, $i=100\sin\left(120\pi t+\dfrac{\pi}{2}\right)$인 경우 전류는 전압보다 위상이 어떻게 되는가?

① 전류가 전압보다 $\dfrac{\pi}{2}$[rad]만큼 앞선다.
② 전류가 전압보다 $\dfrac{\pi}{2}$[rad]만큼 뒤진다.
③ 전류가 전압보다 $\dfrac{\pi}{4}$[rad]만큼 앞선다.
④ 전류가 전압보다 $\dfrac{\pi}{4}$[rad]만큼 뒤진다.

해설 위상각 0°를 기준으로 할 때 전압은 $\dfrac{\pi}{4}$(45°) 앞서 있고, 전류는 $\dfrac{\pi}{2}$(90°) 앞서 있으므로 전류가 전압보다 위상차 $\dfrac{\pi}{4}$(45°)만큼 앞선다.

131 코일을 나선형으로 감으면 예상치 못한 현상들이 발생하게 된다. 다음 중 설명이 틀린 것은?

① 직류보다는 교류에서 전류가 더 잘 흐른다.
② 상호유도작용이 발생한다.
③ 전자석이 된다.
④ 공진현상이 발생한다.

해설 코일에 교류를 인가한 경우 전류의 시간적인 변화로 인해 이를 방해하는 방향으로 기전력이 발생하므로 교류는 오히려 잘 흐르지 못한다.

132 콘덴서만의 회로에 정현파형의 교류전압을 인가하면 전류는 전압보다 위상이 어떠한가?

① 전류가 90° 앞선다.
② 전류가 30° 늦다.
③ 전류가 30° 앞선다.
④ 전류가 90° 늦다

해설 C만의 회로에서는 전류가 전압보다 90° 앞서는 진상전류가 흐른다.

133 그림의 회로에서 교류전압 $v(t)=100\sqrt{2}\sin\omega t$[V]를 인가했을 때 회로에 흐르는 전류[A]는?

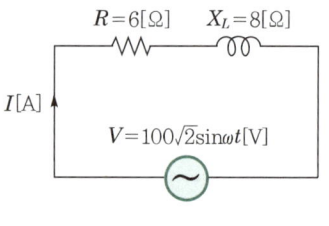

① 10 ② 20
③ 25 ④ 40

해설 전류 $I = \dfrac{V}{Z} = \dfrac{100}{\sqrt{6^2 + 8^2}} = 10[\text{A}]$

134 다음 중 용량 리액턴스 X_C와 반비례하는 것은?

① 전류

② 전압

③ 저항

④ 주파수

해설 용량성 리액턴스 $X_C = \dfrac{1}{\omega C} = \dfrac{1}{2\pi f C}[\Omega]$이므로 주파수와 정전용량에 반비례한다.

135 주파수가 1[kHz]일 때 용량성 리액턴스가 50 [Ω]이라면 주파수가 50[Hz]인 경우 용량성 리액턴스는 몇 [Ω]인가?

① 500

② 50

③ 1,000

④ 750

해설 용량성 리액턴스는 주파수와 반비례하므로

주파수가 $\dfrac{50}{1,000} = \dfrac{1}{20}$ 로 감소하면 용량성 리액턴스는 20배로 증가하게 된다.

$X_C = 50 \times 20 = 1,000[\Omega]$

136 $R-L-C$ 직렬회로에서 임피던스 Z의 크기를 나타내는 식은?

① $R^2 + X_L{}^2$

② $R^2 - X_C{}^2$

③ $\sqrt{R^2 + (X_L - X_C)^2}$

④ 0

해설 $R-L-C$ 직렬회로의 합성 임피던스

$\dot{Z} = R + j(X_L - X_C) = R + j\left(\omega L - \dfrac{1}{\omega C}\right)[\Omega]$

절대값 $Z = \sqrt{R^2 + (X_L - X_C)^2}\,[\Omega]$

137 $R = 3[\Omega]$, $\omega L = 8[\Omega]$, $\dfrac{1}{\omega C} = 4[\Omega]$인 RLC 직렬회로의 임피던스는 몇 [Ω]인가?

① 5

② 8.5

③ 12.4

④ 15

해설 합성 임피던스 $\dot{Z} = R + j\left(\omega L - \dfrac{1}{\omega C}\right)$

$\dot{Z} = 3 + j(8-4) = 3 + j4$

절대값 $Z = \sqrt{3^2 + 4^2} = 5[\Omega]$

138 어드미턴스의 실수부는 무엇인가?

① 컨덕턴스

② 리액턴스

③ 서셉턴스

④ 임피던스

해설 어드미턴스($Y[\mho]$) : 임피던스($Z[\Omega]$)의 역수

• 실수부 : 컨덕턴스

• 허수부 : 서셉턴스

139 그림과 같은 $R-C$ 병렬회로에서 역률은?

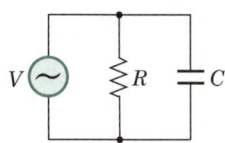

① $\dfrac{R}{\sqrt{R^2 + X_C{}^2}}$

② $\dfrac{X_C}{\sqrt{R^2 + X_C{}^2}}$

③ $\dfrac{X_C}{R^2 + X_C{}^2}$

④ $\dfrac{R X_C}{\sqrt{R^2 + X_C{}^2}}$

해설 $R-C$ 병렬회로의 역률

$\cos\theta = \dfrac{X_C}{\sqrt{R^2 + X_C{}^2}}$

140 그림의 회로에서 합성 임피던스는 몇 [Ω]인가?

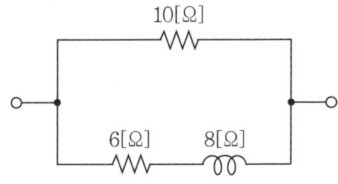

① $2+j5.5$
② $3+j4.5$
③ $5+j2.5$
④ $4+j3.5$

해설 합성 임피던스

$$\dot{Z}=\frac{10(6+j8)}{10+6+j8}=\frac{10(6+j8)}{16+j8}$$
$$=\frac{10(6+j8)(16-j8)}{(16+j8)(16-j8)}=5+j2.5\,[\Omega]$$

141 교류회로에서 무효전력의 단위는?

① [W]
② [VA]
③ [Var]
④ [V/m]

해설 무효전력의 단위
[Var], 바

142 200[V]의 교류 전원에 전류가 450[A]이고 역률이 90[%]인 경우 소비전력[kW]은?

① 90
② 45
③ 36
④ 81

해설 단상 교류 소비전력 $P=VI\cos\theta\,[W]$
$P=200\times450\times0.9=81,000\,[W]=81\,[kW]$

143 대칭 3상 교류회로에서 각 상 간의 위상차는 얼마인가?

① $\dfrac{\pi}{3}$
② $\dfrac{\sqrt{3}}{2}\pi$
③ $\dfrac{2\pi}{3}$
④ $\dfrac{2}{\sqrt{3}}\pi$

해설 대칭 3상 교류에서의 각 상 간 위상차는 $\dfrac{2\pi}{3}$ [rad] 이다.

144 3상 교류를 Y결선하였을 때 선간전압과 상전압, 선전류와 상전류의 관계를 바르게 나타낸 것은?

① 상전압 $=\sqrt{3}$ 선간전압
② 선간전압 $=\sqrt{3}$ 상전압
③ 선전류 $=\sqrt{3}$ 상전류
④ 상전류 $=\sqrt{3}$ 선전류

해설 Y결선(성형결선)의 특징
• V_l(선간전압)$=\sqrt{3}\,V_p$(상전압)[V]
• I_l(선전류)$=I_p$(상전류)[A]

145 Y-Y결선에서 상전압이 220[V]인 경우 선간전압은 몇 [V]인가?

① 100
② 220
③ 200
④ 380

해설 Y결선 선간전압
$V_l=\sqrt{3}\,V_p=\sqrt{3}\times220=380\,[V]$

146 전원과 부하가 Y결선된 3상 평형회로가 있다. 상전압이 200[V], 부하 임피던스가 $\dot{Z}=8+j6\,[\Omega]$인 경우 상전류는 몇 [A]인가?

① 20
② $\dfrac{20}{\sqrt{3}}$
③ $20\sqrt{3}$
④ $10\sqrt{3}$

해설 한 상의 임피던스 $\dot{Z}=8+j6\,[\Omega]\;\rightarrow\;|Z|=10\,[\Omega]$
상전류 $I_p=\dfrac{V}{Z}=\dfrac{200}{10}=20\,[A]$

147 평형 3상 △결선에서 선간전압 V_l과 상전압 V_p와의 관계가 옳은 것은?

① $V_l=\dfrac{1}{\sqrt{3}}\,V_p$
② $V_l=\dfrac{1}{3}\,V_p$
③ $V_l=V_p$
④ $V_l=\sqrt{3}\,V_p$

정답 140. ③ 141. ③ 142. ④ 143. ③ 144. ② 145. ④ 146. ① 147. ③

해설 △결선의 특징
- $V_l = V_p[\mathrm{V}]$
- $\dot{I}_l(\text{선전류}) = \sqrt{3}\,I_p(\text{상전류})[\mathrm{A}]$

148 대칭 3상 △결선에서 선전류와 상전류와의 위상 관계는?

① 상전류가 $\dfrac{\pi}{3}[\mathrm{rad}]$ 앞선다.

② 상전류가 $\dfrac{\pi}{3}[\mathrm{rad}]$ 뒤진다.

③ 상전류가 $\dfrac{\pi}{6}[\mathrm{rad}]$ 앞선다.

④ 상전류가 $\dfrac{\pi}{6}[\mathrm{rad}]$ 뒤진다.

해설 △결선의 특징
$$\dot{I}_l = \sqrt{3}\,I_p \left/\!-\dfrac{\pi}{6}\right.[\mathrm{A}]$$

상전류가 선전류보다 $\dfrac{\pi}{6}[\mathrm{rad}]$ 앞선다.

149 전원과 부하가 다같이 △결선된 3상 평형회로가 있다. 상전압이 200[V], 부하 임피던스가 $\dot{Z} = 6 + j8[\Omega]$인 경우 선전류는 몇 [A]인가?

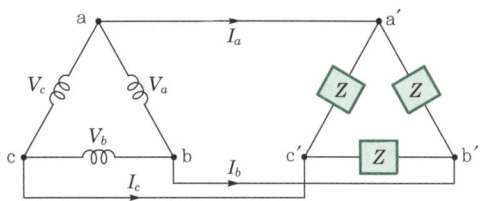

① 20

② $\dfrac{20}{\sqrt{3}}$

③ $20\sqrt{3}$

④ $10\sqrt{3}$

해설 선간전압 $V_l = V_p = 200[\mathrm{V}]$
한 상의 임피던스 $\dot{Z} = 6 + j8[\Omega] \rightarrow Z = 10[\Omega]$
상전류 $I_p = \dfrac{V}{Z} = \dfrac{200}{10} = 20[\mathrm{A}]$
선전류 $I_l = \sqrt{3}\,I_p = \sqrt{3} \times 20 = 20\sqrt{3}[\mathrm{A}]$

150 평형 3상 회로에서 1상의 소비전력이 $P[\mathrm{W}]$라면, 3상 회로 전체의 소비전력[W]은?

① $2P$ ② $\sqrt{2}\,P$

③ $3P$ ④ $\sqrt{3}\,P$

해설 3상 전체 소비전력
$$P' = 3 \times P(\text{1상 전력}) = \sqrt{3}\,V_l I_l \cos\theta\,[\mathrm{W}]$$

151 세 변의 저항 $R_a = R_b = R_c = 15[\Omega]$인 Y결선 회로가 있다. 이것과 등가인 △결선회로의 각 변의 저항은 몇 [Ω]인가?

① 5   ② 10

③ 25   ④ 45

해설 Y결선회로를 △결선으로 변환 시 각 변의 저항은 3배이므로 $R_\triangle = 3R_Y = 3 \times 15 = 45[\Omega]$이 된다.

152 단상 전력계 2대를 사용하여 2전력계법으로 3상 전력을 측정하고자 한다. 두 전력계의 지시값이 각각 P_1, $P_2[\mathrm{W}]$였다. 3상 전력 $P[\mathrm{W}]$를 구하는 식으로 옳은 것은?

① $P = P_1 + P_2$

② $P = \sqrt{3}\,(P_1 \times P_2)$

③ $P = P_1 \times P_2$

④ $P = P_1 - P_2$

해설 2전력계법에 의한 유효전력
$$P = P_1 + P_2[\mathrm{W}]$$

153 2전력계법으로 3상 전력을 측정할 때 지시값이 $P_1 = 200[\mathrm{W}]$, $P_2 = 200[\mathrm{W}]$일 때 부하 전력[W]은?

① 200   ② 400

③ 600   ④ 800

해설 2전력계법에 의한 부하의 유효 전력
$$P = P_1 + P_2 = 200 + 200 = 400[\mathrm{W}]$$

154
100[kVA] 단상 변압기 2대를 V결선하여 3상 전력을 공급할 때의 출력[kVA]은?

① 173.2   ② 86.6

③ 17.3   ④ 346.8

해설 $P_v = \sqrt{3}\,P_1 = 100\sqrt{3} = 173.2[\text{kVA}]$

155
비정현파를 발생시키는 요인이 아닌 것은?

① 철심의 자기포화

② 히스테리시스 현상

③ 전기자 반작용

④ 옴의 법칙

해설 **왜형파의 발생 요인**
- 발전기의 전기자 반작용
- 변압기의 철심의 자기포화 및 히스테리시스 현상
- 다이오드의 비직선 성질에 의한 왜형

156
다음 파형 중 비정현파가 아닌 것은?

① 펄스파

② 사각파

③ 삼각파

④ 주기사인파

해설 주기적인 사인파는 기본 정현파이므로 비정현파에 해당되지 않는다.

157
비정현파를 여러 개의 정현파의 합으로 표시하는 식을 정의한 사람은?

① 푸리에(Fourier)

② 테브난(Thevenin)

③ 노튼(Norton)

④ 패러데이(Faraday)

해설 **푸리에 분석**
비정현파를 여러 개의 정현파의 합으로 분석한 식
$f(t) = $ 직류분 + 기본파 + 고조파

158
비정현파의 실효값을 나타낸 것은?

① 최대파의 실효값

② 각 고조파의 실효값의 합

③ 각 고조파의 실효값 합의 제곱근

④ 각 고조파의 실효값 제곱의 합의 제곱근

해설 **비정현파의 실효값**
각 고조파 실효값 제곱의 합에 대한 제곱근

159
그림과 같은 비사인파의 제3고조파 주파수는?
(단, $V = 20[\text{V}]$, $T = 10[\text{ms}]$이다.)

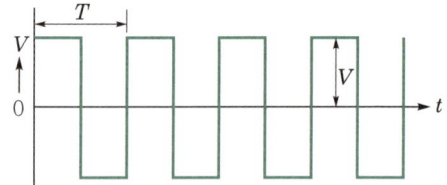

① 100[Hz]

② 200[Hz]

③ 300[Hz]

④ 400[Hz]

해설 기본파의 주파수 $f = \dfrac{1}{T} = \dfrac{1}{10 \times 10^{-3}} = 100[\text{Hz}]$

제3고조파 주파수는 기본파 주파수의 3배이므로 300[Hz]이다.

160
어느 회로의 전류가 다음과 같을 때, 이 회로에 대한 전류의 실효값[A]은?

$$i = 3 + 10\sqrt{2}\sin\left(\omega t - \frac{\pi}{6}\right) + 5\sqrt{2}\sin\left(3\omega t - \frac{\pi}{3}\right)[\text{A}]$$

① 11.6   ② 23.2

③ 32.2   ④ 48.3

해설 **비정현파의 실효값**
$I = \sqrt{3^2 + 10^2 + 5^2} = 11.6[\text{A}]$

02
CHAPTER

전기기기

161 직류기의 주요 구성 3요소가 아닌 것은?

① 전기자
② 정류자
③ 계자
④ 보극

해설 **직류기 구성요소**

계 자	자속발생
전기자	기전력 발생
정류자	교류를 직류로 변환
브러쉬	기전력 외부 인출
공극	자속을 골고루 분포

162 직류발전기 전기자의 구성으로 옳은 것은?

① 전기자 철심, 정류자
② 전기자 권선, 전기자 철심
③ 전기자 권선, 계자
④ 전기자 철심, 브러시

해설 **전기자의 구성**
전기자 철심과 전기자 권선

163 직류발전기에서 계자의 주된 역할은?

① 기전력을 유도한다.
② 자속을 만든다.
③ 정류작용을 한다.
④ 정류자면에 접촉한다.

해설 **계자의 역할**
자속 발생

164 직류기에 있어서 정류자와 접촉하여 전기자 권선과 외부 회로를 연결하는 역할을 하는 브러시에 요구되는 사항이 아닌 것은?

① 접촉저항이 클 것
② 내마멸성, 내마모성이 좋을 것
③ 내열성이 좋을 것
④ 기계적 강도가 클 것

해설 브러시의 접촉저항이 너무 크면 부하전류가 잘 흐르지 못하므로 적당히 커야 불꽃없는 양호한 정류를 얻을 수 있다.

165 직류발전기에서 정류자와 접촉하여 전기자 권선과 외부 회로를 연결하는 역할을 하는 일반적인 브러시는?

① 금속 브러시
② 탄소 브러시
③ 전해 브러시
④ 저항 브러시

해설 **탄소 브러시**
접촉저항이 커서 불꽃없는 양호한 정류를 얻을 수 있다.

166 계자에서 발생한 자속을 전기자에 골고루 분포시켜주기 위해 필요한 것은?

① 공극   ② 브러쉬
③ 콘덴서   ④ 저항

해설 공극은 계자와 전기자 사이에 있으며 계자에서 발생한 자속을 전기자에 균일하게 분포시켜주기 위해 필요하다.

정답 161. ④ 162. ② 163. ② 164. ① 165. ② 166. ①

167 다음 그림에서 자기저항이 가장 큰 곳은 어디 인가?

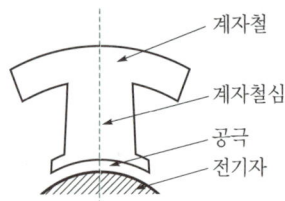

계자철
계자철심
공극
전기자

① 계자철
② 계자철심
③ 전기자
④ 공극

> **해설** 자기저항은 $R = \dfrac{l}{\mu_0 \mu_s A}$ [AT/Wb]로서 공극은
> $\mu_s = 1$ 이므로 자기저항이 가장 크다.

168 전기기기의 철심재료로 규소강판을 많이 사용 하는 이유로 가장 적당한 것은?

① 와류손과 히스테리시스손을 줄이기 위하여
② 맴돌이 전류를 없애기 위해
③ 풍손을 없애기 위해
④ 구리손을 줄이기 위해

> **해설** 전기기기의 철손
> • 히스테리시스손(감소대책 : 규소강판)
> • 와류손(감소대책 : 성층철심)

169 전기기계에 있어 와전류손(eddy current loss) 을 감소시키기 위한 적합한 방법은?

① 냉각 압연한다.
② 보상권선을 설치한다.
③ 교류전원을 사용한다.
④ 규소강판에 성층철심을 사용한다.

> **해설** 전기기기의 철손
> • 히스테리시스손(감소대책 : 규소강판)
> • 와류손(감소대책 : 성층철심)

170 측정이나 계산으로 구할 수 없는 손실로 부하 전류가 흐를 때 도체 또는 철심 내부에서 생기 는 손실을 무엇이라 하는가?

① 표유부하손
② 히스테리시스손
③ 구리손
④ 맴돌이 전류손

> **해설** 표유(류)부하손
> 측정이나 계산으로 구할 수 없는 손실로 부하전류가
> 흐를 때 도체나 철심 내부에서 생기는 손실

171 고압 전동기 철심의 강판 홈(slot)의 모양은?

① 반구형   ② 반폐형
③ 밀폐형   ④ 개방형

> **해설** • 저압 : 반폐형
> • 고압 : 개방형

172 다극 중권 직류발전기의 전기자 권선에 균압 고리를 설치하는 이유는?

① 브러시에서 순환전류를 방지하기 위하여
② 전기자 반작용을 방지하기 위하여
③ 정류 기전력을 높이기 위하여
④ 전압강하를 방지하기 위하여

> **해설** 브러시 부근에 불꽃을 방지하기 위하여 4극 이상의
> 중권에 대해서는 균압환을 설치한다.

173 6극 전기자 도체수 400, 매극 자속수 0.01[Wb], 회전수 600[rpm]인 파권 직류기의 유기기전 력은 몇 [V]인가?

① 120   ② 140
③ 160   ④ 180

> **해설** $e = \dfrac{PZ\Phi N}{60a}$ [V], 파권 $a = 2$
>
> $e = \dfrac{6 \times 400 \times 0.01 \times 600}{60 \times 2} = 120$ [V]

정답 167. ④ 168. ① 169. ④ 170. ① 171. ④ 172. ① 173. ①

174 직류발전기 중 중권발전기의 전기자 권선에 균압환을 설치하는 이유는 무엇인가?

① 브러시 불꽃 방지
② 전기자 반작용
③ 파형 개선
④ 정류 개선

해설 4극 이상의 중권발전기는 브러시 부근에 불꽃을 방지하기 위해 균압환을 설치한다.

175 직류발전기의 전기자 반작용의 영향에 대한 설명으로 틀린 것은?

① 브러시 사이의 불꽃을 발생시킨다.
② 주자속이 찌그러지거나 감소된다.
③ 전기자 전류에 의한 자속이 주자속에 영향을 준다.
④ 회전 방향과 반대 방향으로 자기적 중성축이 이동된다.

해설 **전기자 반작용 결과**
• 주자속 감소
• 중성축 이동
• 브러쉬 부근 불꽃 발생(정류 불량 원인)

176 다음 그림은 직류발전기의 분류 중 어느 것에 해당되는가?

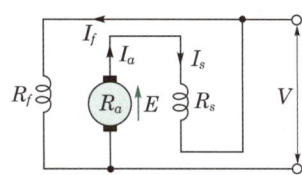

① 직권발전기 ② 타여자 발전기
③ 복권발전기 ④ 분권발전기

해설 그림은 복권발전기로서 내분권에 해당되며 전기자 도체와 직렬로 접속된 직권계자가 있고 병렬로 접속된 분권계자로 구성된다.

177 전압변동률이 적고 자여자이므로 다른 전원이 필요없으며, 계자저항기를 사용한 전압조정이 가능하므로 전기화학용, 전지의 충전용 발전기로 가장 적합한 것은?

① 타여자 발전기
② 직류 복권발전기
③ 직류 분권발전기
④ 직류 직권발전기

해설 전압변동률이 적고 자여자이므로 다른 전원이 필요없으며, 계자저항기를 사용한 전압조정이 가능하므로 전기화학용, 전지의 충전용 발전기로 가장 적합한 것은 직류 분권발전기이다.

178 그림과 같은 직류 분권발전기 등가회로에서 부하전류 I[A]는?

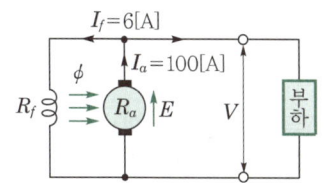

① 4 ② 94
③ 106 ④ 96

해설 전기자전류 $I_a = I + I_f$[A]이므로
$I = I_a - I_f = 100 - 6 = 94$[A]

179 다음 중 전기 용접기용 발전기로 가장 적당한 것은?

① 직류 분권형 발전기
② 차동 복권형 발전기
③ 가동 복권형 발전기
④ 직류 타여자식 발전기

해설 전기 용접 시 전류가 일정해야 하므로 수하 특성을 지니는 차동 복권발전기를 사용한다.

180 전기자와 계자 권선이 병렬로만 접속되어 있는 발전기는?

① 분권
② 직권
③ 타여자
④ 차동 복권

해설 **분권발전기**
전기자와 계자 권선이 병렬로 접속되어 있는 발전기

181 전기자저항 0.1[Ω], 전기자전류 104[A], 유도기전력 110.4[V]인 직류 분권발전기의 단자전압은 몇 [V]인가?

① 98 　　　　② 100
③ 102 　　　　④ 105

해설 $V = E - I_a R_a = 110.4 - 104 \times 0.1 = 100[V]$

182 무부하 전압 242[V], 정격전압 220[V]인 발전기의 전압변동률은 몇 [%]인가?

① 12 　　　　② 11
③ 10 　　　　④ 15

해설 **전압변동률**

$$\varepsilon[\%] = \frac{V_0 - V_n}{V_n} \times 100[\%]$$

$$= \frac{242 - 220}{220} \times 100 = 10[\%]$$

183 직류발전기의 무부하 특성 곡선은?

① 부하전류와 무부하 단자전압과의 관계
② 계자전류와 부하전류와의 관계
③ 계자전류와 무부하 단자전압과의 관계
④ 계자전류와 회전력과의 관계

해설 **직류발전기의 무부하 특성 곡선**
계자전류와 유기기전력(무부하 단자전압)의 관계를 나타낸 전압 특성 곡선

184 다음 중 전동기의 원리에 적용되는 법칙은?

① 렌츠의 법칙
② 플레밍의 오른손법칙
③ 플레밍의 왼손법칙
④ 옴의 법칙

해설 **플레밍의 왼손법칙**
전동기의 회전 방향을 알기 쉽게 정의한 법칙

185 다음 중 속도 변동이 적은 전동기에 속하는 것은?

① 유도전동기
② 직권전동기
③ 교류 정류자 전동기
④ 분권전동기

해설 **분권전동기**
속도 변동이 거의 없는 정속도 전동기

186 분권전동기에 대한 설명으로 틀린 것은?

① 토크는 전기자전류의 자승에 비례한다.
② 부하전류에 따른 속도 변화가 거의 없다.
③ 계자회로에 퓨즈를 넣어서는 안 된다.
④ 계자 권선과 전기자 권선이 전원에 병렬로 접속되어 있다.

해설 분권전동기의 토크는 $\tau = K\phi I_a[N \cdot m]$이므로 전류에 비례한다.

187 전원전압 110[V], 전기자전류가 10[A], 전기자저항 1[Ω]인 직류 분권전동기가 회전수 1,500[rpm]으로 회전하고 있다. 이때 발생하는 역기전력은 몇 [V]인가?

① 120 　　　　② 110
③ 100 　　　　④ 130

해설 **전동기의 역기전력**
$E = V - I_a R_a = 110 - 10 \times 1 = 100[V]$

정답 180. ① 181. ② 182. ③ 183. ③ 184. ③ 185. ④ 186. ① 187. ③

188 분권전동기의 전기자저항 $R_a = 0.2[\Omega]$, 전기자전류 100[A], 전압이 120[V]인 경우 소비전력[kW]은?

① 10　　　　　② 11
③ 12　　　　　④ 15

해설 유기기전력 $E = V - I_a R_a$
$$= 120 - 100 \times 0.2 = 100[\text{V}]$$
소비전력 $P = EI_a$
$$= 100 \times 100 = 10,000[\text{W}]$$
$$= 10[\text{kW}]$$

189 다음 그림에서 직류 분권전동기의 속도 특성 곡선은?

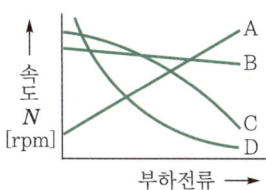

① A　　　　　② B
③ C　　　　　④ D

해설 **직류전동기 속도 특성**
• 속도 변동이 가장 큰 것 : 직권전동기
• 속도 변동이 가장 작은 것 : 분권전동기(정속도 전동기)

190 직류 분권전동기를 운전하던 중 계자저항을 증가시키면 회전속도는?

① 감소한다.
② 정지한다.
③ 변화없다.
④ 증가한다.

해설 유기기전력 $E = k\Phi N[\text{V}]$에서 회전수는 $N = k\dfrac{E}{\Phi}$
[rpm]이므로 자속에 반비례하고 계자저항에 비례하므로 회전수는 증가한다.

191 직류 분권전동기의 기동방법 중 가장 적당한 것은?

① 기동토크를 작게 한다.
② 계자저항기의 저항값을 크게 한다.
③ 계자저항기의 저항값을 0으로 한다.
④ 기동저항기를 전기자와 병렬 접속한다.

해설 **직류 분권전동기 기동방법**
기동토크를 증가시키기 위해 계자저항기의 저항값을 최소(0)로 하여 기동한다.

192 각각 계자저항기가 있는 직류 분권전동기와 직류 분권발전기가 있다. 이것을 직렬 접속하여 전동발전기로 사용하고자 한다. 이것을 기동할 때 계자저항기의 저항은 각각 어떻게 조정하는 것이 가장 적합한가?

① 전동기 : 최대, 발전기 : 최소
② 전동기 : 중간, 발전기 : 최소
③ 전동기 : 최소, 발전기 : 최대
④ 전동기 : 최소, 발전기 : 중간

해설 **기동 시 계자저항기의 저항 조정**
• 전동기 : 최소
• 발전기 : 최대

193 직류전동기를 기동할 때 전기자전류를 가감하여 조정하는 가감저항기를 사용하는 방법을 무엇이라 하는가?

① 자기기동기　　　② 기동저항기
③ 고주파 기동기　　④ 저주파 기동기

해설 기동전류를 제한하기 위한 장치를 기동저항기라 한다.

194 속도를 광범위하게 조정할 수 있으므로 압연기나 엘리베이터 등에 사용되는 직류전동기는?

① 직권전동기　　　② 분권전동기
③ 타여자 전동기　　④ 가동 복권전동기

해설 타여자 전동기
속도를 광범위하게 조정(압연기나 엘리베이터)

195 직류 직권전동기의 특징에 대한 설명으로 틀린 것은?

① 기동토크가 작다.
② 무부하 운전이나 벨트를 연결한 운전은 위험하다.
③ 계자 권선과 전기자 권선이 직렬로 접속되어 있다.
④ 부하전류가 증가하면 속도가 크게 감소된다.

해설 직권전동기의 특징
계자 권선과 전기자 권선이 직렬로 접속된 전동기로서 기동토크가 크다.
$$\tau \propto I^2 \propto \frac{1}{N^2}$$

196 직류 직권전동기에서 벨트를 걸고 운전하면 안 되는 이유는?

① 벨트가 마멸되면 보수가 곤란하므로
② 손실이 많아지므로
③ 직결하지 않으면 속도제어가 곤란하므로
④ 벨트가 벗어지면 위험속도에 도달하므로

해설 직류 직권전동기는 정격전압 하에서 무부하 특성을 지니므로, 벨트가 벗겨지면 속도는 급격히 상승하여 위험속도에 도달할 수 있다.

197 직류 직권전동기의 회전수(N)와 토크(τ)와의 관계는?

① $\tau \propto \frac{1}{N}$
② $\tau \propto \frac{1}{N^2}$
③ $\tau \propto N$
④ $\tau \propto N^{\frac{3}{2}}$

해설 직권전동기의 토크
$$\tau \propto I^2 \propto \frac{1}{N^2}$$
• 속도 감소 시 큰 토크 발생
• 전기철도전차용 전동기로 사용
• $I = 0 \rightarrow \phi = 0 \rightarrow N = \infty$(속도 상승 위험 상태)
• 벨트 운전 금지, 체인이나 톱니바퀴 운전 실시

198 직권전동기의 회전수를 $\frac{1}{3}$로 감소시키면 토크는 어떻게 되겠는가?

① $\frac{1}{9}$
② $\frac{1}{3}$
③ 3
④ 9

해설 직권전동기의 토크는 $\tau \propto I^2 \propto \frac{1}{N^2}$이므로
$$\frac{1}{\left(\frac{1}{3}\right)^2} = 9$$

199 직류전동기의 속도제어방법이 아닌 것은?

① 전압제어
② 계자제어
③ 저항제어
④ 주파수 제어

해설 직류전동기의 속도제어법
• 저항제어법
• 전압제어법
• 계자제어법

200 직류전동기에서 전부하 속도가 1,500[rpm], 속도변동률이 3[%]일 때, 무부하 회전속도는 몇 [rpm]인가?

① 1,455
② 1,410
③ 1,545
④ 1,590

해설
$$N_0 = N_n\left(1 + \frac{\varepsilon}{100}\right)$$
$$N_0 = 1,500(1 + 0.03) = 1,545[rpm]$$

정답 195.① 196.④ 197.② 198.④ 199.④ 200.③

201 전동기의 제동에서 전동기가 가지는 운동에너지를 전기에너지로 변환시키고 이것을 전원에 환원시켜 전력을 회생시킴과 동시에 제동하는 방법은?

① 발전제동(dynamic braking)

② 역전제동(plugging braking)

③ 맴돌이 전류제동(eddy current braking)

④ 회생제동(regenerative braking)

해설 전동기의 제동에서 전동기가 가지는 운동에너지를 전기에너지로 변환시키고 이것을 전원에 환원시켜 전력을 회생시킴과 동시에 제동하는 방법은 회생제동(regenerative braking)이다.

202 출력이 10[kW]이고 효율 80[%]일 때 손실은 몇 [kW]인가?

① 7.5 ② 10

③ 2.5 ④ 12.5

해설 $\eta = \dfrac{출력}{입력} \times 100[\%]$

입력 $P_i = \dfrac{10}{80} \times 100 = 12.5[\text{kW}]$이므로 손실은 $12.5 - 10 = 2.5[\text{kW}]$이다.

203 직류전동기의 규약효율을 나타낸 식으로 옳은 것은?

① $\dfrac{출력}{입력} \times 100[\%]$

② $\dfrac{입력}{입력 + 손실} \times 100[\%]$

③ $\dfrac{출력}{출력 + 손실} \times 100[\%]$

④ $\dfrac{입력 - 손실}{입력} \times 100[\%]$

해설 **전동기의 규약효율**

$효율 = \dfrac{입력 - 손실}{입력} \times 100[\%]$

204 전기기계의 효율 중 발전기의 규약효율 η_G는 몇 [%]인가? (단, P는 입력, Q는 출력, L은 손실이다.)

① $\eta_G = \dfrac{P - L}{P} \times 100$

② $\eta_G = \dfrac{P - L}{P + L} \times 100$

③ $\eta_G = \dfrac{Q}{P} \times 100$

④ $\eta_G = \dfrac{Q}{Q + L} \times 100$

해설 **발전기의 규약효율**

$\eta_G = \dfrac{출력}{출력 + 손실} \times 100 = \dfrac{Q}{Q + L} \times 100[\%]$

205 다음 중 직선형 전동기는?

① 서보 모터 ② 기어 모터

③ 스테핑 모터 ④ 리니어 모터

해설 리니어 모터(직선형)는 직선 모양으로 면하는 이동자와 고정자 사이에서 밀어내는 힘으로 회전력을 발생하는 구조이다.

206 자동전기설비계통 등에서 기구위치선정에 사용되는 것은?

① 세이딩 모터 ② 동기전동기

③ 스테핑 모터 ④ 반동전동기

해설 스테핑 모터는 펄스 신호에 의하여 회전하는 모터로서 1펄스마다 수°에서 수십°의 각도만 회전이 가능하며 펄스 모터 또는 스텝 모터라고도 한다. 위치제어가 가능하므로 위치선정에 사용된다.

207 2극, 60[Hz]인 동기전동기의 회전수는 [rpm]인가?

① 4,800 ② 3,600

③ 2,400 ④ 1,800

정답 201. ④ 202. ③ 203. ④ 204. ④ 205. ④ 206. ③ 207. ②

[해설] 회전수 $N_s = \dfrac{120f}{P} = \dfrac{120 \times 60}{2} = 3,600 [\text{rpm}]$

208 정격전압 200[V], 60[Hz]인 전동기의 주파수를 50[Hz]로 사용하면 회전속도는 어떻게 되는가?

① 0.833배로 감소한다.

② 1.1배로 증가한다.

③ 변화하지 않는다.

④ 1.2배로 증가한다.

[해설] 전동기의 회전수는 $N = \dfrac{120f}{P} [\text{rpm}]$로서 주파수에 비례하므로 주파수가 $60[\text{Hz}] \rightarrow 50[\text{Hz}]$로 $\dfrac{50}{60} =$ 0.833배로 감소하므로 회전속도도 0.833배로 감소한다.

209 동기발전기를 회전계자형으로 하는 이유가 아닌 것은?

① 기계적으로 튼튼하게 만드는 데 용이하다.

② 전기자 단자에 발생한 고전압을 슬립링 없이 간단하게 외부회로에 인가할 수 있다.

③ 고전압에 견딜 수 있게 전기자 권선을 절연하기가 쉽다.

④ 전기자가 고정되어 있지 않아 제작비용이 저렴하다.

[해설] 동기발전기의 구조는 전기자가 고정자이며 계자가 회전자이다.

210 전기자를 고정시키고 자극 N, S를 회전시키는 동기발전기는?

① 회전계자법 ② 직렬저항형

③ 회전전기자법 ④ 회전정류자형

[해설] 동기발전기는 전기자는 고정시키고, 계자를 회전시키는 회전계자법을 사용하며, 계자를 여자시키기 위한 직류 여자기가 반드시 필요하다.

211 3상 동기발전기의 계자 간의 극간격은 얼마인가?

① π ② 2π

③ $\dfrac{\pi}{2}$ ④ $\dfrac{\pi}{3}$

[해설] 극간격
$\pi[\text{rad}]$

212 동기기의 전기자 권선법이 아닌 것은?

① 2층권 ② 전절권

③ 분포권 ④ 중권

[해설] 동기기의 전기자 권선법
고상권, 이층권, 중권, 단절권, 분포권

213 동기발전기의 전기자 권선을 단절권으로 하면 어떻게 되는가?

① 고조파를 제거한다.

② 절연이 잘 된다.

③ 역률이 좋아진다.

④ 기전력을 높인다.

[해설] 동기발전기에서 단절권과 분포권을 사용하는 가장 큰 이유는 고조파 제거로 인한 좋은 파형을 얻기 위함이다.

214 발전기에서 기전력에 대해 90° 늦은 전류가 흐를 때의 전기자 반작용은?

① 감자작용

② 증자작용

③ 횡축반작용

④ 교차자화작용

[해설] 발전기 전기자 반작용
• 90° 뒤진 전류 : 감자작용
• 90° 앞선 전류 : 증자작용

[정답] 208. ① 209. ④ 210. ① 211. ① 212. ② 213. ① 214. ①

215 동기발전기에서 전기자전류가 기전력보다 90° 만큼 위상이 앞설 때의 전기자 반작용은?

① 교차자화작용　　② 감자작용
③ 편자작용　　　　④ 증자작용

해설 발전기 전기자 반작용
• 90° 뒤진 전류 : 감자작용
• 90° 앞선 전류 : 증자작용

216 동기발전기의 돌발단락전류를 주로 제한하는 것은?

① 누설 리액턴스　　② 역상 리액턴스
③ 동기 리액턴스　　④ 권선 저항

해설 동기기에서 저항은 누설 리액턴스에 비하여 작으며 전기자 반작용은 단락전류가 흐른 뒤에 작용하므로 돌발단락전류를 제한하는 것은 누설 리액턴스이다.

217 동기발전기의 병렬운전조건이 아닌 것은?

① 유도기전력의 크기가 같을 것
② 동기발전기의 용량이 같을 것
③ 유도기전력의 위상이 같을 것
④ 유도기전력의 주파수가 같을 것

해설 동기발전기 병렬운전조건
기전력의 크기, 위상, 주파수, 파형 일치

218 동기발전기의 병렬운전에서 한쪽의 계자전류를 증대시켜 유기기전력을 크게 하면 어떤 현상이 발생하는가?

① 주파수가 변화되어 위상각이 달라진다.
② 두 발전기의 역률이 모두 낮아진다.
③ 속도조정률이 변한다.
④ 무효순환전류가 흐른다.

해설 발전기 유도기전력의 차에 의해 무효순환전류가 흐른다.

219 동기 임피던스가 5[Ω]인 2대의 3상 동기발전기의 유도기전력에 100[V]의 전압 차이가 있다면 무효순환전류[A]는?

① 10　　　　② 15
③ 20　　　　④ 25

해설 동기발전기의 병렬운전조건 중 기전력의 크기가 다른 경우 이를 같게 하기 위해 흐르는 전류

$$무효횡류(무효순환전류) = \frac{E_s}{2Z_s} = \frac{100}{2 \times 5} = 10[A]$$

220 2대의 동기발전기 A, B가 병렬운전하고 있을 때 A기의 여자전류를 증가시키면 어떻게 되는가?

① A기의 역률은 낮아지고 B기의 역률은 높아진다.
② A기의 역률은 높아지고 B기의 역률은 낮아진다.
③ A, B 양 발전기의 역률이 높아진다.
④ A, B 양 발전기의 역률이 낮아진다.

해설 여자전류를 증가시키면 A기의 역률은 낮아지고 B기의 역률은 높아진다.

221 동기발전기의 병렬운전 중 기전력의 위상차가 발생하면 어떤 전류가 흐르는가?

① 무효횡류　　　② 유효순환전류
③ 무효순환전류　　④ 고조파전류

해설 동기발전기 병렬운전조건 중 기전력의 크기가 같고 위상차가 존재할 때는 유효순환전류가 흘러 동기화력에 의해 위상이 일치된다.

222 병렬운전 중인 동기발전기의 유도기전력이 2,000[V], 위상차 60°일 경우 유효순환전류는 얼마인가? (단, 동기 임피던스 5[Ω]이다.)

① 500　　　　② 1,000
③ 20　　　　④ 200

해설 유효순환전류

$$I_c = \frac{E_A}{Z_s}\sin\delta = \frac{2,000}{5}\sin\frac{60°}{2} = 200[\text{A}]$$

223 8극, 900[rpm]의 교류발전기로 병렬운전하는 극수 6인 동기발전기의 회전수[rpm]는?

① 675

② 900

③ 1,800

④ 1,200

해설 동기속도 $N_s = \frac{120f}{P}$ [rpm]이므로

주파수 $f = \frac{N_1 P}{120} = \frac{900 \times 8}{120} = 60[\text{Hz}]$

$N_2 = \frac{120 \times 60}{6} = 1,200$ [rpm]

224 동기발전기에서 단락비가 크면 다음 중 작아지는 것은?

① 동기 임피던스와 전압변동률

② 단락전류

③ 공극

④ 기계의 크기

해설 단락비는 정격전류에 대한 단락전류의 비를 보는 것으로서 동기 임피던스가 작고 전기자 반작용이 작다.

225 정격이 10,000[V], 500[A], 역률 90[%]의 3상 동기발전기의 단락전류 I_s [A]는? (단, 단락비는 1.3으로 하고 전기자저항은 무시한다.)

① 450

② 550

③ 650

④ 750

해설 단락비는 $K = \frac{I_s}{I_n}$ 이므로

단락전류 $I_s = I_n \times$ 단락비 $= 500 \times 1.3 = 650[\text{A}]$

226 단락비가 큰 동기발전기에 대한 설명 중 맞는 것은?

① 안정도가 높다.

② 기기가 소형이다.

③ 전압변동률이 크다.

④ 전기자 반작용이 크다.

해설 단락비가 큰 기기의 특성

• 안정도가 높다.

• 동기 임피던스가 작다.

• 단락전류가 크다.

• 전기자 반작용이 작다.

• 전압변동률이 작다.

227 동기기 운전 시 안정도 증진법이 아닌 것은?

① 단락비를 크게 한다.

② 회전부의 관성을 크게 한다.

③ 속응여자방식을 채용한다.

④ 역상 및 영상 임피던스를 작게 한다.

해설 동기기 안정도 향상 대책

• 단락비를 크게 할 것

• 동기 임피던스(동기 리액턴스)를 작게 할 것

• 속응여자방식을 채용할 것

• 관성모멘트를 크게 할 것

• 속도조절기(조속기) 성능을 개선할 것

228 동기전동기의 자기기동법에서 계자 권선을 단락하는 이유는?

① 기동이 쉽다.

② 기동 권선으로 이용

③ 고전압 유도에 의한 절연파괴 위험 방지

④ 전기자 반작용을 방지한다.

해설 동기전동기의 자기기동법에서 계자 권선을 단락하는 첫 번째 이유는 고전압 유도에 의한 절연파괴 위험방지이다.

229 다음 중 동기전동기가 아닌 것은?

① 크레인   ② 송풍기

③ 분쇄기   ④ 압연기

해설 동기전동기는 동기속도로 회전하는 전동기이므로 압연기, 제련소, 발전소 등에서 압축기, 운전 펌프 등에 적용된다.

230 3상 동기기에 제동 권선을 설치하는 주된 목적은?

① 출력 증가

② 효율 증가

③ 역률 개선

④ 난조 방지

해설 제동 권선 설치 목적
난조 방지

231 동기전동기를 송전선의 전압 조정 및 역률 개선에 사용한 것을 무엇이라 하는가?

① 동기 이탈   ② 동기조상기

③ 댐퍼   ④ 제동권선

해설 역률 개선장치 비교

동기조상기	진상용 콘덴서
지상, 진상 공급 가능	진상 공급
전류 조정이 연속적	전류 조정이 단계적
가격이 비싸고 손실이 큼	경제적

232 동기조상기가 진상 콘덴서보다 좋은 점은 무엇인가?

① 가격이 싸다.

② 보수가 쉽다.

③ 손실이 적다.

④ 진상, 지상전류를 공급한다.

해설 동기조상기 장점
진상전류와 지상전류 공급 가능

233 그림은 동기기의 위상 특성 곡선을 나타낸 것이다. 전기자전류가 가장 작게 흐를 때의 역률은?

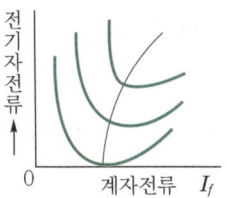

① 1

② 0.9

③ 0.8

④ 0

해설 동기기의 V곡선은 최저점이 역률이 1인 상태이다.

234 동기전동기의 특징으로 틀린 것은?

① 별도의 기동기가 없으므로 가격이 저렴하다.

② 동기속도로 운전할 수 있다.

③ 역률을 조정할 수 있다.

④ 난조가 발생하기 쉽다.

해설 동기전동기는 별도의 기동기(자기기동법, 유도전동기법)가 필요하다.

235 전기설비계통에서 설치위치선정에 사용하는 전동기는?

① 스텐딩 모터

② 서보 모터

③ 스테핑 모터

④ 전기동력계

해설 서보 모터
서보 기구는 피드백 제어에 의한 자동제어기구이므로 동작하는 기구의 운동 부분에 위치와 속도를 검출하는 센서가 부착되어 있어서 위치, 속도, 방위, 자세 등의 목표값을 수정하여 서보 모터를 제어하므로 설치위치선정에 적당한 전동기이다.

정답 229. ① 230. ④ 231. ② 232. ④ 233. ① 234. ① 235. ②

236 동기발전기의 종류 중에서 신호용이나 실험용에 사용되는 특수 동기기는?

① 동기조상기　　② 회전변류기
③ 동기검정기　　④ 고주파발전기

해설 고주파발전기에서는 극수가 많은 동기발전기를 고속으로 회전시켜서 고주파 전압을 얻기 때문에 구조가 튼튼하고 극수를 많이 하기 쉬운 유도자형 동기기(誘導子型 同期機)를 사용하는 경우가 많다.

237 60[Hz], 20,000[kVA]의 발전기의 회전수가 1,200[rpm]이라면 이 발전기의 극수는 얼마인가?

① 6극　　② 8극
③ 12극　　④ 14극

해설 발전기의 회전수

$N = \dfrac{120f}{P}$ [rpm]

$P = \dfrac{120f}{N} = \dfrac{120 \times 60}{1,200} = 6$ 극

238 동기기의 손실에서 고정손에 해당되는 것은?

① 계자 권선의 저항손
② 전기자 권선의 저항손
③ 계자철심의 철손
④ 브러시의 전기손

해설 고정손(무부하손)
부하에 관계없이 항상 일정한 손실
• 철손(P_i) : 히스테리시스손, 와류손
• 기계손(P_m) : 마찰손, 풍손

239 변압기 철심에 성층 철심을 사용하는 이유는 무엇인가?

① 히스테리시스손을 줄이기 위하여
② 구리손(동손)을 줄이기 위해
③ 와류손을 감소시키기 위하여
④ 풍손을 줄이기 위하여

해설 철손 감소대책
• 규소강판 사용 : 히스테리시스손 감소
• 성층 사용 : 와류손 감소

240 변압기에서 자속에 대한 설명 중 맞는 것은?

① 전압에 비례하고 주파수에 반비례
② 전압에 반비례하고 주파수에 비례
③ 전압에 비례하고 주파수에 비례
④ 전압과 주파수에 무관

해설 변압기의 기전력(전압) $E = 4.44fN\phi_m$[V]에서 자속으로 정리하면 $\phi_m = \dfrac{E}{4.44fN}$[V]이므로 전압에 비례하고 주파수에 반비례한다.

241 변압기의 1차측에 해당되는 것은?

① 고압측　　② 저압측
③ 전원측　　④ 부하측

해설 변압기의 1차와 2차측
• 1차측 : 전원측
• 2차측 : 부하측

242 다음 중 변압기의 원리와 가장 관계가 있는 것은?

① 전자유도작용
② 표피작용
③ 전기자 반작용
④ 편자작용

해설 변압기 원리는 1차에 전류를 흘려주면 자속이 2차 코일과 쇄교하여 기전력을 유도시키는 원리인 전자유도작용의 원리이다.

243 변압기 철심의 철의 함유율[%]은?

① 3 ~ 4[%]　　② 34 ~ 37[%]
③ 67 ~ 70[%]　　④ 96 ~ 97[%]

정답 236. ④ 237. ① 238. ③ 239. ③ 240. ① 241. ③ 242. ① 243. ④

변압기 철심은 와전류손 감소방법으로 성층 철심을 사용하며 히스테리시스손을 줄이기 위해서 약 3 ~ 4[%]의 규소가 함유된 규소강판을 사용한다. 그러므로 철의 함유율은 96 ~ 97[%]이다.

244 1차 전압 6,300[V], 2차 전압 210[V], 주파수 60[Hz]의 변압기가 있다. 이 변압기의 권수비는?

① 30 ② 40
③ 50 ④ 60

변압기 권수비

$$a = \frac{N_1}{N_2} = \frac{E_1}{E_2} = \frac{6,300}{210} = 30$$

245 변압기의 1차 전압이 3,300[V], 권선수 15인 변압기의 2차측 전압은 몇 [V]인가?

① 3,850 ② 330
③ 220 ④ 110

권수비 $a = \dfrac{V_1}{V_2}$ 에서

2차 전압 $V_2 = \dfrac{V_1}{a} = \dfrac{3,300}{15} = 220[\text{V}]$

246 전압비가 13,200/220[V]인 단상 변압기의 2차 전류가 120[A]일 때 변압기의 1차 전류는 얼마인가?

① 100 ② 20
③ 10 ④ 2

권수비 $a = \dfrac{N_1}{N_2} = \dfrac{V_1}{V_2} = \dfrac{I_2}{I_1}$ 에서

$a = \dfrac{E_1}{E_2} = \dfrac{13,200}{220} = 60$이므로

$I_1 = \dfrac{I_2}{a} = \dfrac{120}{60} = 2[\text{A}]$

247 변압기의 권수비가 60이고 2차 저항이 0.1[Ω]일 때 1차로 환산한 저항값[Ω]은 얼마인가?

① 30 ② 360
③ 300 ④ 250

권수비 $a = \sqrt{\dfrac{R_1}{R_2}}$ 이므로

1차 저항 $R_1 = a^2 R_1 = 60^2 \times 0.1 = 360[\Omega]$

248 변압기에 대한 설명 중 틀린 것은?

① 전압을 변성한다.
② 정격출력은 1차측 단자를 기준으로 한다.
③ 전력을 발생하지 않는다.
④ 변압기의 정격용량은 피상전력으로 표시한다.

변압기의 정격출력은 2차측 단자를 기준으로 한다.

249 50[Hz]의 변압기에 60[Hz]의 같은 전압을 가했을 때 자속밀도는 50[Hz] 때의 몇 배인가?

① $\dfrac{6}{5}$ ② $\dfrac{5}{6}$
③ $\left(\dfrac{6}{5}\right)^2$ ④ $\left(\dfrac{5}{6}\right)^{1.6}$

변압기에서의 유기기전력
$E = 4.44 f N \Phi_m[\text{V}]$, 전원전압 일정

자속밀도 $B \propto \dfrac{1}{f}$ 이므로 $\dfrac{B_{60}}{B_{50}} = \dfrac{50}{60} = \dfrac{5}{6}$

250 주파수 50[Hz]인 철심의 단면적은 60[Hz]의 몇 배인가?

① 1.0 ② 1.5
③ 1.2 ④ 0.8

$\dfrac{60}{50} = 1.2$
주파수와 면적은 반비례한다.

251 변압기의 임피던스 전압에 대한 설명으로 옳은 것은?

① 여자전류가 흐를 때의 2차측 단자전압이다.
② 정격전류가 흐를 때의 2차측 단자전압이다.
③ 정격전류에 의한 변압기 내부 전압강하이다.
④ 2차 단락전류가 흐를 때의 변압기 내의 전압강하이다.

해설 변압기의 임피던스 전압
정격전류에 의한 변압기 1, 2차 권선에서의 내부 임피던스에 의한 전압강하를 나타낸다.

252 변압기의 병렬운전조건이 아닌 것은?

① 주파수가 같을 것
② 위상이 같을 것
③ 극성이 같을 것
④ 변압기의 중량이 일치할 것

해설 변압기 병렬운전조건
극성, 주파수, 위상, 파형, 상회전 방향(3상)이 같을 것

253 3상 변압기를 병렬운전하는 경우 불가능한 조합은?

① △-Y와 Y-△
② △-△와 Y-Y
③ △-Y와 △-Y
④ △-Y와 △-△

해설 병렬운전 불가능한 조합
△-△와 △-Y, Y-Y와 △-Y

254 한쪽은 중성점을 접지할 수 있고 다른 한쪽은 제3고조파에 의한 영향을 없애주는 장점을 가지고 있는 3상 결선방식은?

① V-V
② △-△
③ Y-Y
④ Y-△

해설 Y-△결선방식
• 강압용
• 1차 Y결선 중성점 접이 용이
• 1, 2차 간 위상차 : $\frac{\pi}{6}$[rad]$=30°$

255 △-Y결선(delta-star connection)에 대한 설명으로 옳지 않은 것은?

① 1차 선간전압 및 2차 선간전압의 위상차는 $60°$이다.
② 제3고조파에 의한 장해가 적다.
③ 1차 변전소의 승압용으로 사용된다.
④ Y결선의 중성점을 접지할 수 있다.

해설 △-Y결선의 특성
• 승압용
• Y결선 : 중성점 용이
• △결선 : 제3고조파 장해가 적음
• 1, 2차 간 위상차 : $\frac{\pi}{6}$[rad]$=30°$

256 낮은 전압을 높은 전압으로 승압할 때 일반적으로 사용되는 변압기의 3상 결선방식은?

① △-△
② Y-Y
③ △-Y
④ Y-△

해설 △-Y결선
승압용

257 변압기 결선에서 Y-Y결선의 특징이 아닌 것은?

① 제3고조파 포함
② 중성점 접지 가능
③ V-V결선 가능
④ 절연 용이

해설 Y-Y결선의 특징
• 중성점 접지 가능
• 절연 용이
• 비접지 시 제3고조파 발생
• 유도장해 발생

정답 251. ③ 252. ④ 253. ④ 254. ④ 255. ① 256. ③ 257. ③

258 1대 용량이 250[kVA]인 변압기를 △결선 운전 중 1대가 고장이 발생하여 2대로 운전할 경우 부하에 공급할 수 있는 최대 용량[kVA]은?

① 250　　　　　② 300
③ 500　　　　　④ 433

해설　V결선 용량

$$P_V = \sqrt{3} \times P_{\triangle 1} = \sqrt{3} \times 250 = 433[\text{kVA}]$$

259 변압기 V결선의 특징으로 틀린 것은?

① 고장 시 응급처치방법으로 쓰인다.
② 단상 변압기 2대로 3상 전력을 공급한다.
③ 부하 증가가 예상되는 지역에 시설한다.
④ V결선 시 출력은 △결선 시 출력과 그 크기가 같다.

해설　결선의 출력
- $P_V = \sqrt{3} P_1 (P_1 :$ 변압기 1대 용량$)$
- 출력비 : 0.577
- 이용률 : 0.866

260 변압기에서 V결선의 이용률은?

① 0.577　　　　② 0.707
③ 0.866　　　　④ 0.977

해설　V결선 이용률 $= \dfrac{\sqrt{3}}{2} = 0.866$

261 변압기유로 쓰이는 절연유에 요구되는 성질이 아닌 것은?

① 점도가 클 것
② 인화점이 높을 것
③ 절연내력이 클 것
④ 응고점이 낮을 것

해설　① 점도가 낮아야 한다.

262 변압기유의 구비조건으로 볼 수 없는 것은?

① 응고점이 높을 것
② 점도가 낮을 것
③ 절연내력이 클 것
④ 냉각효과가 클 것

해설　변압기유의 구비조건
- 절연내력이 클 것
- 인화점이 높고 응고점이 낮을 것
- 점도가 낮을 것
- 냉각효과가 클 것

263 용량이 작은 변압기의 단락보호용으로 주 보호 방식에 사용되는 계전기는?

① 차동전류계전방식
② 과전류계전방식
③ 비율차동계전방식
④ 기계적 계전방식

해설　용량이 적을 경우 단락보호용으로 과전류계전기를 사용하여 보호한다.

264 보호를 요하는 회로의 전류가 어떤 일정한 값(정정값) 이상으로 흘렀을 때 동작하는 계전기는?

① 과전류계전기
② 과전압계전기
③ 부족전압계전기
④ 비율차동계전기

해설　전류가 정정값 이상이 되면 동작하는 계전기는 과전류계전기이다.

265 발전기나 변압기 내부고장보호에 쓰이는 계전기는?

① 접지계전기　　② 차동계전기
③ 과전압계전기　④ 역상계전기

해설 발전기, 변압기의 내부고장보호용 계전기는 차동계전기, 비율차동계전기이다.

266 부흐홀츠 계전기로 보호되는 기기는?

① 변압기
② 발전기
③ 전동기
④ 회전 변류기

해설 변압기 내부고장 발생 시 유증기를 검출하여 변압기를 보호하는 계전기는 부흐홀츠 계전기이다.

267 부흐홀츠 계전기의 설치 위치로 가장 적당한 곳은?

① 변압기 주 탱크 내부
② 변압기 주 탱크와 콘서베이터 사이
③ 변압기 고압측 부싱
④ 콘서베이터 내부

해설 변압기 내부고장으로 인한 온도 상승 시 유증기를 검출하여 동작하는 계전기로서 변압기와 콘서베이터를 연결하는 파이프 도중에 설치한다.

268 변압기유의 열화방지와 관계가 가장 먼 것은?

① 불활성질소
② 콘서베이터
③ 브리더
④ 부싱

해설 변압기 열화 방지 대책
• 콘서베이터
• 흡습호흡기(브리더)
• 불활성질소 봉입

269 변압기의 무부하손을 가장 많이 차지하는 것은?

① 표유부하손
② 풍손
③ 철손
④ 구리손(동손)

해설 무부하손
무부하시험으로 측정
• 철손(가장 많이 차지) : 히스테리시스손, 와류손
• 표유부하손
• 유전체손

270 변압기의 무부하시험, 단락시험에서 구할 수 없는 것은?

① 구리손(동손)
② 철손
③ 절연내력
④ 전압변동률

해설 변압기 시험측정
• 무부하시험 : 철손, 유전체손
• 단락시험 : 구리손(동손), 표유부하손, 임피던스전압

271 다음 중 변압기의 온도 상승 시험법으로 가장 널리 사용되는 것은?

① 실부하법
② 절연내력시험법
③ 유도시험법
④ 단락시험법

해설 단락시험법
저압측 권선 하나를 일괄 단락시켜 전류를 공급하여 변압기 유온 상승 후 온도 상승을 구하는 방법

272 코일 주위에 전기적 특성이 큰 에폭시 수지를 고진공으로 침투시키고, 다시 그 주위를 기계적 강도가 큰 에폭시 수지로 몰딩한 변압기는?

① 건식변압기
② 몰드변압기
③ 유입변압기
④ 타이변압기

해설 몰드변압기
코일 주위에 전기적 특성이 큰 에폭시 수지를 고진공으로 침투시키고, 다시 그 주위를 기계적 강도가 큰 에폭시 수지로 몰딩한 변압기

273 수 · 변전설비에서 계기용 변류기(CT)의 설치 목적은?

① 고전압을 저전압으로 변성
② 대전류를 소전류로 변성
③ 선로전류 조정
④ 지락전류 측정

해설 **계기용 변류기(CT)**
대전류를 소전류(5[A])로 변성하여 측정계기나 전기의 전류원으로 사용하기 위한 전류변성기

274 고압전로에 지락사고가 생겼을 때, 지락전류를 검출하는 데 사용하는 것은?

① CT
② MOF
③ ZCT
④ PT

해설 ① CT : 대전류를 소전류로 변성
② MOF : 고전압, 대전류를 각각 저전압, 소전류로 변성하여 전력량계에 공급
③ ZCT : 지락전류 검출
④ PT : 고전압을 저전압으로 변성

275 수 · 변전설비의 고압회로에 걸리는 전압을 표시하기 위해 전압계를 시설할 때 고압회로와 전압계 사이에 시설하는 것은?

① 관통형 변압기
② 계기용 변류기
③ 계기용 변압기
④ 권선형 변류기

해설 고전압을 저전압으로 변성하여 측정계기나 보호계전기에 전압을 공급하기 위한 계기를 계기용 변압기(PT)라 한다.

276 보호계전기 시험을 하기 위한 유의사항으로 틀린 것은?

① 계전기 위치를 파악한다.
② 임피던스 계전기는 미리 예열하지 않도록 주의한다.
③ 계전기 시험회로 결선 시 교류, 직류를 파악한다.
④ 계전기 시험장비의 허용오차, 지시범위를 확인한다.

해설 **보호계전기 시험 유의사항**
• 보호계전기의 배치된 상태를 확인
• 임피던스 계전기는 미리 예열이 필요한지 확인
• 시험회로 결선 시에 교류와 직류를 확인해야 하며 직류인 경우 극성을 확인
• 시험용 전원의 용량 계전기가 요구하는 정격전압이 유지될 수 있도록 확인
• 계전기 시험장비의 지시범위의 적합성, 오차, 영점의 정확성 확인

277 3,000/3,300[V]인 단권변압기의 자기용량은 약 몇 [kVA]인가? (단, 부하는 1,000[kVA]이다.)

① 90
② 70
③ 50
④ 30

해설 **단권변압기**
$$\frac{\text{자기용량}}{\text{부하용량}} = \frac{\text{높은 전압} - \text{낮은 전압}}{\text{높은 전압}}$$
$$\text{자기용량} = 1,000 \times \frac{3,300 - 3,000}{3,300} ≒ 90[\text{kVA}]$$

278 유도전동기 권선법에 대한 설명으로 옳은 것은?

① 고정자 권선은 단층권, 분포권이다.
② 고정자 권선은 이층권, 집중권이다.
③ 고정자 권선은 단층권, 집중권이다.
④ 고정자 권선은 이층권, 분포권이다.

해설 고정자 권선은 중권, 이층권, 분포권, 단절권을 채용한다.

279 3상 유도전동기의 회전원리와 가장 관계가 깊은 것은?

① 옴의 법칙　　　② 플레밍의 오른손법칙
③ 키르히호프의 법칙　④ 회전자계

해설 유도전동기의 회전원리

고정자 3상 권선에 흐르는 평형 3상 전류에 의해 발생한 회전자계가 동기속도 N_s로 회전할 때 아라고 원판 역할을 하는 회전자 도체가 자속을 끊어 기전력을 발생하여 전류가 흐르면 전동기는 시계방향으로 회전하는 회전자계와 같은 방향으로 회전을 한다.

280 3상 유도전동기의 최고 속도는 우리나라에서 몇 [rpm]인가?

① 3,600　　　② 3,000
③ 1,800　　　④ 1,500

해설 상용주파수가 60[Hz]이고 2극이므로

$$N_s = \frac{120f}{P} = \frac{120 \times 60}{2} = 3,600 [\text{rpm}]$$

281 유도전동기의 동기속도가 1,200[rpm]이고, 회전수가 1,176[rpm]일 때 슬립은?

① 0.06　　　② 0.04
③ 0.02　　　④ 0.01

해설 $$s = \frac{N_s - N}{N_s} = \frac{1,200 - 1,176}{1,200} = 0.02$$

282 유도전동기의 동기속도가 N_s, 회전속도가 N일 때 슬립은?

① $s = \dfrac{N_s - N}{N}$　　② $s = \dfrac{N - N_s}{N}$

③ $s = \dfrac{N_s - N}{N_s}$　　④ $s = \dfrac{N_s + N}{N_s}$

해설 슬립

$$s = \frac{N_s - N}{N_s}$$

283 슬립이 0일 때 유도전동기의 속도는?

① 동기속도로 회전한다.
② 정지상태가 된다.
③ 변화가 없다.
④ 동기속도보다 빠르게 회전한다.

해설 회전속도는 $N = (1-s)N_s = N_s[\text{rpm}]$이므로 동기속도로 회전한다.

284 유도전동기가 정지상태일 때 슬립은?

① 2　　　② 1
③ 0　　　④ -1

해설 유도전동기가 정지이며 회전속도는 0이므로 $N = (1-s)N_s = N_s[\text{rpm}]$이므로 슬립은 1이어야 한다.

285 주파수가 60[Hz]인 3상 4극의 유도전동기가 있다. 슬립이 4[%]일 때 이 전동기의 회전수는 몇 [rpm]인가?

① 1,800　　　② 1,712
③ 1,728　　　④ 1,652

해설 회전수 $N = (1-s)N_s$에서

$$N_s = \frac{120f}{P} = \frac{120 \times 60}{4} = 1,800 [\text{rpm}]$$

$$N = (1 - 0.04) \times 1,800 = 1,728 [\text{rpm}]$$

286 전원주파수 60[Hz], 4극, 슬립 5[%]인 유도전동기의 회전자 주파수[Hz]는?

① 4　　　② 3
③ 5　　　④ 6

해설 회전자회로의 주파수 f_2

$$f_2 = sf = 0.05 \times 60 = 3 [\text{Hz}]$$

• f_2 : 회전자 기전력 주파수
• f : 전원 주파수

정답 279. ④　280. ①　281. ③　282. ③　283. ①　284. ②　285. ③　286. ②

287 교류전동기를 기동할 때 그림과 같은 기동 특성을 가지는 전동기는? (단, 곡선 ㉠~㉤은 기동 단계에 대한 토크 특성 곡선이다.)

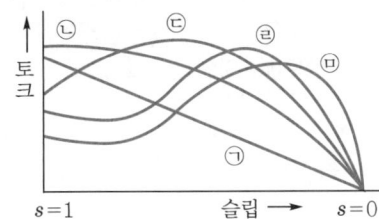

① 반발 유도전동기
② 2중 농형 유도전동기
③ 3상 분권 정류자전동기
④ 3상 권선형 유도전동기

해설 **3상 권선형 유도전동기의 토크 곡선**
2차 입력과 토크는 정비례하므로 2차 입력식을 통해서 토크와 슬립의 관계를 파악할 수 있으며 2차 입력식에서 전동기 정지 상태, $s=1$에서 전동기가 기동하여 속도가 상승할 때 슬립 변화에 따른 토크 곡선을 얻을 수 있다.

288 6극 72홈 표준 농형 3상 유도전동기의 매극 매상당의 홈수는?

① 2
② 3
③ 4
④ 6

해설 매극 매상당 홈수 $= \dfrac{총슬롯수}{극수 \times 상수} = \dfrac{72}{6 \times 3} = 4$

289 다음과 같은 기동 특성을 갖는 전동기는?

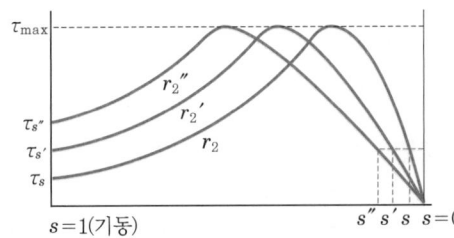

① 분상기동형 유도전동기
② 콘덴서기동형 유도전동기
③ 세이딩코일형 유도전동기
④ 권선형 유도전동기

해설 비례추이를 이용한 전동기는 권선형 유도전동기이다.

290 유도전동기에 기계적 부하를 걸었을 때 출력에 따라 속도, 토크, 효율, 슬립 등의 변화를 나타내는 출력 특성 곡선에서 슬립을 나타내는 곡선은?

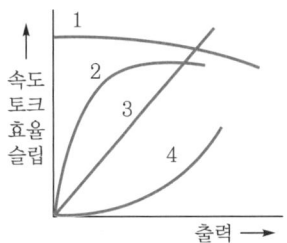

① 1
② 2
③ 3
④ 4

해설 • 1 : 속도
• 2 : 효율
• 3 : 토크
• 4 : 슬립

291 회전자 입력 10[kW], 슬립 4[%]인 3상 유도전동기의 2차 구리손(동손)은 몇 [kW]인가?

① 9.6
② 4
③ 0.4
④ 0.2

해설 슬립이 s일 때 P_{c2}(2차 구리손(동손))와 P_2(2차 입력)인 경우 성립하는 식
$P_{c2} = sP_2 = 0.04 \times 10 = 0.4\text{[kW]}$

292 입력 10[kW], 슬립 3[%]로 운전되고 있는 3상 유도전동기의 2차 구리손(동손)은 약 몇 [W]인가?

① 300 　　　　　② 400

③ 500 　　　　　④ 600

해설 2차 구리손(동손)

$$P_{c2} = sP_2 = 0.03 \times 10 \times 10^3 = 300[\text{W}]$$

293 3상 유도전동기의 동기속도가 N_s, 회전속도가 N, 슬립이 s인 경우 2차 효율[%]은?

① $(s-1) \times 100[\%]$ 　　② $\frac{1}{s}(N_s - N) \times 100[\%]$

③ $\frac{N}{N_s} \times 100[\%]$ 　　④ $s^2 \times 100[\%]$

해설 2차 효율

$$\eta_2 = (1-s) \times 100 = \frac{N}{N_s} \times 100[\%]$$

294 3상 유도전동기의 슬립이 4[%], 2차 구리손(동손)이 0.4[kW]인 경우 2차 입력[kW]은?

① 12 　　　　　② 8

③ 6 　　　　　④ 10

해설 2차 구리손(동손) $P_{c2} = sP_2$이므로

2차 입력 $P_2 = \frac{P_{c2}}{s} = \frac{0.4}{0.04} = 10[\text{kW}]$

295 200[V], 50[Hz], 8극, 15[kW]의 3상 유도전동기에서 전 부하 회전수가 720[rpm]이면 이 전동기의 2차 효율은 몇 [%]인가?

① 86 　　　　　② 96

③ 98 　　　　　④ 100

해설 2차 효율 $\eta_2 = (1-s) \times 100[\%]$

$$s = \frac{N_s - N}{N_s}$$

$$N_s = \frac{120f}{P} = \frac{120 \times 50}{8} = 750[\text{rpm}]$$

$$s = \frac{N_s - N}{N_s} = \frac{750 - 720}{750} = 0.04$$

$$\eta_2 = (1-s) \times 100 = (1-0.04) \times 100[\%]$$
$$= 96[\%]$$

296 동기와트 P_2, 출력 P_o, 슬립 s, 동기속도 N_s, 회전속도 N, 2차 구리손(동손) P_{c2}일 때 2차 효율 표기로 틀린 것은?

① $1-s$ 　　　　② $\frac{P_{c2}}{P_2}$

③ $\frac{P_o}{P_2}$ 　　　　④ $\frac{N}{N_s}$

해설 2차 효율 $\eta_2 = \frac{P_o}{P_2} = 1 - s = \frac{N}{N_s}$

297 다음 중 3상 유도전동기의 효율을 표시하는 것이 아닌 것은?

① $\eta = \frac{\text{입력} - \text{손실}}{\text{입력}} \times 100[\%]$

② $\eta_2 = \frac{\text{출력}}{\text{1차 입력}} \times 100[\%]$

③ $\eta_2 = (1 - \text{슬립}) \times 100[\%]$

④ $\eta = \frac{\text{출력}}{\text{입력}} \times 100[\%]$

해설 $\eta_2 = \frac{P_o}{P_2} = \frac{(1-s)P_2}{P_2} = 1 - s = \frac{N}{N_s}$

298 3상 유도전동기의 1차 입력이 60[kW], 1차 손실이 1[kW], 슬립 3[%]일 때 기계적 출력[kW]은?

① 75 　　　　　② 57

③ 95 　　　　　④ 100

해설 $P_o = (1-s) \cdot P_2$
$$= (1-s) \cdot (\text{1차 입력} - \text{1차 손실})$$
$$= (1 - 0.03) \times 59 = 57.23 \doteqdot 57[\text{kW}]$$

299 출력 10[kW], 슬립 4[%]로 운전되고 있는 3상 유도전동기의 2차 구리손(동손)은 약 몇 [W]인가?

① 250
② 315
③ 417
④ 620

해설 $P_{c2} = sP_2 = s \times \dfrac{P_o}{1-s} = 0.04 \times \dfrac{10,000}{1-0.04} = 417[\text{W}]$

300 권선형 유도전동기에서 회전자 권선에 2차 저항기를 삽입하면 어떻게 되는가?

① 회전수가 커진다.
② 변화가 없다.
③ 기동전류가 작아진다.
④ 기동토크가 작아진다.

해설 비례추이에 의하여 2차 저항기를 삽입하면 기동전류는 작아지고 기동토크는 커진다.

301 3상 권선형 유도전동기에서 2차측 저항을 2배로 하면 그 최대 토크는 어떻게 되는가?

① 변하지 않는다.
② 2배로 된다.
③ $\sqrt{2}$ 배로 된다.
④ $\dfrac{1}{2}$ 배로 된다.

해설 3상 권선형 유도전동기에서 최대 토크는 2차 저항과 관계없이 항상 일정하다.

302 권선형 유도전동기에서 토크를 일정하게 한 상태로 회전자 권선의 2차 저항을 2배로 하면 어떻게 되는가?

① 슬립이 2배로 된다.
② 변화가 없다.
③ 기동전류가 커진다.
④ 기동토크가 작아진다.

해설 권선형 유도전동기는 2차 저항을 조정함으로서 최대 토크는 변하지 않는 상태에서 속도 조절이 가능하다. 2차 권선저항을 2배하면 슬립이 2배가 된다.

303 비례추이를 이용하여 속도제어가 되는 전동기는?

① 동기전동기
② 농형 유도전동기
③ 직류 분권전동기
④ 3상 권선형 유도전동기

해설 권선형 유도전동기는 2차 저항을 조정함으로서 최대 토크는 변하지 않는 상태에서 속도 조절이 가능하다.

304 권선형 유도전동기 기동 시 회전자측에 저항을 넣는 이유는?

① 기동전류를 감소시키기 위해
② 기동토크를 감소시키기 위해
③ 회전수를 감소시키기 위해
④ 기동전류를 증가시키기 위해

해설 권선형 유도전동기에 외부저항을 접속하면 기동전류는 감소하고 기동토크는 증가하며 역률은 개선된다.

305 다음 중 유도전동기에서 비례추이를 할 수 있는 것은?

① 출력
② 2차 구리손(동손)
③ 효율
④ 역률

해설 유도전동기에서 비례추이할 수 있는 것은 1차측, 즉, 1차 입력, 1차 전류, 2차 전류, 역률, 동기와트, 토크 등이 있다.
참고로 비례추이를 할 수 없는 것은 2차측, 즉, 출력, 효율, 2차 구리손(동손), 부하 등이 있다.

306 일정한 주파수의 전원에서 운전하는 3상 유도 전동기의 전원전압이 80[%]가 되었다면 토크는 약 몇 [%]가 되는가? (단, 회전수는 변하지 않는 상태로 한다.)

① 55 ② 64

③ 76 ④ 82

해설 3상 유도전동기의 토크는 공급 전압의 자승에 비례하므로 전압이 80[%]로 운전하면 토크는 $0.8^2 = 0.64$ = 64[%]로 감소한다.

307 유도전동기의 Y−△기동 시 기동토크와 기동전류는 전전압 기동 시의 몇 배가 되는가?

① $\dfrac{1}{\sqrt{3}}$ ② $\sqrt{3}$

③ $\dfrac{1}{3}$ ④ 3

해설 Y−△기동법

기동전류와 기동토크는 $\dfrac{1}{3}$배 감소

308 3상 유도전동기의 원선도를 그리는 데 필요하지 않은 것은?

① 저항측정

② 무부하시험

③ 구속시험

④ 슬립(slip)측정

해설
• 저항측정시험 : 1차 구리손(동손)
• 무부하시험 : 여자전류, 철손
• 구속시험(단락시험) : 2차 구리손(동손)

309 농형 유도전동기의 기동법이 아닌 것은?

① Y−△기동법

② 2차 저항기동법

③ 기동보상기법

④ 전전압기동법

해설 유도전동기의 기동법

전동기	농 형	권선형
기동법	• 전전압(직입)기동법 • Y−△기동법 • 리액터기동법 • 기동보상기법	• 2차 저항기동법 (비례추이)

310 유도전동기의 속도제어법이 아닌 것은?

① 2차 저항제어 ② 극수제어

③ 일그너제어 ④ 주파수제어

해설 3상 유도전동기의 속도제어법

농 형	권선형
• 전원전압제어 • 극수변환법 • 주파수변환법	• 종속법 • 2차 저항제어법(비례추이) • 2차 여자제어법(슬립제어)

311 3상 유도전동기의 회전 방향을 바꾸기 위한 방법으로 가장 옳은 것은?

① 전동기에 가해지는 3개의 단자 중 어느 2개의 단자를 서로 바꾸어 준다.

② Y−△ 결선을 한다.

③ 기동보상기를 사용한다.

④ 전원전압과 주파수를 바꾼다.

해설 3상의 3선 중 2선의 접속을 서로 바꿔준다.

312 200[V], 10[kW] 3상 유도전동기의 전류는 몇 [A]인가? (단, 유도전동기의 효율과 역률은 0.85이다.)

① 60 ② 80

③ 30 ④ 40

해설 3상 소비전력 $P = \sqrt{3}\, VI\cos\theta \times$ 효율

전류 $I = \dfrac{P}{\sqrt{3}\, V\cos\theta \times 효율}$

$= \dfrac{10 \times 10^3}{\sqrt{3} \times 200 \times 0.85 \times 0.85} = 40[A]$

313 다음 중 3상 유도전동기에 해당하는 것은?

① 분상형

② 콘덴형

③ 세이딩 코일형

④ 권선형

> **해설** 3상 유도전동기
> 권선형 유도전동기, 농형 유도전동기

314 단상 유도전동기의 기동방법 중 기동토크가 가장 큰 것은?

① 반발기동형

② 분상기동형

③ 반발유도형

④ 콘덴서기동형

> **해설** 반발기동형
> 기동토크가 가장 크다.

315 역률과 효율이 좋아서 가정용 선풍기, 세탁기, 냉장고 등에 주로 사용되는 기동법은?

① 반발기동형

② 분상기동형

③ 세이딩 코일형

④ 콘덴서 기동형

> **해설** 콘덴서 기동형의 특징
> • 콘덴서를 기동 권선과 직렬로 접속시켜 기동하는 방식
> • 역률과 효율이 가장 좋다.
> • 용도 : 가정용 선풍기, 세탁기, 냉장고

316 다음 중 역회전이 불가능한 단상 유도전동기는 어느 것인가?

① 분상기동형

② 세이딩 코일형

③ 콘덴서 기동형

④ 반발기동형

> **해설** 단상 유도전동기의 하나인 세이딩 코일형은 계자 사이에 철심을 넣은 전동기로서 역회전하게 되면 철편 때문에 회전이 되지 않는 전동기이다.

317 유도전동기가 회전하고 있을 때 생기는 손실 중에서 구리손이란 무엇을 의미하는가?

① 브러시의 마찰손

② 베어링의 마찰손

③ 표유부하손

④ 1차, 2차 권선의 저항손

> **해설** 기기의 손실
> 동손(1차, 2차 구리손)

318 분상기동형 단상 유도전동기의 기동 권선은?

① 운전 권선보다 굵고 권선이 많다.

② 운전 권선보다 가늘고 권선이 많다.

③ 운전 권선보다 굵고 권선이 적다.

④ 운전 권선보다 가늘고 권선이 적다.

> **해설** 분상기동형 단상 유도전동기의 권선
> • 운전 권선(L만의 회로) : 굵은 권선으로 길게 하여 권선을 많이 감아서 L성분을 크게 한다.
> • 기동 권선(R만의 회로) : 운전 권선보다 가늘고 권선을 적게 하여 저항값을 크게 한다.

319 유도발전기의 장점이 아닌 것은?

① 동기발전기에 비해 가격이 저렴하다.

② 조작이 쉽다.

③ 동기발전기처럼 동기화할 필요가 없다.

④ 효율과 역률이 높다.

> **해설** 유도발전기의 특징(동기발전기와 비교)
> • 가격이 저렴하다.
> • 조작이 쉽다.
> • 동기발전기처럼 동기화할 필요가 없다.
> • 단점 : 효율과 역률이 낮다.

320 제어정류기의 용도는?

① 교류 – 교류 변환

② 직류 – 교류 변환

③ 교류 – 직류 변환

④ 직류 – 직류 변환

해설 **전력변환장치의 종류**

구 분	기 능
컨버터(정류기)	교류 → 직류
인버터	직류 → 교류
사이클로 컨버터	교류 → 다른 크기 교류
초퍼	고정 직류 → 가변 직류

321 직류를 교류로 변환하는 장치로서 초고속 전동기의 속도제어용 전원이나 형광등의 고주파 점등에 이용되는 것은?

① 인버터 ② 컨버터

③ 변성기 ④ 변류기

해설 **인버터**

직류 → 교류로 변환하는 장치

322 SCR에서 게이트는 무슨 반도체인가?

① PN형 ② NP형

③ P형 ④ N형

해설 **SCR의 특징**

• 게이트단자(P형 반도체) 신호를 이용한 턴온, 위상제어

• 3단자, 단방향성

323 진성 반도체인 4가의 실리콘에 N형 반도체를 만들기 위하여 첨가하는 것은?

① 게르마늄 ② 갈륨

③ 인듐 ④ 안티몬

해설 **5가 불순물(도너)**

N형 반도체에 첨가, 안티몬, 비소

324 반도체 내에서 정공은 어떻게 생성되는가?

① 자유전자의 이동

② 접합 불량

③ 확산 용량

④ 결합전자의 이탈

해설 **정공**

결합전자의 이탈로 생기는 빈자리

325 다음 중 전력제어용 반도체 소자가 아닌 것은?

① GTO

② TRIAC

③ LED

④ IGBT

해설 **LED(발광 다이오드)**

전류를 순방향으로 흘려 주었을 때, 빛을 내는 반도체(인화갈륨 : 초록색, 용도 : 탁상시계, 계산기)

326 교류회로에서 양방향 점호(ON) 및 소호(OFF)를 이용하며, 위상제어를 할 수 있는 소자는?

① GTO ② TRIAC

③ SCR ④ IGBT

해설 **TRIAC의 특징**

• 양방향 점호, 소호를 이용하여 위상제어, 교류전력제어

• DIAC와 같이 사용

• 3단자, 양방향성

327 자기소호기능이 가장 좋은 소자는?

① SCR ② GTO

③ TRIAC ④ LASCR

해설 **GTO의 특징**

• 자기소호기능(ON/OFF시킬 때 발생되는 불꽃 제거)이 가장 좋다.

• 3단자, 단방향

정답 320. ③ 321. ① 322. ③ 323. ④ 324. ④ 325. ③ 326. ② 327. ②

328 단상 반파 정류회로에서 출력전압은? (단, V 는 실효값이다.)

① $0.45\,V$

② $2\sqrt{2}\,V$

③ $\sqrt{2}\,V$

④ $0.9\,V$

해설 정류회로 직류성분 전압(전압강하 무시)

단상 반파	단상 전파	3상 반파	3상 전파
$0.45\,V$	$0.9\,V$	$1.17\,V$	$1.35\,V$

329 반파 정류회로에서 변압기 2차 전압의 실효치 를 E[V]라 하면, 직류전류 평균치는? (단, 정 류기의 전압강하는 무시한다.)

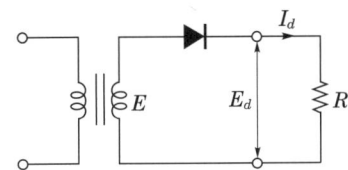

① $\dfrac{E}{R}$

② $\dfrac{1}{2}\cdot\dfrac{E}{R}$

③ $\dfrac{2\sqrt{2}}{\pi}\cdot\dfrac{E}{R}$

④ $\dfrac{\sqrt{2}}{\pi}\cdot\dfrac{E}{R}$

해설 단상 반파 정류회로

직류전압 $E_d = \dfrac{\sqrt{2}}{\pi}E = 0.45E\,[\text{V}]$

직류전류 $I_d = \dfrac{E_d}{R} = \dfrac{\sqrt{2}}{\pi}\dfrac{E}{R}\,[\text{A}]$

330 3상 반파 정류회로에 인가해 준 전압이 E[V] 라면 직류전압은 약 몇 [V]인가?

① $1.17E$ ② $1.35E$

③ $0.9E$ ④ $0.45E$

해설 3상 반파 직류전압 $= 1.17E\,[\text{V}]$

331 3상 전파 정류회로에서 출력전압의 평균전압 값은? (단, V 는 선간전압의 실효값이다.)

① $0.45\,V$

② $0.9\,V$

③ $1.17\,V$

④ $1.35\,V$

해설 3상 전파 평균전압(직류분) $E_d = 1.35\,V\,[\text{V}]$

332 그림의 정류회로에서 실효값이 220[V], 위상 점호각이 60°일 때 정류전압은 약 몇 [V]인가?

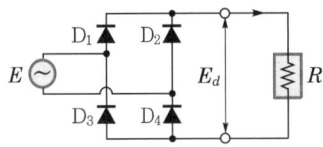

① 99

② 148

③ 110

④ 100

해설 그림의 회로는 부하가 저항만 존재하므로 단상 전파 정류회로의 직류분 전압은 다음과 같다.

$$E_d = \frac{2\sqrt{2}}{\pi}E\left(\frac{1+\cos\alpha}{2}\right)$$
$$= \frac{2\sqrt{2}}{\pi}\times 220\times\left(\frac{1+\cos 60°}{2}\right)$$
$$= 148\,[\text{V}]$$

333 그림의 정류회로에서 실효값이 220[V], 위상 점호각이 60°일 때 정류전압은 약 몇 [V]인가? (단, 유도성 부하를 가지는 제어정류기이다.)

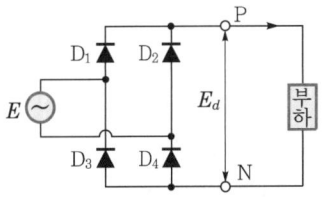

① 99   ② 148

③ 110   ④ 100

정답 328. ① 329. ④ 330. ① 331. ④ 332. ② 333. ①

해설 유도성 부하의 정류전압

$$E_d = \frac{2\sqrt{2}}{\pi} E\cos\alpha = 0.9 E\cos\alpha$$
$$= 0.9 \times 220 \times \cos 60° = 99\,[\mathrm{V}]$$

334 그림과 같은 전동기 제어회로에서 전동기 M의 전류 방향으로 올바른 것은? (단, 전동기의 역률은 100[%]이고, 사이리스터의 점호각은 0°라고 본다.)

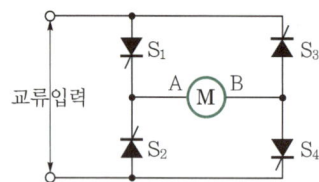

① 항상 "A"에서 "B"의 방향
② 입력의 반주기마다 "A"에서 "B"의 방향, "B"에서 "A"의 방향
③ 항상 "B"에서 "A"의 방향
④ S₁과 S₄, S₂와 S₃의 동작 상태에 따라 "A"에서 "B"의 방향, "B"에서 "A"의 방향

해설 그림에서 입력으로 교류를 인가하면 사이리스터는 단방향(순방향)성이므로 처음 반주기는 S_1으로 도통이 되고 다시 전류 방향이 바뀌는 반주기는 S_2를 통해 도통이 되므로 전류는 항상 "A"에서 "B"의 방향으로 흐른다.

335 SCR 2개를 역병렬로 접속한 그림과 같은 기호의 명칭은?

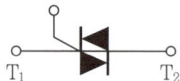

① SCR
② TRIAC
③ GTO
④ UJT

해설 TRIAC(트라이액)의 기호이다.

336 그림은 전력제어 소자를 이용한 위상제어회로이다. 전동기의 속도를 제어하기 위하여 "가" 부분에 사용되는 소자는?

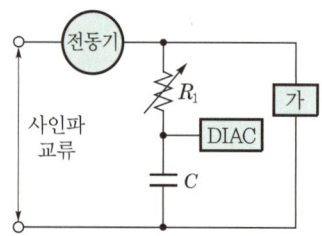

① 전력용 트랜지스터
② 제어 다이오드
③ 트라이액
④ 레귤레이터 78XX 시리즈

해설 트라이액(TRIAC)은 양방향성으로서 교류를 제어하는 반도체 교류전류 스위치로서 연속적으로 변화하는 교류제어용으로 사용된다.

337 반도체 재료로 인화갈륨(GaP)을 쓰며 탁상시계, 탁상용 계산기 등에 사용되는 다이오드는?

① 제너 다이오드 ② 광 다이오드
③ 발광 다이오드 ④ 터널 다이오드

해설
• 발광 다이오드(light emitting diode ; LED) : 전류를 순방향으로 흘려 주었을 때, 빛을 내는 반도체
• 인산갈륨 : 초록색을 띠며, 탁상시계, 계산기, 신호등에 사용

338 다음 그림과 같은 기호의 소자명칭은?

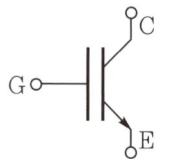

① SCR ② TRIAC
③ IGBT ④ GTO

해설 IGBT
구동전력이 적고, 고속스위칭소자

정답 334. ① 335. ② 336. ③ 337. ③ 338. ③

339 다음 기호 중 DIAC의 기호는?

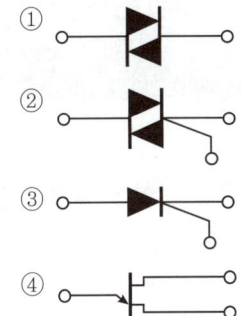

① DIAC
② TRIAC
③ SCR
④ IGBT

340 트라이액(TRIAC)의 기호는?

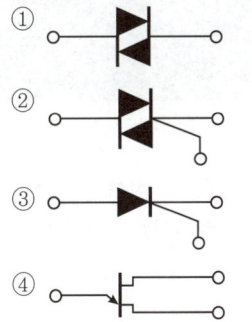

해설 TRIAC(트라이액)은 SCR 2개를 역병렬로 접속한 소자로서 교류회로에서 양방향 점호(ON) 및 소호(OFF)를 이용하며, 위상제어가 가능하다.

03 CHAPTER

전기설비

341 전기저항이 작고, 부드러운 성질이 있어 구부리기가 용이하므로 주로 옥내배선에 사용하는 구리선의 명칭은?

① 경동선
② 연동선
③ 합성연선
④ 중공연선

> **해설** 경동선은 인장강도가 뛰어나므로 주로 옥외전선로에서 사용하고, 연동선은 부드럽고 가요성이 뛰어나므로 주로 옥내배선에서 사용한다.

342 전선의 공칭단면적에 대한 설명으로 옳지 않은 것은?

① 소선수와 소선의 지름으로 나타낸다.
② 단위는 $[mm^2]$로 표시한다.
③ 전선의 실제단면적과 같다.
④ 연선의 굵기를 나타내는 것이다.

> **해설** 전선의 공칭단면적은 전선의 실제단면적을 계산하여 더 큰 값을 적용하고 1.5, 2.5, 4, 6, 10, 16, 25, 35, 50 … 등으로 값이 정해져 있다.

343 인입용 비닐절연전선을 나타내는 약호는?

① OW   ② NR
③ DV   ④ NV

> **해설** 전선의 약호
> • OW : 옥외용 비닐절연전선
> • NR : 450/750[V] 일반용 단심 비닐절연전선
> • NV : 클로로프렌절연 비닐외장 케이블

344 450/750[V] 일반용 단심 비닐절연전선의 약호는?

① FI   ② RI
③ NR   ④ RI

> **해설** NR : 450/750[V] 일반용 단심 비닐절연전선

345 전선의 명칭 중 FL은 무엇을 뜻하는가?

① 네온전선   ② 비닐코드
③ 형광방전등   ④ 비닐절연전선

> **해설** FL
> 형광방전등(fluorescent lamp)

346 0.6/1[kV] 비닐절연 비닐외장 케이블의 약칭으로 맞는 것은?

① VV   ② EV
③ FP   ④ CV

> **해설** VV
> 비닐절연 비닐외장 케이블

347 코드 상호, 캡타이어 케이블 상호 접속 시 사용하여야 하는 것은?

① 와이어 접속기(커넥터)
② 케이블 타이
③ 코드 접속기
④ 테이블 탭

> **해설** 코드 및 캡타이어 케이블 상호 접속 시에는 직접 접속이 불가능하고 전용의 접속기구를 사용해야 한다.

348 나전선 상호를 접속하는 경우 일반적으로 전선의 세기를 몇 [%] 이상 감소시키지 않아야 하는가?

① 2[%]

② 3[%]

③ 20[%]

④ 80[%]

해설 전선 접속 시 전선의 세기는 20[%] 이상 감소되지 않도록 하여야 한다.

349 다음 중 전선의 접속방법이 틀린 것은?

① 전선의 접속 부분은 기준 온도 이상 상승하면 아니된다.

② 전선의 세기는 접속 전보다 20[%] 이상 감소 시키지 아니한다.

③ 전선 접속 부분의 전기저항을 증가시키지 않아야 한다.

④ 접속 부분은 염화비닐 점착테이프를 이용하여 반폭 이상 겹쳐서 1회 이상 감는다.

해설 전선의 접속부에 사용하는 테이프 및 튜브 등 도체의 절연에 사용되는 절연 피복은 전기용 점착테이프에 적합한 것을 사용하고 반폭 이상 겹쳐서 2회 이상 감아야 한다.

350 코드나 케이블 등을 기계기구의 단자 등에 접속할 때 몇 [mm²]가 넘으면 그림과 같은 터미널러그(압착단자)를 사용하여야 하는가?

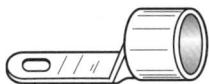

① 6

② 4

③ 8

④ 10

해설 코드, 케이블과 기계기구 단자 접속 시 단면적 6[mm²] 초과하는 연선은 터미널러그를 사용하여야 한다.

351 전선의 굵기가 6[mm²] 이하의 가는 단선인 경우 어떤 접속을 하여야 하는가?

① 브리타니아 접속

② 쥐꼬리 접속

③ 트위스트 접속

④ 슬리브 접속

해설 **단선의 직선 접속**
• 단면적 6[mm²] 이하 : 트위스트 접속
• 단면적 10[mm²] 이상 : 브리타니아 접속

352 다음 그림의 (가)와 (나)의 전선 접속법은?

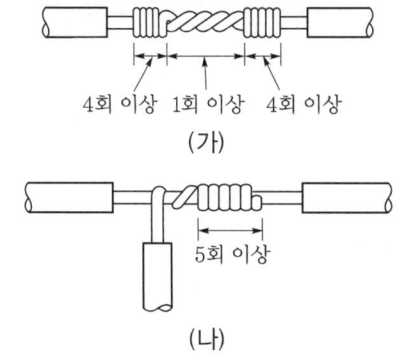

4회 이상   1회 이상   4회 이상

(가)

5회 이상

(나)

① 직선 접속, 분기 접속

② 직선 접속, 종단 접속

③ 분기 접속, 슬리브에 의한 접속

④ 종단 접속, 직선 접속

해설 **그림의 전선 접속법**
• (가) : 단선의 트위스트 직선 접속
• (나) : 단선의 트위스트 분기 접속

353 정크션박스 내에서 전선을 접속할 수 있는 것은?

① 코드 패스너

② 코드 너트

③ 와이어 접속기(커넥터)

④ 슬리브

해설 **정크션박스 전선을 접속하는 방법**
쥐꼬리 접속 후 와이어 접속기(커넥터)로 돌려끼워서 접속한다.

정답 348. ③ 349. ④ 350. ① 351. ③ 352. ① 353. ③

354 동일 굵기의 단선을 쥐꼬리 접속하는 경우 두 전선의 피복을 벗긴 후 심선을 교차시켜서 펜치로 비틀면서 꼬아야 하는 데 이때 심선의 교차각은 몇 도가 되도록 해야 하는가?

① 30° ② 90°
③ 120° ④ 180°

해설 쥐꼬리 접속은 전선 피복을 여유 있게 벗긴 후 심선을 90°가 되도록 교차시킨 후 펜치로 잡아당기면서 2~3회 정도 비틀어 꼰 후 끝을 잘라낸다.

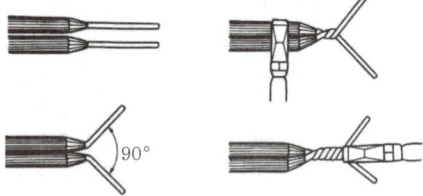

355 구리전선과 전기기계기구 단자를 접속하는 경우에 진동 등으로 인하여 헐거워질 염려가 있는 곳에는 어떤 것을 사용하여 접속하여야 하는가?

① 평와셔 2개를 끼운다.
② 스프링 와셔를 끼운다.
③ 코드 패스너를 끼운다.
④ 정 슬리브를 끼운다.

해설 진동 등으로 인하여 풀릴 우려가 있는 경우 스프링 와셔나 이중 너트를 사용한다.

356 옥내에서 두 개 이상의 전선을 병렬로 사용하는 경우 구리선(동선)은 각 전선의 굵기가 몇 [mm²] 이상이어야 하는가?

① 50 ② 70
③ 95 ④ 150

해설 두 개 이상 전선을 병렬로 사용하는 경우 전선의 굵기
• 구리선(동선) : 50[mm²] 이상
• 알루미늄선 : 70[mm²] 이상

357 전선의 접속법에서 두 개 이상의 전선을 병렬로 사용하는 경우의 시설기준으로 틀린 것은?

① 병렬로 사용하는 전선은 각각에 퓨즈를 설치할 것
② 교류회로에서 병렬로 사용하는 전선은 금속관 안에 전자적 불평형이 생기지 않도록 시설할 것
③ 같은 극의 각 전선의 터미널러그는 동일한 도체에 2개 이상의 리벳 또는 2개 이상의 나사로 완전하게 접속할 것
④ 병렬로 사용하는 각 전선의 굵기는 같은 도체, 같은 재료, 같은 길이 및 같은 굵기의 것을 사용할 것

해설 병렬로 접속해서 각각 전선에 퓨즈를 설치한 경우 만약 한 선의 퓨즈가 용단되면 다른 한 선으로 전류가 모두 흐르므로 위험해진다.

358 전선 접속 시 S형 슬리브 사용에 대한 설명으로 틀린 것은?

① 전선의 끝은 슬리브의 끝에서 나오지 않도록 한다.
② 슬리브는 전선의 굵기에 적합한 것을 선정한다.
③ 열린 쪽 홈의 측면을 고르게 눌러서 밀착시킨다.
④ S형 슬리브 접속은 연선, 단선 둘 다 가능하다.

해설 전선의 끝은 슬리브의 끝에서 조금 나오는 것이 바람직하다.

359 전등 1개를 2개소에서 점멸하고자 할 때 필요한 3로 스위치는 최소 몇 개인가?

① 1개 ② 2개
③ 3개 ④ 4개

해설 3로 스위치
1개의 등을 2개소에서 점멸하는 스위치로 2개가 필요하다.

정답 354. ② 355. ② 356. ① 357. ① 358. ① 359. ②

360 한 개의 전등을 두 곳에서 점멸할 수 있는 배선으로 옳은 것은?

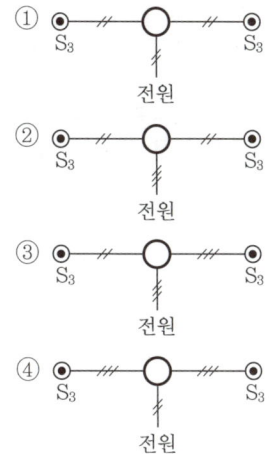

해설 3로 스위치
한 개의 전등을 두 곳에서 점멸 가능한 스위치
• 전원과 전등 사이 : 2가닥
• 전등과 스위치 사이(좌우 양쪽) : 3가닥

361 옥내배선에 시설하는 전등 1개를 3개소에서 점멸하고자 할 때 필요한 3로 스위치와 4로 스위치의 최소 개수는?

① 3로 스위치 2개, 4로 스위치 2개
② 3로 스위치 1개, 4로 스위치 1개
③ 3로 스위치 2개, 4로 스위치 1개
④ 3로 스위치 1개, 4로 스위치 2개

해설 전등 1개를 3개소에서 점멸하므로 스위치는 최소 3개가 필요하며 4로 스위치는 스위치 접점이 교대로 바뀌는 구조로서 3개소에서 전등 1개 점멸 시 3로 스위치 2개와 조합하여 사용한다.

362 조명등을 숙박업소의 입구에 설치할 때 현관등은 최대 몇 분 이내에 소등되는 타임스위치를 시설하여야 하는가?

① 4
② 3
③ 1
④ 2

해설 현관등 타임스위치
• 일반주택 및 아파트 : 3분
• 숙박업소 각 호실 : 1분

363 배전반 및 분전반과 연결된 배관을 변경하거나 이미 설치되어 있는 캐비닛에 구멍을 뚫을 때 필요한 공구는?

① 오스터
② 클리퍼
③ 토치 램프
④ 녹아웃 펀치

해설 전기공사용 공구
• 오스터 : 금속관에 나사를 낼 때 사용하는 것
• 클리퍼 : 굵은 전선이나 케이블 절단용 공구
• 토치 램프 : 합성수지관공사 시 가공부를 가열하기 위한 램프
• 녹아웃 펀치 : 배전반이나 분전반 등의 금속제 캐비닛의 구멍을 확대하거나 철판의 구멍 뚫기에 사용하는 공구

364 전선의 굵기를 측정하는 공구는?

① 권척
② 메거
③ 와이어 게이지
④ 와이어 스트리퍼

해설
• 권척(줄자) : 길이 측정공구
• 메거 : 절연저항 측정공구
• 와이어 게이지 : 전선의 굵기를 측정하는 공구
• 와이어 스트리퍼 : 전선 피복을 벗기는 공구

365 큰 건물의 공장에서 콘크리트에 구멍을 뚫어 드라이브 핀을 경제적으로 고정하는 공구는?

① 스패너
② 드라이브 이트
③ 오스터
④ 녹아웃 펀치

해설 드라이브 이트
화약의 폭발력을 이용하여 콘크리트에 구멍을 뚫는 공구

366 다음 그림은 전선 피복을 벗기는 공구이다. 알맞은 명칭은?

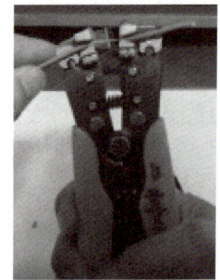

① 니퍼
② 펜치
③ 와이어 스트리퍼
④ 전선 압착공구

해설 **와이퍼 스트리퍼**
전선 피복을 벗기는 공구로서 그림은 중간 부분을 벗길 수 있는 스트리퍼로서 자동 와이어 스트리퍼이다.

367 굵은 전선이나 케이블을 절단할 때 사용되는 공구는?

① 펜치
② 클리퍼
③ 나이프
④ 플라이어

해설 **클리퍼**
전선 단면적 25[mm²] 이상의 굵은 전선이나 볼트 절단 시 사용하는 공구

368 전선에 눌러 붙임(압착) 단자 접속 시 사용되는 공구는?

① 와이어 스트리퍼
② 프레셔 툴
③ 클리퍼
④ 니퍼

해설 **프레셔 툴**
전선을 눌러 붙여(압착) 접속시키는 공구

369 피시 테이프(fish tape)의 용도로 옳은 것은?

① 전선을 테이핑하기 위하여 사용된다.
② 전선관의 끝마무리를 위해서 사용된다.
③ 배관에 전선을 넣을 때 사용된다.
④ 합성수지관을 구부릴 때 사용된다.

해설 **피시 테이프**
배관에 피시 테이프를 먼저 집어넣은 후 전선과 접속하여 끌어 당겨 관에 전선을 넣을 때 사용하는 공구

370 금속관과 금속관을 접속할 때 커플링을 사용하는 데 커플링을 접속할 때 사용되는 공구는?

① 히키
② 녹아웃 펀치
③ 파이프 커터
④ 파이프 렌치

해설
• 금속관 절단 공구 : 파이프 커터, 파이프 바이스
• 히키 : 금속관에 까뫼관을 구부리는 공구
• 녹아웃 펀치 : 콘크리트벽에 구멍을 뚫는 공구
• 파이프 렌치 : 금속관 접속부분을 조이는 공구

371 금속전선관을 박스에 고정시킬 때 사용되는 것은 어느 것인가?

① 새들
② 부싱
③ 로크 너트
④ 클램프

해설
• 새들 : 관을 조영재에 부착할 경우 사용
• 부싱 : 관 끝에 전선 손상 방지를 위해 사용하는 기구
• 로크 너트 : 관과 박스의 접속 시 사용하는 기구

372 다음 중 접지저항을 측정하기 위한 방법은?

① 전류계, 전압계
② 전력계
③ 휘트스톤 브리지법
④ 콜라우시 브리지법

해설 **접지저항 측정방법**
접지저항계, 콜라우시 브리지법, 어스테스터기

373 3상 전선 구분 시 전선의 색상은 L1, L2, L3 순서대로 어떻게 되는가?

① 검은색, 빨간색, 파란색
② 검은색, 빨간색, 노란색
③ 갈색, 검은색, 회색
④ 검은색, 파란색, 녹색

II

해설 전선식별

상 (문자)	L1	L2	L3	중성선	접지/보호도체
색상	갈색	검은색	회색	파란색	녹색 – 노란색

374 보호도체의 전선 색상은 무슨 색인가?

① 검은색 ② 빨간색

③ 녹색 – 노란색 ④ 녹색

해설 전선식별

상 (문자)	L1	L2	L3	중성선	접지/보호도체
색상	갈색	검은색	회색	파란색	녹색 – 노란색

375 저압 배선을 조명설비로 배선하는 경우 인입구로부터 기기까지의 전압강하는 몇 [%] 이하로 해야 하는가?

① 2 ② 3

③ 4 ④ 6

해설 인입구로부터 기기까지의 전압강하는 조명설비의 경우 3[%] 이하로 할 것(기타 설비의 경우 5[%] 이하로 할 것)

376 애자사용공사의 저압 옥내배선에서 전선 상호 간의 간격은 몇 [cm] 이상으로 하여야 하는가?

① 2 ② 4

③ 6 ④ 8

해설 전선 상호 간의 간격은 6[cm] 이상

377 옥내배선공사에서 전개된 장소나 점검 가능한 은폐 장소에 시설하는 합성수지관의 최소 두께는 몇 [mm]인가? (단, 합성수지제 휨(가요)전선관은 제외한다.)

① 1 ② 1.2

③ 2 ④ 2.3

해설 합성수지관 규격 및 시설 원칙
- 호칭 : 안지름(내경), 짝수
- 최소 두께 : 2[mm]

378 접착제를 사용하여 합성수지관을 삽입해 접속할 경우 관의 삽입 깊이는 합성수지관 바깥지름(외경)의 최소 몇 배인가?

① 1.2 ② 0.8

③ 1.5 ④ 1.8

해설 관 상호 접속 시 커플링 삽입 깊이
- 일반 : 바깥지름(외경)의 1.2배
- 접착제 사용 : 바깥지름(외경)의 0.8배

379 합성수지관공사에 대한 설명 중 옳지 않은 것은?

① 습기가 많은 장소 또는 물기가 있는 장소에 시설하는 경우에는 방습장치를 한다.

② 관 상호 간 및 박스와는 관을 삽입하는 깊이를 관의 바깥지름의 1.2배 이상으로 한다.

③ 관의 지지점 간의 거리는 1.5[m] 이하로 한다.

④ 합성수지관 두께는 1.2[mm] 이상으로 한다.

해설 합성수지관 시설 규정
- 관 최소 두께 : 2[mm]
- 지지점 거리 : 1.5[m] 이하

380 저압 옥내배선에서 합성수지관공사에 대한 설명 중 잘못된 것은?

① 합성수지관 안에는 전선에 접속점이 없도록 한다.

② 합성수지관을 새들 등으로 지지하는 경우는 그 지지점 간의 거리를 3[m] 이상으로 한다.

③ 합성수지관 상호 및 관과 박스는 접속 시에 삽입하는 깊이를 관 바깥지름의 1.2배 이상으로 한다.

④ 관 상호의 접속은 박스 또는 커플링(coupling) 등을 사용하고 직접 접속하지 않는다.

정답 374. ③ 375. ② 376. ③ 377. ③ 378. ② 379. ④ 380. ②

해설 합성수지관 시설 규정
- 관 최소 두께 : 2[mm]
- 지지점 거리 : 1.5[m] 이하

381 합성수지관공사에서 옥외 등 온도 차가 큰 장소에 노출 배관을 할 때 사용하는 커플링은?

① 신축커플링(0C) ③ 신축커플링(2C)
② 신축커플링(1C) ④ 신축커플링(3C)

해설 합성수지관 신축커플링(3C)
온도차가 큰 노출장소 사용

382 16[mm] 합성수지관을 직각 구부리기를 할 경우 곡선(굽힘) 반지름은 몇 [mm]인가? (단, 16[mm] 합성수지관의 안지름은 18[mm], 바깥지름은 22[mm]이다.)

① 119 ② 132
③ 187 ④ 220

해설 합성수지 전선관 직각 배관 시 곡선(굽힘) 반지름
$$R = 6d + \frac{D}{2} = 6 \times 18 + \frac{22}{2} = 119[mm]$$
[전선관 안지름(내경) : d, 바깥지름(외경) : D]

383 후강전선관의 호칭을 맞게 설명한 것은?

① 안지름(내경)에 가까운 홀수로 표시한다.
② 바깥지름(외경)에 가까운 짝수로 표시한다.
③ 바깥지름(외경)에 가까운 홀수로 표시한다.
④ 안지름(내경)에 가까운 짝수로 표시한다.

해설 후강전선관 호칭
안지름(내경)에 가까운 짝수

384 금속전선관의 종류에서 후강전선관 규격[mm]이 아닌 것은?

① 16 ② 20
③ 28 ④ 36

해설 후강전선관 규격(10종)
16, 22, 28, 36, 42, 54, 70, 82, 92, 104[mm]

385 후강전선관의 종류는 몇 종인가?

① 20종 ② 10종
③ 5종 ④ 3종

해설 후강전선관 규격(10종)
16, 22, 28, 36, 42, 54, 70, 82, 92, 104[mm]

386 박강전선관의 호칭을 맞게 설명한 것은?

① 안지름에 가까운 홀수로 표시한다.
② 바깥지름에 가까운 짝수로 표시한다.
③ 바깥지름에 가까운 홀수로 표시한다.
④ 안지름에 가까운 짝수로 표시한다.

해설 박강전선관
1.2[mm]의 얇은 전선관, 바깥지름(외경)에 가까운 홀수

387 전선관의 종류에서 박강전선관의 규격[mm]이 아닌 것은?

① 75 ② 19
③ 16 ④ 25

해설 박강전선관(홀수)
19, 25, 31, 39, 51, 63, 75[mm]

388 가공전선로의 인입구에 사용하며 금속관공사에서 관 끝부분의 빗물 침입을 방지하는 데 적당한 것은?

① 엔트런스 캡 ② 엔드
③ 절연부싱 ④ 터미널 캡

해설 엔트런스 캡(우에사 캡)은 금속관공사 시 금속관에 빗물이 침입되는 것을 방지하기 위해 사용하므로 인입구에 사용한다.

정답 381. ④ 382. ① 383. ④ 384. ② 385. ② 386. ③ 387. ③ 388. ①

389 가공전선로의 인입구에 설치하거나 금속관이나 합성수지관으로부터 전선을 뽑아 전동기 단자 부근에 접속할 때 관 단에 사용하는 재료는?

① 부싱
② 엔트런스 캡
③ 터미널 캡
④ 로크 너트

해설 터미널 캡은 배관공사 시 금속관이나 합성수지관으로부터 전선을 뽑아 전동기 단자 부근에 접속할 때, 또는 노출배관에서 금속배관으로 변경 시 전선 보호를 위해 관 끝에 설치하는 것으로 서비스 캡이라고도 한다.

390 금속관 배관공사에서 절연부싱을 사용하는 이유는?

① 박스 내에서 전선의 접속을 방지
② 관이 손상되는 것을 방지
③ 관 끝부분(말단)에서 전선의 인입 및 교체 시 발생하는 전선의 손상 방지
④ 관의 입구에서 조영재의 접속을 방지

해설 관공사 시 부싱은 관 끝부분(끝단)에 설치하여 전선의 피복 방지를 하기 위한 것이다.

391 금속관공사의 장점이라고 볼 수 없는 것은?

① 전선관 접속이나 관과 박스 접속 시 견고하고 완전하게 접속할 수 있다.
② 전선의 배선 및 배관 변경 시 용이하다.
③ 기계적 강도가 좋다.
④ 합성수지관에 비해 내식성이 좋다.

해설 금속관은 합성수지관에 비해 수분에 의한 부식이 잘 되어 내식성이 나쁘다.

392 금속제 가요전선관공사에 대한 설명으로 잘못된 것은?

① 전선은 옥외용 비닐절연전선을 사용했다.
② 10[mm²] 이하의 단선을 사용했다.
③ 가요전선관 안에는 전선의 접속점이 없도록 했다.
④ 가요전선관으로 제2종 가요전선관을 사용했다.

해설 옥외용 비닐절연전선을 제외한 절연전선을 사용한다.

393 가요전선관공사에서 가요전선관과 금속관의 상호 접속에 사용하는 것은?

① 유니언 커플링
② 2호 커플링
③ 스플릿 커플링
④ 콤비네이션 커플링

해설 • 가요전선관 상호 접속 : 스플릿 커플링
• 가요전선관과 다른 전선관 접속 : 콤비네이션 커플링

394 노출장소 또는 점검 가능한 장소에서 제2종 가요전선관을 시설하고 제거하는 것이 자유로운 경우의 곡선 반지름(곡률 반경)은 안지름의 몇 배 이상으로 하여야 하는가?

① 6   ② 3
③ 12   ④ 10

해설 제2종 가요전선관의 곡선 반지름(곡률 반경)은 가요전선관을 시설하고 제거하는 것이 자유로운 경우 안지름의 3배 이상으로 한다.

395 금속몰드 배선공사를 할 때 동일 몰드 내에 넣는 전선수는 최대 몇 본 이하로 하여야 하는가?

① 3   ② 5
③ 10   ④ 12

해설 금속몰드 배선 시 몰드 내의 전선수는 10본 이하이다.

정답 389. ③ 390. ③ 391. ④ 392. ① 393. ④ 394. ② 395. ③

396 서로 다른 굵기의 절연전선을 금속덕트에 넣는 경우 전선이 차지하는 단면적은 피복절연물을 포함한 단면적의 총합계가 덕트 내 단면적의 몇 [%] 이하가 되도록 선정하여야 하는가?

① 20
② 30
③ 50
④ 40

해설 금속덕트에 전선을 집어넣는 경우 전선이 차지하는 단면적은 덕트 내 단면적의 20[%] 이하가 되도록 할 것(단, 제어회로 등의 배선에 사용하는 전선만 넣는 경우 50[%] 이하)

397 금속덕트를 취급자 이외에는 출입할 수 없는 곳에서 수직으로 설치하는 경우 지지점 간의 거리는 최대 몇 [m] 이하로 하여야 하는가?

① 1.5
② 2.0
③ 3.0
④ 6.0

해설 덕트의 지지점 간 거리는 3[m] 이하로 할 것(단, 취급자 이외에는 출입할 수 없는 곳에서 수직으로 설치하는 경우 6[m] 이하까지도 가능)

398 다음 중 버스덕트의 종류가 아닌 것은?

① 피더 버스덕트
② 플러그인 버스덕트
③ 케이블 버스덕트
④ 탭붙이 버스덕트

해설 버스덕트 종류

피더 버스	도중 부하 접속 불가능
플러그인 버스	도중 부하 접속용 플러그가 있는 구조
탭붙이 버스	부하 접속 가능

399 환기형과 비환기형으로 구분되어 있으며 도중에 부하를 접속할 수 없는 덕트는?

① 트롤리 버스덕트
② 플러그인 버스덕트

③ 피더 버스덕트
④ 슬래브 버스덕트

해설 피더 버스덕트
도중 부하 접속이 불가능한 덕트

400 플로어덕트공사에 의한 저압 옥내배선에서 절연전선으로 연선을 사용하지 않아도 되는 것은 전선의 굵기가 몇 [mm²] 이하인 경우인가?

① 2.5
② 4
③ 6
④ 10

해설 저압 옥내배선에서 플로어덕트공사 시 전선은 절연전선으로 연선이 원칙이지만 단선을 사용하는 경우 단면적 10[mm²] 이하까지는 사용할 수 있다.

401 연피 케이블 및 알루미늄피 케이블을 구부리는 경우는 피복이 손상되지 않도록 하고, 그 곡선 부분(굴곡부)의 곡선 반지름(곡률 반경)은 원칙적으로 케이블 바깥지름(외경)의 몇 배 이상이어야 하는가?

① 8
② 6
③ 12
④ 10

해설 연피, 알루미늄피 케이블 곡선 반지름(곡률 반경)
케이블 바깥지름(외경) 12배 이상

402 다음 중 과전류차단기를 설치하는 곳은?

① 접지공사를 한 저압 가공전선의 접지측 전선
② 접지공사의 접지선
③ 전동기 간선의 전압측 전선
④ 다선식 전로의 중성선

해설 과전류차단기의 시설 장소
• 발전기나 전동기, 변압기 등과 같은 기계기구를 보호하는 장소
• 송전선로나 배전선로 등에서 보호를 요하는 장소
• 인입구나 간선의 전원측 및 분기점 등 보호상, 보안상 필요한 장소

정답 396. ① 397. ④ 398. ③ 399. ③ 400. ④ 401. ③ 402. ③

403 일반적으로 과전류차단기를 설치하여야 할 곳으로 틀린 것은?

① 접지측 전선
② 보호용, 인입선 등 분기선을 보호하는 곳
③ 송전선로나 배전선로 등에서 보호를 요하는 장소
④ 간선의 전원측 전선

해설 접지측 전선은 과전류차단기를 설치하면 안 된다.

404 한국전기설비규정에 따른 용어의 정의에서 감전에 대한 보호 등 안전을 위해 제공되는 도체를 말하는 것은?

① 접지도체   ② 보호도체
③ 수평도체   ④ 접지극도체

해설 보호도체(PE, Protective Conductor)란 감전에 대한 보호 등 안전을 위해 제공되는 도체를 말한다.

405 분기회로(S_2)의 보호장치(P_2)는 전원측에서 분기점(O) 사이에 다른 분기회로 또는 콘센트의 접속이 없고, 단락의 위험과 화재 및 인체에 대한 위험성이 최소화되도록 시설된 경우, 분기회로의 보호장치(P_2)는 분기회로의 분기점(O)으로부터 x[m]까지 이동하여 설치할 수 있다. x[m]는 얼마인가?

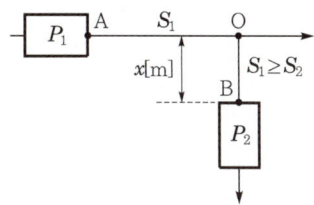

① 2   ② 3
③ 1   ④ 4

해설 전원측(P_2)에서 분기점(O) 사이에 다른 분기회로 또는 콘센트의 접속이 없고, 단락의 위험과 화재 및 인체에 대한 위험성이 최소화되도록 시설된 경우, 분기회로의 보호장치(P_2)는 분기회로의 분기점(O)으로부터 3[m]까지 이동하여 설치할 수 있다.

406 주택의 옥내 저압전로의 인입구에 감전사고를 방지하기 위하여 반드시 시설해야 하는 장치는?

① 퓨즈
② 커버나이프 스위치
③ 배선용 차단기
④ 누전차단기

해설 대지전압 150[V]를 초과하고 300[V] 이하인 주택의 옥내 저압전로의 인입구에는 인체감전보호용 누전차단기를 반드시 시설하여야 한다.

407 욕조나 샤워시설이 있는 욕실 또는 화장실 등 인체가 물에 젖어있는 상태에서 전기를 사용하는 장소의 콘센트 시설방법 중 틀린 것은?

① 콘센트는 접지극이 있는 방적형 콘센트를 사용하여 접지한다.
② 인체감전보호용 누전차단기가 부착된 콘센트를 시설한다.
③ 절연변압기(정격용량 3[kVA] 이하인 것에 한한다)로 보호된 전로에 접속한다.
④ 인체감전보호용 누전차단기(정격감도전류 15[mA] 이하, 동작시간 0.03초 이하의 전압동작형의 것에 한한다)를 시설한다.

해설 인체가 물에 젖은 상태(화장실, 비데)의 전기사용 장소규정

인체감전보호용 누전차단기 부착 콘센트	접지극있는 방적형 콘센트
	정격감도전류 15[mA] 이하, 동작시간 0.03초 이하의 전류동작형
정격용량 3[kVA] 이하 절연압압기로 보호된 전로	

408 분기회로를 보호하기 위한 장치로서 보호장치 및 차단기 역할을 하는 것은?

① 컷 아웃 스위치
② 단로기
③ 배선용 차단기
④ 누전차단기

해설 분기회로를 보호하는 장치로 과전류차단기(퓨즈)와 배선용 차단기를 사용한다.

409 과전류차단기로 저압전로에 사용하는 범용의 퓨즈(「전기용품 및 생활용품 안전관리법」에서 규정하는 것을 제외)의 정격전류가 16[A]인 경우 용단전류는 정격전류의 몇 배인가? (단, 퓨즈(gG)인 경우이다.)

① 1.25　　　　② 1.5
③ 1.6　　　　④ 1.9

해설 저압전로에 사용하는 범용의 퓨즈(gG)의 용단특성

정격전류	시 간	정격전류 배수	
		불용단전류	용단전류
4[A] 이하	60분	1.5	2.1
16[A] 미만	60분	1.5	1.9
16[A] 이상, 63[A] 이하	60분	1.25	1.6

410 정격전류가 60[A]인 주택의 전로에 정격전류의 1.45배의 전류가 흐를 때 주택에 사용하는 배선용 차단기는 몇 분 내에 자동적으로 동작하여야 하는가?

① 10분 이내　　　② 30분 이내
③ 60분 이내　　　④ 120분 이내

해설 주택용 배선용 차단기의 동작특성

정격전류	시간 (분)	정격전류 배수	
		부동작전류	동작전류
63[A] 이하	60	1.13배	1.45배
63[A] 초과	120		

411 한국전기설비규정에 의하면 정격전류가 30[A]인 저압전로에 39[A]의 전류가 흐를 때 배선용(산업용) 차단기로 사용하는 경우 몇 분 이내에 자동적으로 동작하여야 하는가?

① 120　　　　② 60
③ 2　　　　④ 4

해설 산업용 배선용 차단기의 동작특성

정격전류	시간 (분)	정격전류 배수	
		부동작전류	동작전류
63[A] 이하	60	1.05배	1.3배
63[A] 초과	120		

412 학교, 사무실, 은행 등의 간선 굵기 선정 시 수용률은 몇 [%]를 적용하는가?

① 50　　　　② 60
③ 70　　　　④ 80

해설 건축물에 따른 간선의 수용률

건축물의 종류	수용률[%]
주택, 기숙사, 여관, 호텔, 병원, 창고	50
학교, 사무실, 은행	70

413 주택, 아파트인 경우 표준부하는 몇 [VA/m^2]인가?

① 10　　　　② 20
③ 30　　　　④ 40

해설 건물의 종류에 대응한 표준부하[VA/m2]

건물의 종류	표준부하
사무실, 은행, 상점, 이발소, 미용원	30
주택, 아파트	40

414 분기회로 설계 시 고려사항으로 맞지 않는 것은?

① 같은 스위치로 점멸되는 전등은 같은 회로로 한다.
② 같은 방, 같은 방향의 수구는 동일 회로로 하는 것을 원칙으로 한다.
③ 복도, 계단 등은 될 수 있는 대로 동일 회로로 한다.
④ 습기가 있는 장소의 수구는 될 수 있는 대로 별도 회로로 설치한다.

정답 409. ③ 410. ③ 411. ② 412. ③ 413. ④ 414. ④

해설 **분기회로 설계 시 고려사항**
• 같은 스위치로 점멸되는 전등 : 같은 회로로 한다.
• 같은 방, 같은 방향 수구 : 동일 회로 원칙
• 복도, 계단 : 될 수 있는 한 동일 회로
• 습기가 있는 장소 수구 : 필히 단독으로 별도 설치

415 전동기가 과전류 결상, 구속보호 등에 사용되며 단락시간과 기동시간을 정확히 구분하는 계전기는?

① 전자식 과전류계전기
② 임피던스계전기
③ 선택고장계전기
④ 부족전압계전기

해설 **전자식 과전류계전기(EOCR)**
설정된 전류값 이상의 전류가 흘렀을 때 EOCR 접점이 동작하여 회로를 차단시켜 보호하는 계전기로서 전동기의 과전류나 결상을 보호하는 계전기이다.

416 전동기의 정·역 운전을 제어하는 회로에서 2개의 전자개폐기의 작동이 동시에 일어나지 않도록 하는 회로는?

① Y-△회로
② 자기유지회로
③ 촌동회로
④ 인터록회로

해설 **인터록회로(선행 동작 우선회로)**
전동기의 정·역 운전을 제어하는 회로에서 2개의 전자개폐기의 작동이 동시에 일어나지 않도록 하는 회로

417 저압전선로 중 절연 부분의 전선과 대지 간 및 전선의 심선 상호 간의 절연저항은 사용전압에 대한 누설전류가 최대공급전류의 얼마를 넘지 않도록 하여야 하는가?

① $\dfrac{1}{4,000}$
② $\dfrac{1}{3,000}$
③ $\dfrac{1}{2,000}$
④ $\dfrac{1}{1,000}$

해설 저압전선로의 절연저항은 사용전압에 대한 누설전류가 최대공급전류의 $\dfrac{1}{2,000}$ 을 넘지 않아야 한다.

418 최대사용전압이 220[V]인 3상 유도전동기가 있다. 이것의 절연내력시험전압은 몇 [V]로 하여야 하는가?

① 330
② 500
③ 750
④ 1,050

해설 **절연내력시험전압**

발전기, 전동기 (권선과 대지 간)	7,000[V] 이하 1.5배 (최저 500[V])
	7,000[V] 초과 1.25배 (최저 10,500[V])
	직류시험 : 교류시험전압×1.6배

절연내력시험전압＝220×1.5＝330[V]이지만 최저시험전압은 500[V]이다.

419 최대사용전압이 70[kV]인 중성점 직접 접지식 전로의 절연내력시험전압은 몇 [V]인가?

① 35,000
② 42,000
③ 44,800
④ 50,400

해설 **절연내력시험**
최대사용전압의 0.72배의 전압을 연속으로 10분간 가할 때 견디어야 한다.
절연내력시험전압＝70,000×0.72＝50,400[V]

420 다음 중 접지의 목적으로 알맞지 않은 것은?

① 기기의 이상전압 상승 시 인체감전사고 방지
② 이상전압 상승 억제
③ 전로의 대지전압 감소 방지
④ 보호계전기의 동작 확보

해설 **접지공사의 목적**
• 감전 및 화재사고 방지
• 이상전압 상승 억제
• 전로의 대지전위 상승 방지
• 보호계전기의 동작 확보

정답 415. ① 416. ④ 417. ③ 418. ② 419. ④ 420. ③

421 변압기 중성점에 접지공사를 하는 이유는?

① 전류 변동의 방지

② 고저압 혼촉 방지

③ 전력 변동의 방지

④ 전압 변동의 방지

해설 변압기는 고압, 특고압을 저압으로 변성시키는 기기로서 고·저압 혼촉 사고를 방지하기 위하여 반드시 2차측 중성점에 접지공사를 하여야 한다.

422 전로에 시설하는 기계기구의 철대 및 금속제 외함(외함이 없는 변압기 또는 계기용 변성기는 철심)에는 접지공사를 하여야 한다. 다음 사항 중 접지공사 생략이 불가능한 장소는?

① 전기용품 안전관리법에 의한 2중 절연 기계기구

② 철대 또는 외함이 주위의 적당한 절연대를 이용하여 시설한 경우

③ 사용전압이 직류 300[V] 이하인 전기기계기구를 건조한 장소에 설치한 경우

④ 대지전압 교류 220[V] 이하인 전기기계기구를 건조한 장소에 설치한 경우

해설 기계기구 철대, 외함 접지공사 생략 가능한 항목

• 사용전압 직류 300[V], 교류 대지전압 150[V] 이하인 전기기계기구를 건조한 장소에 설치

• 전기용품 안전관리법에 의한 2중 절연 기계기구

• 철대 또는 외함이 주위의 적당한 절연대를 이용하여 시설한 경우

• 저압용 기계기구를 목재, 마루 기타 유사한 절연성 물건 위에 취급하도록 시설한 경우

423 지중에 매설되어 있는 금속제 수도관로는 접지공사의 접지극으로 사용할 수 있다. 이때 수도관로는 대지와의 전기저항치가 몇 [Ω] 이하이어야 하는가?

① 1　　　　　② 2

③ 3　　　　　④ 4

해설 접지공사의 접지극 대용 시 전기저항

• 수도관 : 3[Ω]

• 건물 철골 : 2[Ω]

424 건축물·구조물의 철골 기타의 금속제는 이를 비접지식 고압전로에 시설하는 기계기구의 철대 또는 금속제 외함 또는 저압전로를 결합하는 변압기의 저압전로의 접지공사의 접지극으로 사용할 수 있다. 이 경우 대지와의 전기저항 값은 몇 [Ω] 이하이어야 하는가?

① 1　　　　　② 2

③ 3　　　　　④ 4

해설 접지공사의 접지극 대용시 전기저항

• 수도관 : 3[Ω]

• 건물 철골 : 2[Ω]

425 중성점 접지용 접지도체의 공칭단면적은 몇 [mm²] 이상의 연동선 또는 동등 이상의 강도를 가져야 하는가?

① 4　　　　　② 6

③ 10　　　　④ 16

해설 중성점 접지용 접지도체 최소 단면적

최소 단면적[mm²]
16[mm²](조건없는 경우)
6[mm²]
(단, 고압, 25[kV] 이하인 중성선 다중 접지식으로 전로에 지락 시 2초 이내에 동작하는 자동차단장치가 시설된 경우)

426 한국전기설비규정에 의한 중성점 접지용 접지도체는 공칭단면적 몇 [mm²] 이상의 연동선을 사용하여야 하는가? (단, 25[kV] 이하인 중성선 다중 접지식으로서 전로에 지락 발생 시 2초 이내에 자동적으로 이를 전로로부터 차단하는 장치가 되어 있는 경우이다.)

① 16　　　　② 6

③ 2.5　　　④ 10

정답 421. ②　422. ④　423. ③　424. ②　425. ④　426. ②

427 큰 고장전류가 구리 소재의 접지도체를 통하여 흐르지 않고 피뢰시스템에 접지도체가 접속된 경우 접지선의 굵기는 구리선인 경우 최소 몇 [mm²] 이상이어야 하는가?

① 6　　　　　　② 10
③ 16　　　　　　④ 22

해설 큰 고장전류가 접지도체를 통하여 흐르지 않을 경우 접지도체의 최소 단면적

피뢰시스템 접속되지 않은 경우	피뢰시스템 접속
6[mm²]	16[mm²]

428 큰 고장전류가 구리 소재의 접지도체를 통하여 흐르지 않을 경우 접지도체의 최소 단면적은 몇 [mm²] 이상이어야 하는가? (단, 접지도체의 피뢰시스템이 접속되지 않는 경우이다.)

① 0.75　　　　　② 2.5
③ 6　　　　　　④ 16

해설 큰 고장전류가 접지도체를 통하여 흐르지 않을 경우 접지도체의 최소 단면적

피뢰시스템 접속되지 않은 경우	피뢰시스템 접속
6[mm²]	16[mm²]

429 접지공사에서 접지극으로 동봉을 사용하는 경우 최소 길이는 몇 [m]인가?

① 1　　　　　　② 1.2
③ 0.9　　　　　④ 0.6

해설 접지극으로 사용하는 접지동봉 규격
지름 8[mm] 이상, 길이 0.9[m] 이상

430 접지공사 시 접지저항을 감소시키는 저감 대책이 아닌 것은?

① 접지봉의 길이를 증가시킨다.
② 접지판의 면적을 감소시킨다.
③ 접지극을 매설 깊이를 깊게 매설한다.
④ 접지저항 저감제를 이용하여 토양의 고유저항을 화학적으로 저감시킨다.

해설 접지저항 저감 대책
• 접지봉의 연결 개수를 증가시킨다.
• 접지판의 면적을 증가시킨다.
• 접지극을 깊게 매설한다.
• 토양의 고유저항을 화학적으로 저감시킨다.

431 다음 중 변전소의 역할로 볼 수 없는 것은?

① 전력 생산
② 전압의 변성
③ 전력계통 보호
④ 전력의 집중과 배분

해설 변전소 역할
• 전압 변성
• 전력계통 보호
• 전력의 집중과 배분
* 전력 생산 : 발전소 역할

432 고압 가공전선로의 전선의 조수가 3조일 때 완금의 길이[mm]는?

① 1,400
② 1,800
③ 2,400
④ 1,200

해설 전선로 완금 표준 길이[mm]

전선 조	저 압	고 압	특고압
2조	900	1,400	1,800
3조	1,400	1,800	2,400

433 특고압 전선로의 전선이 3조일 경우 크로스 완금의 표준 길이[mm]는?

① 900 　　　　② 1,200

③ 2,400 　　　　④ 1,800

해설 전선로 완금 표준 길이[mm]

전선 조	저 압	고 압	특고압
2조	900	1,400	1,800
3조	1,400	1,800	2,400

434 일반적으로 가공전선로의 지지물에 취급자가 오르고 내리는 데 사용하는 발판 볼트 등은 지표상 몇 [m] 미만에 시설하여서는 아니 되는가?

① 0.75 　　　　② 1.2

③ 1.8 　　　　④ 2.0

해설 지표상 1.8[m]부터 완금 하부 0.9[m]까지 발판 볼트를 설치한다.

435 철근콘크리트주의 길이가 12[m]인 경우 땅에 묻히는 깊이는 최소 몇 [m] 이상이어야 하는가? (단, 설계하중이 6.8[kN] 이하이다.)

① 1.2 　　　　② 1.5

③ 2.0 　　　　④ 2.5

해설 목주 및 A종 지지물의 건주 깊이

전주 길이의 $\frac{1}{6}$

건주 깊이 $L = 12 \times \frac{1}{6} = 2.0[m]$

436 설계하중 6.8[kN] 이하인 철근콘크리트 전주의 길이가 7[m]인 지지물을 건주하는 경우 땅에 묻히는 깊이[m]로 가장 옳은 것은?

① 1.2 　　　　② 1.0

③ 0.8 　　　　④ 0.6

해설 전체길이 16[m] 이하이고, 설계하중 6.8[kN] 이하인 철근 콘크리트주의 건주 깊이는 다음과 같이 구한다.

건주 깊이 $L = 7 \times \frac{1}{6} ≒ 1.2[m]$

437 가공전선로의 지지물에 시설하는 지지선(지선)의 안전율은 얼마 이상이어야 하는가? (허용 인장하중은 4.31[kN] 이상)

① 2 　　　　② 2.5

③ 3 　　　　④ 3.5

해설 지지선(지선) 시설 규정
• 안전율은 2.5 이상일 것
• 지지선(지선)의 허용 인장하중은 4.31[kN] 이상일 것

438 지지선(지선)의 시설 규정상 허용 최저 인장하중은 몇 [kN] 이상으로 하여야 하는가?

① 4.31 　　　　② 6.8

③ 9.8 　　　　④ 0.68

해설 지지선(지선) 시설 규정
• 안전율은 2.5 이상
• 지지선(지선)의 허용 인장하중은 4.31[kN] 이상
• 연선 사용 시 소선 3가닥 이상

439 지지물의 지지선(지선)에 연선을 사용하는 경우 소선 몇 가닥 이상의 연선을 사용하는가?

① 1 　　　　② 2

③ 3 　　　　④ 4

해설 지지선(지선) 시설 규정
• 안전율은 2.5 이상일 것
• 지지선(지선)의 허용 인장하중은 4.31[kN] 이상일 것
• 2.6[mm] 이상의 금속선
• 연선 사용 시 소선 3가닥 이상 아연도금 강연선

440 지지선(지선)의 중간에 넣는 애자의 명칭은?

① 곡핀애자 　　　　② 구형애자

③ 현수애자 　　　　④ 핀애자

정답 433. ③ 434. ③ 435. ③ 436. ① 437. ② 438. ① 439. ③ 440. ②

해설 지지선(지선)의 중간에 사용하는 애자를 구형애자, 지지선(지선)애자, 옥애자, 구슬애자라고 한다.

441 가공전선로의 지지물에 지선을 사용해서는 안 되는 곳은?

① A종 철근콘크리트주
② 목주
③ A종 철주
④ 철탑

해설 지지선(지선)
지지물의 강도 보강(철탑 사용 금지)

442 전주에서 COS용 완철의 설치위치는?

① 최하단 전력선용 완철에서 0.75[m] 하부에 설치한다.
② 최하단 전력선용 완철에서 0.3[m] 하부에 설치한다.
③ 최하단 전력선용 완철에서 1.2[m] 하부에 설치한다.
④ 최하단 전력선용 완철에서 1.0[m] 하부에 설치한다.

해설 COS용 완철 설치위치
최하단 전력선용 완철에서 0.75[m] 하부에 설치한다.

443 주상변압기의 냉각방식은?

① 건식자냉식
② 유입자냉식
③ 유입예열식
④ 유입송유식

해설 유입자냉식
절연유를 변압기 외함에 채우고 대류작용으로 열을 외부로 발산시키는 방식으로 주상변압기의 냉각방색에 채용된다.

444 한국전기설비규정에 의한 고압 가공전선로 철탑의 지지물 간 거리(경간)은 몇 [m] 이하로 제한하고 있는가?

① 150
② 250
③ 500
④ 600

해설 고압 가공 전선로의 철탑의 표준 경간
600[m]

445 KEC(한국전기설비규정)에 의한 400[V] 이하 가공전선으로 사용하는 절연전선의 최소 굵기 [mm]는?

① 1.6
② 2.6
③ 3.2
④ 4.0

해설 저압, 고압 가공전선의 굵기

사용전압	전선의 굵기
400[V] 이하	• 절연전선 : 2.6[mm] 이상 경동선 • 나전선 : 3.2[mm] 이상 경동선
400[V] 초과	• 시가지 내 : 5.0[mm] 이상의 경동선 • 시가지 외 : 4.0[mm] 이상 경동선 (※ 사용전압 400[V] 초과한 저압 가공전선은 인입용 비닐절연전선을 사용하면 안 된다.)

446 KEC(한국전기설비규정)에 의한 저압 가공전선의 굵기 및 종류에 대한 설명 중 틀린 것은?

① 사용전압이 400[V] 초과인 저압 가공전선에는 인입용 비닐절연전선을 사용한다.
② 저압 가공전선에 사용하는 나전선은 중성선 또는 다중 접지된 접지측 전선으로 사용하는 전선에 한한다
③ 사용전압이 400[V] 이하인 저압 가공전선은 지름 2.6[mm] 이상의 경동선이어야 한다.
④ 사용전압이 400[V] 초과인 저압 가공전선으로 시가지 외에 시설하는 것은 4.0[mm] 이상의 경동선이어야 한다.

해설 사용전압이 400[V] 초과인 저압 가공전선에는 인입용 비닐절연전선을 사용하면 안 된다.

정답 441. ④ 442. ① 443. ② 444. ④ 445. ② 446. ①

447 사용전압이 고압과 저압인 가공전선을 병행설치(병가)할 때 가공선로 간의 간격(이격거리)는 몇 [m] 이상이어야 하는가?

① 150　　　　② 100

③ 75　　　　④ 50

해설 저·고압선의 병행설치(병가)
- 고압측을 상부에 시설할 것
- 간격(이격거리) : 50[cm] 이상일 것(단, 고압측이 케이블인 경우는 30[cm] 이하)

448 다음 중 래크(Rack) 배선을 사용하는 전선로는?

① 저압 지중전선로

② 고압 가공전선로

③ 저압 가공전선로

④ 고압 지중전선로

해설 래크(Rack) 배선은 저압 가공전선로에 완금없이 레크(애자)를 전주에 수직으로 설치하여 전선을 수직 배선하는 방식이다.

449 절연전선으로 전선이 설치(가선)된 배전선로에서 활선 상태인 경우 전선의 피복을 벗기는 것은 매우 곤란한 작업이다. 이런 경우 활선 상태에서 전선의 피복을 벗기는 공구는?

① 데드 엔드 커버　　② 애자 커버

③ 와이어통　　　　④ 전선 피박기

해설 전선 피박기(활선 피박기)
활선 상태에서 전선 피복을 벗기는 공구

450 가공전선로의 지지물에서 다른 지지물을 거치지 아니하고 수용장소의 인입선 접속점에 이르는 가공전선을 무엇이라 하는가?

① 가공전선

② 가공인입선

③ 지지선(지선)

④ 이웃 연결(연접)인입선

해설 가공인입선
가공전선로의 지지물에서 다른 지지물을 거치지 아니하고 수용장소의 인입선 접속점에 이르는 가공전선

451 가공인입선을 시설할 때 경동선의 최소 굵기는 몇 [mm]인가? (단, 경간이 15[m]를 초과한 경우이다.)

① 2.0　　　　② 2.6

③ 3.2　　　　④ 1.5

해설 가공인입선의 경동선 굵기
2.6[mm] 이상(경간 15[m] 이하 : 2.0[mm] 이상 가능)

452 가공인입선을 시설하는 경우에 대한 내용으로 틀린 것은?

① DV전선을 사용하며 2.6[mm] 이상의 전선을 사용하지 말 것

② 인입구에서 분기하여 100[m]를 초과하지 말 것

③ 도로 5[m]를 횡단하지 말 것

④ 옥내를 관통하지 말 것

해설 가공인입선의 경동선 굵기
2.6[mm] 이상(경간 15[m] 이하 : 2.0[mm] 이상 가능)

453 수용장소의 인입선에서 분기하여 다른 수용장소의 인입구에 이르는 전선을 무엇이라 하는가?

① 소주인입선

② 이웃 연결(연접)인입선

③ 가공인입선

④ 인입간선

해설 이웃 연결(연접)인입선
수용장소의 인입선에서 분기하여 다른 수용장소의 인입구에 이르는 전선

정답 447. ④　448. ③　449. ④　450. ②　451. ②　452. ①　453. ②

454 저압 이웃 연결(연접)인입선 시설에서 제한사항이 아닌 것은?

① 인입선의 분기점에서 100[m]를 초과하는 지역에 미치지 아니할 것
② 다른 수용가의 옥내를 관통하지 말 것
③ 폭 5[m]를 넘는 도로를 횡단하지 말 것
④ 다른 수용가의 옥내를 관통할 것

해설 저압 이웃 연결(연접)인입선 시설 규정
• 분기점으로부터 선로 긍장 100[m] 초과 금지
• 폭 5[m] 넘는 도로 횡단 금지
• 옥내 관통 금지

455 저압 이웃 연결(연접)인입선을 시설하는 경우 다음 내용 중 틀린 것은?

① 저압 이웃 연결(연접)인입선이 횡단보도를 횡단하는 경우 지면으로부터의 높이는 3.5[m] 이상 높이에 시설할 것
② 인입구에서 분기하여 100[m]를 초과하지 말 것
③ 도로 5[m]를 횡단하지 말 것
④ 옥내를 관통하지 말 것

해설 저압 이웃 연결(연접)인입선의 노면상 최소 높이[m]

장소 구분	저 압
도로 횡단	5(a : 3)
철도 횡단	6.5

a : 기술상 부득이하고 교통에 지장이 없는 경우

456 480[V] 가공인입선이 철도를 횡단할 때 레일 면상의 최저 높이는 약 몇 [m]인가?

① 4   ② 4.5
③ 5.5   ④ 6.5

해설 저압 인입선의 노면상 최소 높이[m]

장소 구분	저 압
도로 횡단	5(a : 3)
철도 횡단	6.5

a : 기술상 부득이하고 교통에 지장이 없는 경우

457 인입개폐기가 아닌 것은?

① ASS
② LBS
③ LS
④ UPS

해설 UPS(Uninterruptible Power Supply)는 무정전 전원공급장치이다.

458 110/220[V] 단상 3선식 회로에서 110[V] 전구 Ⓡ, 110[V] 콘센트 ⓒ, 220[V] 전동기 Ⓜ의 연결이 올바른 것은?

①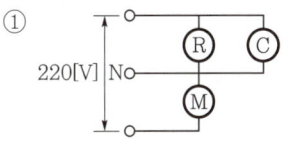
②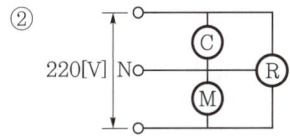
③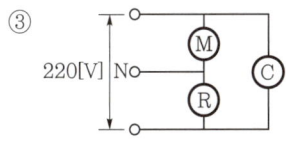
④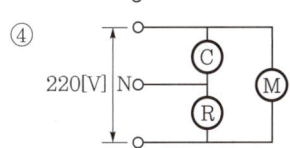

해설 전구와 콘센트는 110[V]를 사용하므로 전선과 중성선 사이에 연결해야 하고 전동기는 220[V]를 사용하므로 선간에 연결하여야 한다.

459 3상 4선식 380/220[V] 전로에서 전원의 중성극에 접속된 전선을 무엇이라 하는가?

① 접지선   ② 중성선
③ 전원선   ④ 접지측선

해설 중성선
공통단자(중성극)에 접속된 전선

460 배전반 및 분전반의 설치 장소로 적합하지 않는 곳은?

① 안정된 장소
② 밀폐된 장소
③ 개폐기를 쉽게 개폐할 수 있는 장소
④ 전기회로를 쉽게 조작할 수 있는 장소

해설 **배전반 및 분전반 설치 장소**
전개된 노출장소나 점검 가능한 은폐장소

461 점유면적이 좁고 운전, 보수에 안전하므로 공장, 빌딩 등의 전기실에 많이 사용되며, 큐비클 (cubicle)형이라고 불리는 배전반은?

① 라이브 프런트식 배전반
② 폐쇄식 배전반
③ 포우스트형 배전반
④ 데드 프런트식 배전반

해설 **폐쇄식 배전반(큐비클)**
단위회로의 변성기, 차단기 등의 기기류와 이를 감시, 제어, 보호하기 위한 각종 계기 및 조작개폐기, 계전기 등 전부 또는 일부를 금속제 상자 안에 조립하는 방식

462 수전설비의 저압 배전반은 배전반 앞에서 계측기를 판독하기 위하여 앞면과 최소 몇 [m] 이상 유지하는 것을 원칙으로 하고 있는가?

① 2.5
② 1.8
③ 1.5
④ 1.7

해설 수전설비의 저압, 고압 배전반은 계측기를 판독하기 위하여 앞면과 1.5[m] 이상 이격해야 한다.

463 특고압 수변전설비 약호가 잘못된 것은?

① LF – 전력퓨즈
② DS – 단로기
③ LA – 피뢰기
④ CB – 차단기

해설 **전력퓨즈의 약호**
PF

464 고압 배전반에서 부하의 합계용량이 몇 [kVA]를 넘는 경우 배전반에 전류계, 전압계를 부착하여야 하는가?

① 100
② 150
③ 200
④ 300

해설 고압 및 특고압 배전반 시설 부하의 합계용량이 300[kVA]를 넘는 경우 배전반에는 전류계, 전압계를 부착하여야 한다.

465 전력용 콘덴서를 회로로부터 개방하였을 때 전하가 잔류함으로써 일어나는 위험의 방지와 재투입할 때 콘덴서에 걸리는 과전압의 방지를 위하여 무엇을 설치해야 하는가?

① 직렬 리액터
② 전력용 콘덴서
③ 방전코일
④ 피뢰기

해설 잔류전하를 방전시키기 위한 방전코일을 설치한다.

466 설치면적과 설치비용이 많이 들지만 가장 이상적이고 효과적인 진상용 콘덴서의 설치방법은?

① 수전단 모선에 설치
② 수전단 모선과 부하측에 분산하여 설치
③ 부하측에 분산하여 설치
④ 가장 큰 부하측에만 설치

해설 진상용 콘덴서는 역률을 개선하기 위한 가장 효과적인 방법으로 부하측에 분산하여 설치한다.

467 다음에 (   ) 안에 알맞은 것은?

> 뱅크(Bank)란 전로에 접속된 변압기 또는 (   )의 결선상 단위를 말한다.

① 차단기
② 콘덴서
③ 단로기
④ 리액터

해설 뱅크(Bank)란 전로에 접속된 변압기 또는 콘덴서의 결선상 단위를 말한다.

정답 460. ② 461. ② 462. ③ 463. ① 464. ④ 465. ③ 466. ③ 467. ②

468 낙뢰, 수목 접촉, 일시적인 불꽃 방전(섬락) 등 순간적인 사고로 계통에서 분리된 구간을 신속하게 계통에 투입시킴으로써 계통의 안정도를 향상시키고 정전시간을 단축시키기 위해 사용되는 계전기는?

① 차동계전기   ② 과전류계전기

③ 거리계전기   ④ 재연결(재폐로)계전기

> **해설** **재연결(재폐로)계전기**
> 배전계통에 고장이 발생하면 고장구간을 신속히 제거한 후 재투입시켜서 정전구간을 단축시키는 계전기

469 디지털계전기의 장점이 아닌 것은?

① 진동의 영향을 받지 않는다.

② 신뢰성이 높다.

③ 광범위한 계산에 활용할 수 있다.

④ 자동 감시 기능을 갖는다.

> **해설** **디지털계전기**
> 보호기능이 우수하며 처리속도가 빨라 광범위한 계산에 용이하지만 서지에 약하고 왜형파로 오동작하기 쉬워서 신뢰도가 낮다.

470 다음 중 계전기의 종류가 아닌 것은?

① 과저항계전기

② 지락계전기

③ 과전류계전기

④ 과전압계전기

> **해설** 거리에 비례하는 저항계전기는 있지만 과저항계전기는 존재하지 않는다.

471 선택지락계전기(selective ground relay)의 용도는?

① 단일회선에서 지락전류의 방향의 선택

② 다회선에서 지락고장 회선의 선택

③ 단일회선에서 지락전류의 대소의 선택

④ 다회선에서 지락사고 지속시간 선택

> **해설** **선택지락계전기(SGR)**
> 다회선 송전선로에서 지락이 발생된 회선만을 검출하고 선택하여 차단할 수 있도록 동작하는 계전기

472 전기설비를 보호하는 계전기 중 전류계전기의 설명으로 틀린 것은?

① 과전류계전기와 부족전류계전기가 있다.

② 부족전류계전기는 항상 시설하여야 한다.

③ 배전선로의 보호, 후비보호 목적으로 사용되고 고장감시 목적으로 사용된다.

④ 과전류계전기와 부족전류계전기의 통칭이다.

> **해설** • 과전류계전기 : 전류가 정정값 이상이 되면 동작하는 계전기
> • 부족전류계전기(UCR) : 전류가 정정값 이하가 되었을 때 동작하는 계전기로서 전동기나 변압기의 여자회로에만 설치한다.

473 셀룰로이드, 성냥, 석유류 등 기타 가연성 위험물질을 제조 또는 저장하는 장소의 배선으로 틀린 것은?

① 금속관 배선

② 케이블 배선

③ 플로어덕트 배선

④ 합성수지관(CD관 제외) 배선

> **해설** **가연성 먼지(분진), 위험물 제조 또는 저장하는 장소의시설**
> 금속관공사, 케이블공사, 합성수지관공사

474 화약류 저장소의 배선공사 시 전용 개폐기에서 화약류 저장소의 인입구까지의 공사방법으로 틀린 것은?

① 애자사용공사로 시설한다.

② 대지전압은 300[V] 이하이어야 한다.

③ 모든 접속은 전폐형으로 한다.

④ 케이블을 사용하여 지중에 시설한다.

정답 468. ④ 469. ② 470. ① 471. ② 472. ② 473. ③ 474. ①

해설 화약류 저장소 등의 위험 장소
- 금속관공사, 케이블공사
- 대지전압 : 300[V] 이하
- 개폐기 및 과전류차단기에서 화약고의 인입구까지의 배선에는 케이블을 사용하고 또한 반드시 지중에 시설할 것

475 한국전기설비규정에 의한 화약류 저장소에서 백열전등이나 형광등 또는 이들에 전기를 공급하기 위한 전기설비를 시설하는 경우 전로의 대지전압은 몇 [V] 이하인가?

① 100 ② 200
③ 300 ④ 400

해설 화약류저장소 시설 규정
- 금속관공사, 케이블공사
- 대지전압 300[V] 이하

476 폭연성 먼지(분진)가 존재하는 곳의 저압 옥내배선 공사 시 공사방법으로 짝지어진 것은?

① 금속관공사, MI케이블공사, 개장된 케이블공사
② CD케이블공사, MI케이블공사, 금속관공사
③ CD케이블공사, MI케이블공사, 제1종 캡타이어 케이블공사
④ 개장된 케이블공사, CD케이블공사, 제1종 캡타이어 케이블 공사

해설 폭연성 먼지(분진), 화약류 가루(분말)가 있는 장소의 공사
금속관공사, 케이블공사(MI케이블, 개장 케이블)

477 폭연성 먼지(분진)가 존재하는 곳의 금속관공사 시 전동기에 접속하는 부분에서 가요성을 필요로 하는 부분의 배선에는 폭발방지(방폭)형의 부속품 중 어떤 것을 사용하여야 하는가?

① 유연성 구조
② 분진방폭형 유연성 구조
③ 안정증가형 유연성 구조
④ 안전증가형 구조

해설 폭연성 먼지(분진)가 존재하는 장소
전동기에 가요성을 요하는 부분의 부속품은 분진방폭형 유연성 구조이어야 한다.

478 폭발성 먼지(분진)가 있는 위험장소에서 금속관배선에 의할 경우 관 상호 및 관과 박스 기타의 부속품이나 풀박스 또는 전기기계기구는 몇 턱 이상의 나사 조임으로 접속하여야 하는가?

① 2턱
② 3턱
③ 4턱
④ 5턱

해설 폭연성 먼지(분진)가 존재하는 곳의 금속관공사에 있어서 관 상호 및 관과 박스의 접속은 5턱 이상의 죔 나사로 시공하여야 한다.

479 다음 [보기] 중 금속관, 케이블, 합성수지관, 애자사용공사가 모두 가능한 특수장소를 옳게 나열한 것은?

[보기]
㉠ 화약류 등의 위험 장소
㉡ 부식성 가스가 있는 장소
㉢ 위험물 등이 존재하는 장소
㉣ 불연성 먼지가 많은 장소
㉤ 습기가 많은 장소

① ㉠, ㉢, ㉤
② ㉠, ㉡, ㉣
③ ㉡, ㉣, ㉤
④ ㉡, ㉢, ㉣

해설 금속관공사, 케이블공사는 어느 장소든 가능
합성수지관공사는 ㉠ 불가능
애자사용공사는 ㉠, ㉢ 불가능
그러므로 ㉡, ㉣, ㉤이 답이 된다.

정답 475. ③ 476. ① 477. ② 478. ④ 479. ③

480 저압 크레인 또는 호이스트 등의 트롤리선을 애자사용공사에 의하여 옥내의 노출장소에 시설하는 경우 트롤리선의 바닥에서의 최소 높이는 몇 [m] 이상으로 설치하여야 하는가?

① 2
② 2.5
③ 3
④ 3.5

해설 **저압 크레인 또는 호이스트 등의 트롤리선 시설**
애자사용공사에 의하여 옥내의 노출장소에 시설하는 경우 트롤리선의 바닥에서의 높이는 3.5[m] 이상으로 설치하여야 한다.

481 전기울타리 시설의 사용전압은 얼마 이하인가?

① 150
② 250
③ 300
④ 400

해설 **전기울타리의 시설**
• 사용전압 : 250[V] 이하
• 사용전선 : 2[mm] 이상 나경동선

482 전기울타리에 사용하는 경동선의 지름은 최소 몇 [mm] 이상이어야 하는가?

① 1.6
② 2.0
③ 2.6
④ 3.2

해설 **전기울타리의 시설**
• 사용전압 : 250[V] 이하
• 사용전선 : 2[mm] 이상 나경동선

483 무대, 무대마루 밑, 오케스트라 박스, 영사실, 기타 사람이나 무대 도구가 접촉할 우려가 있는 장소에 시설하는 저압 옥내배선, 전구선 또는 이동전선은 최고 사용전압이 몇 [V] 이하이어야 하는가?

① 200
② 300
③ 400
④ 600

해설 **흥행장 시설 공사 원칙**
• 사용전압 : 400[V] 이하
• 합성수지관 : 두께 2[mm] 이상일 것
• 무대 및 영사실에서 사용하는 전등 전로에는 전용 개폐기 및 과전류차단기를 시설할 것

484 소세력 회로의 전선을 조영재에 붙여 시설하는 경우에 대한 설명으로 틀린 것은?

① 전선은 금속제의 수관·가스관 또는 이와 유사한 것과 접촉하지 아니하도록 시설할 것
② 전선은 코드·캡타이어 케이블 또는 케이블일 것
③ 전선이 손상을 받을 우려가 있는 곳에 시설하는 경우에는 적당한 방호장치를 할 것
④ 전선의 굵기는 2.5[mm^2] 이상일 것

해설 **소세력 회로의 배선(전선을 조영재에 붙여 시설하는 경우)**
• 전선은 코드나 캡타이어 케이블 또는 케이블을 사용할 것
• 케이블 이외에는 공칭단면적 1[mm^2] 이상의 연동선 또는 이와 동등 이상의 것일 것

485 사람이 상시 통행하는 터널 내 배선의 사용전압이 저압일 때 배선방법으로 틀린 것은?

① 금속관 배선
② 금속몰드 배선
③ 합성수지관(두께 2[mm] 이상) 배선
④ 제2종 가요전선관 배선

해설 **사람이 상시 통행하는 터널 안의 배선공사**
금속관, 제2종 가요전선관, 케이블, 합성수지관, 단면적 2.5[mm²] 이상의 연동선을 사용한 애자사용공사에 의하여 노면상 2.5[m] 이상의 높이에 시설할 것

486 사람이 상시 통행하는 터널 안의 배선을 단면적 2.5[mm²] 이상의 연동선을 사용한 애자사용공사로 배선하는 경우 노면상 몇 [m] 이상 높이에 시설하여야 하는가?

① 1.5   ② 2.0
③ 2.5   ④ 3.5

해설 **사람이 상시 통행하는 터널 안의 배선공사**
금속관, 제2종 가요전선관, 케이블, 합성수지관, 단면적 2.5[mm²] 이상의 연동선을 사용한 애자사용공사에 의하여 노면상 2.5[m] 이상의 높이에 시설할 것

487 교통신호등회로의 사용전압이 몇 [V]를 초과하는 경우에는 지락 발생 시 자동적으로 전로를 차단하는 장치를 시설하여야 하는가?

① 100   ② 50
③ 150   ④ 200

해설 교통신호등회로의 사용전압이 150[V]를 초과한 경우는 전로에 지락이 발생했을 때 자동적으로 전로를 차단하는 누전차단기를 시설하여야 한다.

488 진열장 안에 400[V] 이하인 저압 옥내배선 시 외부에서 찾기 쉬운 곳에 사용하는 전선은 단면적이 몇 [mm²] 이상의 코드 또는 캡타이어 케이블이어야 하는가?

① 0.75   ② 1.5
③ 2.5   ④ 4.0

해설 진열장 안에 시설하는 사용전선은 0.75[mm²] 이상의 코드, 캡타이어 케이블로 조영재에 접촉하여 시설하여야 한다.

489 전주외등을 전주에 부착하는 경우 전주외등은 하단으로부터 몇 [m] 이상 높이에 시설하여야 하는가?

① 3.0   ② 3.5
③ 4.0   ④ 4.5

해설 **전주외등**
대지전압 300[V] 이하 백열전등이나 수은등을 배전선로의 지지물 등에 시설하는 전등
• 기구 부착높이 : 하단에서 지표상 4.5[m] 이상 (단, 교통 지장 없을 경우 3.0[m] 이상)
• 돌출 수평거리 : 1.0[m] 이상

490 전주외등을 전주에 부착하는 경우 전주외등은 하단으로부터 몇 [m] 이상 높이에 시설하여야 하는가? (단, 교통 지장이 없는 경우이다.)

① 3.0   ② 3.5
③ 4.0   ④ 4.5

해설 **전주외등**
대지전압 300[V] 이하 백열전등이나 수은등을 배전선로 지지물에 시설하는 전등
• 부착높이 : 지표상 4.5[m] 이상(단, 교통 지장 없을 경우 3.0[m] 이상)
• 돌출 수평거리 : 1.0[m] 이상

491 전주외등의 공사방법으로 알맞지 않은 것은?

① 합성수지관공사   ② 금속관공사
③ 케이블공사   ④ 금속덕트공사

해설 **전주외등의 배선**
• 전선 : 단면적 2.5[mm²] 이상의 절연전선
• 배선방법 : 케이블공사, 합성수지관공사, 금속관공사

492 작업면에 입사하는 빛의 양을 나타내며, 단위면적당 비춰지는 빛의 밝기를 무엇이라 하는가?

① 광도   ② 휘도
③ 조도   ④ 광속

정답 486.③ 487.③ 488.① 489.④ 490.① 491.④ 492.③

493 조명 중에서 발산 광속 중 하향 광속이 90~100[%] 정도로 하향 광속이 작업면에 직사되는 조명방식을 무엇이라 하는가?

① 직접조명 　　　 ② 반직접조명
③ 전반 확산조명 　 ④ 반간접조명

해설 기구 배광에 의한 조명방식의 분류

종 류	하향 광속	장 소
직접조명	90[%] 이상	수술실
전반조명	40 ~ 60[%]	공장. 학교, 사무실

494 실내 전체를 균일하게 조명하는 방식으로 광원을 일정한 간격으로 배치하며 공장, 학교, 사무실 등에서 채용되는 조명방식은?

① 국부조명 　　 ② 전반조명
③ 직접조명 　　 ④ 간접조명

해설 기구 배광에 의한 조명방식의 분류

종 류	하향 광속	장 소
직접조명	90[%] 이상	수술실
전반조명	40 ~ 60[%]	공장. 학교, 사무실

495 전기배선용 도면을 작성할 때 사용하는 매입콘센트 도면 기호는?

① 　　 ②
③ ◯ 　　 ④

해설 ① 매입콘센트
② 점멸기
③ 전등
④ 점검구

496 다음 중 방수형 콘센트의 심벌은?

①  　　 ② ⬤
③ WP 　 ④ E

해설 ① 매입콘센트
② 점멸기
③ 방수형 콘센트
④ 접지극붙이콘센트

497 배선용 차단기의 심벌은?

① B 　　 ② E
③ BE 　　 ④ S

해설 ① 배선용 차단기
② 누전차단기
④ 개폐기

498 다음 심벌의 명칭은 무엇인가?

① 파워퓨즈
② 단로기
③ 피뢰기
④ 고압 컷 아웃 스위치

해설 심벌의 명칭
피뢰기

499 배선에 대한 다음 그림 기호의 명칭은?

━━━━━

① 바닥은폐배선 　　 ② 천장은폐배선
③ 노출배선 　　 ④ 지중매설배선

정답 493. ① 494. ② 495. ① 496. ③ 497. ① 498. ③ 499. ②

해설 심벌 명칭
- ━━━━━━━ : 천장은폐배선
- ━ ━ ━ ━ ━ ━ : 바닥은폐배선
- ━━━━━━━━ : 노출배선
- ━ ━ ━ ━ ━ ━ : 지중매설배선

500 심벌 (EQ)는 무엇을 의미하는가?

① 지진감지기   ② 전하량기
③ 변압기   ④ 누전경보기

해설 지진감지기(Earthquake Detector)는 영문 약자를 따서 EQ로 표기한다.

정답 500. ①

Ⅲ

최근 과년도 출제문제

본 기출복원문제는 수험생들의 기억을 바탕으로 작성한 것으로 내용 및 그림 등에서 실제 문제와 다소 차이가 있을 수 있습니다.

"할 수 있다고 믿는 사람은 그렇게 되고,
할 수 없다고 믿는 사람 역시 그렇게 된다."

- 샤를 드골 -

01 그림과 같이 공기 중에 놓인 2×10^{-8}[C]의 전하에서 2[m] 떨어진 점 P와 1[m] 떨어진 점 Q와의 전위차는?

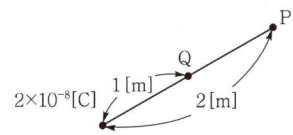

① 80[V]

② 90[V]

③ 100[V]

④ 110[V]

해설 전위 $V = 9 \times 10^9 \times \dfrac{Q}{r}$ [V]

$V_Q = 9 \times 10^9 \times \dfrac{2 \times 10^{-8}}{1} = 180$ [V]

$V_P = 9 \times 10^9 \times \dfrac{2 \times 10^{-8}}{2} = 90$ [V]

그러므로 전위차 $V = 180 - 90 = 90$ [V]

02 심벌 (EQ)는 무엇을 의미하는가?

① 지진감지기

② 전하량기

③ 변압기

④ 누전경보기

해설 지진감지기(EarthQuake detector)는 영문 약자를 따서 EQ로 표기한다.

03 똑같은 크기의 저항 5개를 가지고 얻을 수 있는 합성저항 최대값은 최소값의 몇 배인가?

① 5배

② 10배

③ 25배

④ 20배

해설 최대 합성저항은 직렬이고 최소 합성저항은 병렬이므로 직렬은 병렬의 $n^2 = 5^2 = 25$배이다.

04 일반적으로 가공전선로의 지지물에 취급자가 오르고 내리는 데 사용하는 발판 볼트 등은 지표상 몇 [m] 미만에 시설하여서는 안 되는가?

① 0.75

② 1.2

③ 1.8

④ 2.0

해설 지표상 1.8[m]로부터 완금 하부 0.9[m]까지 발판 볼트를 설치한다.

05 저압 옥내배선에서 합성수지관공사에 대한 설명 중 잘못된 것은?

① 합성수지관 안에는 전선에 접속점이 없도록 한다.

② 합성수지관을 새들 등으로 지지하는 경우는 그 지지점 간의 거리를 3[m] 이상으로 한다.

③ 합성수지관 상호 및 관과 박스는 접속시에 삽입하는 깊이를 관 바깥지름의 1.2배 이상으로 한다.

④ 관 상호의 접속은 박스 또는 커플링(coupling) 등을 사용하고 직접 접속하지 않는다.

해설 합성수지관공사의 지지점 간의 거리는 1.5[m] 이하이다.

06 지지물의 지지선(지선)에 연선을 사용하는 경우 소선 몇 가닥 이상의 연선을 사용하는가?

① 1

② 2

③ 3

④ 4

해설 지지선(지선)의 구성은 2.6[mm] 이상의 금속선을 3조 이상 꼬아서 시설할 것

07 다음 중 망간 건전지의 양극으로 무엇을 사용하는가?

① 아연판

② 구리판

③ 탄소 막대

④ 묽은 황산

해설 망간 건전지는 대표적인 1차 전지로서 음극은 아연, 양극은 탄소 막대를 사용한다.

08 다음 중 발전기의 유도기전력의 방향을 알 수 있는 법칙은?

① 렌츠의 법칙
② 플레밍의 오른손법칙
③ 플레밍의 왼손법칙
④ 옴의 법칙

해설 **플레밍의 오른손법칙**
발전기에서 유도되는 기전력의 방향을 알기 쉽게 정의한 법칙
• 엄지 : 도체의 운동속도
• 검지 : 자속밀도
• 중지 : 유도기전력

09 지락전류를 검출할 때 사용하는 계기는?

① ZCT ③ PT
② CT ④ OCR

해설 **영상변류기(ZCT)**
지락 사고 시 발생하는 영상 전류를 검출하여 지락 계전기에 공급하는 역할을 하는 전류 변성기

10 접지선의 절연전선 색상은 특별한 경우를 제외하고는 어느 색으로 표시를 하여야 하는가?

① 빨간색 ② 노란색
③ 녹색 ④ 검은색

해설 ③ 접지선 색 : 녹색

11 접지저항을 측정하는 방법은?

① 휘트스톤 브리지법
② 켈빈 더블 브리지법
③ 콜라우시 브리지법
④ 테스터법

해설 접지저항 및 전해액 저항 측정
콜라우시 브리지법

12 가요전선관과 금속관의 상호 접속에 쓰이는 재료는?

① 스플릿 커플링
② 콤비네이션 커플링
③ 스트레이트 박스 접속기(커넥터)
④ 앵글 박스 접속기(커넥터)

해설 • 가요전선관 상호 접속 : 스플릿 커플링 가요
• 전선관과 금속관 상호 접속 : 콤비네이션 커플링

13 4[Ω]의 저항에 200[V]의 전압을 인가할 때 소비되는 전력은?

① 20[W] ② 400[W]
③ 2.5[W] ④ 10[kW]

해설 **소비전력**
$$P = \frac{V^2}{R} = \frac{200^2}{4} = 10,000[W] = 10[kW]$$

14 30[W] 전열기에 220[V], 주파수 60[Hz]인 전압을 인가한 경우 평균전압[V]은?

① 200 ② 300
③ 311 ④ 400

해설 전압의 최대값 $V_m = 220\sqrt{2}\,[V]$

평균값 $V_{av} = \frac{2}{\pi}V_m = \frac{2}{\pi} \times 220\sqrt{2} = 200[V]$

* 쉬운 풀이 : $V_{av} = 0.9V = 0.9 \times 220 ≒ 200[V]$

15 발전기나 변압기 내부 고장 보호에 쓰이는 계전기는?

① 접지계전기 ② 차동계전기
③ 과전압계전기 ④ 역상계전기

해설 발전기, 변압기 내부 고장 보호용 계전기는 차동계전기, 비율차동계전기, 부흐홀츠 계전기가 있다.

정답 08. ② 09. ① 10. ③ 11. ③ 12. ② 13. ④ 14. ① 15. ②

16 변압기에서 자속에 대한 설명 중 맞는 것은?

① 전압에 비례하고 주파수에 반비례
② 전압에 반비례하고 주파수에 비례
③ 전압에 비례하고 주파수에 비례
④ 전압과 주파수에 무관

해설 $E_1 = 4.44 f N_1 \phi_m [V]$

$\phi_m = \dfrac{E_1}{4.44 f N_1} [Wb]$이므로 전압에 비례하고 주파수에 반비례한다.

17 유전율의 단위는?

① [F/m]
② [V/m]
③ $[C/m^2]$
④ [H/m]

해설 유전율의 단위는 [F/m]이다.

18 Y–Y 결선에서 선간전압이 380[V]인 경우 상전압은 몇 [V]인가?

① 100
② 220
③ 200
④ 380

해설 Y결선 선간전압 $V_l = \sqrt{3}\, V_p [V]$이므로

$V_p = \dfrac{V_l}{\sqrt{3}} = \dfrac{380}{\sqrt{3}} \fallingdotseq 220[V]$

19 전기기계의 효율 중 발전기의 규약 효율 η_G는 몇 [%]인가? (단, P는 입력, Q는 출력, L은 손실이다.)

① $\eta_G = \dfrac{P-L}{P} \times 100[\%]$

② $\eta_G = \dfrac{P-L}{P+L} \times 100[\%]$

③ $\eta_G = \dfrac{Q}{P} \times 100[\%]$

④ $\eta_G = \dfrac{Q}{Q+L} \times 100[\%]$

해설 효율 $\eta = \dfrac{출력}{입력} \times 100[\%]$로서 출력으로 표현한다.

발전기의 규약 효율 $\eta_G = \dfrac{출력}{출력+손실} \times 100[\%]$

20 측정이나 계산으로 구할 수 없는 손실로 부하전류가 흐를 때 도체 또는 철심 내부에서 생기는 손실을 무엇이라 하는가?

① 표유부하손
② 히스테리시스손
③ 구리손
④ 맴돌이전류손

해설 표유부하손(부하손) = 표류부하손
누설전류에 의해 발생하는 손실로 측정은 가능하나 계산에 의하여 구할 수 없는 손실

21 가공전선로의 지지물에 지지선(지선)을 사용해서는 안 되는 곳은?

① A종 철근콘크리트주
② 목주
③ A종 철주
④ 철탑

해설 철탑에는 지지선(지선)을 사용할 필요가 없다.

22 200[V], 50[W] 전등 10개를 10시간 사용하였다면 사용 전력량은 몇 [kWh]인가?

① 5
② 6
③ 7
④ 10

해설 전력량
$W = Pt = 50 \times 10 \times 10 = 5,000[Wh] = 5[kWh]$

23 대칭 3상 교류회로에서 각 상 간의 위상차는 얼마인가?

① $\dfrac{\pi}{3}$
② $\dfrac{\sqrt{3}}{2}\pi$
③ $\dfrac{2\pi}{3}$
④ $\dfrac{2}{\sqrt{3}}\pi$

정답 16. ① 17. ① 18. ② 19. ④ 20. ① 21. ④ 22. ① 23. ③

해설 대칭 3상 교류에서의 각 상 간 위상차는 $\frac{2\pi}{3}$[rad]이다.

24 콘덴서 중 극성을 가지고 있는 콘덴서로서 교류 회로에 사용할 수 없는 것은?

① 마일러 콘덴서 ② 마이카 콘덴서
③ 세라믹 콘덴서 ④ 전해 콘덴서

해설 전해 콘덴서는 양극과 음극의 극성을 가지고 있어 직류 회로에서만 사용 가능하다.

25 동기발전기의 병렬운전조건이 아닌 것은?

① 유도기전력의 크기가 같을 것
② 동기발전기의 용량이 같을 것
③ 유도기전력의 위상이 같을 것
④ 유도기전력의 주파수가 같을 것

해설 동기발전기 병렬운전조건
- 기전력의 크기가 일치할 것
- 기전력의 위상이 일치할 것
- 기전력의 주파수가 일치할 것
- 기전력의 파형이 일치할 것

26 배전반 및 분전반의 설치 장소로 적합하지 않은 곳은?

① 안정된 장소
② 밀폐된 장소
③ 개폐기를 쉽게 개폐할 수 있는 장소
④ 전기회로를 쉽게 조작할 수 있는 장소

해설 배전반 및 분전반 설치 장소
전개된 노출 장소나 개폐기를 쉽게 조작 가능한 점검 장소가 적합하므로 밀폐된 장소는 적합하지 않다.

27 한국전기설비규정에 의한 고압가공전선로 철탑의 지지물 간 거리(경간)는 몇 [m] 이하로 제한하고 있는가?

① 150 ② 250
③ 500 ④ 600

해설 가공전선로의 철탑 지지물 간 거리(경간)[m]

구 분	표준 지지물 간 거리	긴 지지물 간 거리
철탑	600	1,200

28 100[kVA] 단상 변압기 2대를 V결선하여 3상 전력을 공급할 때의 출력은?

① 173.2[kVA] ② 86.6[kVA]
③ 17.3[kVA] ④ 346.8[kVA]

해설 $P_V = \sqrt{3}\,P_1 = 100\sqrt{3} \fallingdotseq 173.2$[kVA]

29 변압기 V결선의 특징으로 틀린 것은?

① 고장 시 응급 처치 방법으로 쓰인다.
② 단상 변압기 2대로 3상 전력을 공급한다.
③ 부하 증가가 예상되는 지역에 시설한다.
④ V결선 시 출력은 △결선 시 출력과 그 크기가 같다.

해설 V결선의 특징
△결선 운전 중 1대 고장 시 V결선으로 운전 가능하며 2대를 이용하여 3상 부하에 전원을 공급해주는 방식이다. V결선 출력은 △결선 1대 용량의 $\sqrt{3}$ 배로서 출력이 감소한다.

30 보호계전기 시험을 하기 위한 유의사항으로 틀린 것은?

① 계전기 위치를 파악한다.
② 임피던스 계전기는 미리 예열하지 않도록 주의한다.
③ 계전기 시험 회로 결선 시 교류, 직류를 파악한다.
④ 계전기 시험 장비의 허용 오차, 지시 범위를 확인한다.

해설 보호계전기 시험 유의사항
- 보호계전기의 배치된 상태를 확인
- 임피던스 계전기는 미리 예열이 필요한지 확인
- 시험 회로 결선 시에 교류와 직류를 확인해야 하며 직류인 경우 극성을 확인
- 시험용 전원의 용량계전기가 요구하는 정격전압이 유지될 수 있도록 확인
- 계전기 시험 장비의 지시 범위의 적합성, 오차, 영점의 정확성 확인

정답 24. ④ 25. ② 26. ② 27. ④ 28. ① 29. ④ 30. ②

31 ★★★ 다음 중 유도전동기에서 비례추이를 할 수 있는 것은?

① 출력 ② 2차 동손
③ 효율 ④ 역률

해설 유도전동기의 비례추이
• 가능 : 1차 입력, 1차 전류, 2차 전류, 역률, 동기와트, 토크(1차측)
• 불가능 : 출력, 효율, 2차 동손, 부하(2차측)

32 ★ 설계하중 6.8[kN] 이하인 철근콘크리트 전주의 길이가 7[m]인 지지물을 건주하는 경우 땅에 묻히는 깊이[m]로 가장 옳은 것은?

① 1.2 ② 1.0
③ 0.8 ④ 0.6

해설 전체 길이 16[m] 이하이고, 설계하중 6.8[kN] 이하인 경우 매설 깊이

$$전체\ 길이 \times \frac{1}{6}\ 이상 = 7 \times \frac{1}{6} = 1.2[m]$$

33 ★★ 자속밀도 1[Wb/m²]은 몇 [gauss]인가?

① $4\pi \times 10^{-7}$ ② 10^{-6}
③ 10^4 ④ $\dfrac{4\pi}{10}$

해설 자속밀도 환산

$$1[Wb/m^2] = \frac{10^8[Max]}{10^4[cm^2]} = 10^4[max/cm^2 = gauss]$$

34 ★★ 자체 인덕턴스가 40[mH]인 코일에 10[A]의 전류가 흐를 때 저장되는 에너지는 몇 [J]인가?

① 2 ② 3
③ 4 ④ 8

해설 코일에 축적되는 전자에너지

$$W = \frac{1}{2}LI^2 = \frac{1}{2} \times 40 \times 10^{-3} \times 10^2 = 2[J]$$

35 ★★★ 금속전선관의 종류에서 후강전선관 규격[mm]이 아닌 것은?

① 16 ② 22
③ 30 ④ 42

해설 후강전선관의 종류
16, 22, 28, 36, 42, 54, 70, 82, 92, 104[mm]

36 ★★ 슬립이 0일 때 유도전동기의 속도는?

① 동기속도로 회전한다.
② 정지 상태가 된다.
③ 변화가 없다.
④ 동기속도보다 빠르게 회전한다.

해설 슬립 $s = 0$이면
회전속도 $N = (1-s)N_s = N_s[rpm]$이므로 동기속도로 회전한다.

37 ★★ 용량을 변화시킬 수 있는 콘덴서는?

① 바리콘
② 마일러 콘덴서
③ 전해 콘덴서
④ 세라믹 콘덴서

해설 가변 콘덴서에는 바리콘, 트리머 등이 있다.

38 ★★★ 3상 유도전동기의 원선도를 그리는 데 필요하지 않은 것은?

① 저항측정
② 무부하시험
③ 구속시험
④ 슬립측정

해설 • 저항측정시험 : 1차 동손
• 무부하시험 : 여자전류, 철손
• 구속시험(단락시험) : 2차 동손

39 동기발전기에서 단락비가 크면 다음 중 작아지는 것은?

① 동기 임피던스와 전압변동률
② 단락전류
③ 공극
④ 기계의 크기

[해설] 단락비는 정격전류에 대한 단락전류의 비를 보는 것으로서 단락비가 크면 동기 임피던스와 전기자 반작용이 작다.

40 동기전동기의 자기기동법에서 계자 권선을 단락하는 이유는?

① 기동이 쉽다.
② 기동 권선으로 이용
③ 고전압 유도에 의한 절연파괴 위험 방지
④ 전기자 반작용을 방지한다.

[해설] 동기전동기의 자기기동법에서 계자 권선을 단락하는 이유는 고전압 유도에 의한 절연파괴 위험 방지에 있다.

41 절연저항을 측정하는 데 정전이 어려워 측정이 곤란한 경우에는 누설전류를 몇 [mA] 이하로 유지하여야 하는가?

① 1   ② 2
③ 5   ④ 10

[해설] 정전이 어려운 경우 등 절연저항 측정이 곤란한 경우에는 누설전류를 1[mA] 이하로 유지하여야 한다.

42 환상 솔레노이드에 감겨진 코일의 권회수를 3배로 늘리면 자체 인덕턴스는 몇 배로 되는가?

① 3   ② 9
③ $\dfrac{1}{3}$ ④ $\dfrac{1}{9}$

[해설] 환상 솔레노이드의 자기 인덕턴스
$L = \dfrac{\mu S N^2}{l}$[H] $\propto N^2$ 이므로 $3^2 = 9$ 배가 된다.

43 용량이 작은 변압기의 단락보호용으로 주 보호방식에 사용되는 계전기는?

① 차동전류계전방식
② 과전류계전방식
③ 비율차동계전방식
④ 기계적 계전방식

[해설] 용량이 작을 경우 단락보호용으로 과전류계전기를 사용하여 보호한다.

44 SCR에서 Gate 단자의 반도체는 일반적으로 어떤 형을 사용하는가?

① N형
② P형
③ NP형
④ PN형

[해설] SCR(Silicon Controlled Rectifier)은 일반적인 타입이 P−Gate 사이리스터이며 제어 전극인 게이트(G)가 캐소드(K)에 가까운 쪽의 P형 반도체 층에 부착되어 있는 3단자 단일 방향성 소자이다.

45 긴 직선도선에 i의 전류가 흐를 때 이 도선으로부터 r만큼 떨어진 곳의 자장의 세기는?

① 전류 i에 반비례하고 r에 비례한다.
② 전류 i에 비례하고 r에 반비례한다.
③ 전류 i의 제곱에 반비례하고 r에 반비례한다.
④ 전류 i에 반비례하고 r의 제곱에 반비례한다.

[해설] 직선도선 주위의 자장의 세기
$H = \dfrac{i}{2\pi r}$[AT/m]이므로, H는 전류 i에 비례하고 거리 r에 반비례한다.

[정답] 39. ① 40. ③ 41. ① 42. ② 43. ② 44. ② 45. ②

46 전주외등을 전주에 부착하는 경우 전주외등은 하단으로부터 몇 [m] 이상 높이에 시설하여야 하는가? (단, 교통 지장이 없는 경우이다.)

① 3.0 　　　　② 3.5
③ 4.0 　　　　④ 4.5

해설 전주외등
대지전압 300[V] 이하 백열전등이나 수은등을 배전선로의 지지물 등에 시설하는 등
• 기구 인출선 도체 단면적 : 0.75[mm^2] 이상
• 중량 : 부속 금속 부속품(금구)을 포함하여 100[kg] 이하
• 기구 부착 높이 : 하단에서 지표상 4.5[m] 이상 (단, 교통에 지장이 없을 경우 3.0[m] 이상)
• 돌출 수평 거리 : 1.0[m] 이상

47 다음 (　　) 안의 말을 찾으시오.

> 두 자극 사이에 작용하는 자기력의 크기는 양 자극의 세기의 곱에 (㉠)하며, 자극 간의 거리의 제곱에 (㉡)한다.

① ㉠ 반비례, ㉡ 비례
② ㉠ 비례, ㉡ 반비례
③ ㉠ 반비례, ㉡ 반비례
④ ㉠ 비례, ㉡ 비례

해설 쿨롱의 법칙
두 자극 사이에 작용하는 자력의 크기는 양 자극의 세기의 곱에 비례하며, 자극 간의 거리의 제곱에 반비례한다.

쿨롱의 법칙 $F = \dfrac{m_1 \cdot m_2}{4\pi\mu_0 r^2}$ [N]

48 다음 중 자기 소호 기능이 가장 좋은 소자는?

① SCR 　　　　② GTO
③ TRIAC 　　　　④ LASCR

해설 GTO(Gate Turn-Off thyristor)는 게이트 신호로 ON-OFF가 자유로우며 개폐 동작이 빠르고 주로 직류의 개폐에 사용되며 자기 소호 기능이 가장 좋다.

49 진성 반도체인 4가의 실리콘에 N형 반도체를 만들기 위하여 첨가하는 것은?

① 게르마늄 　　　　② 칼륨
③ 인듐 　　　　④ 안티몬

해설 • N형 반도체 : 진성 반도체에 5가 원소를 첨가하여 전기 전도성을 높여주는 반도체
• 5가 원소 : 인, 비소, 안티몬

50 변압기유가 구비해야 할 조건 중 맞는 것은?

① 절연내력이 작고 산화하지 않을 것
② 비열이 작아서 냉각 효과가 클 것
③ 인화점이 높고 응고점이 낮을 것
④ 절연재료나 금속에 접촉할 때 화학 작용을 일으킬 것

해설 변압기유의 구비조건
• 절연내력이 클 것
• 인화점이 높고 응고점이 낮을 것
• 점도가 낮을 것

51 정격이 10,000[V], 500[A], 역률 90[%]의 3상 동기발전기의 단락전류 I_s[A]는? (단, 단락비는 1.3으로 하고 전기자저항은 무시한다.)

① 450 　　　　② 550
③ 650 　　　　④ 750

해설 단락비 $K = \dfrac{I_s}{I_n}$ 이므로

단락전류 $I_s = I_n \times$ 단락비 $= 500 \times 1.3 = 650$[A]

52 큰 건물의 공장에서 콘크리트에 구멍을 뚫어 드라이브 핀을 고정하는 공구는?

① 스패너 　　　　② 드라이브 이트
③ 오스터 　　　　④ 녹아웃 펀치

해설 드라이브 이트
화약의 폭발력을 이용하여 콘크리트에 구멍을 뚫는 공구

정답 46. ① 47. ② 48. ② 49. ④ 50. ③ 51. ③ 52. ②

53 전기울타리 시설의 사용전압은 얼마 이하인가?

① 150

② 250

③ 300

④ 400

해설 전기울타리 사용전압
250[V] 이하

54 트라이액(TRIAC)의 기호는?

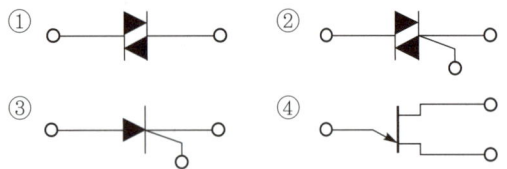

해설 TRIAC(트라이액)은 SCR 2개를 역병렬로 접속한 소자
로서, 교류회로에서 양방향 점호(on) 및 소호(off)를 이
용하며 위상제어가 가능하다.

55 단상 유도전동기의 기동방법 중 기동토크가 가장
큰 것은?

① 반발 기동형

② 분상 기동형

③ 반발 유도형

④ 콘덴서 기동형

해설 단상 유도전동기 토크 크기 순서
반발 기동형 > 반발 유도형 > 콘덴서 기동형 > 분상
기동형 > 셰이딩 코일형

56 일반적으로 학교 건물이나 은행 건물 등의 간선
의 수용률[%]은 얼마인가?

① 50   ② 60

③ 70   ④ 80

해설 일반적으로 학교 건물이나 은행 건물 등 간선의 수용률
은 70[%]를 적용한다.

57 고압 배전반에는 부하의 합계 용량이 몇 [kVA]를
넘는 경우 배전반에는 전류계, 전압계를 부착하
는가?

① 100   ② 150

③ 200   ④ 300

해설 고압 및 특고압 배전반에는 부하의 합계 용량이 300[kVA]
를 넘는 경우 전류계, 전압계를 부착한다.

58 전등 1개를 2개소에서 점멸하고자 할 때 옳은 배
선은?

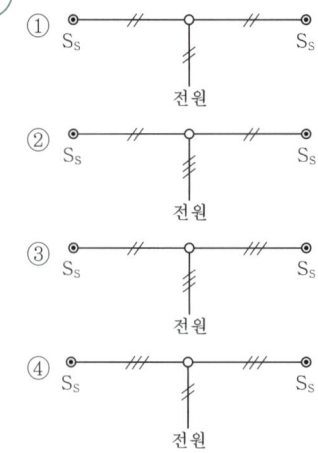

해설 3로 스위치 결선도

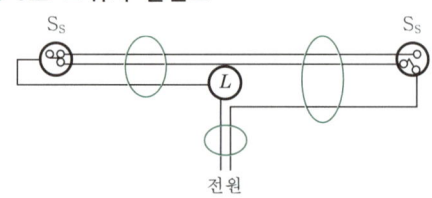

59 코드 상호, 캡타이어 케이블 상호 접속 시 사용해야
하는 것은?

① 와이어 접속기(커넥터)   ② 케이블 타이

③ 코드 접속기   ④ 테이블 탭

해설 코드 및 캡타이어 케이블 상호 접속 시에는 직접접속이
불가능하고 전용의 접속 기구를 사용해야 한다.

정답 53. ② 54. ② 55. ① 56. ③ 57. ④ 58. ④ 59. ③

60 도체계에서 임의의 도체를 일정 전위(일반적으로 영전위)의 도체로 완전 포위하면 내부와 외부의 전계를 완전히 차단할 수 있는데 이를 무엇이라 하는가?

① 핀치 효과　　　　② 톰슨 효과

③ 정전 차폐　　　　④ 자기 차폐

해설 **정전 차폐**

도체가 정전 유도가 되지 않도록 도체 바깥을 포위하여 접지함으로써 정전 유도를 완전 차폐하는 것

01 지지선(지선)의 안전율은 2.5 이상으로 하여야 한다. 이 경우 허용 최저 인장하중은 몇 [kN] 이상으로 해야 하는가?

① 4.31

② 6.8

③ 9.8

④ 0.68

[해설] **지지선(지선) 시설 규정**
- 안전율은 2.5 이상일 것
- 지지선(지선)의 허용 인장하중은 4.31[kN] 이상일 것
- 소선 3가닥 이상의 아연 도금 연선일 것

02 전선관의 종류에서 박강전선관의 규격[mm]이 아닌 것은?

① 31　　　　　　② 19

③ 16　　　　　　④ 25

[해설] **박강전선관**
두께 1.2[mm] 이상의 얇은 전선관
- 호칭 : 관 바깥 지름의 크기에 가까운 홀수
- 종류(7종류) : 19, 25, 31, 39, 51, 63, 75[mm]

03 그림과 같은 회로에서 합성저항은 몇 [Ω]인가?

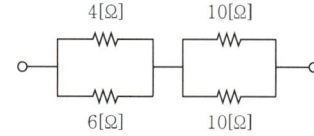

① 6.6　　　　　　② 7.4

③ 8.7　　　　　　④ 9.4

[해설] 합성저항 $= \dfrac{4 \times 6}{4+6} + \dfrac{10 \times 10}{10+10} = 7.4[\Omega]$

04 교류전동기를 기동할 때 그림과 같은 기동 특성을 가지는 전동기는? (단, 곡선 ㉠ ~ ㉤은 기동 단계에 대한 토크 특성 곡선이다.)

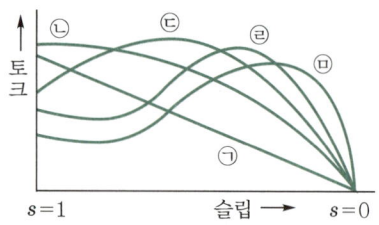

① 반발 유도전동기

② 2중 농형 유도전동기

③ 3상 분권 정류자전동기

④ 3상 권선형 유도전동기

[해설] **3상 권선형 유도전동기의 토크 곡선**
2차 입력과 토크는 정비례하므로 2차 입력식을 통해서 토크와 슬립의 관계를 파악할 수 있으며 2차 입력식에서 전동기 정지 상태, $s = 1$에서 전동기가 기동하여 속도가 상승할 때 슬립 변화에 따른 토크 곡선을 얻을 수 있다.

05 30[W] 전열기에 220[V], 주파수 60[Hz]인 전압을 인가한 경우 평균전압[V]은?

① 198

② 150

③ 220

④ 300

[해설] 전압의 최대값 $V_m = 220\sqrt{2}\,[\text{V}]$

평균값 $V_{av} = \dfrac{2}{\pi} V_m$

$\qquad\qquad = \dfrac{2}{\pi} \times 220\sqrt{2}$

$\qquad\qquad = 198[\text{V}]$

* 쉬운 풀이

$\quad V_{av} = 0.9\,V = 0.9 \times 220 = 198[\text{V}]$

[정답] 01. ① 02. ③ 03. ② 04. ④ 05. ①

06 다음 중 과전류차단기를 설치하는 곳은?

① 접지공사를 한 저압 가공전선의 접지측 전선
② 접지공사의 접지선
③ 전동기 간선의 전압측 전선
④ 다선식 전로의 중성선

해설 과전류차단기의 시설 장소
- 발전기나 전동기, 변압기 등과 같은 기계기구를 보호하는 장소
- 송전선로나 배전선로 등에서 보호를 요하는 장소
- 인입구나 간선의 전원측 및 분기점 등 보호 또는 보안상 필요한 장소

07 동기발전기에서 전기자전류가 유도기전력보다 $\frac{\pi}{2}$[rad] 앞선 전류가 흐르는 경우 나타나는 전기자 반작용은?

① 교차자화작용
② 증자작용
③ 감자작용
④ 직축반작용

해설 발전기의 전기자 반작용
- 동상 전류 : 교차자화작용
- 뒤진 전류 : 감자작용
- 앞선 전류 : 증자작용

08 직류전동기의 규약 효율을 표시하는 식은?

① $\dfrac{출력}{출력+손실} \times 100[\%]$

② $\dfrac{출력}{입력} \times 100[\%]$

③ $\dfrac{입력-손실}{입력} \times 100[\%]$

④ $\dfrac{입력}{출력+손실} \times 100[\%]$

해설 직류기의 규약 효율(입력 기준)

$$효율 = \frac{입력-손실}{입력} \times 100[\%]$$

09 변압기유의 열화 방지와 관계가 가장 먼 것은?

① 불활성 질소
② 콘서베이터
③ 브리더
④ 부싱

해설 변압기유의 열화 방지 대책
브리더 설치, 콘서베이터 설치, 불활성 질소 봉입

10 절연전선으로 전선이 설치(가선)된 배전선로에서 활선 상태인 경우 전선의 피복을 벗기는 것은 매우 곤란한 작업이다. 이런 경우 활선 상태에서 전선의 피복을 벗기는 공구는?

① 데드 엔드 커버
② 애자 커버
③ 와이어 통
④ 전선 피박기

해설 배전선로 공사용 활선 공구
- 와이어 통(wire tong) : 전선 설치(가선) 공사에서 활선을 움직이거나 작업권 밖으로 밀어내서 안전한 장소로 전선을 옮길 때 사용하는 절연봉
- 데드 엔드 커버 : 배전선로 활선 작업 시 작업자가 현수애자 등에 접촉하여 발생하는 안전 사고 예방을 위해 전선 작업 개소의 애자 등의 충전부를 방호하기 위한 절연 커버
- 전선 피박기 : 활선 상태에서 전선 피복을 벗기는 공구로 활선 피박기라고도 함

11 1대 용량이 250[kVA]인 변압기를 △ 결선 운전 중 1대가 고장이 발생하여 2대로 운전할 경우 부하에 공급할 수 있는 최대 용량[kVA]은?

① 250
② 433
③ 500
④ 300

해설 V결선 용량

$$P_V = \sqrt{3} \times P_{\triangle 1} = \sqrt{3} \times 250 ≒ 433[kVA]$$

12 보호를 요하는 회로의 전류가 어떤 일정한 값(정정값) 이상으로 흘렀을 때 동작하는 계전기는?

① 과전류계전기
② 과전압계전기
③ 부족전압계전기
④ 비율차동계전기

정답 06. ③ 07. ② 08. ③ 09. ④ 10. ④ 11. ② 12. ①

해설 전류가 정정값 이상이 되면 동작하는 계전기는 과전류계
전기이다.

13 두 금속을 접속하여 여기에 전류를 흘리면, 줄열
외에 그 접점에서 열의 발생 또는 흡수가 일어나
는 현상은?

① 줄 효과

② 홀 효과

③ 제벡 효과

④ 펠티에 효과

해설 펠티에 효과
두 금속을 접합하여 접합점에 전류를 흘려주면 열의 흡
수 또는 방열이 발생하는 현상

14 병렬운전 중인 동기발전기의 유도기전력이 2,000[V],
위상차 60°일 경우 유효순환전류[A]는 얼마인가?
(단, 동기 임피던스는 5[Ω]이다.)

① 500

② 1,000

③ 20

④ 200

해설 유효순환전류(동기화전류)

$$I_c = \frac{E}{Z_s}\sin\frac{\delta}{2} = \frac{2,000}{5}\times\sin\frac{60°}{2} = 200[A]$$

15 전주외등을 전주에 부착하는 경우 전주외등은 하단
으로부터 몇 [m] 이상 높이에 시설하여야 하는
가? (단, 교통에 지장이 없는 경우이다.)

① 3.0

② 3.5

③ 4.0

④ 4.5

해설 전주외등
대지전압 300[V] 이하 백열전등이나 수은등 등을 배전
선로의 지지물 등에 시설하는 등
• 기구 부착 높이 : 하단에서 지표상 4.5[m] 이상(단, 교
통에 지장이 없을 경우 3.0[m] 이상)
• 돌출 수평 거리 : 1.0[m] 이상

16 5[Ω]의 저항 4개, 10[Ω]의 저항 3개, 100[Ω]의
저항 1개가 있다. 이들을 모두 직렬 접속할 때 합
성저항[Ω]은?

① 75

② 50

③ 150

④ 100

해설 $R_0 = 5\times4 + 10\times3 + 100\times1 = 150[Ω]$

17 450/750[V] 일반용 단심 비닐절연전선의 약호
는?

① FI

② RI

③ NR

④ NF

해설
• NR : 450/750[V] 일반용 단심 비닐절연전선
• NF : 450/750[V] 일반용 유연성 단심 비닐절연전선

18 불연성 먼지가 많은 장소에 시설할 수 없는 저압
옥내배선의 방법은?

① 금속관공사

② 애자사용공사

③ 케이블공사

④ 플로어덕트공사

해설 불연성 먼지(정미소, 제분소)가 많은 장소
금속관공사, 케이블공사, 합성수지관공사, 가요전선관
공사, 애자사용공사, 금속덕트 및 버스덕트공사, 캡타
이어케이블공사
④ 플로어덕트공사는 400[V] 이하의 점검할 수 없는 은
폐장소에만 가능하다.

19 최대 사용전압이 70[kV]인 중성점 직접 접지식 전
로의 절연내력시험전압은 몇 [V]인가?

① 35,000

② 42,000

③ 50,400

④ 44,800

해설 절연내력시험
최대 사용전압이 60[kV] 이상인 중성점 직접 접지식 전로
의 절연내력시험은 최대 사용전압의 0.72배의 전압을
연속으로 10분간 가할 때 견디는 것으로 하여야 한다.
시험전압=70,000×0.72=50,400[V]

20 소세력 회로의 전선을 조영재에 붙여 시설하는 경우에 대한 설명으로 틀린 것은?

① 전선이 손상을 받을 우려가 있는 곳에 시설하는 경우에는 적당한 방호 장치를 할 것
② 전선은 코드 · 캡타이어 케이블 또는 케이블일 것
③ 케이블 이외에는 공칭단면적 2.5[mm²]이상의 연동선 또는 이와 동등 이상의 것을 사용할 것
④ 전선은 금속제의 수관 · 가스관 또는 이와 유사한 것과 접촉하지 아니하도록 시설할 것

해설 **전선을 조영재에 붙여 시설하는 소세력 회로의 배선공사**
• 전선 : 코드, 캡타이어 케이블, 케이블 사용
• 케이블 이외에는 공칭단면적 1[mm²] 이상의 연동선 또는 이와 동등 이상의 것일 것

21 히스테리시스 곡선이 세로축과 만나는 점의 값은 무엇을 나타내는가?

① 자속밀도   ② 잔류자기
③ 보자력   ④ 자기장

해설 **히스테리시스 곡선**
• 세로축(종축)과 만나는 점 : 잔류자기
• 가로축(횡축)과 만나는 점 : 보자력

22  금속관과 금속관을 접속할 때 커플링을 사용하는데 커플링을 접속할 때 사용되는 공구는?

① 히키   ② 녹아웃 펀치
③ 파이프 커터   ④ 파이프 렌치

해설 • 파이프 커터, 파이프 바이스 : 금속관 절단 공구
• 오스터 : 금속관에 나사내는 공구
• 녹아웃 펀치 : 콘크리트 벽에 구멍을 뚫는 공구
• 파이프 렌치 : 금속관 접속 부분을 조이는 공구

23 정격전압이 100[V]인 직류발전기가 있다. 무부하 전압 104[V]일 때 이 발전기의 전압변동률[%]은?

① 3   ② 4
③ 5   ④ 6

해설 **전압변동률**
$$\varepsilon = \frac{V_0 - V_n}{V_n} \times 100[\%] = \frac{104 - 100}{100} \times 100 = 4[\%]$$

24 지지선(지선)의 중간에 넣는 애자의 명칭은?

① 곡핀애자   ② 구형애자
③ 현수애자   ④ 핀애자

해설 지지선(지선)의 중간에 사용하는 애자를 구형애자, 지지선(지선)애자, 옥애자, 구슬애자라고 한다.

25 직류 분권전동기를 운전하던 중 계자저항을 증가시키면 회전속도는?

① 감소한다.   ② 정지한다.
③ 변화없다.   ④ 증가한다.

해설 분권전동기의 계자저항을 증가시키면 자속이 감소하므로 회전속도는 증가한다.

회전수 $N = K \dfrac{V - I_a R_a}{\Phi}$ [rpm]

계자저항 $R_f \uparrow \propto$ 자속 $\Phi \downarrow \propto$ 회전수 $N \uparrow$

26 코드나 케이블 등을 기계기구의 단자 등에 접속할 때 몇 [mm²]가 넘으면 그림과 같은 터미널러그 〔눌러 붙임(압착)단자〕를 사용해야 하는가?

① 6   ② 4
③ 8   ④ 10

해설 **터미널러그**
코드 또는 캡타이어 케이블을 전기사용 기계기구에 접속하는 눌러 붙임(압착)단자
• 구리선(동전선)과 전기 기계기구 단자의 접속은 접속이 완전하고 헐거워질 우려가 없도록 해야 한다.
• 기구단자가 누름나사형, 클램프형이거나 이와 유사한 구조가 아닌 경우는 단면적 6[mm²]를 초과하는 연선에 터미널러그를 부착할 것

27 COS를 설치하는 경우 완금의 설치 위치는 전력선용 완금으로부터 몇 [m] 위치에 설치해야 하는가?

① 0.75
② 0.45
③ 0.9
④ 1.0

해설 COS용 완철을 설치하는 경우 최하단 전력선용 완철에서 0.75[m] 하부에 설치한다.

28 하나의 콘센트에 두 개 이상의 플러그를 꽂아 사용할 수 있는 기구는?

① 코드 접속기
② 멀티 탭
③ 테이블 탭
④ 아이언 플러그

해설 접속기구
• 멀티 탭 : 하나의 콘센트에 여러 개의 전기 기계기구를 끼워 사용하는 것
• 테이블 탭(table tap) : 코드 길이가 짧을 때 연장 사용하는 것

29 전기기기의 철심재료로 규소 강판을 성층하여 사용하는 이유로 가장 적당한 것은?

① 동손 감소
② 히스테리시스손 감소
③ 맴돌이 전류손 감소
④ 풍손 감소

해설 규소 강판을 성층하여 사용하는 이유는 맴돌이 전류손을 감소시키기 위한 대책이다.

30 역회전이 불가능한 단상 유도전동기는 다음 중 어느 것인가?

① 분상 기동형
② 셰이딩 코일형
③ 콘덴서 기동형
④ 반발 기동형

해설 단상 유도전동기의 하나인 셰이딩 코일형은 계자 사이에 철심을 넣은 전동기로서 철편 때문에 역회전이 불가능한 전동기이다.

31 실효값 20[A], 주파수 $f = 60$[Hz], 0°인 전류의 순시값 i[A]를 수식으로 옳게 표현한 것은?

① $i = 20 \sin(60\pi t)$
② $i = 20\sqrt{2} \sin(120\pi t)$
③ $i = 20 \sin(120\pi t)$
④ $i = 20\sqrt{2} \sin(60\pi t)$

해설 순시값 전류
$$i(t) = 실효값 \times \sqrt{2} \sin(2\pi f t + \theta)$$
$$= \sqrt{2} I \sin(\omega t + \theta) = 20\sqrt{2} \sin(120\pi t) [A]$$

32 다음 중 자기 소호 기능이 가장 좋은 소자는?

① SCR
② GTO
③ TRIAC
④ LASCR

해설 GTO(Gate Turn-Off thyristor)는 게이트 신호로 ON-OFF가 자유로우며 개폐 동작이 빨라 주로 직류의 개폐에 사용되며 자기 소호 기능이 가장 좋다.

33 평균값이 100[V]일 때 실효값은 얼마인가?

① 90
② 111
③ 63.7
④ 70.7

해설 평균값 $V_{av} = \dfrac{2}{\pi} V_m$[V]이므로

최대값 $V_m = V_{av} \times \dfrac{\pi}{2} = 100 \times \dfrac{\pi}{2}$ [V]

실효값 $V = \dfrac{V_m}{\sqrt{2}} = \dfrac{\pi}{2\sqrt{2}} \times V_{av}$

$$= \dfrac{\pi}{2\sqrt{2}} \times 100 = 111 [V]$$

* 쉬운 풀이 : $V = 1.11 V_{av} = 1.11 \times 100 = 111 [V]$

34 동기발전기의 병렬운전 중 기전력의 위상차가 발생하면 어떤 현상이 나타나는가?

① 무효횡류
② 유효순환전류
③ 무효순환전류
④ 고조파전류

동기발전기 병렬운전조건 중 기전력의 위상차가 발생하면 유효순환전류(동기화전류)가 흐르며 동기화력을 발생시켜서 위상이 일치된다.

35 ★★★ 1차 전압 6,000[V], 2차 전압 200[V], 주파수 60[Hz]의 변압기가 있다. 이 변압기의 권수비는?

① 20 ② 30
③ 40 ④ 50

변압기 권수비 $a = \dfrac{E_1}{E_2} = \dfrac{6,000}{200} = 30$

36 ★★ 전압 200[V]이고 $C_1 = 10[\mu F]$와 $C_2 = 5[\mu F]$인 콘덴서를 병렬로 접속하면 C_2에 분배되는 전하량은 몇 [μC]인가?

① 200 ② 2,000
③ 500 ④ 1,000

C_2에 축적되는 전하량
$Q_2 = C_2 V = 5 \times 200 = 1,000[\mu C]$

37 ★★★ 동기발전기의 병렬운전조건이 아닌 것은?

① 기전력의 크기가 같을 것
② 기전력의 위상이 같을 것
③ 기전력의 주파수가 같을 것
④ 기전력의 임피던스가 같을 것

동기발전기의 병렬운전조건
• 기전력의 크기가 일치할 것
• 기전력의 위상이 일치할 것
• 기전력의 주파수가 일치할 것
• 기전력의 파형이 일치할 것

38 ★ 전압비가 13,200/220[V]인 단상 변압기의 2차 전류가 120[A]일 때 변압기의 1차 전류는 얼마인가?

① 100 ② 20
③ 10 ④ 2

권수비 $a = \dfrac{N_1}{N_2} = \dfrac{V_1}{V_2} = \dfrac{I_2}{I_1}$ 에서

$a = \dfrac{V_1}{V_2} = \dfrac{13,200}{220} = 60$이므로

$I_1 = \dfrac{I_2}{a} = \dfrac{120}{60} = 2[A]$

39 ★★★ 다음 중 접지저항을 측정하기 위한 방법은?

① 전류계, 전압계 ② 전력계
③ 휘트스톤 브리지법 ④ 콜라우시 브리지법

접지저항 측정방법
접지저항계, 콜라우시 브리지법, 어스테스터기

40 ★ 정격전압 200[V], 60[Hz]인 전동기의 주파수를 50[Hz]로 사용하면 회전속도는 어떻게 되는가?

① 0.833배로 감소한다. ② 1.1배로 증가한다.
③ 변화하지 않는다. ④ 1.2배로 증가한다.

전동기의 회전수 $N = \dfrac{120f}{P}$ [rpm]로서 주파수에 비례하므로 주파수가 $60[Hz] \rightarrow 50[Hz]$로 $\dfrac{50}{60} = 0.833$배로 감소하므로 회전속도도 0.833배로 감소한다.

41 ★★ 같은 저항 4개를 그림과 같이 연결하여 a-b 간에 일정 전압을 가했을 때 소비전력이 가장 큰 것은 어느 것인가?

①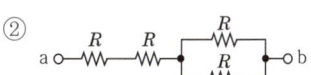
②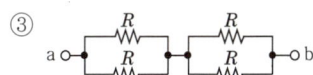
③
④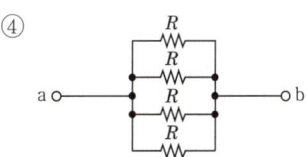

해설 각 회로에 소비되는 전력은 전압은 일정하고 합성저항이 다르므로 $P=\dfrac{V^2}{R}$[W]식에 적용하며 R에 반비례하므로 소비전력이 가장 크려면 합성저항이 가장 작은 회로이므로 ④번이 답이 된다.

① 합성저항 $R_0=4R$[Ω]

② 합성저항 $R_0=2R+\dfrac{R}{2}=2.5R$[Ω]

③ 합성저항 $R_0=\dfrac{R}{2}\times2=R$[Ω]

④ 합성저항 $R_0=\dfrac{R}{4}=0.25R$[Ω]

42 다음 물질 중 강자성체로만 짝지어진 것은?

① 니켈, 코발트, 철

② 구리, 비스무트, 코발트, 망간

③ 철, 구리, 니켈, 아연

④ 철, 니켈, 아연, 망간

해설 강자성체는 비투자율이 아주 큰 물질로서 철, 니켈, 코발트, 망간 등이 있다.

43 두 평행도선 사이의 거리가 1[m]인 왕복 도선 사이에 1[m]당 작용하는 힘의 세기가 18×10^{-7}[N/m]일 경우 전류의 세기[A]는?

① 1

② 2

③ 3

④ 4

해설 **평행도선 사이에 작용하는 힘의 세기**

$F=\dfrac{2I_1I_2}{r}\times10^{-7}$[N/m]

$F=\dfrac{2I^2}{1}\times10^{-7}$[N/m]

$18\times10^{-7}=2I^2\times10^{-7}$

$I^2=9$이므로

$I=3$[A]

44 두 자극의 세기가 m_1, m_2[Wb], 거리가 r[m]인 경우 작용하는 자기력의 크기[N]는 얼마인가?

① $k\dfrac{m_1\cdot m_2}{r}$

② $k\dfrac{r}{m_1\cdot m_2}$

③ $k\dfrac{m_1\cdot m_2}{r^2}$

④ $k\dfrac{r^2}{m_1\cdot m_2}$

해설 **쿨롱의 법칙**

두 자극 사이에 작용하는 자력의 크기는 양 자극의 세기의 곱에 비례하며, 자극 간의 거리의 제곱에 반비례한다.

쿨롱의 법칙 $F=k\dfrac{m_1\cdot m_2}{r^2}=\dfrac{m_1\cdot m_2}{4\pi\mu_0r^2}$[N]

45 전류를 계속 흐르게 하려면 전압을 연속적으로 만들어주는 어떤 힘이 필요하게 되는데, 이 힘을 무엇이라 하는가?

① 자기력

② 기전력

③ 전자력

④ 전기장

해설 전기회로에서 전위차를 일정하게 유지시켜 전류가 연속적으로 흐를 수 있도록 하는 힘을 기전력이라 한다.

46 권선형 유도전동기 기동 시 회전자측에 저항을 넣는 이유는?

① 기동전류를 감소시키기 위해

② 기동토크를 감소시키기 위해

③ 회전수를 감소시키기 위해

④ 기동전류를 증가시키기 위해

해설 권선형 유도전동기의 외부 저항을 접속하면 기동전류는 감소하고 기동토크는 증가하며 역률은 개선된다.

47 부흐홀츠 계전기의 설치 위치로 가장 적당한 곳은?

① 변압기 주탱크 내부

② 변압기 주탱크와 콘서베이터 사이

③ 변압기 고압측 부싱

④ 콘서베이터 내부

해설 변압기 내부 고장으로 인한 온도 상승 시 유증기를 검출하여 동작하는 계전기로서, 변압기와 콘서베이터를 연결하는 파이프 도중에 설치한다.

48 ★★ 3상 전파 정류회로에서 출력전압의 평균전압값은? (단, V는 선간전압의 실효값이다.)

① $0.45\,V$ ② $0.9\,V$

③ $1.17\,V$ ④ $1.35\,V$

해설 **정류기의 직류전압(평균값)의 크기**
- 단상 반파 정류분 $E_d = 0.45\,V$
- 단상 전파 정류분 $E_d = 0.9\,V$
- 3상 반파 정류분 $E_d = 1.17\,V$
- 3상 전파 정류분 $E_d = 1.35\,V$

49 ★★★ 다음 [보기] 중 금속관, 케이블, 합성수지관, 애자사용공사가 모두 가능한 특수 장소를 옳게 나열한 것은?

[보기]
㉠ 화약류 등의 위험 장소
㉡ 부식성 가스가 있는 장소
㉢ 위험물 등이 존재하는 장소
㉣ 불연성 먼지가 많은 장소
㉤ 습기가 많은 장소

① ㉠, ㉢, ㉤   ② ㉠, ㉡, ㉣

③ ㉡, ㉣, ㉤   ④ ㉡, ㉢, ㉣

해설 금속관, 케이블공사는 어느 장소든 모두 가능하지만 합성수지관은 ㉠ 공사가 불가능하고, 애자사용공사는 ㉠, ㉢ 공사가 불가능하므로 모두 가능한 특수 장소는 ㉡, ㉣, ㉤이 된다.

50 ★★ 다음 중 자기저항의 단위에 해당되는 것은?

① $[\Omega]$ ② $[Wb/AT]$

③ $[H/m]$ ④ $[AT/Wb]$

해설 기자력 $F = NI = R\phi\,[AT]$
자기저항 R은 자속의 통과를 방해하는 성분으로
$$R = \frac{NI}{\phi}\,[AT/Wb]$$

51 ★★★ 직류 직권전동기에서 벨트를 걸고 운전하면 안 되는 이유는?

① 벨트가 마멸 보수가 곤란하므로

② 벨트가 벗겨지면 위험속도에 도달하므로

③ 직결하지 않으면 속도제어가 곤란하므로

④ 손실이 많아지므로

해설 직류 직권전동기는 정격전압 하에서 무부하 특성을 지니므로, 벨트가 벗겨지면 속도는 급격히 상승하여 위험속도에 도달할 수 있다.

52 ★★★ 가공전선로의 지지물에서 다른 지지물을 거치지 아니하고 수용장소의 인입선 접속점에 이르는 가공전선을 무엇이라 하는가?

① 가공전선

② 가공인입선

③ 지지선(지선)

④ 이웃 연결(연접)인입선

해설 가공전선로의 지지물에서 다른 지지물을 거치지 아니하고 수용장소의 인입선 접속점에 이르는 가공전선을 가공인입선이라고 한다.

53 ★★★ 전류에 의해 만들어지는 자기장의 방향을 알기 쉽게 정의한 법칙은?

① 플레밍의 왼손법칙

② 앙페르의 오른나사법칙

③ 렌츠의 자기유도법칙

④ 패러데이의 전자유도법칙

해설 **앙페르의 오른나사법칙**
전류에 의한 자기장(자기력선)의 방향을 알기 쉽게 정의한 법칙

정답 48. ④ 49. ③ 50. ④ 51. ② 52. ② 53. ②

54  110/220[V] 단상 3선식 회로에서 110[V] 전구 ⓡ, 110[V] 콘센트 ⓒ, 220[V] 전동기 ⓜ의 연결이 올바른 것은?

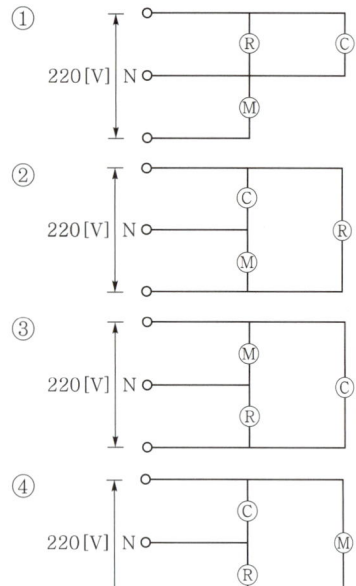

해설 전구와 콘센트는 110[V]를 사용하므로 전선과 중성선 사이에 연결해야 하고 전동기 ⓜ은 220[V]를 사용하므로 선간에 연결해야 한다.

55 대칭 3상 교류회로에서 각 상 간의 위상차는 얼마인가?

① $\dfrac{\pi}{3}$　　　　② $\dfrac{2\pi}{3}$

③ $\dfrac{3}{2}\pi$　　　　④ $\dfrac{2}{\sqrt{3}}\pi$

해설 대칭 3상 교류에서의 각 상 간 위상차는 $\dfrac{2\pi}{3}$[rad] =120°이다.

56 8극, 주파수가 60[Hz]인 동기발전기의 회전수는 몇 [rpm]인가?

① 600　　　　② 1,200

③ 900　　　　④ 1,800

해설 동기발전기의 회전수
$$N_s = \frac{120f}{P} = \frac{120 \times 60}{8} = 900[\text{rpm}]$$

57 배관공사 시 금속관이나 합성수지관으로부터 전선을 뽑아 전동기 단자 부근에 접속할 때 관 단에 사용하는 재료는?

① 부싱

② 엔트런스 캡

③ 터미널 캡

④ 로크 너트

해설 터미널 캡(서비스 캡)

배관공사 시 금속관이나 합성 수지관으로부터 전선을 뽑아 전동기 단자 부근에 접속할 때나 노출배관에서 금속배관으로 변경 시 전선 보호를 위해 관 끝에 설치하는 기구

58 전선의 굵기가 6[mm²] 이하의 가는 단선의 전선접속은 어떤 접속을 하여야 하는가?

① 브리타니아 접속

② 트위스트 접속

③ 쥐꼬리 접속

④ 슬리브 접속

해설 단선의 직선 접속

• 단면적 6[mm²] 이하 : 트위스트 접속
• 단면적 10[mm²] 이상 : 브리타니아 접속

59 공기 중에서 자속밀도 2[Wb/m²]의 평등 자장 속에 길이 60[cm]의 직선도선을 자장의 방향과 30° 각으로 놓고 여기에 5[A]의 전류를 흐르게 하면 이 도선이 받는 힘은 몇 [N]인가?

① 2　　　　② 5

③ 6　　　　④ 3

해설 전자력
$$F = IBl\sin\theta = 5 \times 2 \times 0.6 \times \sin 30° = 3[\text{N}]$$

60 막대자석의 자극의 세기가 m[Wb]이고 길이가 l [m]인 경우 자기 모멘트[Wb·m]는 얼마인가?

① $\dfrac{m}{l}$ ② ml

③ $\dfrac{l}{m}$ ④ $2ml$

해설 막대자석의 자기 모멘트
$M = ml\,[\text{Wb}\cdot\text{m}]$

정답 60. ②

01 코일에서 유도되는 기전력의 크기는 자속의 시간적인 변화율에 비례하는 유도기전력의 크기를 정의한 법칙은?

① 렌츠의 법칙
② 플레밍의 법칙
③ 패러데이의 법칙
④ 줄의 법칙

[해설] 패러데이의 법칙은 유도기전력의 크기를 정의한 법칙으로서 코일에서 유도되는 기전력의 크기는 자속의 시간적인 변화율에 비례한다.

02 자기 인덕턴스가 각각 50[mH], 80[mH]이고 상호 인덕턴스가 60[mH]인 경우 두 코일 간에 누설자속이 없는 경우 가동 접속 합성 인덕턴스값[mH]은?

① 120
② 240
③ 250
④ 300

[해설] 가동 접속 합성 인덕턴스(완전 결합 시 $k=1$)
$L_0 = L_1 + L_2 + 2M = 50 + 80 + 2 \times 60 = 250[\text{mH}]$

03 전동기의 과전류, 결상 보호 등에 사용되며 단락시간과 기동 시간을 정확히 구분하는 계전기는?

① 임피던스계전기
② 전자식 과전류계전기
③ 방향단락계전기
④ 부족전압계전기

[해설] 전자식 과전류계전기(EOCR)
설정된 전류값 이상의 전류가 흘렀을 때 EOCR 접점이 동작하여 회로를 차단시켜 보호하는 계전기로서 전동기의 과전류나 결상을 보호하는 계전기이다.

04 납축전지의 전해액으로 사용되는 것은?

① 묽은 황산
② 이산화납
③ 질산
④ 황산구리

[해설] 납축전지
• 음극제 : 납
• 양극제 : 이산화납(PbO_2)
• 전해액 : 묽은 황산(H_2SO_4)

05 전기자를 고정시키고 자극 N, S를 회전시키는 동기발전기는?

① 회전 전기자형
② 직렬 저항형
③ 회전 계자형
④ 회전 정류자형

[해설] 회전 계자형 동기발전기는 전기자를 고정시키고 계자를 회전시키는 회전 계자법을 사용하며, 계자를 여자시키기 위한 직류 여자기가 반드시 필요하다.

06 한국전기설비규정에 의하면 정격전류가 30[A]인 저압전로의 과전류차단기를 산업용 배선용 차단기로 사용하는 경우 39[A]의 전류가 통과하였을 때 몇 분 이내에 자동적으로 동작하여야 하는가?

① 60
② 120
③ 2
④ 4

[해설] 과전류차단기로 저압전로에 사용하는 63[A] 이하의 산업용 배선용 차단기는 정격전류의 1.3배 전류가 흐를 때 60분 내에 자동으로 동작하여야 한다.

07 특고압·고압 전기설비용 접지도체는 단면적 몇 [mm²] 이상의 연동선 또는 동등 이상의 단면적 및 강도를 가져야 하는가?

① 0.75
② 4
③ 6
④ 10

해설 특고압·고압 전기설비용 접지도체는 단면적 6[mm²] 이상의 연동선 또는 동등 이상의 단면적 및 강도를 가져야 한다.

08 용량을 변화시킬 수 있는 콘덴서는? ★★

① 세라믹 콘덴서
② 마일러 콘덴서
③ 전해 콘덴서
④ 바리콘 콘덴서

해설 가변 콘덴서
바리콘, 트리머

09 동기발전기의 돌발 단락전류를 주로 제한하는 것은? ★★★

① 권선 저항
② 역상 리액턴스
③ 동기 리액턴스
④ 누설 리액턴스

해설 전기자 반작용은 단락전류가 흐른 뒤에 작용하므로 돌발 단락전류를 제한하는 것은 누설 리액턴스이다.

10 트라이액(TRIAC)의 기호는? ★

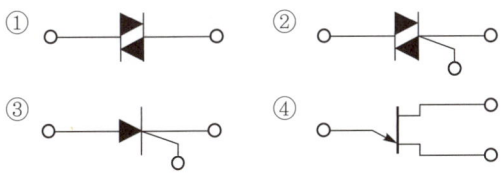

해설 TRIAC(트라이액)은 SCR 2개를 역병렬로 접속한 소자로서 교류회로에서 양방향 점호(on) 및 소호(off)를 이하며, 위상 제어가 가능하다.

11 저압 이웃 연결(연접)인입선을 시설하는 경우 다음 중 틀린 것은? ★★★

① 저압 이웃 연결(연접)인입선이 횡단보도를 횡단하는 경우 지면으로부터의 높이는 3.5[m] 이상 높이에 시설할 것
② 인입구에서 분기하여 100[m]를 초과하지 말 것
③ 도로 5[m]를 횡단하지 말 것
④ 옥내를 관통하지 말 것

해설 저압 이웃 연결(연접)인입선이 횡단보도를 횡단하는 경우 지면으로부터의 높이는 3[m] 이상 높이에 시설할 것

12 권선형 유도전동기에서 토크를 일정하게 한 상태로 회전자 권선에 2차 저항을 2배로 하면 슬립은 몇 배가 되겠는가? ★

① $\sqrt{2}$ 배
② 2배
③ $\sqrt{3}$ 배
④ 4배

해설 권선형 유도전동기는 2차 저항을 조정함으로써 최대 토크는 변하지 않는 상태에서 슬립으로 속도 조절이 가능하며 슬립과 2차 저항은 비례 관계가 성립하므로 2배가 된다.

13 황산구리 용액에 10[A]의 전류를 60분간 흘린 경우 이때 석출되는 구리의 양[g]은? (단, 구리의 전기 화학 당량은 0.3293×10^{-3}[g/C]이다.) ★★★

① 11.86
② 7.82
③ 5.93
④ 1.67

해설 전극에서 석출되는 물질의 양
$W = kQ = kIt$[g]
$= 0.3293 \times 10^{-3} \times 10 \times 60 \times 60 ≒ 11.86$[g]

14 3상 동기기에 제동 권선을 설치하는 주된 목적은? ★★★

① 출력을 증가시키기 위해
② 난조를 방지하기 위해
③ 역률을 개선하기 위해
④ 효율을 증가시키기 위해

해설 동기전동기에서 제동 권선은 기동 토크 발생 및 난조를 방지하기 위해 설치한다.

15 전시회나 쇼, 공연장 등의 전기설비는 옥내배선이나 이동전선인 경우 사용전압이 몇 [V] 이하이어야 하는가? ★★

① 100
② 200
③ 300
④ 400

해설 전시회, 쇼 및 공연장, 기타 이들과 유사한 장소에 시설하는 저압 전기설비에 적용하며 무대·무대마루 밑·오케스트라 박스·영사실, 기타 사람이나 무대도구가 접촉할 우려가 있는 곳에 시설하는 저압 옥내배선, 전구선 또는 이동전선의 사용전압이 400[V] 이하이어야 한다.

16 그림과 같은 분상 기동형 단상 유도전동기를 역회전시키기 위한 방법이 아닌 것은?

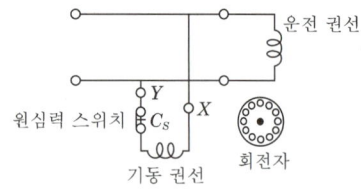

① 기동 권선이나 운전 권선의 어느 한 권선의 단자 접속을 반대로 한다.
② 원심력 스위치를 열거나 닫는다(개로 또는 폐로).
③ 기동 권선의 단자 접속을 반대로 한다.
④ 운전 권선의 단자 접속을 반대로 한다.

해설 원심력 스위치는 전동기 기동 후 일정 속도에 올라오면 자동으로 개방이 되면서 기동 권선을 제거하는 역할을 하므로 열거나 닫아서(개로나 폐로) 역회전을 할 수 없다.

17 화약류 저장소의 배선공사에 있어서 전용 개폐기에서 화약류 저장소의 인입구까지의 공사 방법으로 틀린 것은?

① 애자사용공사
② 대지전압은 300[V] 이하이어야 한다.
③ 모든 접속은 전폐형으로 할 것
④ 케이블을 사용하여 지중에 시설할 것

해설 화약류 저장소 등의 위험 장소
•금속관공사, 케이블공사
•대지전압 : 300[V] 이하
•개폐기 및 과전류차단기에서 화약고의 인입구까지의 배선에는 케이블을 사용하고 또한 반드시 지중에 시설할 것

18 금속관 배관공사에서 절연 부싱을 사용하는 이유는?

① 관의 입구에서 조영재의 접속을 방지
② 관 단에서 전선의 인입 및 교체 시 발생하는 전선의 손상 방지
③ 관이 손상되는 것을 방지
④ 박스 내에서 전선의 접속을 방지

해설 금속관공사 시 부싱은 관 끝부분(끝단)에 설치하여 전선의 인입 및 교체 시 전선의 손상을 방지하기 위해 설치한다.

19 다음 중 변전소의 역할로 볼 수 없는 것은?

① 전력 생산
② 전압의 변성
③ 전력 계통 보호
④ 전력의 집중과 배분

해설 전력 생산은 발전소에서 만들어진다.

20 수용장소의 인입선에서 분기하여 다른 수용장소의 인입구에 이르는 전선을 무엇이라 하는가?

① 소주인입선   ② 이웃 연결(연접)인입선
③ 가공인입선   ④ 인입간선

해설 이웃 연결(연접)인입선
수용장소의 인입선에서 분기하여 다른 수용장소의 인입구에 이르는 전선

21 접지설비에 사용하는 접지선을 사람이 접촉할 우려가 있는 곳에 시설하는 경우에는 동결 깊이를 고려(감안)하여 지하 몇 [cm] 이상까지 매설하여야 하는가?

① 50   ② 100
③ 75   ④ 150

해설 접지극(전극)의 매설 깊이는 지하 75[cm] 이상 깊이에 매설하되 동결 깊이를 고려(감안)할 것

정답 16. ② 17. ① 18. ② 19. ① 20. ② 21. ③

22 ★★ 수정을 이용한 마이크로폰은 다음 중 어떤 원리를 이용한 것인가?

① 핀치 효과
② 압전기 효과
③ 펠티에 효과
④ 톰슨 효과

해설 **압전기 효과**
- 유전체 표면에 압력이나 인장력을 가하면 전기 분극이 발생하는 효과
- 응용기기 : 수정발진기, 마이크로폰, 초음파 발생기, Crystal pick-up

23 ★ 다음 두 코일이 있다. 한 코일에 매초 전류가 150[A]의 비율로 변할 때 다른 코일에 60[V]의 기전력이 발생하였다면, 두 코일의 상호 인덕턴스는 몇 [H]인가?

① 4.0
② 2.5
③ 0.4
④ 25

해설 상호 유도전압 $e = M\dfrac{\Delta I}{\Delta t}$ [V]

상호 인덕턴스 $M = e \times \dfrac{\Delta t}{\Delta I} = 60 \times \dfrac{1}{150} = 0.4$[H]

24 ★ 다음 회로에서 B점의 전위가 100[V], D점의 전위가 60[V]라면 전류 I는 몇 [A]인가?

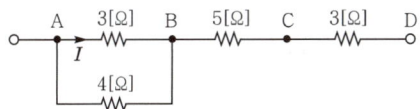

① $\dfrac{12}{7}$
② $\dfrac{22}{7}$
③ $\dfrac{20}{7}$
④ $\dfrac{10}{7}$

해설 $V_{BD} = V_B - V_D = 100 - 60 = 40$[V]

$I_{BD} = \dfrac{V_{BD}}{R_{BD}} = \dfrac{40}{5+3} = 5$[A]

$I = \dfrac{4}{3+4} I_{BD} = \dfrac{4}{3+4} \times 5 = \dfrac{20}{7}$[A]

25 ★★ 그림과 같이 공기 중에 놓인 4×10^{-8}[C]의 전하에서 4[m] 떨어진 점 P와 2[m] 떨어진 점 Q와의 전위차[V]는?

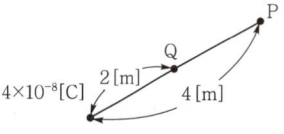

① 80
② 180
③ 90
④ 400

해설 전위 $V = 9 \times 10^9 \times \dfrac{Q}{r}$[V]

$V_Q = 9 \times 10^9 \times \dfrac{4 \times 10^{-8}}{2} = 180$[V]

$V_P = 9 \times 10^9 \times \dfrac{4 \times 10^{-8}}{4} = 90$[V]

그러므로 전위차는 $V = 180 - 90 = 90$[V]

26 ★★ 피시 테이프(fish tape)의 용도로 옳은 것은?

① 전선을 테이핑하기 위하여 사용된다.
② 전선관의 끝마무리를 위해서 사용된다.
③ 배관에 전선을 넣을 때 사용된다.
④ 합성수지관을 구부릴 때 사용된다.

해설 **피시 테이프**
배관에 피시 테이프를 먼저 집어넣은 후 전선과 접속하여 끌어 당겨서 관에 전선을 넣을 때 사용하는 공구

27 ★★★ 다음 설명 중 잘못된 것은?

① 전위차가 높으면 높을수록 전류는 잘 흐른다.
② 양전하를 많이 가진 물질은 전위가 낮다.
③ 1초 동안에 1[C]의 전기량이 이동하면 전류는 1[A]이다.
④ 전류의 방향은 전자의 이동 방향과는 반대 방향으로 정한다.

해설 전위란 전기적인 위치 에너지로서, 전위차가 높을수록 전류가 잘 흐르며 양전하가 많을수록 전위가 높다.

28 키르히호프의 법칙을 이용하여 방정식을 세우는 방법으로 잘못된 것은?

① 키르히호프의 제1법칙을 회로망의 임의의 점에 적용한다.

② 계산 결과 전류가 +로 표시된 것은 처음에 정한 방향과 반대 방향임을 나타낸다.

③ 각 폐회로에서 키르히호프의 제2법칙을 적용한다.

④ 각 회로의 전류를 문자로 나타내고 방향을 가정한다.

해설 처음에 정한 방향과 전류 방향이 같으면 "+"로, 처음에 정한 방향과 전류 방향이 반대이면 "−"로 표시한다.

29 1[Wb]의 자하량으로부터 발생하는 자기력선의 총수는?

① 6.33×10^4개

② 7.96×10^5개

③ 8.855×10^3개

④ 1.256×10^6개

해설 자기력선의 총수

$$N = \frac{m}{\mu_0} = \frac{1}{4\pi \times 10^{-7}}$$
$$= 7.96 \times 10^5 \text{개}$$

30 옥내배선에 시설하는 전등 1개를 3개소에서 점멸하고자 할 때 필요한 3로 스위치와 4로 스위치의 최소 개수는?

① 3로 스위치 2개, 4로 스위치 2개

② 3로 스위치 1개, 4로 스위치 1개

③ 3로 스위치 2개, 4로 스위치 1개

④ 3로 스위치 1개, 4로 스위치 2개

해설 전등 1개를 3개소에서 점멸하므로 스위치는 최소 3개가 필요하며 4로 스위치는 스위치 접점이 교대로 바뀌는 구조로서 3개소에서 전등 1개를 점멸 시 3로 스위치 2개와 조합하여 사용한다.

31 전기울타리에 사용하는 경동선의 지름은 최소 몇 [mm] 이상이어야 하는가?

① 1.6　　② 2.0

③ 2.6　　④ 3.2

해설 전기울타리의 시설
• 사용전압 : 250[V] 이하
• 사용전선 : 2[mm] 이상 나경동선

32 직류발전기의 정격전압 100[V], 무부하전압 104[V]이다. 이 발전기의 전압변동률 ε[%]은?

① 4　　② 3

③ 6　　④ 5

해설 전압변동률

$$\varepsilon = \frac{V_0 - V_n}{V_n} \times 100[\%] = \frac{104 - 100}{100} \times 100 = 4[\%]$$

33 변압기의 권선법 중 형권은 주로 어디에 사용되는가?

① 중형 이상의 대용량 변압기

② 저전압 대용량 변압기

③ 중형 대전압 변압기

④ 소형 변압기

해설 형권 코일(formed coil)
권선을 일정한 틀에 감아 절연시킨 후 정형화된 틀에 만들어서 조립하는 방법으로, 용량이 작은 가정용 변압기에 사용하는 권선법이다.

34 피뢰시스템에 접지도체가 접속된 경우 접지저항은 몇 [Ω] 이하이어야 하는가?

① 5　　② 10

③ 15　　④ 20

해설 피뢰시스템에 접지도체가 접속된 경우 접지저항은 10[Ω] 이하이어야 한다.

35
110/220[V] 단상 3선식 회로에서 110[V] 전구 Ⓡ, 110[V] 콘센트 Ⓒ, 220[V] 전동기 Ⓜ의 연결이 올바른 것은?

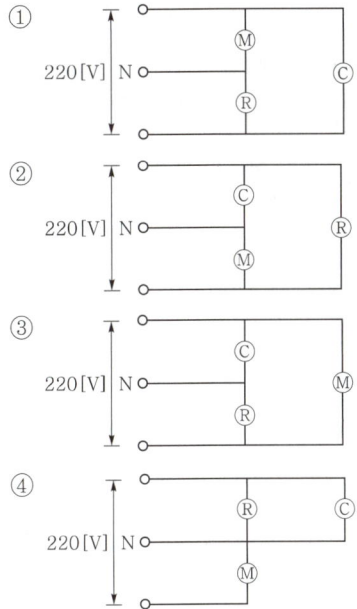

해설 전구와 콘센트는 110[V]를 사용하므로 전선과 중성선 사이에 연결해야 하고 전동기 Ⓜ은 220[V]를 사용하므로 선간에 연결하여야 한다.

36
양방향으로 전류를 흘릴 수 있는 양방향 소자는?

① GTO
② MOSFET
③ TRIAC
④ SCR

해설 양방향성 사이리스터
SSS, TRIAC, DIAC

37
3상 권선형 유도전동기의 전부하 슬립이 4[%]인 경우 외부 저항은 2차 저항값의 몇 배인가?

① 4
② 20
③ 24
④ 25

해설 외부 저항
$$R = \frac{1-s}{s}r_2 = \frac{1-0.04}{0.04} \times r_2 = 24r_2 \, [\Omega]$$

38
100[kVA]의 단상 변압기 2대를 사용하여 V−V 결선으로 하고 3상 전원을 얻고자 한다. 이때, 여기에 접속시킬 수 있는 3상 부하의 용량은 약 몇 [kVA]인가?

① $100\sqrt{3}$
② 100
③ 200
④ $200\sqrt{3}$

해설 V결선 용량
$$P_V = \sqrt{3}\,P_1 = \sqrt{3} \times 100 = 100\sqrt{3}\,[\text{kVA}]$$

39
접지공사에서 접지극으로 동봉을 사용하는 경우 최소 길이는 몇 [m]인가?

① 1
② 1.2
③ 0.9
④ 0.6

해설 접지극의 종류와 규격
동봉 : 지름 8[mm] 이상, 길이 0.9[m] 이상

40
직류전동기에서 무부하 회전속도가 1,200[rpm]이고 정격 회전속도가 1,150[rpm]인 경우 속도변동률은 몇 [%]인가?

① 4.25
② 4.35
③ 4.5
④ 5

해설 속도변동률
$$\varepsilon = \frac{N_0 - N_n}{N_n} \times 100\,[\%] = \frac{1,200 - 1,150}{1,150} \times 100$$
$$\fallingdotseq 4.35\,[\%]$$

41
변압기유로 쓰이는 절연유에 요구되는 성질이 아닌 것은?

① 인화점이 높을 것
② 절연내력이 클 것
③ 점도가 클 것
④ 응고점이 낮을 것

해설 변압기유의 구비 조건
• 점도(끈적이는 정도)가 작을 것
• 절연내력이 클 것
• 인화점이 높고 응고점이 낮을 것

★42 금속관공사의 장점이라고 볼 수 없는 것은?

① 전선관 접속이나 관과 박스를 접속 시 견고하고 완전하게 접속할 수 있다.
② 전선의 배선 및 배관 변경 시 용이하다.
③ 기계적 강도가 좋다.
④ 합성수지관에 비해 내식성이 좋다.

해설 금속관은 합성수지관에 비해 습기에 의한 부식이 잘되어서 내식성이 나쁘다.

★★43 $v = 100\sqrt{2}\sin\left(120\pi t + \dfrac{\pi}{4}\right),\ i = 100\sin\left(120\pi t + \dfrac{\pi}{2}\right)$인 경우 전류는 전압보다 위상이 어떻게 되는가?

① 전류가 전압보다 $\dfrac{\pi}{2}$[rad]만큼 앞선다.
② 전류가 전압보다 $\dfrac{\pi}{2}$[rad]만큼 뒤진다.
③ 전류가 전압보다 $\dfrac{\pi}{4}$[rad]만큼 앞선다.
④ 전류가 전압보다 $\dfrac{\pi}{4}$[rad]만큼 뒤진다.

해설 위상각 0을 기준으로 할 때 전압은 $\dfrac{\pi}{4}$(45°) 앞서 있고, 전류는 $\dfrac{\pi}{2}$(90°) 앞서 있으므로 전류가 전압보다 위상차 $\dfrac{\pi}{4}$(45°)만큼 앞선다.

★★44 어떤 도체에 10[V]의 전위를 주었을 때 1[C]의 전하가 축적되었다면 이 도체의 정전용량[F]은?

① 1
② 0.1
③ 10
④ 0.01

해설 정전용량 $C = \dfrac{Q}{V} = \dfrac{1}{10} = 0.1$[F]

★★★45 자기력선의 성질 중 틀린 것은?

① 자기력선은 서로 교차한다.
② 자기력선은 자석의 N극에서 시작하여 S극에서 끝난다.
③ 자기력선은 서로 반발한다.
④ 자기력선은 도체에 수직으로 출입한다.

해설 자기력선은 서로 반발하므로 교차하지 않으며 N극에서 시작하여 S극에서 끝난다.

★★★46 도체의 전기저항에 대한 것으로 옳은 것은?

① 길이와 단면적에 비례한다.
② 길이와 단면적에 반비례한다.
③ 길이에 반비례하고 단면적에 비례한다.
④ 길이에 비례하고 단면적에 반비례한다.

해설 전기저항 $R = \rho \dfrac{l}{A}$ 이므로 길이에 비례하고 단면적에 반비례한다.

★★47 측정이나 계산으로 구할 수 없는 손실로 부하전류가 흐를 때 도체 또는 철심 내부에서 생기는 손실을 무엇이라 하는가?

① 표유부하손
② 히스테리시스손
③ 구리손
④ 맴돌이 전류손

해설 표유부하손(부하손) = 표류부하손
누설전류에 의해 발생하는 손실로 측정은 가능하나 계산에 의하여 구할 수 없는 손실

★★48 권선 저항과 온도와의 관계는?

① 온도와는 무관하다.
② 온도가 상승하면 권선 저항은 감소한다.
③ 온도가 상승하면 권선 저항은 증가한다.
④ 온도가 상승하면 권선의 저항은 증가와 감소를 반복한다.

해설 권선 저항은 구리(도체)의 경우 정온도 특성을 가지므로 온도가 상승하면 권선 저항도 증가한다.

정답 42. ④ 43. ③ 44. ② 45. ① 46. ④ 47. ① 48. ③

49  주택, 아파트인 경우 표준부하는 몇 [VA/m²]인가?

① 10 ② 20

③ 30 ④ 40

해설 **건물의 종류에 대응한 표준부하**

건물의 종류	표준부하 [VA/m²]
공장, 공회당, 사원, 교회, 극장, 영화관, 연회장 등	10
기숙사, 여관, 호텔, 병원, 학교, 음식점, 다방, 대중목욕탕	20
사무실, 은행, 상점, 이발소, 미용원	30
주택, 아파트	40

50 평균값이 100[V]인 경우 실효값[V]은?

① 100 ② 111

③ 127 ④ 200

해설 실효값 $V = 1.11 V_{av} = 1.11 \times 100 = 111$[V]

51 한쪽 방향으로 일정한 전류가 흐르는 경우 동작하는 계전기는?

① 비율차동계전기

② 부흐홀츠 계전기

③ 과전류계전기

④ 과전압계전기

해설 **과전류계전기**
전류가 일정한 값 이상으로 흐르면 동작하는 계전기

52 △ - Y 결선(delta-star connection)한 경우에 대한 설명으로 옳지 않은 것은?

① Y결선의 중성점을 접지할 수 있다.

② 제3고조파에 의한 장해가 작다.

③ 1차 선간전압 및 2차 선간전압의 위상차는 60° 이다.

④ 1차 변전소의 승압용으로 사용된다.

해설 **△ - Y 결선의 특징**
· 승압용으로 사용
· Y결선의 중성점을 접지할 수 있다.
· △ 결선은 제3고조파에 의한 장해가 작다.
· 1, 2차 전압 위상차 : $\frac{\pi}{6}$[rad]=30° 발생

53 전류에 의해 만들어지는 자기장의 방향을 알기 쉽게 정의한 법칙은?

① 앙페르의 오른나사법칙

② 플레밍의 왼손법칙

③ 렌츠의 자기유도법칙

④ 패러데이의 전자유도법칙

해설 **앙페르의 오른나사법칙**
전류에 의한 자기장(자기력선)의 방향을 알기 쉽게 정의한 법칙

54 농형 유도전동기의 기동법이 아닌 것은?

① Y- △ 기동법 ② 2차 저항기동법

③ 기동보상기법 ④ 전전압기동법

해설 ·**농형 유전동기의 기동법**
 - 전전압기동법
 - Y- △ 기동법
 - 리액터기동법
 - 1차 저항기동법
 - 기동보상기법
·**권선형 유도전동기의 기동법** : 2차 저항기동법(기동 저항기법)

55 수전방식 중 3상 4선식은 부득이한 경우 설비 불 평형률은 몇 [%] 이내로 유지해야 하는가?

① 10 ② 20

③ 30 ④ 40

해설 3상 3선식, 4선식의 각 전압측 전선 간의 부하는 평형이 되게 하는 것을 원칙으로 하지만, 부득이한 경우 발생하 는 설비 불평형률은 30[%]까지 할 수 있다.

정답 49. ④ 50. ② 51. ③ 52. ③ 53. ① 54. ② 55. ③

56 ★★★ 동기속도 1,800[rpm], 주파수 60[Hz]인 동기발전기의 극수는 몇 극인가?

① 2 ② 4

③ 8 ④ 10

해설 동기속도 $N_s = \dfrac{120f}{P}$ [rpm]

극수 $P = \dfrac{120f}{N_s} = \dfrac{120 \times 60}{1,800} = 4$극

57 ★ 두 개의 막대기와 눈금계, 저항, 도선을 연결하여 절환 스위치를 이용해 검류계의 지시값을 "0"으로 하여 접지저항을 측정하는 방법은?

① 콜라우시 브리지 ② 켈빈 더블 브리지법

③ 접지저항계 ④ 휘트스톤 브리지

해설 휘트스톤 브리지는 검류계의 지시값을 "0"으로 하여 접지저항을 측정하는 방법으로서, 지중전선로의 고장점 검출 시 사용한다.

58 ★★★ 다음 그림과 같은 전선의 접속법은?

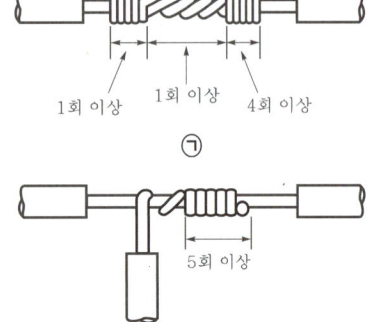

ㄱ

ㄴ

① ㉠ 직선 접속, ㉡ 분기 접속

② ㉠ 직선 접속, ㉡ 종단 접속

③ ㉠ 분기 접속, ㉡ 슬리브에 의한 접속

④ ㉠ 종단 접속, ㉡ 직선 접속

해설 ㉠ 단선의 트위스트 직선 접속
㉡ 단선의 트위스트 분기 접속

59 ★★★ 비정현파를 여러 개의 정현파의 합으로 표시하는 식을 정의한 사람은?

① 푸리에(Fourier) ② 테브난(Thevenin)

③ 노튼(Norton) ④ 패러데이(Faraday)

해설 **푸리에 분석**
비정현파를 여러 개의 정현파의 합으로 분석한 식
$f(t) =$ 직류분+기본파+고조파

60 ★★ 애자사용공사의 저압 옥내배선에서 전선 상호 간의 간격은 몇 [cm] 이상으로 하여야 하는가?

① 2 ② 4

③ 6 ④ 8

해설 저압 옥내배선의 애자사용공사 시 전선 상호 간격은 6[cm] 이상 이격하여야 한다.

정답 56. ② 57. ④ 58. ① 59. ① 60. ③

01 절연저항 측정 시 영향을 주거나 손상을 받을 수 있는 SPD 또는 기타 기기 등은 측정 전에 분리시켜야 하고, 부득이하게 분리가 어려운 경우에는 시험전압을 몇 [V] 이하로 낮추어서 측정하여야 하는가?

① 100 ② 200
③ 250 ④ 300

해설 절연 측정 시 영향을 주거나 손상을 받을 수 있는 SPD 또는 기타 기기 등은 측정 전에 분리시켜야 하고, 부득이하게 분리가 어려운 경우에는 시험전압을 250[V] DC로 낮추어 측정할 수 있다.

02 다음 직류를 기준으로 저압에 속하는 범위는 최대 몇 [V] 이하인가?

① 600[V] 이하 ② 750[V] 이하
③ 1,000[V] 이하 ④ 1,500[V] 이하

해설 **전압의 구분**
• 저압 : AC 1,000[V] 이하, DC 1,500[V] 이하의 전압
• 고압 : AC 1,000[V] 초과, DC 1,500[V]를 초과하고, AC, DC 모두 7[kV] 이하의 전압
• 특고압 : AC, DC 모두 7[kV] 초과의 전압

03 두 개의 평행한 도체가 진공 중(또는 공기 중)에 20[cm] 떨어져 있고, 100[A]의 같은 크기의 전류가 흐르고 있을 때 1[m]당 발생하는 힘의 크기 [N]는?

① 0.05 ② 0.01
③ 50 ④ 100

해설 **평행 도체 사이에 작용하는 힘**

$$F = \frac{2\,I_1 I_2}{r} \times 10^{-7} = \frac{2 \times 100 \times 100}{0.2} \times 10^{-7}$$
$$= 10^{-2} = 0.01[\text{N}]$$

04 급전선의 전압강하를 목적으로 사용되는 발전기는?

① 분권발전기
② 가동 복권발전기
③ 타여자발전기
④ 차동 복권발전기

해설 가동 복권발전기는 복권발전기의 주권선은 분권 계자이고 기계에 필요한 기자력의 대부분을 공급하며, 직권 권선은 전기자회로 및 전기자 반작용에 의한 전압강하를 보상하기 위한 기자력을 공급한다.

05 환상 솔레노이드의 내부 자장과 전류의 세기에 대한 설명으로 맞는 것은?

① 전류의 세기에 반비례한다.
② 전류의 세기에 비례한다.
③ 전류의 세기 제곱에 비례한다.
④ 전혀 관계가 없다.

해설 **내부 자장의 세기**
$$H = \frac{NI}{2\pi r} [\text{AT/m}]$$

06 전주를 건주할 때 철근콘크리트주의 길이가 7[m]이면 땅에 묻히는 깊이는 얼마인가? (단, 설계 하중이 6.81[kN] 이하이다.)

① 1.0
② 1.2
③ 2.0
④ 2.5

해설 **매설 깊이**
$$H = 7 \times \frac{1}{6} ≒ 1.2[\text{m}]$$

07 전기설비를 보호하는 계전기 중 전류계전기의 설명으로 틀린 것은?

① 부족전류계전기는 항상 시설하여야 한다.
② 과전류계전기와 부족전류계전기가 있다.
③ 과전류계전기는 전류가 일정값 이상이 흐르면 동작한다.
④ 배선 전소 보호, 후비 보호 능력이 있어야 한다.

해설 부족전류계전기(UCR)
전류가 정정값 이하가 되었을 때 동작하는 계전기로서 전동기나 변압기의 여자회로에만 설치하는 계전기로서 항상 시설하는 계전기는 아니다.

08 전시회나 쇼, 공연장 등의 전기설비에 이동전선으로 사용할 수 있는 케이블은?

① 0.6/1[kV] EP 고무 절연 클로로프렌 캡타이어 케이블
② 0.8/1[kV] EP 고무 절연 클로로프렌 캡타이어 케이블
③ 0.6/1.5[kV] EP 고무 절연 클로로프렌 캡타이어 케이블
④ 0.8/1.5[kV] 비닐 절연 클로로프렌 캡타이어 케이블

해설 전시회, 쇼 및 공연장에 가능한 이동전선
• 0.6/1[kV] EP 고무 절연 클로로프렌 캡타이어 케이블
• 0.6/1[kV] 비닐 절연 비닐 캡타이어 케이블

09 분기회로를 보호하기 위한 장치로서 보호장치 및 차단기 역할을 하는 것은?

① 컷 아웃 스위치 ② 단로기
③ 배선용 차단기 ④ 누전차단기

해설 분기회로를 보호하는 장치는 과전류차단기(퓨즈)와 배선용 차단기를 사용한다.

10 한국전기설비규정에 의하면 옥외 백열전등의 인하선으로서 지표상의 높이 2.5[m] 미만의 부분은 전선에 공칭단면적 몇 [mm²] 이상의 연동선과 동등 이상의 세기 및 굵기의 절연전선(옥외용 비닐 절연전선을 제외)을 사용하는가?

① 0.75 ② 2.0
③ 2.5 ④ 1.5

해설 옥외 백열전등 인하선의 시설
옥외 백열전등의 인하선으로서 지표상의 높이 2.5[m] 미만의 부분은 전선에 공칭단면적 2.5[mm²] 이상의 연동선과 동등 이상의 세기 및 굵기의 옥외용 비닐절연전선을 제외한 절연전선을 사용한다.

11 비투자율이 1인 환상 철심 중의 자장의 세기가 H[AT/m]이었다. 이때 비투자율이 10인 물질로 바꾸면 철심의 자속밀도[Wb/m²]는 몇 배가 되겠는가?

① $\dfrac{1}{10}$

② $\dfrac{1}{10\sqrt{2}}$

③ $\dfrac{1}{10\sqrt{3}}$

④ 10

해설 $B = \mu H = \mu_0 \mu_s H$[Wb/m²]
비투자율이 1인 물질을 10인 물질로 바꾸면 자속밀도는 10배 커진다.

12 단면적 14.4[cm²], 폭 3.2[cm], 1장의 두께가 0.35[mm]인 철심의 점적률이 90[%]가 되기 위한 철심은 몇 장이 필요한가?

① 162 ② 143
③ 46 ④ 92

해설 점적률
철심의 실제 단면적에 대한 자속이 통과하는 유효 단면적의 비율
철심이 n장일 경우 철심 단면적
$3.2 \times 0.35 \times 10^{-1} \times n$[cm²]
점적률 $0.9 = \dfrac{14.4}{3.2 \times 0.35 \times 0^{-1} \times n}$ 이므로

$n = 3.2 \times 0.35 \times 10^{-1} \times 0.9 = 142.86$ 이고 절상하면 143장이 된다.

13 주상변압기의 냉각방식은?

① 건식자냉식　　　② 유입자냉식
③ 유입예열식　　　④ 유입송유식

해설 유입자냉식
절연유를 변압기 외함에 채우고 대류작용으로 열을 외부로 발산시키는 방식이며, 주상변압기에 채용한다.

14 케이블덕트 시스템에 시설하는 배선방법이 아닌 것은?

① 플로어덕트 배선　　② 셀룰러덕트 배선
③ 버스덕트 배선　　　④ 금속덕트 배선

해설 케이블덕트 시스템 배선방법
플로어덕트 배선, 셀룰러덕트 배선, 금속덕트 배선

15 유도전동기에서 슬립이 커지면 증가하는 것은?

① 2차 출력　　　② 2차 효율
③ 2차 주파수　　④ 회전속도

해설 슬립 s가 커지면
- 2차 주파수 $f_2 = sf_1[\text{Hz}] \rightarrow$ 증가
- 2차 효율 $\eta_2 = \dfrac{P_o}{P_2} = \dfrac{(1-s)P_2}{P_2} = 1-s = \dfrac{N}{N_s} \rightarrow$ 감소
- 2차 출력 $P_2 = \dfrac{P_o}{1-s}[\text{W}] \rightarrow$ 감소
- 회전속도 $N = (1-s)N_s[\text{rpm}] \rightarrow$ 감소

16 플로어덕트공사에 의한 저압 옥내배선에서 절연전선으로 연선을 사용하지 않아도 되는 것은 전선의 굵기가 몇 [mm²] 이하인 경우인가?

① 2.5　　　② 4
③ 6　　　④ 10

해설 플로어덕트(저압 옥내배선에 포함)에 사용하는 전선의 최소 굵기는 2.5[mm²] 이상의 연동연선을 사용한다(단, 단선인 경우 10[mm²] 이하까지 가능).

17 저압전로의 전선 상호 간 및 전로와 대지 사이의 절연저항의 값에 대한 설명으로 틀린 것은?

① 측정 시 SPD 또는 기타 기기 등은 측정 전 위험사항이 아니므로 분리시키지 않아도 된다.
② 사용전압이 SELV 및 PELV는 DC 250[V] 시험전압으로 0.5[MΩ] 이상이어야 한다.
③ 사용전압이 FELV 및 500[V] 이하는 DC 500[V] 시험전압으로 1.0[MΩ] 이상이어야 한다.
④ 사용전압이 500[V] 초과하는 경우 DC 1,000[V] 시험전압으로 1.0[MΩ] 이상이어야 한다.

해설 전로의 절연저항
사용전압이 저압인 전로의 전선 상호 간 및 전로와 대지 사이의 절연저항은 개폐기 또는 과전류차단기로 구분할 수 있는 전로마다 다음 표에서 정한 값 이상이어야 한다.

전로의 사용전압 [V]	DC 시험전압 [V]	절연저항 [MΩ]
SELV 및 PELV	250	0.5
FEL[V], 500[V] 이하	500	1.0
500[V] 초과	1,000	1.0

[주] 용어 정의
- 특별 저압(extra low voltage) : 인체에 위험을 초래하지 않을 정도의 저압
  2차 공칭전압 AC 50[V], DC 120[V] 이하
- SELV(Safety Extra Low Voltage) : 비접지 회로로 구성된 특별 저압
- PELV(Protective Extra Low Voltage) : 접지 회로로 구성된 특별 저압
- FELV : 1차와 2차가 전기적으로 절연되지 않은 회로로 구성된 특별 저압

측정 시 영향을 주거나 손상을 받을 수 있는 SPD 또는 기타 기기 등은 측정 전에 분리시켜야 하고, 부득이하게 분리가 어려운 경우에는 시험전압을 250[V] DC로 낮추어 측정할 수 있지만 절연저항값은 1[MΩ] 이상이어야 한다.

18 접지공사 시 접지저항을 감소시키는 저감 대책이 아닌 것은?

① 접지봉의 길이를 증가시킨다.
② 접지판의 면적을 감소시킨다.
③ 접지극의 매설 깊이를 깊게 매설한다.
④ 접지저항 저감제를 이용하여 토양의 고유저항을 화학적으로 저감시킨다.

해설 접지저항 저감 대책
- 접지봉의 연결 개수를 증가시킨다.
- 접지판의 면적을 증가시킨다.
- 접지극을 깊게 매설한다.
- 토양의 고유 저항을 화학적으로 저감시킨다.

19 다음 전기력선의 성질이 잘못된 것은?
① 전기력선은 서로 교차하지 않는다.
② 같은 전기력선은 서로 끌어당긴다.
③ 전기력선의 밀도는 전기장의 크기를 나타낸다.
④ 전기력선은 도체의 표면에 수직이다.

해설 같은 전기력선은 서로 밀어내는 반발력이 작용한다.

20 200[V], 60[W] 전등 10개를 20시간 사용하였다면 사용 전력량은 몇 [kWh]인가?
① 24
② 12
③ 10
④ 11

해설 전력량 $W = Pt = 60 \times 10 \times 20$
$$= 12,000[\text{Wh}] = 12[\text{kWh}]$$

21 최대사용전압이 70[kV]인 중성점 직접 접지식 전로의 절연내력시험전압은 몇 [V]인가?
① 35,000[V]
② 42,000[V]
③ 44,800[V]
④ 50,400[V]

해설 60[kV] 초과한 경우 전로의 절연내력시험전압은 최대사용전압의 0.72배의 전압을 연속으로 10분간 가할 때 견딜 수 있어야 한다.
절연내력시험전압 = 70,000 × 0.72 = 50,400[V]

22 동기전동기의 특징으로 틀린 것은?
① 전 부하 효율이 양호하다.
② 부하의 역률을 조정할 수가 있다.
③ 공극이 좁으므로 기계적으로 튼튼하다.
④ 부하가 변하여도 같은 속도로 운전할 수 있다.

해설 동기전동기의 특징
- 속도(N_s)가 일정하다.
- 역률을 조정할 수 있다.
- 효율이 좋다.
- 공극이 크고 기계적으로 튼튼하다.

23 3상 유도전동기의 원선도를 그리는 데 필요하지 않은 것은?
① 무부하시험
② 구속시험
③ 2차 저항 측정
④ 회전수 측정

해설 원선도를 그리는 데 필요한 시험
- 저항 측정시험 : 1차 동손
- 무부하시험 : 여자전류, 철손
- 구속시험(단락시험) : 2차 동손

24 자기회로에서 자기저항이 2,000[AT/Wb]이고 기자력이 50,000[AT]이라면 자속[Wb]은?
① 50
② 20
③ 25
④ 10

해설 자속 $\phi = \dfrac{F}{R_m} = \dfrac{50,000}{2,000} = 25[\text{Wb}]$

25 학교, 사무실, 은행 등의 간선 굵기 선정 시 수용률은 몇 [%]를 적용하는가?
① 50
② 60
③ 70
④ 80

해설 건축물에 따른 간선의 수용률

건축물의 종류	수용률[%]
주택, 기숙사, 여관, 호텔, 병원, 창고	50
학교, 사무실, 은행	70

정답 19.② 20.② 21.④ 22.③ 23.④ 24.③ 25.③

26 사람이 상시 통행하는 터널 안의 배선을 단면적 2.5[mm²] 이상의 연동선을 사용한 애자사용공사로 배선하는 경우 노면상 최소 높이는 몇 [m] 이상 높이에 시설하여야 하는가?

① 1.5   ② 2.0
③ 2.5   ④ 3.5

해설 사람이 상시 통행하는 터널 안의 배선공사
금속관, 제2종 가요전선관, 케이블, 합성수지관, 단면적 2.5[mm²] 이상의 연동선을 사용한 애자사용공사에 의하여 노면상 2.5[m] 이상의 높이에 시설할 것

27 일반적으로 가공전선로의 지지물에 취급자가 오르고 내리는 데 사용하는 발판 볼트 등은 지표상 몇 [m] 미만에 시설하여서는 아니 되는가?

① 0.75   ② 1.2
③ 1.8   ④ 2.0

해설 지표상 1.8[m]부터 완금 하부 0.9[m]까지 발판 볼트를 설치한다.

28 슬립 4[%]인 유도전동기의 등가 부하저항은 2차 저항의 몇 배인가?

① 25   ② 16
③ 24   ④ 20

해설 등가 부하저항
$$R = \frac{1-s}{s} r_2 = \frac{1-0.04}{0.04} r_2 = 24\, r_2\, [\Omega]$$

29 화약류 저장장소의 배선공사에서 전용 개폐기에서 화약류저장소의 인입구까지는 어떤 공사를 하여야 하는가?

① 케이블을 사용한 옥측 전선로
② 금속관을 사용한 지중전선로
③ 금속관을 사용한 옥측 전선로
④ 케이블을 사용한 지중전선로

해설 화약류저장소 등의 위험장소
• 금속관공사, 케이블공사
• 대지전압 : 300[V] 이하
• 개폐기 및 과전류차단기에서 화약고의 인입구까지의 배선에는 케이블을 사용하고 또한 반드시 지중에 시설할 것

30 평형 3상 회로에서 1상의 소비전력이 P[W]라면, 3상 회로 전체 소비전력[W]은?

① $2P$ ② $\sqrt{2}\, P$
③ $3P$ ④ $\sqrt{3}\, P$

해설 3상 소비전력 $P_3 = 3P$[W]

31 그림의 정류회로에서 실효값 220[V], 위상 점호각이 60°일 때 정류전압은 약 몇 [V]인가? (단, 저항만의 부하이다.)

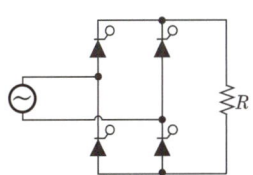

① 99   ② 148
③ 110   ④ 100

해설 단상 전파 정류회로 : 직류분 전압
$$E_d = \frac{2\sqrt{2}}{\pi} E \left(\frac{1+\cos\alpha}{2} \right)$$
$$= \frac{2\sqrt{2}}{\pi} \times 220 \times \left(\frac{1+\cos 60°}{2} \right)$$
$$= 148[V]$$

32 코일에 흐르는 전류가 0.5[A], 축적되는 에너지가 0.2[J]이 되기 위한 자기 인덕턴스는 몇 [H]인가?

① 0.8   ② 1.6
③ 10   ④ 16

정답 26. ③ 27. ③ 28. ③ 29. ④ 30. ③ 31. ② 32. ②

해설 코일에 축적되는 $W = \dfrac{1}{2}LI^2$[J]에서

$$L = \frac{2W}{I^2} = \frac{2 \times 0.2}{0.5^2} = 1.6[H]$$

33 ★ 그림의 회로에서 합성 임피던스는 몇 [Ω]인가?

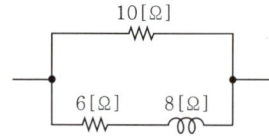

① $2 + j5.5$ ② $3 + j4.5$

③ $5 + j2.5$ ④ $4 + j3.5$

해설 합성 임피던스 $\dot{Z} = \dfrac{10(6+j8)}{10+6+j8} = \dfrac{10(6+j8)}{16+j8}$

$$= \frac{10(6+j8)(16-j8)}{(16+j8)(16-j8)} = 5 + j2.5[Ω]$$

34 ★★ 변압기에서 자속에 대한 설명 중 맞는 것은?

① 전압에 비례하고 주파수에 반비례
② 전압에 반비례하고 주파수에 비례
③ 전압에 비례하고 주파수에 비례
④ 전압과 주파수에 무관

해설 $E_1 = 4.44fN_1\phi_m = 4.44fN_1B_mA$[V]

자속 $\phi_m = \dfrac{E_1}{4.44fN_1}$[Wb]이므로 전압에 비례하고 주파수에 반비례한다.

35 ★★★ 자속을 발생시키는 원천을 무엇이라 하는가?

① 기전력   ② 전자력
③ 기자력   ④ 정전력

해설 기자력(magneto motive force)

자속 ϕ를 발생하게 하는 근원을 말하며 자기회로에서 권수 N회인 코일에 전류 I[A]를 흘릴 때 발생하는 자속 ϕ는 NI에 비례하여 발생하므로 다음과 같이 나타낼 수 있다.

기자력 정의식 $F = NI = R_m\phi$[AT]

36 ★ 전시회나 쇼, 공연장 등의 전기설비 시 배선용 케이블이 구리선인 경우 최소 단면적[mm²]은 얼마인가?

① 0.75   ② 1.0
③ 1.5   ④ 2.5

해설 전시회, 쇼 및 공연장의 배선용 케이블

배선용 케이블은 구리 단면적 1.5[mm²] 이상, 정격전압 450/750[V] 이하 염화비닐절연 케이블(제1부 : 일반 요구 사항), 정격전압 450/750[V] 이하 고무절연 케이블(제1부 : 일반 요구 사항)에 적합하여야 한다.

37 ★ 주택, 아파트인 경우 표준부하는 몇 [VA/m²]인가?

① 10   ② 20
③ 30   ④ 40

해설 건물의 종류에 대응한 표준부하

건물의 종류	표준부하 [VA/m²]
공장, 공회당, 사원, 교회, 극장, 영화관, 연회장 등	10
기숙사, 여관, 호텔, 병원, 학교, 음식점, 다방, 대중목욕탕	20
사무실, 은행, 상점, 이발소, 미용원	30
주택, 아파트	40

38 ★★ 가요전선관공사에서 가요전선관과 금속관의 상호 접속에 사용하는 것은?

① 유니언 커플링   ② 2호 커플링
③ 스플릿 커플링   ④ 콤비네이션 커플링

해설 • 가요전선관 상호 접속 : 스플릿 커플링
• 가요전선관과 다른 전선관 상호 접속 : 콤비네이션 커플링

39 ★ 코드 상호, 캡타이어 케이블 상호 접속 시 사용하여야 하는 것은?

① 와이어 접속기(커넥터)   ② 케이블 타이
③ 코드 접속기   ④ 테이블 탭

해설 코드 및 캡타이어 케이블 상호 접속 시에는 직접 접속이 불가능하고 전용의 접속기구(코드 접속기)를 사용해야 한다.

★ 40
R_1[Ω], R_2[Ω], R_3[Ω]의 저항 3개를 직렬 접속했을 때 R_2에 걸리는 전압[V]은?

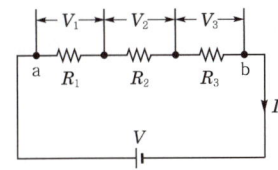

① $\dfrac{R_1 R_3}{R_1 + R_2 + R_3} V$

② $\dfrac{R_2}{R_1 + R_2 + R_3} V$

③ $\dfrac{1}{R_1 + R_2 + R_3} V$

④ $\dfrac{R_3 - R_1}{R_1 + R_2 + R_3} V$

해설 직렬 합성저항 $R_o = R_1 + R_2 + R_3$[Ω]

전류 $I = \dfrac{V}{R} = \dfrac{V}{R_1 + R_2 + R_3}$[A]

R_2에 걸리는 전압 $V_2 = IR_2 = \dfrac{R_2}{R_1 + R_2 + R_3} V$[V]

★★★ 41
전자유도 현상에 의한 기전력의 방향을 정의한 법칙은?

① 렌츠의 법칙

② 플레밍의 법칙

③ 패러데이의 법칙

④ 줄의 법칙

해설 렌츠의 법칙은 전자유도 현상에 의한 유도기전력의 방향을 정의한 법칙으로서 "유도기전력은 자신이 발생 원인이 되는 자속의 변화를 방해하려는 방향으로 발생한다."는 법칙이다.

★ 42
그림의 회로에서 교류전압 $v(t) = 100\sqrt{2}\sin\omega t$ [V]를 인가했을 때 회로에 흐르는 전류는?

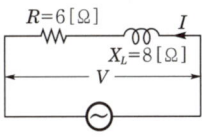

① 10   ② 20

③ 25   ④ 40

해설 전류 $I = \dfrac{V}{Z} = \dfrac{100}{\sqrt{6^2 + 8^2}} = 10$[A]

★ 43
수전방식 중 3상 4선식은 부득이한 경우 설비 불평형률은 몇 [%] 이내로 유지해야 하는가?

① 10   ② 20

③ 30   ④ 40

해설 3상 3선식, 4선식의 각 전압측 전선 간의 부하는 평형이 되게 하는 것을 원칙으로 하지만, 부득이한 경우 발생하는 설비 불평형률은 30[%]까지 할 수 있다.

★★★ 44
자기 인덕턴스가 각각 L_1[H], L_2[H]인 두 개의 코일이 직렬로 가동 접속되었을 때 합성 인덕턴스는? (단, 자기력선에 의한 영향을 서로 받는 경우이다.)

① $L_1 + L_2 - M$ ② $L_1 + L_2 - 2M$

③ $L_1 + L_2 + M$ ④ $L_1 + L_2 + 2M$

해설 가동 결합 합성 인덕턴스
$L_{가} = L_1 + L_2 + 2M$[H]

★★ 45
고압전로에 지락사고가 생겼을 때, 지락전류를 검출하는 데 사용하는 것은?

① CT   ② MOF

③ ZCT   ④ PT

해설
- CT : 대전류를 소전류로 변성
- ZCT : 지락전류 검출
- MOF : 고전압, 대전류를 각각 저전압, 소전류로 변성하여 전력량계에 공급
- PT : 고전압을 저전압으로 변성

46 송전방식에서 선간전압, 선로전류, 역률이 일정할 때 단상 3선식/단상 2선식의 전선 1선당의 전력비는 약 몇 [%]인가?

① 87.5　　　　　② 115

③ 133　　　　　④ 141.4

해설

결선방식		공급전력	1선당 공급전력	1선당 공급 전력비
단상 2선식		$P_1 = VI$	$\frac{1}{2}VI$	기준
단상 3선식		$P_2 = 2VI$	$\frac{2}{3}VI$ $=0.67VI$	$\dfrac{\frac{2}{3}VI}{\frac{1}{2}VI}$ $=\frac{4}{3}$ $=1.33$ $=133[\%]$

47 옥내배선공사에서 절연전선의 심선이 손상되지 않도록 피복을 벗길 때 사용하는 공구는?

① 와이어 스트리퍼　　② 플라이어

③ 압착 펜치　　　　　④ 프레서 툴

해설 와이어 스트리퍼
절연전선의 피복 절연물을 직각으로 벗기기 위한 자동 공구로 도체의 손상을 방지하기 위하여 정확한 크기의 구멍을 선택하여 피복 절연물을 벗겨야 한다.

48 직류발전기에서 기전력에 대해 90° 늦은 전류가 흐를 때의 전기자 반작용은?

① 감자작용　　　　　② 증자작용

③ 횡축반작용　　　　④ 교차자화작용

해설 발전기 전기자 반작용
• R 부하 : 교차자화작용
• L 부하 : 감자작용(90° 뒤진 전류)
• C 부하 : 증자작용(90° 앞선 전류)

49 복권발전기의 병렬운전을 안전하게 하기 위해서 두 발전기의 전기자와 직권 권선의 접속점에 연결해야 하는 것은?

① 집전환　　　　　② 균압선

③ 안정저항　　　　④ 브러시

해설 복권발전기 운전 중 과복권발전기로 운전 시 발전기 특성상 수하 특성을 지니지 않으므로 안전하게 운전하기 위해서는 균압선을 연결해야 한다.

50 부식성 가스 등이 있는 장소에서 시설이 허용되는 것은?

① 과전류차단기　　② 전등

③ 콘센트　　　　　④ 개폐기

해설 부식성 가스 등이 존재하는 장소에서의 개폐기나 과전류차단기, 콘센트 등의 시설은 하지 않는 것이 원칙이고 전등은 사용 가능하며, 틀어 끼우는 글로브 등이 구비되어 부식성 가스와 용액의 침입을 방지할 수 있도록 할 것

51 정격전류가 60[A]인 주택의 전로에 정격전류의 1.45배의 전류가 흐를 때 주택에 사용하는 배선용 차단기는 몇 분 내에 자동적으로 동작하여야 하는가?

① 10분 이내　　　② 30분 이내

③ 60분 이내　　　④ 120분 이내

해설 과전류차단기로 주택에 사용하는 63[A] 이하의 배선용 차단기는 정격전류의 1.45배 전류가 흐를 때 60분 내에 자동으로 동작하여야 한다.

52 다음 파형 중 비정현파가 아닌 것은?

① 펄스파

② 사각파

③ 삼각파

④ 주기 사인파

해설 주기적인 사인파는 기본 정현파이므로 비정현파에 해당되지 않는다.

정답 46. ③　47. ①　48. ①　49. ②　50. ②　51. ③　52. ④

53 3상 전선 구분 시 전선의 색상은 L1, L2, L3 순서대로 어떻게 되는가?

① 검은색, 빨간색, 파란색
② 검은색, 빨간색, 노란색
③ 갈색, 검은색, 회색
④ 검은색, 파란색, 녹색

해설 3상 전선 구분 시 전선의 색상은 L1, L2, L3 순서대로 갈색, 검은색, 회색으로 구분한다.

54 도체의 길이가 l[m], 고유저항 ρ[Ω·m], 반지름이 r[m]인 도체의 전기저항[Ω]은?

① $\rho \dfrac{l}{\pi r}$
② $\rho \dfrac{rl}{\pi}$
③ $\rho \dfrac{l}{\pi r^2}$
④ $\rho \dfrac{\pi l}{r}$

해설 전기저항

$$R = \rho \frac{l}{S} = \rho \frac{l}{\pi r^2} \, [\Omega]$$

55 두 개의 콘덴서가 병렬로 접속된 경우 합성 정전용량[F]은?

① $\dfrac{1}{C_1} + \dfrac{1}{C_2}$
② $\dfrac{C_1 C_2}{C_1 + C_2}$
③ $C_1 + C_2$
④ $\dfrac{1}{C_1 + C_2}$

해설 병렬 합성 정전용량
$$C_0 = C_1 + C_2 \, [\text{F}]$$

56 저압배선을 조명설비로 배선하는 경우 인입구로부터 기기까지의 전압강하는 몇 [%] 이하로 해야 하는가?

① 2
② 3
③ 4
④ 6

해설 인입구로부터 기기까지의 전압강하는 조명설비의 경우 3[%] 이하로 할 것(기타 설비의 경우 5[%] 이하로 할 것)

57 보호도체의 전선 색상은 무슨 색인가?

① 검은색
② 빨간색
③ 녹색 – 노란색
④ 녹색

해설 보호도체의 전선 색상은 녹색 – 노란색으로 구분한다.

58 금속전선관의 종류에서 후강전선관 규격[mm]이 아닌 것은?

① 16
② 22
③ 28
④ 20

해설 후강전선관의 종류
16, 22, 28, 36, 42, 54, 70, 82, 92, 104[mm]

59 선택지락계전기(selective ground relay)의 용도는?

① 단일 회선에서 지락전류의 방향의 선택
② 다회선에서 지락고장 회선의 선택
③ 단일 회선에서 지락전류의 대·소의 선택
④ 다회선에서 지락사고 지속시간 선택

해설 선택지락계전기(SGR)
다회선 송전선로에서 지락이 발생된 회선만을 검출하여 선택·차단할 수 있도록 동작하는 계전기

60 전선관 시스템에 시설하는 배선 방법이 아닌 것은?

① 합성수지관 배선
② 금속몰드 배선
③ 가요전선관 배선
④ 금속관 배선

해설 전선관 시스템 배선 방법
합성수지관 배선, 금속관 배선, 가요전선관 배선

정답 53. ③ 54. ③ 55. ③ 56. ② 57. ③ 58. ④ 59. ② 60. ②

MEMO

01 전기기기의 철심재료로 규소강판을 성층해서 사용하는 이유로 가장 적당한 것은?

① 기계손을 줄이기 위해

② 동손을 줄이기 위해

③ 풍손을 줄이기 위해

④ 히스테리시스손과 와류손을 줄이기 위하여

해설 **철심재료**
- 규소강판 : 히스테리시스손 감소
- 성층 철심 : 와류손 감소

02 일정한 주파수의 전원에서 운전하는 3상 유도전동기의 전원전압이 80[%]가 되었다면 토크는 약 몇 [%]가 되는가? (단, 회전수는 변하지 않는 상태로 한다.)

① 55   ② 64

③ 76   ④ 80

해설 3상 유도전동기에서 토크는 공급전압의 제곱에 비례하므로 전압의 80[%]로 운전하면 토크는 $0.8^2 = 0.64$로 감소하므로 64[%]가 된다.

03 전로에 시설하는 기계기구의 철대 및 금속제 외함(외함이 없는 변압기 또는 계기용 변성기는 철심)에는 접지공사를 하여야 한다. 다음 사항 중 접지공사 생략이 불가능한 장소는?

① 전기용품 안전관리법에 의한 2중 절연 기계기구

② 철대 또는 외함이 주위의 적당한 절연대를 이용하여 시설한 경우

③ 사용전압이 직류 300[V] 이하인 전기기계기구를 건조한 장소에 설치한 경우

④ 대지전압 교류 220[V] 이하인 전기기계기구를 건조한 장소에 설치한 경우

해설 교류 대지전압 150[V] 이하, 직류 사용전압 300[V] 이하인 전기기계기구를 건조한 장소에 설치한 경우 접지공사 생략이 가능하다.

04 한국전기설비규정에 의한 중성점 접지용 접지도체는 공칭단면적 몇 [mm²] 이상의 연동선을 사용하여야 하는가? (단, 25[kV] 이하인 중성선 다중 접지식으로서 전로에 지락 발생 시 2초 이내에 자동적으로 이를 전로로부터 차단하는 장치가 되어 있는 경우이다.)

① 16

② 6

③ 2.5

④ 10

해설 중성점 접지용 접지도체는 공칭단면적 16[mm²] 이상의 연동선을 사용하여야 한다. 단, 25[kV] 이하인 중성선 다중 접지식으로서 전로에 지락 발생 시 2초 이내에 자동적으로 이를 전로로부터 차단하는 장치가 되어 있는 경우는 6[mm²]를 사용하여야 한다.

05 분상 기동형 단상 유도전동기의 기동 권선은?

① 운전 권선보다 굵고 권선이 많다.

② 운전 권선보다 가늘고 권선이 많다.

③ 운전 권선보다 굵고 권선이 적다.

④ 운전 권선보다 가늘고 권선이 적다.

해설 **분상 기동형 단상 유도전동기의 권선**
- 운전 권선(L만의 회로) : 굵은 권선으로 길게 하여, 권선을 많이 감아서 L성분을 크게 한다.
- 기동 권선(R만의 회로) : 운전 권선보다 가늘고, 권선을 적게 하여 저항값을 크게 한다.

정답   01. ④   02. ②   03. ④   04. ②   05. ④

06 분기회로(S_2)의 보호장치(P_2)는 P_2의 전원측에서 분기점(O) 사이에 다른 분기회로 또는 콘센트의 접속이 없고, 단락의 위험과 화재 및 인체에 대한 위험성이 최소화 되도록 시설된 경우, 분기회로의 보호장치(P_2)는 분기회로의 분기점(O)으로부터 몇 [m]까지 이동하여 설치할 수 있는가?

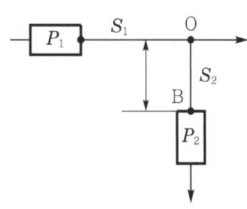

① 1   ② 3

③ 2   ④ 4

해설 전원측(P_2)에서 분기점(O) 사이에 다른 분기회로 또는 콘센트의 접속이 없고, 단락의 위험과 화재 및 인체에 대한 위험성이 최소화 되도록 시설된 경우, 분기회로의 보호장치(P_2)는 분기회로의 분기점(O)으로부터 3[m]까지 이동하여 설치할 수 있다.

07 한국전기설비규정에 의하면 정격전류가 30[A]인 저압전로의 과전류차단기를 산업용 배선용 차단기로 사용하는 경우 39[A]의 전류가 통과하였을 때 몇 분 이내에 자동적으로 동작하여야 하는가?

① 60   ② 120

③ 2   ④ 4

해설 과전류차단기로 저압전로에 사용하는 63[A] 이하의 산업용 배선용 차단기는 정격전류의 1.3배 전류가 흐를 때 60분 내에 자동으로 동작하여야 한다.

08 전력 계통에 접속되어 있는 변압기나 장거리 송전 시 정전용량으로 인한 충전 특성 등을 보상하기 위한 기기는?

① 동기조상기

② 유도전동기

③ 동기전동기

④ 유도발전기

해설 동기조상기

전력 계통의 지상과 진상을 조정하여 역률을 개선해 주는 설비

• 과여자 : 진상전류 발생(C로 작용)

• 부족여자 : 지상전류 발생(L로 작용)

09 특고압 수변전설비 약호가 잘못된 것은?

① LF – 전력 퓨즈   ② DS – 단로기

③ LA – 피뢰기   ④ CB – 차단기

해설 전력 퓨즈의 약호는 PF이다.

10 실효값 20[A], 주파수 $f = 60$[Hz], 0°인 전류의 순시값 i[A]를 수식으로 옳게 표현한 것은?

① $i = 20\sin(60\pi t)$

② $i = 20\sqrt{2}\sin(120\pi t)$

③ $i = 20\sin(120\pi t)$

④ $i = 20\sqrt{2}\sin(60\pi t)$

해설 순시값 전류 $i(t) = $ 실효값 $\times \sqrt{2}\sin(2\pi ft + \theta)$
$$= \sqrt{2}I\sin(\omega t + \theta)$$
$$= 20\sqrt{2}\sin(120\pi t)\,[A]$$

11 전압 200[V]이고 $C_1 = 10[\mu F]$와 $C_2 = 5[\mu F]$인 콘덴서를 병렬로 접속하면 C_2에 분배되는 전하량은 몇 [μC]인가?

① 100   ② 2,000

③ 500   ④ 1,000

해설 C_2에 축적되는 전하량은
$$Q_2 = C_2 V = 5 \times 200 = 1,000[\mu C]$$

12 변압기의 권수비가 60이고 2차 저항이 0.1[Ω]일 때 1차로 환산한 저항값[Ω]은 얼마인가?

① 30   ② 360

③ 300   ④ 250

정답 06. ② 07. ① 08. ① 09. ① 10. ② 11. ④ 12. ②

해설 권수비 $a = \sqrt{\dfrac{R_1}{R_2}}$ 이므로

1차 저항 $R_1 = a^2 R_2 = 60^2 \times 0.1 = 360[\Omega]$

13 유도발전기의 장점이 아닌 것은?

① 동기발전기에 비해 가격이 저렴하다.
② 조작이 쉽다.
③ 동기발전기처럼 동기화할 필요가 없다.
④ 효율과 역률이 높다.

해설 유도발전기는 유도전동기를 동기속도 이상으로 회전시켜서 전력을 얻어내는 발전기로서 동기기에 비해 조작이 쉽고 가격이 저렴하지만 효율과 역률이 낮다.

14 직류기의 전기자 철심을 규소 강판을 사용하는 이유는?

① 가공하기 쉽다.   ② 가격이 염가이다.
③ 동손 감소   ④ 철손 감소

해설 철심을 규소 강판으로 성층하는 이유는 철손(히스테리시스손)을 감소하기 위함이다.

15 다음 중 자기저항의 단위에 해당되는 것은?

① [Ω]   ② [Wb/AT]
③ [H/m]   ④ [AT/Wb]

해설 기자력 $F = NI = R\phi[\text{AT}]$ 에서

자기저항 $R = \dfrac{NI}{\phi}[\text{AT/Wb}]$

16 변류기 개방 시 2차측을 단락하는 이유는?

① 변류비 유지   ② 2차측 과전류 보호
③ 측정 오차 감소   ④ 2차측 절연 보호

해설 변류기 2차측을 개방시키면 변류기 1차측의 부하전류가 모두 여자전류가 되어 변류기 2차측에 고전압이 유도되어 절연이 파괴될 수도 있으므로 반드시 단락시켜야 한다.

17 전류를 계속 흐르게 하려면 전압을 연속적으로 만들어주는 어떤 힘이 필요하게 되는데, 이 힘을 무엇이라 하는가?

① 자기력   ② 기전력
③ 전자력   ④ 전기장

해설 기전력
전압을 연속적으로 만들어서 전류를 계속 흐르게 하는 원천

18 동기발전기의 병렬운전조건 중 같지 않아도 되는 것은?

① 전류   ② 주파수
③ 위상   ④ 전압

해설 동기발전기 병렬운전 시 일치해야 하는 조건
기전력(전압)의 크기, 위상, 주파수, 파형

19 폭연성 먼지(분진)가 존재하는 곳의 금속관공사 시 전동기에 접속하는 부분에서 가요성을 필요로 하는 부분의 배선에는 폭발방지(방폭)형의 부속품 중 어떤 것을 사용하여야 하는가?

① 유연성 구조
② 분진방폭형 유연성 구조
③ 안정증가형 유연성 구조
④ 안전증가형 구조

해설 폭연성 먼지(분진)가 존재하는 장소
전동기에 가요성을 요하는 부분의 부속품은 분진방폭형 유연성 구조이어야 한다.

20 전기자저항 0.2[Ω], 전기자전류 100[A], 전압 120[V]인 분권전동기의 출력[kW]은?

① 20   ② 15
③ 12   ④ 10

해설 유기기전력 $E = V - I_a R_a = 120 - 100 \times 0.2 = 100[\text{V}]$
소비전력 $P = EI_a = 100 \times 100$
$= 10,000[\text{W}] = 10[\text{kW}]$

정답 13. ④ 14. ④ 15. ④ 16. ④ 17. ② 18. ① 19. ② 20. ④

21 사람이 상시 통행하는 터널 내 배선의 사용전압이 저압일 때 배선방법으로 틀린 것은?

① 금속관

② 금속몰드

③ 합성수지관(두께 2[mm] 이상)

④ 제2종 가요전선관 배선

해설 사람이 상시 통행하는 터널 안의 배선공사
금속관, 제2종 가요전선관, 케이블, 합성수지관, 단면적 2.5[mm^2] 이상의 연동선을 사용한 애자사용공사에 의하여 노면상 2.5[m] 이상의 높이에 시설할 것

22 전류에 의해 만들어지는 자기장의 자기력선 방향을 간단하게 알아보는 법칙은?

① 앙페르의 오른나사의 법칙

② 렌츠의 자기유도법칙

③ 플레밍의 왼손법칙

④ 패러데이의 전자유도법칙

해설 앙페르의 오른나사의 법칙
전류에 의한 자기장의 방향을 알기 쉽게 정의한 법칙

23 변압기유가 구비해야 할 조건으로 틀린 것은?

① 절연내력이 높을 것

② 인화점이 높을 것

③ 고온에도 산화되지 않을 것

④ 응고점이 높을 것

해설 변압기 절연유의 구비 조건
• 절연내력이 클 것
• 인화점이 높을 것
• 응고점이 낮을 것
• 고온에도 산화되지 않을 것

24 한국전기설비규정에서 교통신호등회로의 사용전압이 몇 [V]를 초과하는 경우에는 지락 발생 시 자동적으로 전로를 차단하는 장치를 시설하여야 하는가?

① 100 ② 50

③ 150 ④ 200

해설 교통신호등회로의 사용전압이 150[V]를 초과한 경우는 전로에 지락이 발생했을 때 자동적으로 전로를 차단하는 누전차단기를 시설하여야 한다.

25 동기기의 전기자 권선법이 아닌 것은?

① 2층권 ② 단절권

③ 중권 ④ 전층권

해설 동기기의 전기자 권선법
2층권, 단절권, 중권, 분포권

26 다음 그림 중 크기가 같은 저항 4개를 연결하여 a-b 간에 일정 전압을 가했을 때 소비전력이 가장 큰 것은 어느 것인가?

①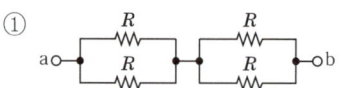

②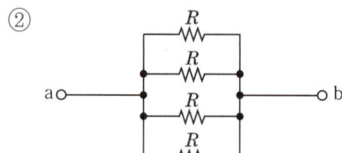

③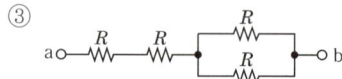

④ a○——R——R——R——R——○b

해설 각 회로에 소비되는 전력

① 합성저항 $R_0 = \dfrac{R}{2} \times 2 = R[\Omega]$이므로

$P_1 = \dfrac{V^2}{R}$[W]

② 합성저항 $R_0 = \dfrac{R}{4} = 0.25R[\Omega]$이므로

$P_2 = \dfrac{V^2}{0.25R} = \dfrac{4V^2}{R}$[W]

③ 합성저항 $R_0 = 2R + \dfrac{R}{2} = 2.5R[\Omega]$이므로

$$P_3 = \dfrac{V^2}{2.5R} = \dfrac{0.4V^2}{R}[\text{W}]$$

④ 합성저항이 $4R[\Omega]$이므로 $P_4 = \dfrac{V^2}{4R}[\text{W}]$

* 소비전력 $P = \dfrac{V^2}{R}[\text{W}]$이므로 합성저항이 가장 작은 회로를 찾으면 된다.

27 ★★ 동일 굵기의 단선을 쥐꼬리 접속하는 경우 두 전선의 피복을 벗긴 후 심선을 교차시켜서 펜치로 비틀면서 꼬아야 하는데 이때 심선의 교차각은 몇 도가 되도록 해야 하는가?

① 30°   ② 90°

③ 120°   ④ 180°

해설 쥐꼬리 접속은 전선 피복을 여유 있게 벗긴 후 심선을 90°가 되도록 교차시킨 후 펜치로 잡아당기면서 비틀어 2~3회 정도 꼰 후 끝을 잘라낸다.

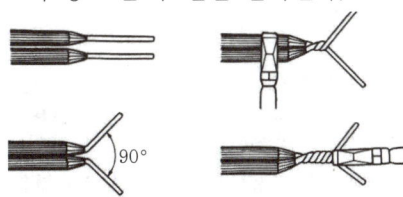

‖ 쥐꼬리 접속 ‖

28 ★★ 자동화설비에서 기기의 위치 선정에 사용하는 전동기는?

① 전기 동력계   ② 스탠딩 모터

③ 스테핑 모터   ④ 반동 전동기

해설 스테핑 모터
출력을 이용하여 특수 기계의 속도, 거리, 방향 등의 위치를 정확하게 제어하는 기능이 있다.

29 ★★ 옥내배선공사에서 절연전선의 심선이 손상되지 않도록 피복을 벗길 때 사용하는 공구는?

① 와이어 스트리퍼   ② 플라이어

③ 압착 펜치   ④ 프레셔 툴

해설 와이어 스트리퍼
절연전선의 피복 절연물을 직각으로 벗기기 위한 자동 공구로 도체의 손상을 방지하기 위하여 정확한 크기의 구멍을 선택하여 피복 절연물을 벗겨야 한다.

30 ★★★ 250[kVA]의 단상 변압기 2대를 사용하여 V–V 결선으로 하고 3상 전원을 얻고자 할 때 최대로 얻을 수 있는 3상 부하의 용량은 약 몇 [kVA]인가?

① 500

② 433

③ 200

④ 100

해설 V결선 용량
$$P_V = \sqrt{3}\, P_1 = \sqrt{3} \times 250 = 433[\text{kVA}]$$

31 ★★★ 보호를 요하는 회로의 전류가 어떤 일정한 값(정정값) 이상으로 흘렀을 때 동작하는 계전기는?

① 과전류계전기

② 과전압계전기

③ 부족전압계전기

④ 비율차동계전기

해설 과전류계전기
전류가 정정값 이상이 되면 동작하는 계전기

32 ★★ 그림과 같은 회로에서 합성저항은 몇 [Ω]인가?

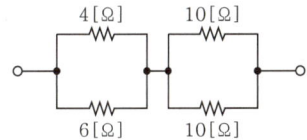

① 6.6

② 7.4

③ 8.7

④ 9.4

해설 합성저항 $= \dfrac{4 \times 6}{4+6} + \dfrac{10}{2} = 7.4[\Omega]$

33 그림의 정류회로에서 실효값 220[V], 위상 점호각이 60°일 때 정류전압은 약 몇 [V]인가? (단, 저항만의 부하이다.)

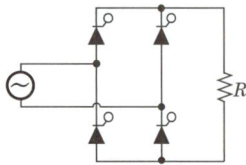

① 99

② 148

③ 110

④ 100

해설 단상 전파 정류회로 : 직류분 전압

$$E_d = \frac{2\sqrt{2}}{\pi} E \left(\frac{1+\cos\alpha}{2} \right)$$
$$= \frac{2\sqrt{2}}{\pi} \times 220 \times \left(\frac{1+\cos 60°}{2} \right)$$
$$= 148[V]$$

34 코일 주위에 전기적 특성이 큰 에폭시 수지를 고진공으로 침투시키고, 다시 그 주위를 기계적 강도가 큰 에폭시 수지로 몰딩한 변압기는?

① 건식변압기

② 몰드변압기

③ 유입변압기

④ 타이변압기

해설 몰드변압기

전기적 특성이 큰 에폭시 수지를 코일 주위에 침투시키고 그 주위를 기계적 강도가 큰 에폭시 수지로 몰딩한 변압기

35 노출장소 또는 점검 가능한 장소에서 제2종 가요전선관을 시설하고 제거하는 것이 자유로운 경우의 곡선 반지름(곡률 반경)은 안지름의 몇 배 이상으로 하여야 하는가?

① 6

② 3

③ 12

④ 10

해설 제2종 가요관의 굽은 부분 반지름(굴곡 반경)은 가요전선관을 시설하고 제거하는 것이 자유로운 경우, 곡선 반지름(곡률 반경)은 3배 이상으로 한다.

36 두 자극의 세기가 m_1, m_2[Wb], 거리가 r[m]일 때, 작용하는 자기력의 크기[N]는 얼마인가?

① $k \dfrac{m_1 \cdot m_2}{r}$

② $k \dfrac{r}{m_1 \cdot m_2}$

③ $k \dfrac{m_1 \cdot m_2}{r^2}$

④ $k \dfrac{r^2}{m_1 \cdot m_2}$

해설 쿨롱의 법칙

두 자극 사이에 작용하는 자력의 크기는 양 자극의 세기의 곱에 비례하며, 자극 간의 거리의 제곱에 비례한다.

쿨롱의 법칙 $F = k \dfrac{m_1 \cdot m_2}{r^2} = \dfrac{m_1 \cdot m_2}{4\pi\mu_0 r^2}$ [N]

37 구리 전선과 전기 기계기구 단자를 접속하는 경우에 진동 등으로 인하여 헐거워질 염려가 있는 곳에는 어떤 것을 사용하여 접속하여야 하는가?

① 평와셔 2개를 끼운다.

② 스프링 와셔를 끼운다.

③ 코드 패스너를 끼운다.

④ 정 슬리브를 끼운다.

해설 진동 등으로 인하여 풀릴 우려가 있는 경우 스프링 와셔나 이중 너트를 사용한다.

38 평균값이 100[V]일 때 실효값은 얼마인가?

① 90

② 111

③ 63.7

④ 70.7

해설 평균값 $V_{av} = \dfrac{2}{\pi} V_m$[V]이므로

최대값 $V_m = V_{av} \times \dfrac{\pi}{2} = 100 \times \dfrac{\pi}{2}$[V]

실효값 $V = \dfrac{V_m}{\sqrt{2}} = \dfrac{\pi}{2\sqrt{2}} \times V_{av}$
$$= \dfrac{\pi}{2\sqrt{2}} \times 100 = 111[V]$$

* 쉬운 풀이 : $V = 1.11 V_{av} = 1.11 \times 100 = 111[V]$

정답 33. ② 34. ② 35. ② 36. ③ 37. ② 38. ②

39 ★★ 막대자석의 자극의 세기가 m[Wb]이고 길이가 l[m]인 경우 자기 모멘트[Wb·m]는 얼마인가?

① ml

② $\dfrac{m}{l}$

③ $\dfrac{l}{m}$

④ $2ml$

해설 막대자석의 자기 모멘트 $M = ml$[Wb·m]

40 ★★ 가공인입선을 시설할 때 경동선의 최소 굵기는 몇 [mm]인가? 〔단, 지지물 간 거리(경간)가 15[m]를 초과한 경우이다.〕

① 2.0

② 2.6

③ 3.2

④ 1.5

해설 **가공인입선의 사용전선**
2.6[mm] 이상 경동선 또는 이와 동등 이상일 것〔단, 지지물 간 거리(경간) 15[m] 이하는 2.0[mm] 이상도 가능〕

41 ★★★ 공기 중에서 자속밀도 2[Wb/m²]의 평등 자장 속에 길이 60[cm]의 직선 도선을 자장의 방향과 30° 각으로 놓고 여기에 5[A]의 전류를 흐르게 하면 이 도선이 받는 힘은 몇 [N]인가?

① 2

② 5

③ 6

④ 3

해설 **전자력**
$F = IBl\sin\theta = 5 \times 2 \times 0.6 \times \sin 30° = 3$[N]

42 ★★ 히스테리시스 곡선이 세로축과 만나는 점의 값은 무엇을 나타내는가?

① 자속밀도

② 잔류자기

③ 보자력

④ 자기장

해설 **히스테리시스 곡선**
• 세로축(종축)과 만나는 점 : 잔류자기
• 가로축(횡축)과 만나는 점 : 보자력

43 ★★★ 두 금속을 접속하여 여기에 전류를 흘리면, 줄열 외에 그 접점에서 열의 발생 또는 흡수가 일어나는 현상은?

① 줄 효과

② 홀 효과

③ 제벡 효과

④ 펠티에 효과

해설 **펠티에 효과**
두 금속을 접합하여 접합점에 전류를 흘려주면 열의 발생 또는 흡수가 발생하는 현상

44 ★★★ 다음 중 유도전동기에서 비례추이를 할 수 있는 것은?

① 출력

② 2차 동손

③ 효율

④ 역률

해설 유도전동기에서 비례추이할 수 있는 것은 1차 측, 즉 1차 입력, 1차 전류, 2차 전류, 역률, 동기와트, 토크 등이 있다.
참고로 비례추이를 할 수 없는 것은 2차측, 즉 출력, 효율, 2차 동손, 부하 등이 있다.

45 ★★★ 동기전동기 중 안정도 증진법으로 틀린 것은?

① 단락비를 크게 한다.

② 관성 모멘트를 증가시킨다.

③ 동기 임피던스를 증가시킨다.

④ 속응여자방식을 채용한다.

해설 **안정도 향상 대책**
• 단락비를 크게 한다.
• 동기 임피던스를 감소시킨다.
• 속응여자방식을 채용한다.
• 속도조절기(조속기) 성능을 개선시킨다.

46 ★★★ 대칭 3상 교류회로에서 각 상 간의 위상차[rad]는 얼마인가?

① $\dfrac{\pi}{3}$

② $\dfrac{2\pi}{3}$

③ $\dfrac{\sqrt{3}}{2}\pi$

④ $\dfrac{2}{\sqrt{3}}\pi$

해설 대칭 3상 교류에서의 각 상 간 위상차는 $\dfrac{2\pi}{3}$[rad]이다.

---

47 8극, 60[Hz]인 유도전동기의 회전수[rpm]는?

① 1,800　　　　　② 900

③ 3,600　　　　　④ 2,400

해설 $N_s = \dfrac{120f}{P} = \dfrac{120 \times 60}{8} = 900[\text{rpm}]$

---

48 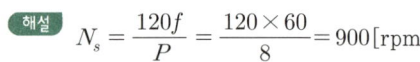 30[W] 전열기에 220[V], 주파수 60[Hz]인 전압을 인가한 경우 평균전압[V]은?

① 243　　　　　② 198

③ 211　　　　　④ 311

해설 전압의 최대값 $V_m = 220\sqrt{2}$[V]

평균값 $V_{av} = \dfrac{2}{\pi} V_m = \dfrac{2}{\pi} \times 220\sqrt{2} = 198$[V]

* 쉬운 풀이 : $V_{av} = 0.9V = 0.9 \times 220 = 198$[V]

┌ 실효값 : 평균값의 약 1.1배
└ 평균값 : 실효값의 약 0.9배

---

49 3상 변압기를 병렬운전하는 경우 불가능한 조합은?

① △ − Y와 △ − △

② △ − △와 Y − Y

③ △ − Y와 △ − Y

④ △ − Y와 Y − △

해설 **3상 변압기군의 병렬운전 조합**

병렬운전 가능	병렬운전 불가능
△−△와 △−△ Y−Y와 Y−Y Y−△와 Y−△ △−Y와 △−Y △−△와 Y−Y V−V와 V−V	△−△와 △−Y Y−Y와 △−Y

---

50 조명등을 숙박업소의 입구에 설치할 때 현관등은 최대 몇 분 이내에 소등되는 타임스위치를 시설하여야 하는가?

① 4　　　　　② 3

③ 1　　　　　④ 2

해설 **현관등 타임스위치**
• 일반 주택 및 아파트 : 3분
• 숙박업소 각 호실 : 1분

---

51 6[Ω], 8[Ω], 9[Ω]의 저항 3개를 직렬로 접속하여 5[A]의 전류를 흘려줬다면 이 회로의 전압은 몇 [V]인가?

① 117　　　　　② 115

③ 100　　　　　④ 90

해설 $V = IR = 5 \times (6 + 8 + 9) = 115$[V]

---

52 점유면적이 좁고 운전, 보수에 안전하므로 공장, 빌딩 등의 전기실에 많이 사용되며, 큐비클(cubicle)형이라고 불리는 배전반은?

① 라이브 프런트식 배전반

② 폐쇄식 배전반

③ 포스트형 배전반

④ 데드 프런트식 배전반

해설 **폐쇄식 배전반(큐비클형)**
단위회로의 변성기, 차단기 등의 주기 기류와 이를 감시, 제어, 보호하기 위한 각종 계기 및 조작 개폐기, 계전기 등 전부 또는 일부를 금속제 상자 안에 조립하는 방식

---

53 후강전선관의 호칭을 맞게 설명한 것은?

① 안지름(내경)에 가까운 홀수로 표시한다.

② 바깥지름(외경)에 가까운 짝수로 표시한다.

③ 바깥지름(외경)에 가까운 홀수로 표시한다.

④ 안지름(내경)에 가까운 짝수로 표시한다.

해설 후강전선관은 2.3[mm]의 두꺼운 전선관으로 안지름 (내경)에 가까운 짝수로 호칭을 표기한다.

정답 47. ②　48. ②　49. ①　50. ③　51. ②　52. ②　53. ④

54 한국전기설비규정에 의한 고압 가공전선로 철탑의 지지물 간 거리(경간)는 몇 [m] 이하로 제한하고 있는가?

① 150 ② 250
③ 500 ④ 600

해설 고압 가공전선로의 철탑의 표준 지지물 간 거리(경간) : 600[m]

55 두 평행 도선의 길이가 1[m], 거리가 1[m]인 왕복 도선 사이에 단위길이당 작용하는 힘의 세기가 18×10^{-7}[N]일 경우 전류의 세기[A]는?

① 4 ② 3
③ 1 ④ 2

해설 평행 도선 사이에 작용하는 힘의 세기

$$F = \frac{2 I_1 I_2}{r} \times 10^{-7} [\text{N/m}]$$

$$F = \frac{2 I^2}{1} \times 10^{-7} [\text{N/m}] = 18 \times 10^{-7} [\text{N/m}]$$

$I^2 = 9$이므로 $I = 3$[A]

56 다음 물질 중 강자성체로만 짝지어진 것은?

① 철, 구리, 니켈, 아연
② 구리, 비스무트, 코발트, 망간
③ 니켈, 코발트, 철
④ 철, 니켈, 아연, 망간

해설 강자성체는 비투자율이 아주 큰 물질로서 철, 니켈, 코발트, 망간 등이 있다.

57 직류전동기의 속도제어방법이 아닌 것은?

① 전압제어 ② 계자제어
③ 저항제어 ④ 주파수제어

해설 직류전동기의 속도제어법
• 저항제어법
• 전압제어법
• 계자제어법

58 셀룰로이드, 성냥, 석유류 등 기타 가연성 위험 물질을 제조 또는 저장하는 장소의 배선으로 틀린 것은?

① 금속관 배선
② 케이블 배선
③ 플로어덕트 배선
④ 합성수지관(CD관 제외) 배선

해설 가연성 먼지(분진), 위험물 제조 및 저장 장소의 배선
금속관, 케이블, 합성수지관공사

59 금속관배관공사에서 절연부싱을 사용하는 이유는?

① 박스 내에서 전선의 접속을 방지
② 관이 손상되는 것을 방지
③ 관 끝부분(말단)에서 전선의 인입 및 교체 시 발생하는 전선의 손상 방지
④ 관의 입구에서 조영재의 접속을 방지

해설 관 공사 시 부싱은 관 끝부분(끝단)에 설치하며, 이는 전선의 피복 방지를 하기 위한 것을 뜻한다.

60 직류전동기에서 전부하 속도가 1,200[rpm], 속도변동률이 2[%]일 때, 무부하 회전속도는 몇 [rpm]인가?

① 1,154
② 1,200
③ 1,224
④ 1,248

해설
속도변동률 $\varepsilon = \frac{N_0 - N_n}{N_n} \times 100 [\%]$

무부하속도 $N_0 = N_n(1 + \varepsilon) = 1,200(1 + 0.02)$
$= 1,224 [\text{rpm}]$

2021년 제2회 CBT 기출복원문제

01 전선의 공칭단면적에 대한 설명으로 옳지 않은 것은?

① 소선수와 소선의 지름으로 나타낸다.
② 단위는 [mm²]로 표시한다.
③ 전선의 실제 단면적과 같다.
④ 연선의 굵기를 나타내는 것이다.

해설 전선의 공칭 단면적은 전선의 실제 단면적을 계산하여 더 큰 값을 적용하고 1.5, 2.5, 4, 6, 10, 16, 25, 35, 50 … 등으로 값이 정해져 있다.

02 과부하 보호장치는 분기점(O)에 설치해야 하나, 분기점(O)점과 분기회로의 과부하 보호장치의 설치점 사이의 배선 부분에 다른 분기회로 또는 콘센트의 접속이 없고, 단락의 위험과 화재 및 인체에 대한 위험성이 최소화되도록 시설된 경우 분기회로(S_2)의 보호장치(P_2)는 분기회로의 분기점(O)으로부터 몇 [m]까지 이동하여 설치할 수 있는가?

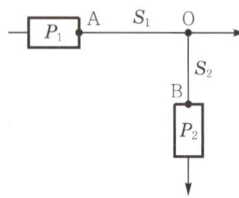

① 4
② 2
③ 3
④ 1

해설 전원측에서 분기점 사이에 다른 분기회로 또는 콘센트의 접속이 없고, 단락의 위험과 화재 및 인체에 대한 위험성이 최소화되도록 시설된 경우, 분기회로의 보호장치(P_2)는 분기회로의 분기점(O)으로부터 3[m]까지 이동하여 설치할 수 있다.

03 환기형과 비환기형으로 구분되어 있으며 도중에 부하를 접속할 수 없는 덕트는?

① 트롤리 버스덕트
② 플러그인 버스덕트
③ 피더 버스덕트
④ 슬래브 버스덕트

해설 피더 버스덕트는 도중에 부하를 접속할 수 없다.

04 전선의 명칭 중 FL은 무엇을 뜻하는가?

① 네온전선   ② 비닐코드
③ 형광방전등   ④ 비닐절연전선

해설 "FL"은 형광방전등(fluorescent lamp)을 뜻한다.

05 직류전동기의 규약 효율을 표시하는 식은?

① $\dfrac{출력}{출력 + 손실} \times 100[\%]$

② $\dfrac{출력}{입력} \times 100[\%]$

③ $\dfrac{입력 - 손실}{입력} \times 100[\%]$

④ $\dfrac{입력}{출력 + 손실} \times 100[\%]$

해설 직류전동기의 규약 효율

$$\eta = \dfrac{입력 - 손실}{입력} \times 100[\%]$$

06 슬립이 10[%], 극수 2극, 주파수 60[Hz]인 유도전동기의 회전속도[rpm]는?

① 3,800   ② 3,600
③ 3,240   ④ 1,800

정답 01. ③ 02. ③ 03. ③ 04. ③ 05. ③ 06. ③

해설 동기속도 $N_s = \dfrac{120f}{P} = \dfrac{120 \times 60}{2} = 3,600 [\text{rpm}]$

회전속도 $N = (1-s)N_s = (1-0.1) \times 3,600$
$\qquad\qquad = 3,240 [\text{rpm}]$

07 ★ 2극 3,600[rpm]인 동기발전기와 병렬운전하려는 12극 발전기의 회전수는 몇 [rpm]인가?

① 3,600　　　② 1,200

③ 1,800　　　④ 600

해설 동기발전기의 병렬운전조건에서 주파수가 같아야 하므로

$f = \dfrac{N_{s1}P_1}{120} = \dfrac{3,600 \times 2}{120} = 60 [\text{Hz}]$

$N_{s2} = \dfrac{120f}{P_2} = \dfrac{120 \times 60}{12} = 600 [\text{rpm}]$

08 ★★★ 3상 유도전동기의 회전 방향을 바꾸려면 어떻게 해야 하는가?

① 전원의 극수를 바꾼다.

② 3상 전원의 3선 중 두 선의 접속을 바꾼다.

③ 전원의 주파수를 바꾼다.

④ 기동보상기를 이용한다.

해설 3상 유도전동기는 회전자계에 의해 회전하며 회전자계의 방향을 반대로 하려면 전원의 3선 가운데 2선을 바꾸어 전원에 다시 연결하여 운전하면 회전 방향이 반대로 된다.

09 ★★ 반도체 사이리스터에 의한 전동기의 속도제어 중 주파수제어는?

① 초퍼제어

② 인버터제어

③ 컨버터제어

④ 브리지 정류제어

해설 **인버터제어**
전동기 전원의 주파수를 변환하여 속도를 제어하는 방식

10 ★★ 금속몰드배선공사를 할 때 동일 몰드 내에 넣는 전선수는 최대 몇 본 이하로 하여야 하는가?

① 3　　　② 5

③ 10　　　④ 12

해설 금속몰드배선 시 동일 몰드 내의 전선수는 10본 이하이다.

11 ★ 패러데이관에서 단위전위차에 축적되는 에너지 [J]는?

① $\dfrac{1}{2}$　　　② 1

③ ED　　　④ $\dfrac{1}{2}ED$

해설 단위전하 1[C]에서 나오는 전속관을 패러데이관이라 하며 그 양단에는 항상 1[C]의 전하가 있다.
단위전위차는 1[V]이므로

보유에너지 $W = \dfrac{1}{2}QV = \dfrac{1}{2} \times 1 \times 1 = \dfrac{1}{2} [\text{J}]$

12 ★ 어드미턴스의 실수부는 무엇인가?

① 컨덕턴스　　　② 리액턴스

③ 서셉턴스　　　④ 임피던스

해설 **어드미턴스($Y[℧]$)**
임피던스($Z[Ω]$)의 역수
• 실수부 : 컨덕턴스
• 허수부 : 서셉턴스

13 ★★ 전자에 10[V]의 전위차를 인가한 경우 전자에너지[J]는?

① 1.6×10^{-16}　　　② 1.6×10^{-17}

③ 1.6×10^{-18}　　　④ 1.6×10^{-19}

해설 **전자에너지(전자볼트)**
$W = eV = 1.6 \times 10^{-19} \times 10 = 1.6 \times 10^{-18} [\text{J}]$

정답 07. ④　08. ②　09. ②　10. ③　11. ①　12. ①　13. ③

14 반지름 10[cm], 권수 100회인 원형 코일에 15[A]의 전류가 흐르면 코일 중심의 자장의 세기는 몇 [AT/m]인가?

① 22,500
② 15,000
③ 7,500
④ 1,000

해설 원형 코일 중심 자계
$$H = \frac{NI}{2r} = \frac{100 \times 15}{2 \times 0.1} = 7,500[AT/m]$$

15 다음 중 계전기의 종류가 아닌 것은?

① 과저항계전기
② 지락계전기
③ 과전류계전기
④ 과전압계전기

해설 거리에 비례하는 저항계전기는 있지만 과저항계전기는 존재하지 않는다.

16 동기전동기의 자기기동법에서 계자 권선을 단락하는 이유는?

① 기동이 쉽다.
② 기동 권선으로 이용한다.
③ 고전압 유도에 의한 절연파괴 위험을 방지한다.
④ 전기자 반작용을 방지한다.

해설 동기전동기의 자기기동법에서 계자 권선을 단락하는 첫 번째 이유는 고전압 유도에 의한 절연파괴 위험 방지이다.

17 동기발전기의 병렬운전조건 중 같지 않아도 되는 것은?

① 전류
② 주파수
③ 위상
④ 전압

해설 동기발전기 병렬운전 시 일치할 조건
기전력(전압)의 크기, 위상, 주파수, 파형

18 반도체 내에서 정공은 어떻게 생성되는가?

① 자유전자의 이동
② 접합 불량
③ 결합전자의 이탈
④ 확산 용량

해설 정공이란 결합전자의 이탈로 생기는 빈자리를 뜻한다.

19 변압기유의 열화 방지와 관계가 가장 먼 것은?

① 부싱
② 콘서베이터
③ 불활성 질소
④ 브리더

해설 변압기유의 열화 방지 대책
브리더 설치, 콘서베이터 설치, 불활성 질소 봉입

20 후강전선관의 종류는 몇 종인가?

① 20종
② 10종
③ 5종
④ 3종

해설 후강전선관의 종류
16, 22, 28, 36, 42, 54, 70, 82, 92, 104[mm]

21 100[V], 100[W] 전구와 100[V], 200[W] 전구를 직렬로 100[V]의 전원에 연결할 경우 어느 전구가 더 밝겠는가?

① 두 전구의 밝기가 같다.
② 100[W]
③ 200[W]
④ 두 전구 모두 안 켜진다.

해설 100[W]의 저항 $R_1 = \dfrac{V^2}{P_1} = \dfrac{100^2}{100} = 100[\Omega]$

200[W]의 저항 $R_2 = \dfrac{V^2}{P_2} = \dfrac{100^2}{200} = 50[\Omega]$

직렬 접속 시 전류가 일정하므로 소비전력 $P = I^2 R[W]$ 식에 의해 저항값이 큰 부하일수록 소비전력이 더 크게 발생하여 전구가 더 밝아지므로 100[W]의 전구가 더 밝다.

22 변압기유가 구비해야 할 조건으로 틀린 것은?

① 절연내력이 높을 것

② 인화점이 높을 것

③ 고온에도 산화되지 않을 것

④ 응고점이 높을 것

해설 **변압기 절연유의 구비 조건**
- 절연내력이 클 것
- 인화점이 높을 것
- 응고점이 낮을 것
- 고온에도 산화되지 않을 것

 23 변압기 중성점에 접지공사를 하는 이유는?

① 전류 변동의 방지 ② 고저압 혼촉 방지

③ 전력 변동의 방지 ④ 전압 변동의 방지

해설 변압기는 고압, 특고압을 저압으로 변성시키는 기기로서 고·저압 혼촉 사고를 방지하기 위하여 반드시 2차측 중성점에 접지공사를 하여야 한다.

24 자극 가까이에 물체를 두었을 때 자화되지 않는 물체는?

① 상자성체 ② 반자성체

③ 강자성체 ④ 비자성체

해설 **비자성체**
자성이 약해서 전혀 자성을 갖지 않는 물질로서 상자성체와 반자성체를 포함하며 자계에 힘을 받지 않는다.

25 자기회로에서 자로의 길이 31.4[cm], 자로의 단면적이 0.25[m^2], 자성체의 비투자율 $\mu_s = 100$일 때 자성체의 자기저항은 얼마인가?

① 5,000 ② 10,000

③ 4,000 ④ 2,500

해설 **자기저항**

$$R = \frac{l}{\mu_0 \mu_s A} = \frac{31.4 \times 10^{-2}}{4\pi \times 10^{-7} \times 100 \times 0.25}$$
$$= 10,000[AT/Wb]$$

26 100회 감은 코일에 전류 0.5[A]가 0.1[sec] 동안 0.3[A]가 되었을 때 2×10^{-4}[V]의 기전력이 발생하였다면 코일의 자기 인덕턴스[μH]는?

① 5 ② 10

③ 200 ④ 100

해설 코일에 유도되는 기전력 $e = -L\frac{\Delta I}{\Delta t}$[V][V]

$$L = 2 \times 10^{-4} \times \frac{0.1}{0.5 - 0.3} = 10^{-4}[H] = 100[\mu H]$$

27 다음 그림은 4극 직류전동기의 자기회로이다. 자기저항이 가장 큰 곳은 어디인가?

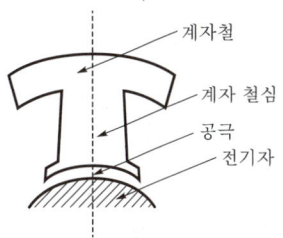
계자철
계자 철심
공극
전기자

① 계자철 ② 계자 철심

③ 전기자 ④ 공극

해설 자기저항은 $R = \frac{l}{\mu_0 \mu_s A}$[AT/Wb]로서 계자철, 계자 철심, 전기자 도체 등은 강자성체($\mu_s \gg 1$)를 사용하므로 자기저항이 아주 작고 그에 비해 공극은 $\mu_s = 1$이므로 자기저항이 가장 크다.

28 가우스의 정리에 의해 구할 수 있는 것은?

① 전계의 세기 ② 전하 간의 힘

③ 전위 ④ 전계 에너지

해설 **가우스의 정리**
전기력선의 총수를 계산하여 전계의 세기도 계산할 수 있는 법칙이다.

 29 다음 파형 중 비정현파가 아닌 것은?

① 주기 사인파 ② 사각파

③ 삼각파 ④ 펄스파

정답 22. ④ 23. ② 24. ④ 25. ② 26. ④ 27. ④ 28. ① 29. ①

해설 주기적인 사인파는 기본 정현파이므로 비정현파에 해당되지 않는다.

30 평형 3상 회로에서 1상의 소비전력이 P[W]라면, 3상 회로 전체 소비전력[W]은?

① $2P$

② $\sqrt{2}\,P$

③ $3P$

④ $\sqrt{3}\,P$

해설 평형 3상 회로의 소비전력은 1상값의 3배이므로 $3P$[W]이다.

31 자기 히스테리시스 곡선의 횡축과 종축은 어느 것을 나타내는가?

① 자기장의 크기와 보자력

② 투자율과 자속밀도

③ 투자율과 잔류자기

④ 자기장의 크기와 자속밀도

해설 히스테리시스 곡선에서 횡축(가로축)은 자기장의 세기, 종축(세로축)은 자속밀도를 나타내며 횡축과 만나는 점을 보자력, 종축과 만나는 점을 잔류자기라 한다.

32 다음 중 접지의 목적으로 알맞지 않은 것은?

① 기기의 이상전압 상승 시 인체 감전 사고 방지

② 이상전압 상승 억제

③ 전로의 대지전압 감소 방지

④ 보호계전기의 동작 확보

해설 접지공사의 목적
• 감전 및 화재 사고 방지
• 이상전압 상승 억제
• 전로의 대지 전위 상승 방지
• 보호계전기의 동작 확보

33 가공인입선을 시설하는 경우 다음 내용 중 틀린 것은?

① DV 전선을 사용하며 2.6[mm] 이상의 전선을 사용하지 말 것

② 인입구에서 분기하여 100[m]를 초과하지 말 것

③ 도로 5[m]를 횡단하지 말 것

④ 옥내를 관통하지 말 것

해설 가공인입선의 사용전선은 2.6[mm] 이상 경동선이나 동등 이상의 세기를 가진 절연전선(DV 전선 포함)을 사용한다(단, 지지물 간 거리(경간) 15[m] 이하는 2.0[mm] 이상도 가능).

34 가공전선로의 지지물에서 다른 지지물을 거치지 아니하고 다른 수용장소의 인입선 접속점에 이르는 가공전선을 무엇이라 하는가?

① 가공전선

② 가공인입선

③ 지지선(지선)

④ 이웃 연결(연접)인입선

해설 가공전선로의 지지물에서 다른 지지물을 거치지 아니하고 수용장소의 인입선 접속점에 이르는 가공전선을 가공인입선이라고 한다.

35 가공전선로의 인입구에 사용하며 금속관공사에서 관 끝부분의 빗물 침입을 방지하는 데 적당한 것은?

① 엔트런스 캡

② 엔드

③ 절연 부싱

④ 터미널 캡

해설 엔트런스 캡(우에사 캡)은 금속관공사 시 금속관에 빗물이 침입되는 것을 방지하기 위해 가공전선로의 인입구에 사용한다.

36 조명을 비추면 눈으로 빛을 느끼는 밝기를 광속이라 한다. 이때 단위면적당 입사광속을 무엇이라고 하는가?

① 휘도

② 조도

③ 광도

④ 광속발산도

해설 조명의 용어 정의
- 조도 : 단위면적당 입사광속
- 광도 : 광원의 어느 방향에 대한 단위입체각당 발산 광속
- 휘도 : 광원을 어떠한 방향에서 바라볼 때 단위투영 면적당 빛이 나는 정도
- 광속발산도 : 발광면의 단위면적당 발산하는 광속

37 비례추이를 이용하여 속도제어가 되는 전동기는?

① 3상 권선형 유도전동기
② 동기전동기
③ 직류 분권전동기
④ 농형 유도전동기

해설 2차 저항제어법
비례추이의 원리를 이용한 것으로 2차 회로에 외부 저항을 넣어 같은 토크에 대한 슬립 s를 변화시켜 속도를 제어하는 방식으로 3상 권선형 유도전동기에서 사용하는 방식이다.

38 다음 그림의 (가)와 (나)의 전선 접속법은?

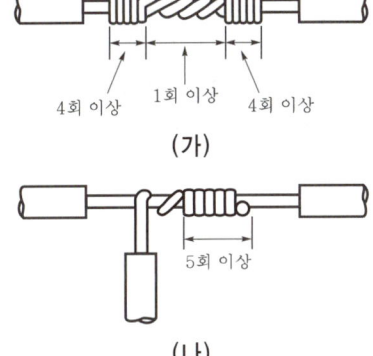

4회 이상   1회 이상   4회 이상

(가)

5회 이상

(나)

① 직선 접속, 분기 접속
② 직선 접속, 종단 접속
③ 분기 접속, 슬리브에 의한 접속
④ 종단 접속, 직선 접속

해설 그림의 전선 접속법
- (가) : 단선의 트위스트 직선 접속
- (나) : 단선의 트위스트 분기 접속

39 접지도체 2개와 동판, 계기도체를 연결하여 절환 스위치를 사용하여 검류계의 지시값을 0으로 만들고 접지저항을 측정하는 방법은?

① 휘트스톤 브리지
② 켈빈 더블 브리지
③ 콜라우시 브리지
④ 접지저항계

해설 휘트스톤 브리지는 검류계의 지시값을 "0"으로 하여 접지저항을 측정하는 방법으로서 지중전선로의 고장점 검출 시 사용한다.

40 직류 직권전동기에서 벨트를 걸고 운전하면 안 되는 이유는?

① 벨트의 마멸 보수가 곤란하므로
② 벨트가 벗겨지면 위험속도에 도달하므로
③ 직결하지 않으면 속도제어가 곤란하므로
④ 손실이 많아지므로

해설 직류 직권전동기는 정격전압 하에서 무부하 특성을 지니므로, 벨트가 벗겨지면 속도는 급격히 상승하여 위험속도에 도달할 수 있다.

41 세 변의 저항 $R_a = R_b = R_c = 15[\Omega]$인 Y결선 회로가 있다. 이것과 등가인 △결선 회로의 각 변의 저항은 몇 $[\Omega]$인가?

① 5
② 10
③ 25
④ 45

해설 Y결선 회로를 △결선으로 변환 시 각 변의 저항은 3배이므로 $R_\triangle = 3R_Y = 3 \times 15 = 45[\Omega]$

42 두 금속을 접속하여 여기에 전류를 흘리면, 줄열 외에 그 접점에서 열의 발생 또는 흡수가 일어나는 현상은?

① 줄 효과
② 홀 효과
③ 제벡 효과
④ 펠티에 효과

해설 펠티에 효과
두 금속을 접합하여 접합점에 전류를 흘려주면 열의 발생 또는 흡수가 발생하는 현상

정답 37. ① 38. ① 39. ① 40. ② 41. ④ 42. ④

43 전기울타리 시설의 사용전압은 몇 [V] 이하인가?

① 150 　　　　　　② 250

③ 300 　　　　　　④ 400

해설 **전기울타리 사용전압**
250[V] 이하

44 자기 인덕턴스가 각각 L_1, L_2[H]인 두 원통 코일이 서로 직교하고 있다. 두 코일 간의 상호 인덕턴스는?

① $L_1 + L_2$ 　　　② $L_1 L_2$

③ 0 　　　　　　④ $\sqrt{L_1 L_2}$

해설 자속과 코일이 서로 평행이 되어 상호 인덕턴스는 존재하지 않는다.

45 단자전압 100[V], 전기자전류 10[A], 전기자저항 1[Ω], 회전수 1,500[rpm]인 직류 직권전동기의 역기전력은 몇 [V]인가?

① 110 　　　　　　② 80

③ 90 　　　　　　④ 100

해설 **전동기의 역기전력**
$E = V - I_a R_a = 100 - 10 \times 1 = 90[\text{V}]$

46 자로의 길이 l[m], 투자율 μ, 단면적 A[m²]인 자기회로의 자기저항[AT/Wb]는?

① $\dfrac{\mu}{lA}$ 　　　　② $\dfrac{\mu l}{A}$

③ $\dfrac{\mu A}{l}$ 　　　　④ $\dfrac{l}{\mu A}$

해설 **자기회로의 자기저항**
$R = \dfrac{l}{\mu A} = \dfrac{NI}{\phi}[\text{AT/Wb}]$

47 변압기의 1차 전압이 3,300[V], 권선수가 15인 변압기의 2차측의 전압은 몇 [V]인가?

① 3,850 　　　　　② 330

③ 220 　　　　　　④ 110

해설 권수비 $a = \dfrac{V_1}{V_2}$ 에서

2차 전압 $V_2 = \dfrac{V_1}{a} = \dfrac{3,300}{15} = 220[\text{V}]$

48 어떤 한 점에 전하량이 2×10³[C]이 있다. 이 점으로부터 1[m]인 점의 전속밀도 D_A[C/m²]와 2[m]인 점의 전속밀도 D_B[C/m²]는 얼마인가?

① 159, 10 　　　② 10, 159

③ 159, 40 　　　④ 40, 159

해설 **전속밀도**
$$D_A = \frac{Q}{4\pi r_1^{\,2}} = \frac{2 \times 10^3}{4\pi \times 1^2} \fallingdotseq 159[\text{C/m}^2]$$
$$D_B = \frac{Q}{4\pi r_2^{\,2}} = \frac{2 \times 10^3}{4\pi \times 2^2} \fallingdotseq 40[\text{C/m}^2]$$

49 동기전동기의 용도로 적당하지 않은 것은?

① 송풍기 　　　　② 크레인

③ 압연기 　　　　④ 분쇄기

해설 동기전동기는 동기속도로 회전하는 전동기이므로 압연기, 제련소, 발전소 등에서 압축기, 운전 펌프 등에 적용되며, 크레인은 수시로 속도가 변동되는 기계이므로 적합하지 않다.

50 다음 중 전선의 접속방법이 틀린 것은?

① 전선의 접속 부분은 기준 온도 이상이 상승하면 안 된다.

② 전선의 세기는 접속 전보다 20[%] 이상 감소시키지 않는다.

③ 전선 접속 부분의 전기저항을 증가시키지 않아야 한다.

④ 접속 부분은 염화비닐 접착 테이프를 이용하여 반폭 이상 겹쳐서 1회 이상 감는다.

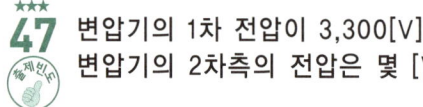

정답 43. ② 44. ③ 45. ③ 46. ④ 47. ③ 48. ③ 49. ② 50. ④

해설 전선의 접속부에 사용하는 테이프 및 튜브 등 도체의 절연에 사용되는 절연 피복은 전기용 접착 테이프에 적합한 것을 사용하고 반폭 이상 겹쳐서 2회 이상 감아야 한다.

51 전동기의 과전류, 결상, 구속 보호 등에 사용되며 단락 시간과 기동 시간을 정확히 구분하는 계전기는?

① 전자식 과전류계전기

② 임피던스계전기

③ 선택고장계전기

④ 부족전압계전기

해설 전자식 과전류계전기(EOCR)
설정된 전류값 이상의 전류가 흘렀을 때 EOCR 접점이 동작하여 회로를 차단시켜 보호하는 계전기로서 전동기의 과전류나 결상을 보호하는 계전기이다.

52 대칭 3상 △결선에서 선전류와 상전류와의 위상 관계는?

① 상전류가 $\frac{\pi}{3}$[rad] 앞선다.

② 상전류가 $\frac{\pi}{3}$[rad] 뒤진다.

③ 상전류가 $\frac{\pi}{6}$[rad] 앞선다.

④ 상전류가 $\frac{\pi}{6}$[rad] 뒤진다.

해설 △결선의 특징

$$\dot{I_l} = \sqrt{3}\, I_p \left/ -\frac{\pi}{6} \right. [A]$$

선전류 I_l가 상전류 I_p보다 $\frac{\pi}{6}$[rad] 뒤지므로 상전류가 선전류보다 $\frac{\pi}{6}$[rad] 앞선다.

53 낮은 전압을 높은 전압으로 승압할 때 일반적으로 사용되는 변압기의 3상 결선방식은?

① Y−△   ② Y−Y

③ △−Y   ④ △−△

해설 △−Y는 변전소에서 승압용으로 사용하며 1차와 2차 위상차는 30°이다.

54 두 평행 도선의 길이가 1[m], 거리가 1[m]인 왕복 도선 사이에 단위길이당 작용하는 힘의 세기가 $2×10^{-7}$[N]일 경우 전류의 세기[A]는?

① 1   ② 3

③ 4   ④ 2

해설 평행 도선 사이에 작용하는 힘의 세기

$$F = \frac{2\, I_1 I_2}{r} × 10^{-7} [\text{N/m}]$$

$$F = \frac{2\, I^2}{1} × 10^{-7} [\text{N/m}] = 2×10^{-7} [\text{N/m}]$$

$I^2 = 1$이므로 $I = 1$[A]

55 부흐홀츠 계전기로 보호되는 기기는?

① 변압기   ② 유도전동기

③ 직류발전기   ④ 교류발전기

해설 부흐홀츠 계전기
변압기의 절연유 열화 방지

56 DV 전선의 명칭은 무엇인가?

① 인입용 비닐절연전선

② 배선용 단심 비닐절연전선

③ 450/750V 일반용 단심 비닐절연전선

④ 옥외용 비닐절연전선

해설 DV
인입용 비닐절연전선

정답 51. ① 52. ③ 53. ③ 54. ① 55. ① 56. ①

★
57 주파수가 1[kHz]일 때 용량성 리액턴스가 50[Ω]이라면, 주파수가 50[Hz]인 경우 용량성 리액턴스는 몇 [Ω]인가?

① 500   ② 50

③ 1,000   ④ 750

해설 용량성 리액턴스는 주파수와 반비례한다.

주파수가 $\dfrac{50}{1,000} = \dfrac{1}{20}$ 로 감소하면 용량성 리액턴스는 20배로 증가하므로

$X_C = 50 \times 20 = 1,000[\Omega]$이 된다.

★★★
58 화약류저장소에서 백열전등이나 형광등 또는 이들에 전기를 공급하기 위한 전기설비를 시설하는 경우 전로의 대지전압은 몇 [V] 이하인가?

① 100   ② 200

③ 220   ④ 300

해설 **화약류저장소 시설 규정**
- 금속관, 케이블공사
- 대지전압 300[V] 이하
- 개폐기 및 과전류차단기에서 화약고의 인입구까지의 배선에는 케이블을 사용하고 또한 반드시 지중에 시설할 것

★
59 저항 8[Ω], 유도 리액턴스 6[Ω]인 $R-L$ 직렬 회로에 교류전압 200[V]를 인가한 경우 전류와 역률은 각각 얼마인가?

① 10[A], 60[%]   ② 10[A], 80[%]

③ 20[A], 60[%]   ④ 20[A], 80[%]

해설 **임피던스 절대값**

$Z = \sqrt{R^2 + X_L^2} = \sqrt{8^2 + 6^2} = 10[\Omega]$

전류 $I = \dfrac{V}{Z} = \dfrac{200}{10} = 20[A]$

역률 $\cos\theta = \dfrac{R}{Z} = \dfrac{8}{10} \times 100 = 80[\%]$

★★
60 권선형 유도전동기에서 토크를 일정하게 한 상태로 회전자 권선에 2차 저항을 2배로 하면 슬립은 몇 배가 되겠는가?

① $\sqrt{2}$ 배   ② 2배

③ $\sqrt{3}$ 배   ④ 4배

해설 권선형 유도전동기는 2차 저항을 조정함으로서 최대 토크는 변하지 않는 상태에서 슬립으로 속도 조절이 가능하며 슬립과 2차 저항은 비례 관계가 성립하므로 2배가 된다.

01 히스테리시스 곡선이 세로축과 만나는 점의 값은 무엇을 나타내는가?

① 자속밀도
② 보자력
③ 잔류자기
④ 자기장

해설 히스테리시스 곡선이 만나는 값
• 세로축(종축)과 만나는 점 : 잔류자기
• 가로축(횡축)과 만나는 점 : 보자력

02 일정한 주파수의 전원에서 운전하는 3상 유도전동기의 전원전압이 80[%]가 되었다면 토크는 약 몇 [%]가 되는가? (단, 회전수는 변하지 않는 상태로 한다.)

① 141
② 120
③ 80
④ 64

해설 3상 유도전동기에서 토크는 공급전압의 제곱에 비례하므로 전압의 80[%]로 운전하면 토크는 $0.8^2 = 0.64$로 감소하므로 64[%]가 된다.

03 접착제를 사용하여 합성수지관을 삽입해 접속할 경우 관의 삽입 깊이는 합성수지관 바깥지름(외경)의 최소 몇 배인가?

① 1.2
② 0.8
③ 1.5
④ 1.8

해설 합성수지관을 접속할 경우 삽입하는 관의 깊이는 접착제를 사용하는 경우 관 바깥지름(외경)의 0.8배이다.

04 크기가 같은 저항 4개를 그림과 같이 연결하여 a-b 간에 일정 전압을 가했을 때 소비전력이 가장 큰 것은 어느 것인가?

①
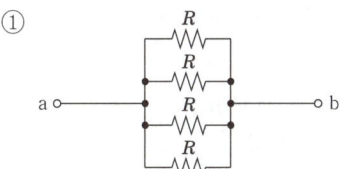

②
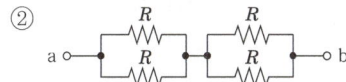

③

④

해설 각 회로에 소비되는 전력

① 합성저항 $R_0 = \dfrac{R}{4} = 0.25R[\Omega]$이므로

$$P_1 = \frac{V^2}{0.25R} = \frac{4V^2}{R}[\text{W}]$$

② 합성저항 $R_0 = \dfrac{R}{2} \times 2 = R[\Omega]$이므로

$$P_2 = \frac{V^2}{R}[\text{W}]$$

③ 합성저항 $R_0 = 2R + \dfrac{R}{2} = 2.5R[\Omega]$이므로

$$P_3 = \frac{V^2}{2.5R} = \frac{0.4V^2}{R}[\text{W}]$$

④ 합성저항이 $4R[\Omega]$이므로

$$P_4 = \frac{V^2}{4R}[\text{W}]$$

※ 소비전력 $P = \dfrac{V^2}{R}[\text{W}]$이므로 합성저항이 가장 작은 회로를 찾으면 된다.

정답 01. ③ 02. ④ 03. ② 04. ①

05 공기 중에서 자속밀도 2[Wb/m²]의 평등 자장 속에 길이 60[cm]의 직선 도선을 자장의 방향과 30° 각으로 놓고 여기에 5[A]의 전류를 흐르게 하면 이 도선이 받는 힘은 몇 [N]인가?

① 3 ② 5
③ 6 ④ 2

해설 전자력의 세기
$F = IBl\sin\theta = 5 \times 0.6 \times 2 \times \sin30° = 3[N]$

06 특고압 전선로가 전선이 3조일 경우 크로스 완금의 표준 길이[mm]는?

① 900 ② 1,200
③ 2,400 ④ 1,800

해설 전선로 완금 표준 길이[mm]

전선조	저 압	고 압	특고압
2조	900	1,400	1,800
3조	1,400	1,800	2,400

07 전력 계통에 접속되어 있는 변압기나 장거리 송전 시 정전용량으로 인한 충전 특성 등을 보상하기 위한 기기는?

① 유도전동기 ② 동기조상기
③ 유도발전기 ④ 동기발전기

해설 정전용량으로 인한 앞선 전류를 감소시키기 위해 여자전류를 조정하여 뒤진 전류를 흘려 줄 수 있는 동기조상기를 설치한다.

08 디지털 계전기의 장점이 아닌 것은?

① 진동의 영향을 받지 않는다.
② 신뢰성이 높다.
③ 광범위한 계산에 활용할 수 있다.
④ 자동 감시 기능을 갖는다.

해설 디지털 계전기
보호 기능이 우수하며 처리 속도가 빨라 광범위한 계산에 용이하지만 서지에 약하고 왜형파로 오동작하기 쉬워서 신뢰도가 낮다.

09 전선의 접속법에서 두 개 이상의 전선을 병렬로 사용하는 경우의 시설기준으로 틀린 것은?

① 병렬로 사용하는 전선은 각각에 퓨즈를 설치할 것
② 교류회로에서 병렬로 사용하는 전선은 금속관 안에 전자적 불평형이 생기지 않도록 시설할 것
③ 같은 극의 각 전선은 동일한 터미널러그에 동일한 도체에 2개 이상의 리벳 또는 2개 이상의 나사로 완전하게 접속할 것
④ 병렬로 사용하는 각 전선의 굵기는 같은 도체, 같은 재료, 같은 길이 및 같은 굵기의 것을 사용할 것

해설 병렬로 접속해서 각각 전선에 퓨즈를 설치한 경우 만약 한 선의 퓨즈가 용단된 경우 다른 한 선으로 전류가 모두 흐르게 되어 과열될 우려가 있으므로 퓨즈를 설치하면 안 된다.

10 철근콘크리트주의 길이가 12[m]인 경우 땅에 묻히는 깊이는 최소 몇 [m] 이상이어야 하는가? (단, 설계하중이 6.8[kN] 이하이다.)

① 1.2 ② 1.5
③ 2 ④ 2.5

해설 목주 및 A종 지지물의 건주공사 시 매설 깊이
전주 길이의 $\frac{1}{6}$

$L = 12 \times \frac{1}{6} = 2.0[m]$

11 동기발전기의 병렬운전조건 중 같지 않아도 되는 것은?

① 주파수
② 위상
③ 전류
④ 전압

해설 동기발전기 병렬운전 시 일치할 조건
기전력(전압)의 크기, 위상, 주파수, 파형

12 ★★ 다음 물질 중 강자성체로만 짝지어진 것은?

① 철, 니켈, 코발트
② 니켈, 코발트, 비스무트
③ 망간, 니켈, 아연
④ 구리, 니켈, 아연

> **해설** **강자성체의 종류**
> 니켈, 코발트, 철, 망간

13 ★★★ 배전반 및 분전반과 연결된 배관을 변경하거나 이미 설치되어 있는 캐비닛에 구멍을 뚫을 때 필요한 공구는?

① 오스터
② 클리퍼
③ 토치 램프
④ 녹아웃 펀치

> **해설** **전기 공사용 공구**
> • 오스터 : 금속관에 나사를 낼 때 사용하는 것
> • 클리퍼 : 단면적 25[mm²] 이상인 굵은 전선 절단용 공구
> • 토치 램프 : 합성수지관공사 시 가공부를 가열하기 위한 램프
> • 녹아웃 펀치 : 배전반이나 분전반 등의 금속제 캐비닛의 구멍을 확대하거나 철판의 구멍 뚫기에 사용하는 공구

14 ★★ 조명 중에서 발산 광속 중 하향 광속이 90∼100[%] 정도로 하여 하향 광속이 작업면에 직사되는 조명 방식을 무엇이라 하는가?

① 직접 조명
② 반직접 조명
③ 전반 확산 조명
④ 반간접 조명

> **해설** **기구 배광에 의한 조명 방식의 분류**
>
> | 구 분 | 하향 광속 |
> |---|---|
> | 직접 조명 방식 | 90[%] 이상 |
> | 반직접 조명 방식 | 60∼90[%] |
> | 전반 조명 방식 | 40∼60[%] |
> | 간접 조명 방식 | 10[%] 이하 |

15 ★★★ 250[kVA]의 단상 변압기 2대를 사용하여 V−V 결선으로 하고 3상 전원을 얻고자 할 때 최대로 얻을 수 있는 3상 부하의 용량은 약 몇 [kVA]인가?

① 433
② 500
③ 200
④ 100

> **해설** **V결선 용량**
> $$P_{\mathrm{V}} = \sqrt{3}\, P_1$$
> $$= \sqrt{3} \times 250$$
> $$= 433[\mathrm{kVA}]$$

16 ★★ 막대자석의 자극의 세기가 m[Wb]이고 길이가 l[m]인 경우 자기 모멘트[Wb·m]는 얼마인가?

① $\dfrac{m}{l}$
② $\dfrac{l}{m}$
③ ml
④ $2ml$

> **해설** 막대자석의 모멘트 $M = ml$ [Wb·m]

17 ★★ 자극의 세기가 m_1, m_2[Wb], 거리가 r[m]인 두 자극 사이에 작용하는 자기력의 크기[N]는 얼마인가?

① $k\dfrac{r^2}{m_1 \cdot m_2}$
② $k\dfrac{m_1 \cdot m_2}{r^2}$
③ $k\dfrac{r}{m_1 \cdot m_2}$
④ $k\dfrac{m_1 \cdot m_2}{r}$

> **해설** **쿨롱의 법칙**
> 두 자극 사이에 작용하는 자력의 크기는 양 자극의 세기의 곱에 비례하며, 자극 간의 거리의 제곱에 비례한다.
> 쿨롱의 법칙 $F = k\dfrac{m_1 \cdot m_2}{r^2} = \dfrac{m_1 \cdot m_2}{4\pi\mu_0 r^2}$ [N]

18 ★★ 단상 전파 사이리스터 정류회로에서 부하가 저항만 있는 경우 점호각이 60°일 때의 정류전압은 몇 [V]인가? (단, 전원측 전압의 실효값은 100[V]이고, 직류측 전류는 연속이다.)

① 97.7
② 86.4
③ 75.5
④ 67.5

해설 단상 전파 사이리스터 정류회로의 직류전압

$$E_d = \frac{2\sqrt{2}}{\pi} E\left(\frac{1+\cos\alpha}{2}\right) = 0.9E\left(\frac{1+\cos\alpha}{2}\right)[V]$$

$$E_d = 0.9 \times 100 \times \left(\frac{1+\cos 60°}{2}\right) = 67.5[V]$$

19 ★★ 자기저항의 단위는?

① [Wb/AT] ② [AT/m]

③ [Ω/AT] ④ [AT/Wb]

해설 자기저항 $R_m = \dfrac{NI}{\phi}[AT/Wb]$

20 ★★★ 두 금속을 접속하여 여기에 전류를 흘리면, 줄열 외에 그 접점에서 열의 발생 또는 흡수가 일어나는 현상은?

① 펠티에 효과 ② 홀 효과

③ 제벡 효과 ④ 줄 효과

해설 펠티에 효과
두 금속을 접합하여 접합점에 전류를 흘려주면 열의 발생 또는 흡수가 발생하는 현상

21 ★★ DV 전선의 명칭은 무엇인가?

① 인입용 비닐절연전선

② 비닐절연전선

③ 단심 비닐절연전선

④ 옥외용 비닐절연전선

해설 DV
인입용 비닐절연전선

22 ★★★ 한국전기설비규정에 의한 화약류저장소에서 백열전등이나 형광등 또는 이들에 전기를 공급하기 위한 전기설비를 시설하는 경우 전로의 대지전압은 몇 [V] 이하인가?

① 100 ② 200

③ 300 ④ 400

해설 화약류저장소 시설 규정
• 금속관, 케이블공사
• 대지전압 300[V] 이하

23 ★★★ 변압기유가 구비해야 할 조건으로 틀린 것은?

① 절연내력이 높을 것

② 응고점이 높을 것

③ 고온에도 산화되지 않을 것

④ 냉각 효과가 클 것

해설 변압기 절연유의 구비 조건
• 절연내력이 클 것
• 인화점이 높을 것
• 응고점이 낮을 것
• 고온에도 산화되지 않을 것

24 ★ 전력용 콘덴서를 회로로부터 개방하였을 때 전하가 잔류함으로써 일어나는 위험의 방지와 재투입할 때 콘덴서에 걸리는 과전압의 방지를 위하여 무엇을 설치하는가?

① 직렬 리액터

② 전력용 콘덴서

③ 방전코일

④ 피뢰기

해설 잔류전하를 방전시키기 위해 방전코일을 설치한다.

25 ★★ 전류를 계속 흐르게 하려면 전압을 연속적으로 만들어주는 어떤 힘이 필요하게 되는데, 이 힘을 무엇이라 하는가?

① 자기력

② 전자력

③ 기전력

④ 전기장

해설 기전력
전압을 연속적으로 만들어서 전류를 연속적으로 흐를 수 있도록 하는 원천

정답 19.④ 20.① 21.① 22.③ 23.② 24.③ 25.③

26 보호를 요하는 회로의 전류가 어떤 일정한 값(정정값) 이상으로 흘렀을 때 동작하는 계전기는?

① 과전류계전기　　② 과전압계전기
③ 차동계전기　　　④ 비율차동계전기

 과전류계전기(OCR)
회로의 전류가 어떤 일정한 값(정정값) 이상으로 흘렀을 때 동작하는 계전기

27 지지선(지선)의 중간에 넣는 애자의 종류는?

① 저압 핀애자　　② 인류애자
③ 구형애자　　　 ④ 내장애자

해설 지지선(지선)의 중간에 사용하는 애자를 구형애자, 지지선(지선)애자, 옥애자, 구슬애자라고 한다.

28 주파수 60[Hz], 실효값이 20[A], 위상 0°인 교류 전류의 순시값으로 맞는 것은?

① $20\sin(60\pi t)$　　② $10\sqrt{2}\sin(120\pi t)$
③ $20\sqrt{2}\sin(120\pi t)$　④ $20\sqrt{2}\sin(60\pi t)$

해설 순시값 $i(t) = $ 최대값 $\times \sin(2\pi f t)$
$= 20\sqrt{2}\sin(2\pi \times 60 t)$
$= 20\sqrt{2}\sin(120\pi t)\,[\text{A}]$

29 정현파의 평균값이 100[V]일 때 실효값은 얼마인가?

① 100　　　② 111
③ 63.7　　 ④ 70.7

해설 평균값 $V_{av} = \dfrac{2}{\pi}V_m[\text{V}]$이므로

최대값 $V_m = V_{av} \times \dfrac{\pi}{2} = 100 \times \dfrac{\pi}{2}[\text{V}]$

실효값 $V = \dfrac{V_m}{\sqrt{2}} = \dfrac{\pi}{2\sqrt{2}} \times V_{av}$

$= \dfrac{\pi}{2\sqrt{2}} \times 100 = 111[\text{V}]$

※ $V = 1.11V_{av} = 1.11 \times 100 = 111[\text{V}]$

30 전기기기의 철심 재료로 규소 강판을 성층하여 사용하는 이유로 가장 적당한 것은?

① 동손 감소　　② 철손 감소
③ 기계손 감소　 ④ 풍손 감소

해설 규소 강판을 성층하여 사용하는 이유는 철손(맴돌이 전류손, 히스테리시스손)을 감소시키기 위한 대책이다.

31 전압 200[V]이고 $C_1 = 10[\mu\text{F}]$와 $C_2 = 5[\mu\text{F}]$인 콘덴서를 병렬로 접속하면 C_2에 분배되는 전하량은 몇 [μC]인가?

① 100　　　② 2,000
③ 500　　　④ 1,000

해설 C_2에 축적되는 전하량
$Q_2 = C_2 V = 5 \times 200 = 1,000[\mu\text{C}]$

32 정격전압 200[V], 60[Hz]인 전동기의 주파수를 50[Hz]로 사용하면 회전속도는 어떻게 되는가?

① 0.833배로 감소한다.
② 1.1배로 증가한다.
③ 변화하지 않는다.
④ 1.2배로 증가한다.

해설 전동기의 회전수는 $N = \dfrac{120f}{P}[\text{rpm}]$에서 주파수에 비례한다.
주파수가 60[Hz]에서 50[Hz]로 감소한 경우 감소비율은
$\dfrac{50}{60} = 0.833$이므로 회전속도도 0.833배로 감소한다.

33 분상 기동형 단상 유도전동기의 기동 권선은?

① 운전 권선보다 굵고 권선이 많다.
② 운전 권선보다 가늘고 권선이 적다.
③ 운전 권선보다 굵고 권선이 적다.
④ 운전 권선보다 가늘고 권선이 많다.

정답 26.① 27.③ 28.③ 29.② 30.② 31.④ 32.① 33.②

해설 분상 기동형 단상 유도전동기의 권선
- 운전 권선(L만의 회로) : 굵은 권선으로 길게 하여 권선을 많이 감아서 L성분을 크게 한다.
- 기동 권선(R만의 회로) : 운전 권선보다 가늘고 권선을 적게 하여 저항값을 크게 한다.

34 변압기의 권수비가 60이고 2차 저항이 0.1[Ω]일 때 1차로 환산한 저항값[Ω]은 얼마인가?

① 30　　　　　　② 360
③ 300　　　　　　④ 250

해설 권수비 $a = \sqrt{\dfrac{R_1}{R_2}}$ 이므로

1차 저항 $R_1 = a^2 R_2 = 60^2 \times 0.1 = 360[Ω]$

35 그림과 같은 회로에서 합성저항은 몇 [Ω]인가?

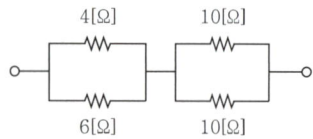

① 6.6　　　　　　② 7.4
③ 8.7　　　　　　④ 9.4

해설 합성저항 $= \dfrac{4 \times 6}{4+6} + \dfrac{10}{2} = 7.4[Ω]$

36 유도발전기의 장점이 아닌 것은?

① 동기발전기에 비해 가격이 저렴하다.
② 효율과 역률이 높다.
③ 동기발전기처럼 동기화할 필요가 없고 난조가 발생하지 않는다.
④ 조작이 간편하다.

해설 유도발전기는 유도전동기를 동기속도 이상으로 회전시켜 전력을 얻어내는 발전기로서 동기기에 비해 조작이 쉽고 가격이 저렴하지만 효율과 역률이 낮다.

37 전기자저항 0.2[Ω], 전기자전류 100[A], 전압 120[V]인 분권전동기의 출력[kW]은?

① 20　　　　　　② 15
③ 12　　　　　　④ 10

해설
- 유기기전력 $E = V - I_a R_a = 120 - 100 \times 0.2 = 100[V]$
- 출력 $P = E I_a = 100 \times 100 = 10,000[W] = 10[kW]$

38 동기기의 전기자 권선법이 아닌 것은?

① 2층권　　　　　② 단절권
③ 중권　　　　　④ 전층권

해설 동기기의 전기자 권선법
고상권, 2층권, 중권, 단절권, 분포권

39 3상 변압기를 병렬운전하는 경우 불가능한 조합은?

① △−Y와 △−△
② △−△와 Y−Y
③ △−Y와 △−Y
④ Y−△와 Y−△

해설 3상 변압기군의 병렬운전 조합

병렬운전 가능	병렬운전 불가능
△−△와 △−△	
Y−Y와 Y−Y	
Y−△와 Y−△	△−△와 △−Y
△−Y와 △−Y	Y−Y와 △−Y
△−△와 Y−Y	
V−V와 V−V	

40 6[Ω], 8[Ω], 9[Ω]의 저항 3개를 직렬로 접속하여 5[A]의 전류를 흘려줬다면 이 회로의 전압은 몇 [V]인가?

① 117　　　　　　② 115
③ 100　　　　　　④ 90

해설 $V = IR = 5 \times (6+8+9) = 115[V]$

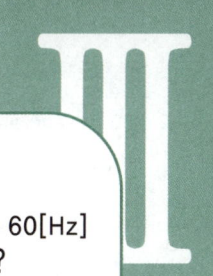

41 60[Hz], 8극인 유도전동기의 회전수[rpm]는?

① 900　　　　　　② 1,200

③ 2,400　　　　　④ 1,800

해설 $N_s = \dfrac{120f}{P} = \dfrac{120 \times 60}{8} = 900[\text{rpm}]$

42 두 평행 도선의 길이가 1[m], 거리가 1[m]인 왕복 도선 사이에 단위길이당 작용하는 힘의 세기가 18×10^{-7}[N]일 경우 전류의 세기[A]는?

① 1　　　　　　　② 2

③ 4　　　　　　　④ 3

해설 평행 도선 사이에 작용하는 힘의 세기

$$F = \frac{2I_1 I_2}{r} \times 10^{-7}[\text{N/m}]$$

$$F = \frac{2I^2}{1} \times 10^{-7}[\text{N/m}] = 18 \times 10^{-7}[\text{N/m}]$$

$I^2 = 9$이므로 $I = 3[\text{A}]$

43 자동화설비에서 기구 위치 선정에 사용하는 전동기는?

① 전기 동력계　　　② 스탠딩 모터

③ 스테핑 모터　　　④ 반동 전동기

해설 스테핑 모터

출력을 이용하여 특수기계의 속도, 거리, 방향 등의 위치를 정확하게 제어하는 기능이 있다.

44 서로 다른 굵기의 절연전선을 금속덕트에 넣는 경우 전선이 차지하는 단면적은 피복절연물을 포함한 단면적의 총합계가 덕트 내 단면적의 몇 [%] 이하가 되도록 선정하여야 하는가?

① 20　　　　　　　② 30

③ 50　　　　　　　④ 40

해설 금속덕트에 전선을 집어 넣는 경우 전선이 차지하는 단면적은 덕트 내 단면적의 20[%] 이하가 되도록 할 것(단, 제어회로 등의 배선에 사용하는 전선만 넣는 경우 50[%] 이하로 한다.)

45 30[W] 가정용 선풍기에 220[V], 주파수 60[Hz]인 전압을 인가한 경우 평균전압[V]은?

① 200　　　　　　② 211

③ 220　　　　　　④ 198

해설 평균값

$V_{av} = 0.9V = 0.9 \times 220 = 198[\text{V}]$

46 정크션 박스 내에서 전선을 접속할 수 있는 것은?

① 코드 패스너　　　　② 코드 놋트

③ 와이어 접속기(커넥터)　④ 슬리브

해설 정크션 박스에서 전선을 접속하는 방법은 쥐꼬리 접속을 하여 와이어 접속기(커넥터)로 돌려 끼워서 접속한다.

47 변류기 개방 시 2차측을 단락하는 이유는?

① 측정 오차 감소　　② 2차측 과전류 보호

③ 2차측 절연 보호　　④ 변류비 유지

해설 변류기 2차측을 개방하게 되면 변류기 1차측의 부하전류가 모두 여자전류가 되어 변류기 2차측에 고전압이 유도되어서 절연이 파괴될 수도 있으므로 반드시 단락시켜야 한다.

48 수전설비의 저압 배전반은 배전반 앞에서 계측기를 판독하기 위하여 앞면과 최소 몇 [m] 이상 유지하는 것을 원칙으로 하고 있는가?

① 2.5[m]　　　　　② 1.8[m]

③ 1.5[m]　　　　　④ 1.7[m]

해설 수전설비의 저압·고압 배전반은 계측기를 판독하기 위하여 앞면과 1.5[m] 이격해야 한다.

49 450/750[V] 일반용 단심 비닐절연전선의 약호는?

① NR　　　　　　② NI

③ FRI　　　　　　④ FR

해설 NR

450/750[V] 일반용 단심 비닐절연전선

정답 41. ①　42. ④　43. ③　44. ①　45. ④　46. ③　47. ③　48. ③　49. ①

50 직류전동기의 제어에 널리 응용되는 직류 – 직류 전압 제어 장치는?

① 사이클로 컨버터

② 인버터

③ 전파 정류회로

④ 초퍼

해설 **초퍼 회로**
고정된 크기의 직류를 가변 직류로 변환하는 장치

51 전류에 의해 만들어지는 자기장의 방향을 알기 쉽게 정의한 법칙은?

① 플레밍의 왼손법칙

② 앙페르의 오른나사법칙

③ 렌츠의 자기유도법칙

④ 패러데이의 전자유도법칙

해설 **앙페르의 오른나사법칙**
전류에 의한 자기장(또는 자기력선)의 방향을 알기 쉽게 정의한 법칙

52 전선의 눌러 붙임(압착)단자 접속 시 사용되는 공구는?

① 와이어 스트리퍼

② 프레셔 툴

③ 클리퍼

④ 니퍼

해설 **프레셔 툴**
전선을 눌러 붙여(압착) 접속시키는 공구

53 3상 4선식 380/220[V] 전로에서 전원의 중성극에 접속된 전선을 무엇이라 하는가?

① 접지선　　　　　② 중성선

③ 전원선　　　　　④ 접지측 선

해설 **중성선**
공통 단자(중성극)에 접속된 전선

54 일반적으로 과전류차단기를 설치하여야 할 곳으로 틀린 것은?

① 접지측 전선

② 보호용, 인입선 등 분기선을 보호하는 곳

③ 송배전선의 보호용, 인입선 등 분기선을 보호하는 곳

④ 간선의 전원측 전선

해설 접지측 전선에는 과전류차단기를 설치하면 안 된다.

55 전기울타리에 사용하는 경동선의 지름은 최소 몇 [mm] 이상이어야 하는가?

① 1.6　　　　　② 2.0

③ 2.6　　　　　④ 3.2

해설 **전기울타리의 시설**
• 사용전압 : 250[V] 이하
• 사용전선 : 2.0[mm] 이상 나경동선

56 가공인입선을 시설할 때 경동선의 최소 굵기는 몇 [mm]인가?〔단, 지지물 간 거리(경간)가 15[m]를 초과한 경우이다.〕

① 2.0　　　　　② 2.6

③ 3.2　　　　　④ 1.5

해설 **가공인입선의 사용전선**
2.6[mm] 이상 경동선 또는 이와 동등 이상일 것〔단, 지지물 간 거리(경간) 15[m] 이하는 2.0[mm] 이상도 가능〕

57 3상 유도전동기의 원선도를 그리는 데 필요하지 않은 것은?

① 저항 측정　　　　② 무부하시험

③ 슬립(slip) 측정　　④ 구속시험

해설 ① 저항 측정시험 : 1차 동손
② 무부하시험 : 여자전류, 철손
④ 구속시험(단락 시험) : 2차 동손

정답 50. ④　51. ②　52. ②　53. ②　54. ①　55. ②　56. ②　57. ③

58 성냥, 석유류, 셀룰로이드 등 기타 가연성 위험 물질을 제조 또는 저장하는 장소의 배선으로 틀린 것은?

① 합성수지관(두께 2[mm] 미만 콤바인 덕트관 제외) 배선

② 플렉시블 배선

③ 케이블 배선

④ 금속관 배선

해설 **가연성 먼지(분진), 위험물 장소의 배선공사**
금속관, 케이블, 합성수지관공사

59 교통신호등회로의 사용전압이 몇 [V]를 초과하는 경우에는 지락 발생 시 자동적으로 전로를 차단하는 장치를 시설하여야 하는가?

① 100   ② 50

③ 150   ④ 200

해설 교통신호등회로의 사용전압이 150[V]를 초과한 경우 전로에 지락이 발생했을 때 자동적으로 전로를 차단하는 누전차단기를 시설하여야 한다.

60 진열장 안에 400[V] 이하인 저압 옥내배선 시 외부에서 찾기 쉬운 곳에 사용하는 전선은 단면적이 몇 [mm²] 이상의 코드 또는 캡타이어 케이블이어야 하는가?

① 0.75   ② 1.5

③ 2.5   ④ 4.0

해설 진열장 안에 시설하는 사용전선은 0.75[mm²] 이상의 코드, 캡타이어 케이블을 조영재에 접촉하여 시설하여야 한다.

01 일정한 주파수의 전원에서 운전하는 3상 유도전동기의 전원전압이 정격전압의 80[%]가 되었다면 토크는 약 몇 [%]가 되는가? (단, 회전수는 변하지 않는 상태로 한다.)

① 141

② 120

③ 80

④ 64

해설 3상 유도전동기에서 토크는 공급전압의 제곱에 비례하므로 전압의 80[%]로 운전하면 토크는 $0.8^2 = 0.64$로 감소하므로 64[%]가 된다.

02 공기 중에서 자속밀도 4[Wb/m²]의 평등 자장 속에 길이 10[cm]의 직선 도선을 자장의 방향과 30° 각으로 놓고 여기에 3[A]의 전류를 흐르게 하면 이 도선이 받는 힘은 몇 [N]인가?

① 0.2   ② 0.3

③ 0.6   ④ 1.2

해설 전자력의 세기
$F = IBl\sin\theta = 3 \times 4 \times 0.1 \times \sin 30° = 0.6[N]$

03 전력 계통에 접속되어 있는 변압기나 장거리 송전 시 정전용량으로 인한 충전 특성 등을 보상하기 위한 기기는?

① 유도전동기

② 동기조상기

③ 유도발전기

④ 동기발전기

해설 정전용량으로 인한 앞선 전류를 감소시키기 위해 여자전류를 조정하여 뒤진 전류를 흘려 줄 수 있는 동기조상기를 설치한다.

04 디지털 계전기의 장점이 아닌 것은?

① 진동의 영향을 받지 않는다.

② 신뢰성이 높다.

③ 폭넓은 연산 기능을 갖는다.

④ 자동 점검 중에도 동작이 가능하다.

해설 디지털 계전기
보호 기능이 우수하며 처리 속도가 빨라서 광범위한 계산에 용이하지만 서지에 약하고 왜형파로 인해 오동작 하기 쉬워서 신뢰도가 낮다.

05 동기발전기의 병렬운전조건 중 같지 않아도 되는 것은?

① 주파수

② 위상

③ 전류

④ 전압

해설 동기발전기 병렬운전 시 일치할 조건
기전력(전압)의 크기, 위상, 주파수, 파형

06 단상 전파 사이리스터 정류회로에서 부하가 저항만 있는 경우 점호각이 60°일 때의 정류전압은 몇 [V]인가? (단, 전원측 전압의 실효값은 100[V]이고, 직류측 전류는 연속이다.)

① 97.7   ② 86.4

③ 75.5   ④ 67.5

해설 단상 전파 사이리스터 정류회로의 직류전압
$$E_d = \frac{2\sqrt{2}}{\pi} E \left(\frac{1 + \cos\alpha}{2} \right) = 0.9E \left(\frac{1 + \cos\alpha}{2} \right)[V]$$
$$E_d = 0.9 \times 100 \times \left(\frac{1 + \cos 60°}{2} \right) = 67.5[V]$$

정답   01. ④   02. ③   03. ②   04. ②   05. ③   06. ④

07 ★★★ 변압기유가 구비해야 할 조건으로 틀린 것은?

① 절연내력이 높을 것

② 응고점이 높을 것

③ 고온에도 산화되지 않을 것

④ 냉각 효과가 클 것

해설 변압기 절연유의 구비 조건
- 절연내력이 클 것
- 인화점이 높을 것
- 응고점이 낮을 것
- 고온에도 산화되지 않을 것

08 ★★★ 보호를 요하는 회로의 전류가 어떤 일정한 값(정정값) 이상으로 흘렀을 때 동작하는 계전기는?

① 과전류계전기　　② 과전압계전기

③ 차동계전기　　　④ 비율차동계전기

해설 과전류계전기(OCR)
회로의 전류가 어떤 일정한 값(정정값) 이상으로 흘렀을 때 동작하는 계전기

09 ★★ △－Y결선(delta-star connection)한 경우에 대한 설명으로 옳지 않은 것은?

① 1차 선간전압 및 2차 선간전압의 위상차는 60° 이다.

② 제3고조파에 의한 장해가 적다.

③ 1차 변전소의 승압용으로 사용된다.

④ Y결선의 중성점을 접지할 수 있다.

해설 △－Y 결선의 특성 : Y결선의 장점과 △결선의 장점을 모두 가지고 있는 결선으로 주로 △－Y는 승압용으로 사용하면서 다음과 같은 특성을 갖는다.
- Y결선 중성점을 접지할 수 있다.
- △결선에 의한 여자전류의 제3고조파 통로가 형성되므로 제3고조파 장해가 적고, 기전력 파형이 사인파가 된다.
- 1, 2차 전압 및 전류 간에는 $\dfrac{\pi}{6}$ [rad] 만큼의 위상차가 발생한다.

10 ★★★ 직류기의 전기자 철심을 규소 강판으로 성층하여 만드는 이유는?

① 브러시에서 발생하는 불꽃이 감소한다.

② 가격이 저렴하다.

③ 와류손과 히스테리시스손을 줄일 수 있다.

④ 기계손을 줄일 수 있다.

해설 철심을 규소 강판으로 성층하는 이유는 히스테리시스손과 맴돌이 전류손을 감소하기 위함이다.

11 ★★ 분상 기동형 단상 유도전동기의 기동 권선은?

① 운전 권선보다 굵고 권선이 많다.

② 운전 권선보다 가늘고 권선이 적다.

③ 운전 권선보다 굵고 권선이 적다.

④ 운전 권선보다 가늘고 권선이 많다.

해설 분상 기동형 단상 유도전동기의 권선
- 운전 권선(L만의 회로) : 굵은 권선으로 길게 하여 권선을 많이 감아 L성분을 크게 한다.
- 기동 권선(R만의 회로) : 운전 권선보다 가늘고 권선을 적게 하여 저항값을 크게 한다.

12 ★★ 변압기의 권수비가 60이고 2차 저항이 0.1[Ω]일 때 1차로 환산한 저항값[Ω]은 얼마인가?

① 30　　　　　　② 360

③ 300　　　　　④ 250

해설 권수비 $a = \sqrt{\dfrac{R_1}{R_2}}$ 이므로

1차 저항 $R_1 = a^2 R_2 = 60^2 \times 0.1 = 360[\Omega]$

13 ★★ 유도발전기의 장점이 아닌 것은?

① 동기발전기에 비해 가격이 저렴하다.

② 효율과 역률이 높다.

③ 동기발전기처럼 동기화할 필요가 없고 난조가 발생하지 않는다.

④ 조작이 간편하다.

해설 유도발전기는 유도전동기를 동기속도 이상으로 회전시켜 전력을 얻어내는 발전기로서 동기기에 비해 조작이 쉽고 가격이 저렴하지만 효율과 역률이 낮다.

14 전기자저항 0.2[Ω], 전기자전류 100[A], 전압 120[V]인 분권전동기의 발생동력[kW]은?

① 20　　　　　② 15

③ 12　　　　　④ 10

해설 유기기전력 $E = V - I_a R_a = 120 - 100 \times 0.2$
$\qquad\qquad\qquad = 100[V]$

발생동력 $P = E I_a = 100 \times 100$
$\qquad\qquad\qquad = 10,000[W] = 10[kW]$

15 동기기의 전기자 권선법이 아닌 것은?

① 2층권　　　　② 단절권

③ 중권　　　　　④ 전층권

해설 동기기의 전기자 권선법
고상권, 2층권, 중권, 단절권, 분포권

16 3상 변압기를 병렬운전하는 경우 불가능한 조합은?

① △-Y와 △-△　　② △-△와 Y-Y

③ △-Y와 △-Y　　④ Y-△와 Y-△

해설 3상 변압기군의 병렬운전 조합

병렬운전 가능	병렬운전 불가능
△-△와 △-△	
Y-Y와 Y-Y	
Y-△와 Y-△	△-△와 △-Y
△-Y와 △-Y	Y-Y와 △-Y
△-△와 Y-Y	
V-V와 V-V	

17 자동화설비에서 기구 위치 선정에 사용하는 전동기는?

① 전기 동력계　　② 스탠딩 모터

③ 스테핑 모터　　④ 반동 전동기

해설 스테핑 모터
출력을 이용하여 특수 기계의 속도, 거리, 방향 등의 위치를 정확하게 제어하는 기능이 있다.

18 변류기 개방 시 2차측을 단락하는 이유는?

① 측정 오차 감소

② 2차측 과전류 보호

③ 2차측 절연 보호

④ 변류비 유지

해설 변류기 2차측을 개방하게 되면 변류기 1차측의 부하 전류가 모두 여자전류가 되어 변류기 2차측에 고전압이 유도되어서 절연이 파괴될 수도 있으므로 반드시 단락시켜야 한다.

19 직류전동기의 제어에 널리 응용되는 직류-직류 전압 제어 장치는?

① 사이클로 컨버터

② 인버터

③ 전파 정류회로

④ 초퍼

해설 초퍼 회로
고정된 크기의 직류를 가변 직류로 변환하는 장치

20 3상 유도전동기의 원선도를 그리는 데 필요하지 않은 것은?

① 저항 측정

② 무부하시험

③ 슬립(slip) 측정

④ 구속시험

해설 ① 저항 측정시험 : 1차 동손
② 무부하시험 : 여자전류, 철손
④ 구속시험(단락시험) : 2차 동손

정답 14.④ 15.④ 16.① 17.③ 18.③ 19.④ 20.③

21

성냥, 석유류, 셀룰로이드 등 기타 가연성 위험물질을 제조 또는 저장하는 장소의 배선으로 틀린 것은?

① 2.0[mm] 이상 합성수지관공사(난연성 콤바인 덕트관 제외)
② 애자공사
③ 케이블공사
④ 금속관공사

해설 가연성 먼지(분진), 위험물 장소의 배선공사
금속관, 케이블, 합성수지관공사

22

래크(rack) 배선을 사용하는 전선로는?

① 저압 지중전선로
② 고압 가공전선로
③ 저압 가공전선로
④ 고압 지중전선로

해설 래크(rack) 배선은 저압 가공전선로에 완금없이 래크(애자)를 전주에 수직으로 설치하여 전선을 수직 배선하는 방식이다.

23

자극의 세기 5[Wb]인 점에 자극을 놓았을 때 50[N]의 힘이 작용하였다. 이 자계의 세기는 몇 [AT/m]인가?

① 5   ② 10
③ 15   ④ 25

해설 힘과 자계 관계식 $F = mH$[N]에서
자계 $H = \dfrac{F}{m} = \dfrac{50}{5} = 10$[AT/m]

24

200[V]의 교류전원에 전류가 450[A]이고 역률이 90[%]인 경우 소비전력[kW]은?

① 90   ② 45
③ 36   ④ 81

해설 단상 교류 소비전력
$P = VI\cos\theta$[W]
$= 200 \times 450 \times 0.9$
$= 81,000$[W]
$= 81$[kW]

25

코드나 케이블 등을 기계기구의 단자 등에 접속할 때 몇 [mm²]가 넘으면 그림과 같은 터미널러그〔눌러 붙임(압착)단자〕를 사용하여야 하는가?

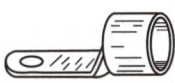

① 6
② 4
③ 8
④ 10

해설 코드 또는 캡타이어 케이블과 전기기계기구와의 접속
- 구리선(동전선)과 전기기계기구 단자의 접속은 접속이 완전하고 헐거워질 우려가 없도록 해야 한다.
- 기구 단자가 누름나사형, 크램프형이거나 이와 유사한 구조가 아닌 경우는 단면적 10[mm²] 초과하는 단선 또는 단면적 6[mm²]를 초과하는 연선에 터미널러그를 부착할 것
- 터미널러그는 납땜으로 전선을 부착하고 접속점에 장력이 걸리지 않도록 할 것

26

자속밀도 1[Wb/m²]은 몇 [gauss]인가?

① $4\pi \times 10^{-7}$
② 10^{-6}
③ 10^4
④ $\dfrac{4\pi}{10}$

해설 자속밀도 환산
$1[\text{Wb/m}^2] = \dfrac{10^8[\text{Max}]}{10^4[\text{cm}^2]}$
$= 10^4[\text{Max/cm}^2 = \text{gauss, 가우스}]$

27 KEC(한국전기설비규정)에 의한 저압 가공전선의 굵기 및 종류에 대한 설명 중 틀린 것은?

① 사용전압이 400[V] 초과인 저압 가공전선에는 인입용 비닐절연전선을 사용한다.
② 저압 가공전선에 사용하는 나전선은 중성선 또는 다중 접지된 접지측 전선으로 사용하는 전선에 한한다.
③ 사용전압이 400[V] 이하인 저압 가공전선은 지름 2.6[mm] 이상의 경동선이어야 한다.
④ 사용전압이 400[V] 초과인 저압 가공전선으로 시가지 외에 시설하는 것은 4.0[mm] 이상의 경동선이어야 한다.

해설 전압별 가공전선의 굵기

사용전압	전선의 굵기
400[V] 이하	• 절연전선 : 2.6[mm] 이상 경동선 • 나전선 : 3.2[mm] 이상 경동선
400[V] 초과	• 시가지 내 : 5.0[mm] 이상 경동선 • 시가지 외 : 4.0[mm] 이상 경동선
특고압	• 25[mm²] 이상 경동 연선

28 인입용 비닐절연전선을 나타내는 약호는?

① OW   ② NR
③ DV   ④ NV

해설 전선의 약호
• OW : 옥외용 비닐절연전선
• NR : 450/750[V] 일반용 단심 비닐절연전선
• NV : 클로로프렌 절연비닐 외장 케이블

29 전기저항이 작고, 부드러운 성질이 있어 구부리기가 용이하므로 주로 옥내배선에 사용하는 구리선의 명칭은?

① 경동선   ② 연동선
③ 합성연선   ④ 중공연선

해설 경동선은 인장강도가 뛰어나므로 주로 옥외전선로에서 사용하고, 연동선은 부드럽고 가요성이 뛰어나므로 주로 옥내배선에서 사용한다.

30 다음 중 동기전동기의 안정도 증진법으로 틀린 것은?

① 단락비를 크게 한다.
② 관성 효과 증대
③ 동기 임피던스 증대
④ 속응여자 채용

해설 안정도 향상 대책
• 단락비를 크게 한다.
• 동기 임피던스를 감소시킨다.
• 속응여자방식을 채용한다.
• 속도조절기(조속기) 성능을 개선시킨다.

31 그림의 휘트스톤 브리지의 평형 조건은?

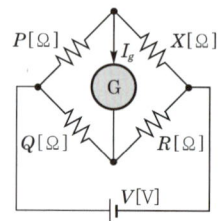

① $X = \dfrac{Q}{P} R$ ② $X = \dfrac{P}{Q} R$

③ $X = \dfrac{Q}{R} P$ ④ $X = \dfrac{P^2}{R} Q$

해설 휘트스톤 브리지회로의 평형 조건
$P \cdot R = Q \cdot X$
$\therefore \ X = \dfrac{P}{Q} R$

32 전원과 부하가 다같이 Y결선된 3상 평형회로가 있다. 상전압이 200[V], 부하 임피던스가 $\dot{Z} = 8 + j6[\Omega]$인 경우 상전류는 몇 [A]인가?

① 20   ② $\dfrac{20}{\sqrt{3}}$

③ $20\sqrt{3}$ ④ $10\sqrt{3}$

해설 한 상의 임피던스 $\dot{Z} = 8 + j6[\Omega] \rightarrow |Z| = 10[\Omega]$
상전류 $I_p = \dfrac{V}{Z} = \dfrac{200}{10} = 20[A]$

정답 27. ① 28. ③ 29. ② 30. ③ 31. ② 32. ①

33 반도체 재료로 갈륨 인(GaP)을 쓰며 탁상시계, 탁상용 계산기 등에 사용되는 다이오드는?

① 제너 다이오드

② 광 다이오드

③ 발광 다이오드

④ 터널 다이오드

해설 발광 다이오드(LED)
전류를 순방향으로 흘려주면 빛을 내는 반도체 소자로서 시계나 전광판, 디스플레이 등에 사용하는 다이오드이다.

34 전선의 굵기가 6[mm²] 이하인 가는 단선의 전선 접속은 어떤 접속으로 하여야 하는가?

① 브리타니아 접속

② 쥐꼬리 접속

③ 트위스트 접속

④ 슬리브 접속

해설 단선의 직선 접속
• 단면적 6[mm²] 이하 : 트위스트 접속
• 단면적 10[mm²] 이상 : 브리타니아 접속

35 나전선 상호를 접속하는 경우 일반적으로 전선의 세기를 몇 [%] 이상 감소시키지 않아야 하는가?

① 2[%]

② 3[%]

③ 20[%]

④ 80[%]

해설 전선 접속 시 전선의 세기는 20[%] 이상 감소되지 않도록 하여야 한다.

36 폭발성 먼지(분진)가 있는 위험장소에 금속관 배선에 의할 경우 관 상호 및 관과 박스 기타의 부속품이나 풀 박스 또는 전기기계기구는 몇 턱 이상의 나사 조임으로 접속하여야 하는가?

① 2턱

② 3턱

③ 4턱

④ 5턱

해설 폭연성 먼지(분진)가 존재하는 곳의 금속관공사에 있어서 관 상호 및 관과 박스의 접속은 5턱 이상의 죔나사로 시공하여야 한다.

37 코일에서 유도되는 기전력의 크기는 자속의 시간적인 변화율에 비례한다는 유도기전력의 크기를 정의한 법칙은?

① 렌츠의 법칙

② 플레밍의 법칙

③ 패러데이의 법칙

④ 줄의 법칙

해설 패러데이의 법칙은 유도기전력의 크기를 정의한 법칙으로서 코일에서 유도기전력의 크기는 자속의 시간적인 변화율에 비례한다.

38 저압 수전방식 중 단상 3선식은 평형이 되는게 원칙이지만 부득이한 경우 설비 불평형률은 몇 [%] 이내로 유지해야 하는가?

① 10

② 20

③ 30

④ 40

해설 단상 3선식에서 중성선과 각 전압측 전선 간의 부하는 평형이 되게 하는 것을 원칙으로 하지만, 부득이한 경우 발생하는 설비 불평형률은 40[%]까지 할 수 있다.

39 굵은 전선이나 케이블을 절단할 때 사용되는 공구는?

① 펜치

② 클리퍼

③ 나이프

④ 플라이어

해설 클리퍼
전선 단면적 25[mm²] 이상의 굵은 전선이나 볼트 절단 시 사용하는 공구

40 금속덕트를 취급자 이외에는 출입할 수 없는 곳에서 수직으로 설치하는 경우 지지점 간의 거리는 최대 몇 [m] 이하로 하여야 하는가?

① 1.5

② 2.0

③ 3.0

④ 6.0

해설 덕트의 지지점 간 거리는 3[m] 이하로 할 것(단, 취급자 이외에는 출입할 수 없는 곳에서 수직으로 설치하는 경우 6[m] 이하까지도 가능)

41 다음 중 버스덕트의 종류가 아닌 것은?

① 피더 버스덕트

② 플러그인 버스덕트

③ 케이블 버스덕트

④ 탭붙이 버스덕트

해설 **버스덕트의 종류**
- 피더 버스덕트 : 도중 부하 접속 불가능
- 플러그인 버스덕트 : 도중에 부하 접속용으로 꽂음 플러그를 만든 것
- 탭붙이 버스덕트 : 중간에 기기 또는 전선 등과 접속시키기 위한 탭붙이된 덕트
- 트랜스포지션 버스덕트
- 익스팬션 버스덕트

42 480[V] 가공인입선이 철도를 횡단할 때 레일면 상의 최저 높이는 약 몇 [m]인가?

① 4.0　　　　② 4.5

③ 5.5　　　　④ 6.5

해설 **저압 가공인입선의 높이**

장소 구분	저압[m]
도로 횡단	5[m] 이상(단, 기술상 부득이하고 교통에 지장이 없는 경우 3[m] 이상)
철도 횡단	6.5[m] 이상
횡단보도교	3[m] 이상
기타 장소	4[m] 이상(단, 기술상 부득이하고 교통에 지장이 없는 경우 2.5[m] 이상)

43 2[μF], 3[μF], 5[μF]의 콘덴서 3개를 병렬로 접속했을 때의 합성 정전용량은 몇 [μF]인가?

① 1.5

② 4

③ 8

④ 10

해설 **병렬 합성 정전용량**
$$C_0 = 2 + 3 + 5 = 10[\mu F]$$

44 그림과 같은 $R-C$ 병렬회로에서 역률은?

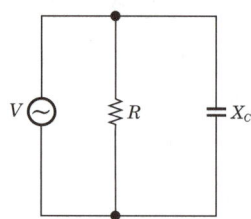

① $\dfrac{R}{\sqrt{R^2 + X_C{}^2}}$　　② $\dfrac{X_C}{\sqrt{R^2 + X_C{}^2}}$

③ $\dfrac{X_C}{R^2 + X_C{}^2}$　　④ $\dfrac{RX_C}{\sqrt{R^2 + X_C{}^2}}$

해설 $R-C$ **병렬회로의 역률**
$$\cos\theta = \frac{X_C}{\sqrt{R^2 + X_C{}^2}}$$

45 수·변전설비에서 계기용 변류기(CT)의 설치 목적은?

① 고전압을 저전압으로 변성

② 대전류를 소전류로 변성

③ 선로전류 조정

④ 지락전류 측정

해설 **계기용 변류기(CT)**
대전류를 소전류(5[A])로 변성하여 측정 계기나 전기의 전류원으로 사용하기 위한 전류 변성기

46 전기배선용 도면을 작성할 때 사용하는 매입콘센트 도면 기호는?

①　　　　②

③　　　　④

해설 **심벌 명칭**
① 매입콘센트
② 점멸기
③ 전등
④ 점검구

47 실내 전체를 균일하게 조명하는 방식으로 광원을 일정한 간격으로 배치하며 공장, 학교, 사무실 등에서 채용되는 조명방식은?

① 국부조명

② 전반조명

③ 직접조명

④ 간접조명

해설 ① 국부조명 : 필요한 범위를 높은 광속으로 유지(진열장)
② 전반조명 : 실내 전체를 균등한 광속으로 유지(사무실)
③ 직접조명 : 특정 부분만 광속의 90[%] 이상을 작업면에 투사시키는 방식
④ 간접조명 : 광속의 90[%] 이상을 벽이나 천장에 투사시켜 간접적으로 빛을 얻는 방식

48 다음 ( ) 안에 알맞은 낱말은?

뱅크(bank)란 전로에 접속된 변압기 또는 ( )의 결선상 단위를 말한다.

① 차단기   ② 콘덴서

③ 단로기   ④ 리액터

해설 뱅크(bank)란 전로에 접속된 변압기 또는 콘덴서의 결선상 단위를 말한다.

49 그림과 같은 비사인파의 제3고조파 주파수는? (단, $V=20$[V], $T=10$[ms]이다.)

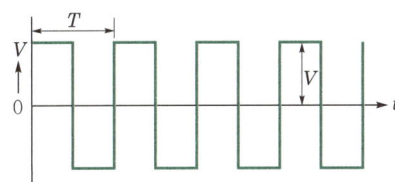

① 100[Hz]   ② 200[Hz]

③ 300[Hz]   ④ 400[Hz]

해설 기본파의 주파수 $f = \dfrac{1}{T} = \dfrac{1}{10 \times 10^{-3}} = 100$[Hz]

제3고조파 주파수는 기본파 주파수의 3배이므로 300[Hz]이다.

50 주파수가 1,000[Hz]일 때 용량성 리액턴스에 10[A]의 전류가 흘렀다면 주파수가 2,000[Hz]인 경우 전류는 몇 [A]인가?

① 5

② 10

③ 20

④ 40

해설 용량성 리액턴스$\left(X_C = \dfrac{1}{\omega C} = \dfrac{1}{2\pi f C} \right)$에 의한 전류

$I = \dfrac{V}{X_C} = 2\pi f CV$ [A]는 주파수에 비례하므로 주파수가 2배로 증가하면 전류도 2배가 된다.

전류 $I' = 2 \times 10 = 20$[A]

51 기전력 1.5[V], 내부저항 0.2[Ω]인 전지 5개를 직렬로 접속하여 단락시켰을 때의 전류[A]는?

① 1.5

② 2.5

③ 6.5

④ 7.5

해설 $I = \dfrac{nE}{nr}$

$= \dfrac{1.5 \times 5}{0.2 \times 5} = 7.5$[A]

52 전기 분해를 통하여 석출된 물질의 양은 통과한 전기량 및 화학당량과 어떤 관계가 있는가?

① 전기량과 화학당량에 비례한다.

② 전기량과 화학당량에 반비례한다.

③ 전기량에 비례하고 화학당량에 반비례한다.

④ 전기량에 반비례하고 화학당량에 비례한다.

해설 **패러데이 법칙**
전극에서 석출되는 물질의 양은 전기량과 화학당량에 비례한다.
$W = kQ = kIt$ [g]

정답 47. ② 48. ② 49. ③ 50. ③ 51. ④ 52. ①

53 (가), (나)에 들어갈 내용으로 알맞은 것은?

> 2차 전지의 대표적인 것으로 납축전지가 있다. 전해액으로 비중 약 (가) 정도의 (나)을 사용한다.

① (가) 1.15~1.21, (나) 묽은 황산
② (가) 1.25~1.36, (나) 질산
③ (가) 1.01~1.15, (나) 질산
④ (가) 1.23~1.26, (나) 묽은 황산

해설 **납축전지의 재료**
• 음극제 : 납
• 양극제 : 이산화납(PbO_2)
• 전해액 : 묽은 황산(H_2SO_4), 물과 섞어 사용하는 비중 1.2~1.3

54 m[Wb]의 점자극에서 r[m] 떨어진 점의 자장의 세기는 몇 [AT/m]인가?

① $\dfrac{m}{4\pi r}$
② $\dfrac{m}{4\pi\mu_0\mu_s r}$
③ $\dfrac{m}{4\pi r^2}$
④ $\dfrac{m}{4\pi\mu_0\mu_s r^2}$

해설 **점자극에 의한 자계의 세기**
$$H = \frac{m}{4\pi\mu_0\mu_s r^2}\,[\text{AT/m}]$$

55 다음 중 줄의 법칙을 응용한 전기기기가 아닌 것은?

① 백열전구
② 열전대
③ 전기 다리미
④ 전열기

해설 줄의 법칙은 전열기에서 발생하는 열량을 정의한 법칙이다. 전기 부하가 줄의 법칙을 응용한 기기이며 열전대는 재베크 효과를 이용하여 만들어진 서로 다른 두 금속의 조합을 의미한다. 백금-백금로듐, 크로멜-알루멜, 구리-콘스탄탄 등이 이에 해당한다.

56 가공전선로의 지지물에 시설하는 지지선(지선)의 안전율은 얼마 이상이어야 하는가? (단, 허용인장하중은 4.31[kN] 이상)

① 2
② 2.5
③ 3
④ 3.5

해설 **지지선(지선)의 시설 규정**
• 안전율 2.5 이상일 것
• 허용인장하중 : 4.31[kN] 이상
• 소선 3가닥 이상의 아연 도금 연선을 사용할 것

57 저항 2[Ω]과 3[Ω]을 병렬로 연결했을 때의 전류는 직렬로 연결했을 때 전류의 몇 배인가?

① 0.24
② 3.16
③ 4.17
④ 6

해설 직렬 접속 저항 $R_1 = 2+3 = 5[\Omega]$

병렬 접속 저항 $R_2 = \dfrac{2\times3}{2+3} = 1.2[\Omega]$

전류비$= \dfrac{R_1}{R_2} = \dfrac{5}{1.2} = 4.17$

58 전류에 의해 만들어지는 자기장의 방향을 알기 쉽게 정의한 법칙은?

① 앙페르의 오른나사법칙
② 플레밍의 왼손법칙
③ 렌츠의 자기유도법칙
④ 패러데이의 전자유도법칙

해설 **앙페르의 오른나사법칙**
전류에 의한 자기장(자기력선)의 방향을 알기 쉽게 정의한 법칙

59 30[μF]과 40[μF]의 콘덴서를 병렬로 접속한 후 100[V]의 전압을 가했을 때 전체 전하량은 몇 [C]인가?

① 17×10^{-4}
② 34×10^{-4}
③ 56×10^{-4}
④ 70×10^{-4}

해설 합성 정전용량 $C_0 = 30 + 40 = 70[\mu\mathrm{F}]$

총 전하량 $Q = CV = 70 \times 10^{-6} \times 100 = 70 \times 10^{-4}[\mathrm{C}]$

★★
60 도체계에서 임의의 도체를 일정 전위(일반적으로 영전위)의 도체로 완전 포위하면 내부와 외부의 전계를 완전히 차단할 수 있는데 이를 무엇이라 하는가?

① 핀치 효과 ② 톰슨 효과

③ 정전 차폐 ④ 자기 차폐

해설 **정전 차폐**

도체가 정전유도가 되지 않도록 도체 바깥을 포위하여 접지하는 것을 정전 차폐라 하며 완전 차폐가 가능하다.

MEMO

01 다음 중 계전기의 종류가 아닌 것은?

① 과전류계전기
② 지락계전기
③ 과전압계전기
④ 고저항계전기

> **해설** 거리에 비례하는 저항계전기는 있지만 고저항계전기는 존재하지 않는다.

02 분기회로(S_2)의 보호장치(P_2)는 P_2의 전원측에서 분기점(O) 사이에 다른 분기회로 또는 콘센트의 접속이 없고, 단락의 위험과 화재 및 인체에 대한 위험성이 최소화되도록 시설된 경우, 분기회로의 보호장치(P_2)는 분기회로의 분기점(O)으로부터 x[m]까지 이동하여 설치할 수 있다. x[m]는?

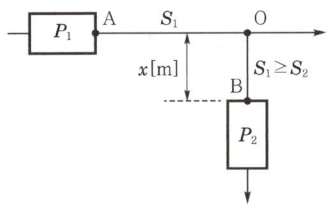

① 2
② 3
③ 1
④ 4

> **해설** 전원측(P_2)에서 분기점(O) 사이에 다른 분기회로 또는 콘센트의 접속이 없고, 단락의 위험과 화재 및 인체에 대한 위험성이 최소화되도록 시설된 경우, 분기회로의 보호장치(P_2)는 분기회로의 분기점(O)으로부터 3[m]까지 이동하여 설치할 수 있다.

03 전로에 시설하는 기계기구의 철대 및 금속제 외함(외함이 없는 변압기 또는 계기용 변성기는 철심)에는 접지공사를 하여야 한다. 다음 사항 중 접지공사 생략이 불가능한 장소는?

① 사용전압이 직류 300[V] 이하인 전기기계기구를 건조한 장소에 설치한 경우
② 철대 또는 외함을 주위의 적당한 절연대를 이용하여 시설한 경우
③ 전기용품 안전관리법에 의한 2중 절연 기계기구
④ 대지전압 교류 220[V] 이하인 전기기계기구를 건조한 장소에 설치한 경우

> **해설** 전로에 시설하는 기계기구의 철대 및 금속제 외함(외함이 없는 변압기 또는 계기용 변성기는 철심)의 접지공사 생략 가능한 경우
> • 사용전압이 직류 300[V], 교류 대지전압 150[V] 이하인 전기기계기구를 건조한 장소에 설치한 경우
> • 저압·고압, 22.9[kV-Y] 계통 전로에 접속한 기계기구를 목주 위 등에 시설한 경우
> • 저압용 기계기구를 목주나 마루 위 등에 설치한 경우
> • 전기용품 안전관리법에 의한 2중 절연 기계기구
> • 외함이 없는 계기용 변성기 등을 고무 절연물 등으로 덮은 경우
> • 철대 또는 외함을 주위의 적당한 절연대를 이용하여 시설한 경우
> • 2차 전압 300[V] 이하, 정격용량 3[kVA] 이하인 절연변압기를 사용하고 2차측을 비접지 방식으로 하는 경우
> • 동작전류 30[mA] 이하, 동작시간 0.03[sec] 이하인 인체감전보호 누전차단기를 설치한 경우

04 한국전기설비규정에 의한 중성점 접지용 접지도체는 공칭단면적 몇 [mm²] 이상의 연동선을 사용하여야 하는가? (단, 25[kV] 이하인 중성선 다중접지식으로서 전로에 지락 발생 시 2초 이내에 자동적으로 이를 전로로부터 차단하는 장치가 되어 있는 경우이다.)

① 16
② 6
③ 2.5
④ 10

해설 중성점 접지용 접지도체는 공칭단면적 16[mm²] 이상의 연동선을 사용하여야 한다. 단, 25[kV] 이하인 중성선 다중 접지식으로서 전로에 지락 발생 시 2초 이내에 자동적으로 이를 전로로부터 차단하는 장치가 되어 있는 경우는 6[mm²]를 사용하여도 된다.

05 한국전기설비규정에 의하면 정격전류가 30[A]인 저압전로에 39[A]의 전류가 흐를 때 배선용(산업용) 차단기로 사용하는 경우 몇 분 이내에 자동적으로 동작하여야 하는가?

① 120　　② 60
③ 2　　④ 4

해설 과전류차단기로 저압전로에 사용하는 63[A] 이하의 산업용 배선용 차단기는 정격전류의 1.3배 전류가 흐를 때 60분 내에 자동으로 동작하여야 한다.

06 전주외등을 전주에 부착하는 경우 전주외등은 하단으로부터 몇 [m] 이상 높이에 시설하여야 하는가?

① 3.0　　② 3.5
③ 4.0　　④ 4.5

해설 전주외등
대지전압 300[V] 이하 백열전등이나 수은등을 배전선로의 지지물 등에 시설하는 등
• 기구 부착 높이 : 하단에서 지표상 4.5[m] 이상(단, 교통 지장이 없을 경우 3.0[m] 이상)
• 돌출 수평 거리 : 1.0[m] 이상

07 특고압 수변전설비 약호가 잘못된 것은?

① LF – 전력 퓨즈
② DS – 단로기
③ LA – 피뢰기
④ CB – 차단기

해설 전력 퓨즈 약호
PF

08 실효값 20[A], 주파수 $f=60$[Hz], 0°인 전류의 순시값 i[A]를 수식으로 옳게 표현한 것은?

① $i=20\sin(60\pi t)$
② $i=20\sqrt{2}\sin(120\pi t)$
③ $i=20\sin(120\pi t)$
④ $i=20\sqrt{2}\sin(60\pi t)$

해설 순시값 전류 $i(t)=$실효값$\times\sqrt{2}\sin(2\pi ft+\theta)$
$=20\sqrt{2}\sin(120\pi t)$[A]

09 전압 200[V]이고 $C_1=10[\mu F]$와 $C_2=5[\mu F]$인 콘덴서를 병렬로 접속하면 C_2에 분배되는 전하량은 몇 [μC]인가?

① 100　　② 2,000
③ 500　　④ 1,000

해설 C_2에 축적되는 전하량
$Q_2=C_2V=5\times200=1,000[\mu C]$

10 변압기의 권수비가 60이고 2차 저항이 0.1[Ω]일 때 1차로 환산한 저항값[Ω]은 얼마인가?

① 30　　② 360
③ 300　　④ 250

해설 권수비 $a=\sqrt{\dfrac{R_1}{R_2}}$ 이므로
1차 저항 $R_1=a^2R_2=60^2\times0.1=360[\Omega]$

11 다음 중 자기저항의 단위에 해당되는 것은?

① [AT/Wb]
② [Wb/AT]
③ [H/m]
④ [Ω]

해설 기자력 $F=NI=R\phi$[AT]에서
자기저항 $R=\dfrac{NI}{\phi}$[AT/Wb]

12 사람이 상시 통행하는 터널 내 배선의 사용전압이 저압일 때 배선방법으로 틀린 것은?

① 금속몰드
② 금속관
③ 두께 2[mm] 이상 합성수지관(콤바인덕트관 제외)
④ 제2종 가요전선관 배선

해설 사람이 상시 통행하는 터널 안의 배선공사
금속관, 제2종 가요전선관, 케이블, 합성수지관, 단면적 2.5[mm²] 이상의 연동선을 사용한 애자사용공사에 의하여 노면상 2.5[m] 이상의 높이에 시설할 것

13 전류를 계속 흐르게 하려면 전압을 연속적으로 만들어주는 어떤 힘이 필요하게 되는데, 이 힘을 무엇이라 하는가?

① 기자력
② 전자력
③ 기전력
④ 전기력

해설 기전력
전압을 연속적으로 만들어서 전류를 흐르게 하는 원천

14 폭연성 먼지(분진)가 존재하는 곳의 금속관공사 시 전동기에 접속하는 부분에서 가요성을 필요로 하는 부분의 배선에는 폭발방지(방폭)형의 부속품 중 어떤 것을 사용하여야 하는가?

① 유연성 부속
② 분진방폭형 유연성 부속
③ 안정증가형 유연성 부속
④ 안전 증가형 부속

해설 폭연성 먼지(분진)가 존재하는 장소
전동기에 가요성을 요하는 부분의 부속품은 분진방폭형 유연성 구조이어야 한다.

15 동기발전기의 병렬운전 중 기전력의 위상차가 발생하면 어떤 현상이 나타나는가?

① 무효횡류
② 유효순환전류
③ 무효순환전류
④ 고조파전류

해설 동기발전기 병렬운전조건 중 기전력의 크기가 같고 위상차가 존재하는 경우 유효순환전류(동기화전류)가 흘러 동기화력에 의해 위상이 일치된다.

16 병렬운전 중인 동기발전기의 유도기전력이 2,000 [V], 위상차 60°일 경우 유효순환전류는 얼마인가? (단, 동기 임피던스는 5[Ω]이다.)

① 500
② 1,000
③ 20
④ 200

해설 유효순환전류
$$I_c = \frac{E_A}{Z_s}\sin\delta = \frac{2,000}{5}\sin\frac{60°}{2} = 200[A]$$

17 동일 굵기의 단선을 쥐꼬리 접속하는 경우 두 전선의 피복을 벗긴 후 심선을 교차시켜서 펜치로 비틀면서 꼬아야 하는데 이때 심선의 교차각은 몇 도가 되도록 해야 하는가?

① 30°
② 90°
③ 120°
④ 180°

해설 쥐꼬리 접속은 전선 피복을 여유 있게 벗긴 후 심선을 90°가 되도록 교차시킨 후 펜치로 잡아당기면서 비틀어 2~3회 정도 꼰 후 끝을 잘라낸다.

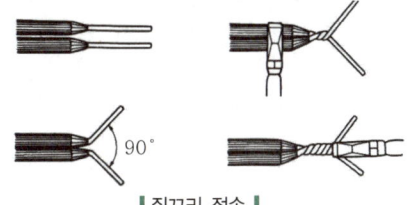

▮쥐꼬리 접속▮

18 노출 장소 또는 점검 가능한 장소에서 제2종 가요전선관을 시설하고 제거하는 것이 자유로운 경우의 곡선(곡률) 반지름은 안지름의 몇 배 이상으로 하여야 하는가?

① 6
② 3
③ 12
④ 10

해설 제2종 가요관의 곡선 반지름(곡률 반경)은 가요전선관을 시설하고 제거하는 것이 자유로운 경우 곡선(곡률) 반지름은 3배 이상으로 한다.

19 교통신호등회로의 사용전압이 몇 [V]를 초과하는 경우에는 지락 발생 시 자동적으로 전로를 차단하는 장치를 시설하여야 하는가?

① 100   ② 50
③ 150   ④ 200

해설 교통신호등회로의 사용전압이 150[V]를 초과한 경우 전로에 지락이 발생했을 때 자동적으로 전로를 차단하는 누전차단기를 시설하여야 한다.

20 옥내배선공사에서 절연전선의 심선이 손상되지 않도록 피복을 벗길 때 사용하는 공구는?

① 와이어 스트리퍼   ② 플라이어
③ 압착 펜치   ④ 프레셔 툴

해설 와이어 스트리퍼
절연전선의 피복 절연물을 직각으로 벗기기 위한 자동 공구로 도체의 손상을 방지하기 위하여 정확한 크기의 구멍을 선택하여 피복 절연물을 벗겨야 한다.

21 코일 주위에 전기적 특성이 큰 에폭시 수지를 고진공으로 침투시키고, 다시 그 주위를 기계적 강도가 큰 에폭시 수지로 몰딩한 변압기는?

① 건식변압기   ② 몰드변압기
③ 유입변압기   ④ 타이변압기

해설 몰드변압기
코일 주위에 전기적 특성이 큰 에폭시 수지를 고진공으로 침투시키고, 다시 그 주위를 기계적 강도가 큰 에폭시 수지로 몰딩한 변압기

22 저압 크레인 또는 호이스트 등의 트롤리선을 애자 사용공사에 의하여 옥내의 노출 장소에 시설하는 경우 트롤리선의 바닥에서의 최소 높이는 몇 [m] 이상으로 설치하는가?

① 2   ② 2.5
③ 3.5   ④ 4.5

해설 저압 크레인 또는 호이스트 등의 트롤리선을 애자사용공사에 의하여 옥내의 노출 장소에 시설하는 경우 트롤리선의 바닥에서의 높이는 3.5[m] 이상으로 설치하여야 한다.

23 다음 단상 유도전동기에서 역률이 가장 좋은 것은?

① 콘덴서 기동형   ② 세이딩 코일형
③ 반발 기동형   ④ 콘덴서 구동형

해설 콘덴서 기동형은 전동기 기동 시나 운전 시 항상 콘덴서를 기동 권선과 직렬로 접속시켜 기동하는 방식으로 구조가 간단하고 역률이 좋기 때문에 큰 기동 토크를 요하지 않고 속도를 조정할 필요가 있는 선풍기나 세탁기 등에서 이용한다.

24 저압전선로 중 절연 부분의 전선과 대지 간 및 전선의 심선 상호 간의 절연저항은 사용전압에 대한 누설전류가 최대공급전류의 얼마를 넘지 않도록 하여야 하는가?

① $\dfrac{1}{4,000}$ ② $\dfrac{1}{3,000}$
③ $\dfrac{1}{2,000}$ ④ $\dfrac{1}{1,000}$

해설 저압 전선로의 절연저항은 사용전압에 대한 누설전류가 최대공급전류의 $\dfrac{1}{2,000}$ 을 넘지 않아야 한다.

25 권선형 유도전동기 기동 시 회전자측에 저항을 넣는 이유는?

① 기동전류를 감소시키기 위해
② 기동토크를 감소시키기 위해
③ 회전수를 감소시키기 위해
④ 기동전류를 증가시키기 위해

해설 권선형 유도전동기에 외부 저항을 접속하면 기동전류는 감소하고, 기동토크는 증가하며 역률은 개선된다.

정답 19. ③ 20. ① 21. ② 22. ③ 23. ① 24. ③ 25. ①

26 ★
연피 케이블 및 알루미늄피 케이블을 구부리는 경우 피복이 손상되지 않도록 하고, 그 굽은 부분(굴곡부)의 곡선 반지름(곡률 반경)은 원칙적으로 케이블 바깥지름(외경)의 몇 배 이상이어야 하는가?

① 8 　　　　　　② 6
③ 12 　　　　　　④ 10

해설 알루미늄피 케이블의 곡선 반지름(곡률 반경)은 케이블 바깥지름의 12배 이상이어야 한다.

27 ★★
진동이 있는 기계기구의 단자에 전선을 접속할 때 사용하는 것은?

① 눌러 붙임(압착) 단자　② 스프링 와셔
③ 코드 스패너　　　　　④ 십자머리 볼트

해설 진동으로 인하여 단자가 풀릴 우려가 있는 곳에는 스프링 와셔나 이중 너트를 사용한다.

28 ★★
단상 유도전동기 중 회전자는 농형이고 자극의 일부에 홈을 만들어 단락된 코일을 끼워 넣어 기동하는 방식은?

① 분상 기동형　　　② 셰이딩 코일형
③ 반발 유도형　　　④ 반발 기동형

해설 셰이딩 코일형
회전자는 농형이고 고정자는 몇 개의 자극으로 이루어진 구조로 자극 일부에 슬롯을 만들어 단락된 셰이딩 코일을 끼워 넣어 기동하는 방식

29 ★★★
자로의 길이 $l\,[\text{m}]$, 투자율 μ, 단면적 $A\,[\text{m}^2]$인 자기회로의 자기저항[AT/Wb]은?

① $\dfrac{\mu}{lA}$ 　　　　② $\dfrac{\mu l}{A}$

③ $\dfrac{l}{\mu A}$ 　　　　④ $\dfrac{\mu A}{l}$

해설 자기회로의 자기저항
$$R = \frac{l}{\mu A} = \frac{NI}{\phi}\,[\text{AT/Wb}]$$

30 ★★★
250[kVA]의 단상 변압기 2대를 사용하여 V-V 결선으로 하고 3상 전원을 얻고자 할 때 최대로 얻을 수 있는 3상 부하의 용량은 약 몇 [kVA]인가?

① 500 　　　　　② 433
③ 200 　　　　　④ 100

해설 V결선 용량
$$P_\text{V} = \sqrt{3}\,P_1 = \sqrt{3} \times 250 = 433\,[\text{kVA}]$$

31 ★
일반적으로 전철이나 화학용과 같이 비교적 용량이 큰 수은정류기용 변압기의 2차측 결선방식으로 쓰이는 것은?

① 6상 2중 성형
② 3상 반파
③ 3상 전파
④ 3상 크로즈파

해설 용량이 큰 수은정류기용 변압기 2차측 결선방법
• 6상 2중 성형
• Fork결선

32 ★★★
그림과 같은 회로에서 합성저항은 몇 [Ω]인가?

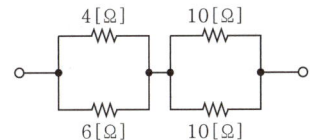

① 6.6 　　　　　② 7.4
③ 8.7 　　　　　④ 9.4

해설 합성저항 $= \dfrac{4 \times 6}{4+6} + \dfrac{10 \times 10}{10+10} = 7.4\,[\Omega]$

33 ★
동기기의 손실에서 고정손에 해당되는 것은?

① 계자 권선의 저항손
② 전기자 권선의 저항손
③ 계자 철심의 철손
④ 브러시의 전기손

해설 고정손(무부하손)

부하에 관계없이 항상 일정한 손실

- 철손(P_i) : 히스테리시스손, 와류손
- 기계손(P_m) : 마찰손, 풍손

★
34 5.5[kW], 200[V] 유도전동기의 전전압 기동 시의 기동전류가 150[A]이었다. 여기에 Y−△ 기동 시 기동전류는 몇 [A]가 되는가?

① 50
② 70
③ 87
④ 95

해설 Y−△ 기동 시 기동전류는 $\frac{1}{3}$로 감소된다.

★
35 변압기의 임피던스 전압을 구하는 시험방법은?

① 충격전압시험
② 부하시험
③ 무부하시험
④ 단락시험

해설 임피던스 전압은 전부하 시 변압기 동손을 구하기 위한 시험으로 변압기 2차측을 단락시킨 상태에서 시험하는 단락시험으로부터 구할 수 있다.

★★★
36 두 자극의 세기가 m_1, m_2[Wb], 거리가 r[m]일 때 작용하는 자기력의 크기[N]는 얼마인가?

① $k\dfrac{m_1 \cdot m_2}{r}$
② $k\dfrac{r}{m_1 \cdot m_2}$
③ $k\dfrac{m_1 \cdot m_2}{r^2}$
④ $k\dfrac{r^2}{m_1 \cdot m_2}$

해설 쿨롱의 법칙

두 자극 사이에 작용하는 자력의 크기는 양 자극의 세기의 곱에 비례하며, 자극 간의 거리의 제곱에 비례한다.

쿨롱의 법칙 $F=k\dfrac{m_1 \cdot m_2}{r^2}=\dfrac{m_1 \cdot m_2}{4\pi\mu_0 r^2}$[N]

★
37 가동 접속한 자기 인덕턴스 값이 $L_1=50$[mH], $L_2=70$[mH], 상호 인덕턴스 $M=60$[mH]일 때 합성 인덕턴스[mH]는? (단, 누설 자속이 없는 경우이다.)

① 120
② 240
③ 200
④ 100

해설 가동 접속 합성 인덕턴스

$L_{가} = L_1 + L_2 + 2M$

$\quad = 50 + 70 + 2 \times 60 = 240$[mH]

★★★
38 교류의 실효값이 220[V]일 때 평균값은 몇 [V]인가?

① 311
② 211
③ 198
④ 243

해설 평균값 $V_{av} = \dfrac{2}{\pi}V_m = 0.9V$이므로

$\quad\quad = 0.9 \times 220 = 198$[V]

※ $V_{av} = \dfrac{2}{\pi}V_m = 0.9V_{av}$[V]

★★
39 막대자석의 자극의 세기가 m[Wb]이고, 길이가 l[m]인 경우 자기 모멘트[Wb·m]는 얼마인가?

① ml
② $\dfrac{m}{l}$
③ $\dfrac{l}{m}$
④ $2ml$

해설 막대자석의 자기 모멘트 $M=ml$[Wb·m]

★
40 가공인입선을 시설할 때 경동선의 최소 굵기는 몇 [mm]인가?〔단, 지지물 간 거리(경간)가 15[m]를 초과한 경우이다.〕

① 2.0
② 2.6
③ 3.2
④ 1.5

해설 가공인입선의 사용전선

2.6[mm] 이상 경동선 또는 이와 동등 이상일 것〔단, 지지물 간 거리(경간) 15[m] 이하는 2.0[mm] 이상도 가능〕

정답 34. ① 35. ④ 36. ③ 37. ② 38. ③ 39. ① 40. ②

41 공기 중에서 자속밀도 2[Wb/m²]의 평등 자장 속에 길이 60[cm]의 직선 도선을 자장의 방향과 30°각으로 놓고 여기에 5[A]의 전류를 흐르게 하면 이 도선이 받는 힘은 몇 [N]인가?

① 2 　　　　② 5
③ 6 　　　　④ 3

해설 전자력
$$F = IBl\sin\theta = 5 \times 2 \times 0.6 \times \sin30° = 3[N]$$

42 히스테리시스 곡선이 세로축과 만나는 점의 값은 무엇을 나타내는가?

① 자속밀도
② 잔류자기
③ 보자력
④ 자기장

해설 히스테리시스 곡선
• 세로축(종축)과 만나는 점 : 잔류자기
• 가로축(횡축)과 만나는 점 : 보자력

43 두 금속을 접속하여 여기에 전류를 흘리면, 줄열 외에 그 접점에서 열의 발생 또는 흡수가 일어나는 현상은?

① 줄 효과
② 홀 효과
③ 제벡 효과
④ 펠티에 효과

해설 펠티에 효과
두 금속을 접합하여 접합점에 전류를 흘려주면 열의 발생 또는 흡수가 발생하는 현상

44 주파수 60[Hz]인 터빈발전기의 최고 속도는 몇 [rpm]인가? (단, 극수는 2극이다.)

① 3,600 　　　② 2,400
③ 1,800 　　　④ 4,800

해설 주파수 60[Hz]이고, 극수가 2극일 때 최고 속도를 낼 수 있다.
$$N_s = \frac{120f}{P} = \frac{120 \times 60}{2} = 3,600[rpm]$$

45 변압기 내부 고장 발생 시 발생하는 기름의 흐름 변화를 검출하는 부흐홀츠 계전기의 설치 위치로 알맞은 것은?

① 변압기 본체
② 변압기의 고압측 부싱
③ 콘서베이터 내부
④ 변압기 본체와 콘서베이터 사이

해설 부흐홀츠 계전기는 내부 고장 발생 시 유증기를 검출하여 동작하는 계전기로 변압기 본체와 콘서베이터를 연결하는 파이프 도중에 설치한다.

46 전등 1개를 2개소에서 점멸하고자 할 때 필요한 3로 스위치는 최소 몇 개인가?

① 1개
② 2개
③ 3개
④ 4개

해설 3로 스위치
1개의 등을 2개소에서 점멸하고자 할 경우 3로 스위치는 2개가 필요하다.

47 8극, 60[Hz]인 유도전동기의 회전수[rpm]는?

① 1,800
② 900
③ 3,600
④ 2,400

해설
$$N_s = \frac{120f}{P} = \frac{120 \times 60}{8} = 900[rpm]$$

 **48** 그림과 같은 전동기 제어회로에서 전동기 M의 전류 방향으로 올바른 것은? (단, 전동기의 역률은 100[%]이고, 사이리스터의 점호각은 0°라고 본다.)

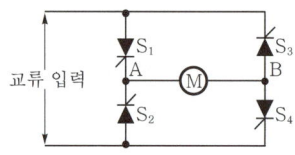

① 항상 "A"에서 "B"의 방향
② 입력의 반주기마다 "A"에서 "B"의 방향, "B"에서 "A"의 방향
③ 항상 "B"에서 "A"의 방향
④ S₁과 S₄, S₂와 S₃의 동작 상태에 따라 "A"에서 "B"의 방향, "B"에서 "A"의 방향

해설 그림의 전동기 제어회로는 전파 정류회로를 이용한 사이리스터 위상 제어회로로서 S₁, S₂에 교류가 순방향 입력으로 들어가면 전류 방향은 항상 "A"에서 "B"를 향한다.

49 직류발전기의 무부하 특성 곡선은 어떠한 관계를 의미하는가?

① 부하전류와 무부하 단자전압과의 관계
② 계자전류와 부하전류와의 관계
③ 계자전류와 무부하 단자전압과의 관계
④ 계자전류와 회전력과의 관계

해설 직류발전기의 무부하 특성 곡선은 계자전류와 유기기전력(무부하 단자전압)의 관계를 나타낸 전압 특성 곡선이다.

50 조명등을 호텔 입구에 설치할 때 현관등은 최대 몇 분 이내에 소등되는 타임스위치를 시설하여야 하는가?

① 4
② 3
③ 1
④ 2

해설 현관등 타임스위치
• 일반 주택 및 아파트 : 3분
• 숙박업소 각 호실 : 1분

51 6[Ω], 8[Ω], 9[Ω]의 저항 3개를 직렬로 접속하여 5[A]의 전류를 흘려줬다면 이 회로의 전압은 몇 [V]인가?

① 117
② 115
③ 100
④ 90

해설 $V = IR = 5 \times (6 + 8 + 9) = 115$[V]

52 점유 면적이 좁고 운전, 보수에 안전하므로 공장, 빌딩 등의 전기실에 많이 사용되며, 큐비클(cubicle)형이라고 불리는 배전반은 무엇인가?

① 라이브 프런트식 배전반
② 폐쇄식 배전반
③ 포스트형 배전반
④ 데드 프런트식 배전반

해설 폐쇄식 배전반이란 단위 회로의 변성기, 차단기 등의 주기기류와 이를 감시, 제어, 보호하기 위한 각종 계기 및 조작 개폐기, 계전기 등 전부 또는 일부를 금속제 상자 안에 조립하는 방식

53 박강전선관의 호칭을 맞게 설명한 것은?

① 안지름에 가까운 홀수로 표시한다.
② 바깥지름에 가까운 짝수로 표시한다.
③ 바깥지름에 가까운 홀수로 표시한다.
④ 안지름에 가까운 짝수로 표시한다.

해설 박강전선관은 1.2[mm]의 얇은 전선관으로 바깥지름(외경)에 가까운 홀수로 호칭을 표기한다.

54 고압 가공전선로 철탑의 지지물 간 거리(경간)는 최대 몇 [m]로 제한하고 있는가?

① 600
② 400
③ 250
④ 100

해설 고압 가공전선로의 철탑의 표준 지지물 간 거리(경간) 600[m]

55 두 평행 도선의 길이가 1[m], 거리가 1[m]인 왕복 도선 사이에 단위길이당 작용하는 힘의 세기가 18×10^{-7}[N]일 경우 전류의 세기[A]는?

① 4
② 3
③ 1
④ 2

해설 평행 도선 사이에 작용하는 힘의 세기

$$F = \frac{2 I_1 I_2}{r} \times 10^{-7} [\text{N/m}]$$

$$F = \frac{2 I^2}{1} \times 10^{-7} [\text{N/m}] = 18 \times 10^{-7} [\text{N/m}]$$

$I^2 = 9$이므로 $I = 3$[A]

56 주택의 옥내 저압전로의 인입구에 감전사고를 방지하기 위하여 반드시 시설해야 하는 장치는?

① 퓨즈
② 커버나이프 스위치
③ 배선용 차단기
④ 누전차단기

해설 대지전압 150[V]를 초과하고 300[V] 이하인 주택의 옥내 저압전로의 인입구에는 인체감전보호용 누전차단기를 반드시 시설하여야 한다.

57 직류를 교류로 변환하는 장치로서 초고속 전동기의 속도제어용 전원이나 형광등의 고주파 점등에 이용되는 것은?

① 변류기
② 정류기
③ 인버터
④ 초퍼

해설 DC를 AC로 변환하는 장치는 인버터이다.

58 동기전동기의 특징으로 틀린 것은?

① 부하의 역률을 조정할 수가 있다.
② 전 부하 효율이 양호하다.
③ 공극이 좁으므로 기계적으로 튼튼하다.
④ 부하가 변하여도 같은 속도로 운전할 수 있다.

해설 동기전동기의 특징
• 속도(N_s)가 일정하다.
• 역률을 조정할 수 있다.
• 효율이 좋다.
• 공극이 크고 기계적으로 튼튼하다.

59 정류자와 접촉하여 전기자 권선과 외부 회로를 연결하는 역할을 하는 것은?

① 계자
② 전기자
③ 브러시
④ 계자 철심

해설 브러시
교류 기전력을 직류로 변환시키는 정류자에 접촉하여 직류 기전력을 외부로 인출하는 역할

60 크기가 같은 저항 4개를 그림과 같이 연결하여 a−b 간에 일정전압을 가했을 때 소비전력이 가장 큰 것은 어느 것인가?

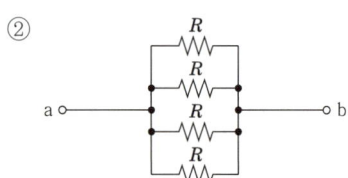

② a ○──┤ R / R / R / R ├── ○ b

③ a ○──R──R──┤ R / R ├──○ b

④ a ○──R──R──R──R──○ b

해설 각 회로에 소비되는 전력

① 합성저항 $R_0 = \dfrac{R}{2} \times 2 = R[\Omega]$이므로

$$P_1 = \frac{V^2}{R}\,[\text{W}]$$

② 합성저항 $R_0 = \dfrac{R}{4} = 0.25R[\Omega]$이므로

$$P_2 = \frac{V^2}{0.25R} = \frac{4V^2}{R}\,[\text{W}]$$

③ 합성저항 $R_0 = 2R + \dfrac{R}{2} = 2.5R[\Omega]$이므로

$$P_3 = \frac{V^2}{2.5R} = \frac{0.4V^2}{R}\,[\text{W}]$$

④ 합성저항이 $4R[\Omega]$이므로

$$P_4 = \frac{V^2}{4R}\,[\text{W}]$$

※ 소비전력 $P = \dfrac{V^2}{R}\,[\text{W}]$이므로 합성저항이 가장 작은 회로를 찾으면 된다.

정답 60. ②

2022년 제2회 CBT 기출복원문제

01 전로에 시설하는 기계기구의 철대 및 금속제 외함(외함이 없는 변압기 또는 계기용 변성기는 철심)에는 접지공사를 하여야 한다. 다음 사항 중 접지공사 생략이 불가능한 장소는?

① 사용전압 직류 300[V], 대지전압 교류 150[V] 초과하는 전기기계기구를 건조한 장소에 설치한 경우

② 철대 또는 외함을 주위의 적당한 절연대를 이용하여 시설한 경우

③ 전기용품 안전관리법에 의한 2중 절연 기계기구

④ 저압용 기계기구를 목주나 마루 위 등에 설치한 경우

해설 전로에 시설하는 기계기구의 철대 및 금속제 외함(외함이 없는 변압기 또는 계기용 변성기는 철심)의 접지공사 생략 가능 항목

• 사용전압이 직류 300[V], 대지전압이 교류 150[V] 이하인 전기기계기구를 건조한 장소에 설치한 경우
• 저압 · 고압, 22.9[kV-Y] 계통 전로에 접속한 기계기구를 목주 위 등에 시설한 경우
• 저압용 기계기구를 목주나 마루 위 등에 설치한 경우
• 전기용품 안전관리법에 의한 2중 절연 기계기구
• 외함이 없는 계기용 변성기 등을 고무 절연물 등으로 덮은 경우
• 철대 또는 외함을 주위의 적당한 절연대를 이용하여 시설한 경우
• 2차 전압 300[V] 이하, 정격용량 3[kVA] 이하인 절연변압기를 사용하고 2차측을 비접지 방식으로 하는 경우
• 동작전류 30[mA] 이하, 동작시간 0.03[sec] 이하인 인체감전보호 누전차단기를 설치한 경우

02 전주외등의 공사방법으로 알맞지 않은 것은?

① 합성수지관
② 금속관
③ 케이블
④ 금속덕트

해설 전주외등의 배선
• 전선 : 단면적 2.5[mm^2] 이상의 절연전선
• 배선방법 : 케이블 배선, 합성수지관 배선, 금속관 배선

03 다음 중 투자율의 단위에 해당되는 것은?

① [H/m]
② [F/m]
③ [A/m]
④ [V/m]

해설 투자율 : μ[H/m]
② 유전율
③ 자계
④ 전계

04 다음 그림은 전선 피복을 벗기는 공구이다. 명칭으로 알맞은 것은?

① 니퍼
② 펜치
③ 와이어 스트리퍼
④ 전선 압착 공구

해설 와이퍼 스트리퍼
전선 피복을 벗기는 공구로서, 그림은 중간 부분을 벗길 수 있는 스트리퍼로서 자동 와이어 스트리퍼이다.

05 100[kVA] 단상 변압기 2대를 V결선하여 3상 전력을 공급할 때의 출력은?

① 173.2[kVA]
② 86.6[kVA]
③ 17.3[kVA]
④ 346.8[kVA]

해설 $P_V = \sqrt{3}\,P_1 = 100\sqrt{3} = 173.2$[kVA]

06 동기기의 손실에서 고정손에 해당되는 것은?

① 계자 권선의 저항손
② 전기자 권선의 저항손
③ 계자 철심의 철손
④ 브러시의 전기손

해설 고정손(무부하손)
부하에 관계없이 항상 일정한 손실
• 철손(P_i) : 히스테리시스손, 와류손
• 기계손(P_m) : 마찰손, 풍손

07 가공인입선을 시설할 때 경동선의 최소 굵기는 몇 [mm]인가?〔단, 지지물 간 거리(경간)가 15[m]를 초과한 경우이다.〕

① 2.0   ② 2.6
③ 3.2   ④ 1.5

해설 가공인입선의 사용전선
2.6[mm] 이상 경동선 또는 이와 동등 이상일 것〔단, 지지물 간 거리(경간) 15[m] 이하는 2.0[mm] 이상도 가능〕

08 전등 1개를 2개소에서 점멸하고자 할 때 필요한 3로 스위치는 최소 몇 개인가?

① 1개   ② 2개
③ 3개   ④ 4개

해설 3로 스위치
1개의 등을 2개소에서 점멸하고자 할 경우 3로 스위치는 2개가 필요하다.

09 보호를 요하는 회로의 전류가 어떤 일정한 값(정정값) 이상으로 흘렀을 때 동작하는 계전기는?

① 과전류계전기   ② 과전압계전기
③ 차동계전기   ④ 비율차동계전기

해설 과전류 계전기(OCR)
회로의 전류가 어떤 일정한 값(정정값) 이상으로 흘렀을 때 동작하는 계전기

10 동기발전기의 병렬운전조건 중 같지 않아도 되는 것은?

① 주파수   ② 위상
③ 전류   ④ 전압

해설 동기발전기 병렬운전 시 일치할 조건
기전력(전압)의 크기, 위상, 주파수, 파형

11 일반적으로 과전류차단기를 설치하여야 할 곳으로 틀린 것은?

① 접지측 전선
② 보호용, 인입선 등 분기선을 보호하는 곳
③ 송배전선의 보호용, 인입선 등 분기선을 보호하는 곳
④ 간선의 전원측 전선

해설 접지측 전선은 과전류차단기를 설치하면 안 된다.

12 다음 중 반자성체에 해당하는 것은?

① 안티몬   ② 알루미늄
③ 코발트   ④ 니켈

해설 ② 상자성체
③ 강자성체
④ 강자성체

13 부흐홀츠 계전기로 보호되는 기기는?

① 변압기   ② 유도전동기
③ 직류발전기   ④ 교류발전기

해설 부흐홀츠 계전기
변압기의 절연유 열화 방지

14 다음은 직권전동기의 특징이다. 틀린 것은?

① 부하전류가 증가할 때 속도가 크게 감소된다.
② 전동기 기동 시 기동토크가 작다.
③ 무부하 운전이나 벨트를 연결한 운전은 위험하다.
④ 계자 권선과 전기자 권선이 직렬로 접속되어 있다.

정답 06. ③ 07. ② 08. ② 09. ① 10. ③ 11. ① 12. ① 13. ① 14. ②

해설 전동기는 기본적으로 토크와 속도는 반비례하고 전류와 토크는 비례한다. 전동기 기동 시 발생되는 전류는 유도기전력이 발생되지 않아 정격전류에 비해 큰 전류가 흐른다. 따라서 기동토크가 크다.

15 ★ 매초 1[A]의 비율로 전류가 변하여 10[V]를 유도하는 코일의 인덕턴스는 몇 [H]인가?

① 0.01[H]　　　② 0.1[H]
③ 1.0[H]　　　④ 10[H]

해설 $e = L\dfrac{di}{dt}$

$L = e\dfrac{dt}{di} = 10 \times \dfrac{1}{1} = 10[H]$

16 ★★ 변압기 중성점에 접지공사를 하는 이유는?

① 전류 변동의 방지　　② 고저압 혼촉 방지
③ 전력 변동의 방지　　④ 전압 변동의 방지

해설 변압기는 고압, 특고압을 저압으로 변성시키는 기기로서 고·저압 혼촉 사고를 방지하기 위하여 반드시 2차측 중성점에 접지공사를 하여야 한다.

17 ★ 1[eV]는 몇 [J]인가?

① 1.602×10^{-19}　　② 1×10^{-10}
③ 1　　　　　　　④ 1.16×10^{4}

해설 전자 1개의 전기량 $e = 1.602 \times 10^{-19}[C]$이므로
$W = QV[J]$에서
$1[eV] = 1.602 \times 10^{-19}[C] \times 1[V]$
$\qquad = 1.602 \times 10^{-19}[J]$이다.

18 ★ 정격전압에서 1[kW]의 전력을 소비하는 저항에 정격의 90[%] 전압을 가했을 때 전력은 몇 [W]가 되는가?

① 630[W]　　　② 780[W]
③ 810[W]　　　④ 900[W]

해설 $P = \dfrac{V^2}{R} = 1,000[W]$라 하면

$P' = \dfrac{(0.9V)^2}{R} = 0.81\dfrac{V^2}{R} = 0.81P$
$\quad = 0.81 \times 1,000[W] = 810[W]$

19 ★ 다음 중 전력량 1[J]과 같은 것은?

① 1[kcal]　　　② 1[W·sec]
③ 1[kg·m]　　　④ 1[kWh]

해설 전력량 $W = Pt[J]$이므로 1[J]=1[W·sec]이다.

20 ★ 묽은 황산(H₂SO₄) 용액에 구리(Cu)와 아연(Zn) 판을 넣으면 전지가 된다. 이때 양극(+)에 대한 설명으로 옳은 것은?

① 구리판이며 수소 기체가 발생한다.
② 구리판이며 산소 기체가 발생한다.
③ 아연판이며 수소 기체가 발생한다.
④ 아연판이며 산소 기체가 발생한다.

해설 묽은 황산(H_2SO_4)은 2개의 양이온($2H^+$)과 1개의 음이온(SO_4^{--})으로 전리되고, 아연판(Zn)은 이온화 경향이 강하므로 아연 이온(Zn^{++})으로 되어 황산(H_2SO_4) 속으로 용해된다. 따라서, 아연판은 음으로 대전되고 용해된 아연 이온(Zn^{++})은 곧 SO_4^{--} 이온과 결합하여 황산아연($ZnSO_4$)의 형태로 황산 속에 존재한다. 한편 수소 이온 $2H^+$의 일부는 구리판에 부착하여 이것을 양으로 대전시킨다.

21 ★ 2극 3,600[rpm]인 동기발전기와 병렬운전하려는 12극 발전기의 회전수는 몇 [rpm]인가?

① 3,600　　　② 1,200
③ 1,800　　　④ 600

해설 동기발전기의 병렬운전조건에서 주파수가 같아야 하므로 $f = \dfrac{N_{s1}P_1}{120} = \dfrac{3,600 \times 2}{120} = 60[Hz]$

$N_{s2} = \dfrac{120f}{P_2} = \dfrac{120 \times 60}{12} = 600[rpm]$

정답 15. ④　16. ②　17. ①　18. ③　19. ②　20. ①　21. ④

22 ★★★ 직류전동기에서 전부하속도가 1,200[rpm], 속도변동률이 2[%]일 때, 무부하 회전속도는 몇 [rpm]인가?

① 1,154
② 1,200
③ 1,224
④ 1,248

해설
- 속도변동률 $\varepsilon = \dfrac{N_0 - N_n}{N_n} \times 100[\%]$
- 무부하속도 $N_0 = N_n(1+\varepsilon) = 1,200(1+0.02)$
  $= 1,224[\text{rpm}]$

23 ★★ 가공전선로의 인입구에 설치하거나 금속관이나 합성수지관으로부터 전선을 뽑아 전동기 단자 부근에 접속할 때 관 단에 사용하는 재료는?

① 부싱
② 엔트런스 캡
③ 터미널 캡
④ 로크 너트

해설 터미널 캡은 배관공사 시 금속관이나 합성수지관으로부터 전선을 뽑아 전동기 단자 부근에 접속할 때, 또는 노출배관에서 금속배관으로 변경 시 전선 보호를 위해 관 끝에 설치하는 것으로 서비스 캡이라고도 한다.

24 ★★ 전자유도 현상에 의한 기전력의 방향을 정의한 법칙은?

① 렌츠의 법칙
② 플레밍의 법칙
③ 패러데이의 법칙
④ 줄의 법칙

해설 렌츠의 법칙은 전자유도 현상에 의한 유도기전력의 방향을 정의한 법칙으로서 "유도기전력은 자속의 변화를 방해하려는 방향으로 발생한다."는 법칙이다.

25 ★ 주택, 아파트인 경우 표준부하는 몇 [VA/m²]인가?

① 10
② 20
③ 30
④ 40

해설 건물의 종류에 대응한 표준부하

건물의 종류	표준부하 [VA/m²]
공장, 공회당, 사원, 교회, 극장, 영화관, 연회장 등	10
기숙사, 여관, 호텔, 병원, 학교, 음식점, 다방, 대중목욕탕	20
사무실, 은행, 상점, 이발소, 미용원	30
주택, 아파트	40

26 ★ 자체 인덕턴스 0.1[H]의 코일에 5[A]의 전류가 흐르고 있다. 축적되는 전자에너지[J]는?

① 0.25
② 0.5
③ 1.25
④ 2.5

해설 $W = \dfrac{1}{2}LI^2 = \dfrac{1}{2} \times 0.1 \times 5^2 = 1.25[\text{J}]$

27 ★★ 도체의 전기저항에 영향을 주는 요소가 아닌 것은?

① 도체의 종류
② 도체의 길이
③ 도체의 모양
④ 도체의 단면적

해설 전기저항 $R = \rho\dfrac{l}{S}[\Omega]$

여기서, 고유저항 : $\rho[\Omega \cdot m]$(도체의 성분에 따라 다르다.)
도체의 길이 : l[m]
도체의 단면적 : $S[\text{m}^2]$

28 ★ 건축물·구조물의 철골 기타의 금속제는 이를 비접지식 고압전로에 시설하는 기계기구의 철대 또는 금속제 외함 또는 저압전로를 결합하는 변압기의 저압전로의 접지공사의 접지극으로 사용할 수 있다. 이 경우 대지와의 전기저항값이 몇 [Ω]이하이어야 하는가?

① 1
② 2
③ 3
④ 4

해설 건축물·구조물의 철골 기타의 금속제는 이를 비접지식 고압전로에 시설하는 기계기구의 철대 또는 금속제 외함의 접지공사 또는 비접지식 고압전로와 저압전로를 결합하는 변압기의 저압전로의 접지공사의 접지극으로 사용할 수 있다. 다만, 대지와의 사이에 전기저항값이 2[Ω] 이하인 값을 유지하는 경우에 한한다.

29 양방향으로 전류를 흘릴 수 있는 양방향 소자는?

① GTO

② MOSFET

③ TRIAC

④ SCR

해설 **양방향성 사이리스터**
SSS, TRIAC, DIAC

30 다음 중 자기 소호 기능이 가장 좋은 소자는?

① SCR ② GTO

③ TRIAC ④ LASCR

해설 GTO(gate turn-off thyristor)는 게이트 신호로 on-off가 자유로우며 개폐 동작이 빠르고 주로 직류의 개폐에 사용되며 자기 소호 기능이 가장 좋다.

31 정격전압이 100[V]인 직류발전기가 있다. 무부하 전압 104[V]일 때 이 발전기의 전압변동률[%]은?

① 3 ② 4

③ 5 ④ 6

해설 **전압변동률**
$$\varepsilon = \frac{V_0 - V_n}{V_n} \times 100 = \frac{104 - 100}{100} \times 100 = 4[\%]$$

32 폭연성 먼지(분진)가 존재하는 곳의 저압 옥내배선공사 시 공사방법으로 짝지어진 것은?

① 금속관공사, MI 케이블공사, 개장된 케이블공사

② CD 케이블공사, MI 케이블공사, 금속관공사

③ CD 케이블공사, MI 케이블공사, 제1종 캡타이어 케이블공사

④ 개장된 케이블공사, CD 케이블공사, 제1종 캡타이어 케이블공사

해설 **폭연성 먼지(분진), 화약류 가루(분말)가 있는 장소의 공사**
금속관공사, 케이블공사(MI 케이블, 개장 케이블)

33 플로어덕트공사에 의한 저압 옥내배선에서 절연전선으로 연선을 사용하지 않아도 되는 것은 전선의 굵기가 몇 [mm²] 이하인 경우인가?

① 2.5[mm²] ② 4[mm²]

③ 6[mm²] ④ 10[mm²]

해설 저압 옥내배선에서 플로어덕트공사 시 전선은 절연전선으로 연선이 원칙이지만 단선을 사용하는 경우 단면적 10[mm²] 이하까지는 사용할 수 있다.

34 단락비가 큰 동기기의 설명으로 맞는 것은?

① 안정도가 높다.

② 기기가 소형이다.

③ 전압변동률이 크다.

④ 전기자 반작용이 크다.

해설 단락비는 정격전류에 대한 단락전류의 비를 보는 것으로서 동기 임피던스와 전기자 반작용, 전압변동률이 작으며 안정도가 높다.

35 비유전율이 큰 산화티탄 등을 유전체로 사용한 것으로 극성이 없으며 가격에 비해 성능이 우수하여 널리 사용되고 있는 콘덴서의 종류는?

① 마일러 콘덴서 ② 마이카 콘덴서

③ 전해 콘덴서 ④ 세라믹 콘덴서

해설 **세라믹 콘덴서**
유전율이 큰 산화티탄 등을 유전체로 하는 콘덴서로서 자기 콘덴서라고도 하며, 성능이 우수하고 용량이 크며, 소형으로 할 수 있는 특징이 있다.

정답 29. ③ 30. ② 31. ② 32. ① 33. ④ 34. ① 35. ④

36 3상, 100[kVA], 13,200/200[V] 변압기의 저압 측 선전류의 유효분은 약 몇 [A]인가? (단, 역률은 80[%]이다.)

① 100 ② 173

③ 230 ④ 260

해설 $P_a = \sqrt{3}\,VI\,[\text{kVA}]$에서

$$\therefore I = \frac{P_a}{\sqrt{3}\,V_2} = \frac{100 \times 10^3}{200\sqrt{3}} = 288.68\,[\text{A}]$$

I의 유효분

$$I_e = I\cos\theta = 288.68 \times 0.8 = 230.94\,[\text{A}]$$

37 전원과 부하가 다같이 △ 결선된 3상 평형회로가 있다. 상전압이 200[V], 부하 임피던스가 $\dot{Z} = 6 + j8[\Omega]$인 경우 선전류는 몇 [A]인가?

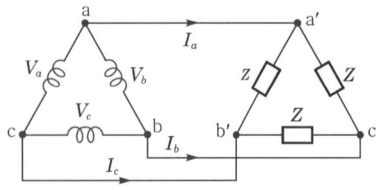

① 20 ② $\dfrac{20}{\sqrt{3}}$

③ $20\sqrt{3}$ ④ $10\sqrt{3}$

해설 선간전압 $V_l = V_p = 200\,[\text{V}]$

한 상의 임피던스 $\dot{Z} = 6 + j8[\Omega] \to Z = 10[\Omega]$

상전류 $I_p = \dfrac{V}{Z} = \dfrac{200}{10} = 20\,[\text{A}]$

선전류 $I_l = \sqrt{3}\,I_p = \sqrt{3} \times 20 = 20\sqrt{3}\,[\text{A}]$

38 직류전동기의 속도제어방법이 아닌 것은?

① 전압제어 ② 계자제어

③ 저항제어 ④ 주파수제어

해설 **직류전동기의 속도제어법**
- 저항제어법
- 전압제어법
- 계자제어법

39 직권전동기의 회전수를 $\dfrac{1}{3}$로 감소시키면 토크는 어떻게 되겠는가?

① $\dfrac{1}{9}$ ② $\dfrac{1}{3}$

③ 3 ④ 9

해설 직권전동기는 $\tau \propto I^2 \propto \dfrac{1}{N^2}$ 이므로 $\dfrac{1}{\left(\dfrac{1}{3}\right)^2} = 9$

40 전선 접속 시 S형 슬리브 사용에 대한 설명으로 틀린 것은?

① 전선의 끝은 슬리브의 끝에서 나오지 않도록 한다.
② 슬리브는 전선의 굵기에 적합한 것을 선정한다.
③ 열린 쪽 홈의 측면을 고르게 눌러서 밀착시킨다.
④ S형 슬리브 접속은 연선, 단선 둘 다 가능하다.

해설 전선의 끝은 슬리브의 끝에서 조금 나오는 것이 바람직하다.

41 동기와트 P_2, 출력 P_0, 슬립 s, 동기속도 N_s, 회전속도 N, 2차 동손 P_{2c}일 때 2차 효율 표기로 틀린 것은?

① $1 - s$ ② $\dfrac{P_{2c}}{P_2}$

③ $\dfrac{P_0}{P_2}$ ④ $\dfrac{N}{N_s}$

해설 2차 효율

$$\eta_2 = \frac{P_0}{P_2} = \frac{(1-s)P_2}{P_2} = 1 - s = \frac{N}{N_s}$$

42 다음 중 유도전동기의 속도제어에 사용되는 인버터장치의 약호는?

① CVCF ② VVVF

③ CVVF ④ VVCF

해설 VVVF
가변 전압 가변 주파수 변환장치

43 ★★ KEC(한국전기설비규정)에 의한 400[V] 이하 가공전선으로 절연전선의 최소 굵기[mm]는?

① 1.6 ② 2.6
③ 3.2 ④ 4.0

해설 전압별 가공전선의 굵기

사용전압	전선의 굵기
400[V] 이하	• 절연전선 : 2.6[mm] 이상 경동선 • 나전선 : 3.2[mm] 이상 경동선
400[V] 초과	• 시가지 내 : 5.0[mm] 이상 경동선 • 시가지 외 : 4.0[mm] 이상 경동선
특고압	• 25[mm²] 이상 경동 연선

44 ★ 16[mm] 합성수지 전선관을 직각 구부리기를 할 경우 곡선(곡률) 반지름은 몇 [mm]인가? (단, 16[mm] 합성수지관의 안지름은 18[mm], 바깥지름은 22[mm]이다.)

① 119 ② 132
③ 187 ④ 220

해설 합성수지 전선관을 직각 구부리기
전선관의 안지름 d, 바깥지름이 D일 경우 곡선(곡률) 반지름

$$r = 6d + \frac{D}{2} = 6 \times 18 + \frac{22}{2} = 119[mm]$$

45 ★ 코일에 교류전압 100[V], $f = 60$[Hz]를 가했더니 지상전류가 4[A]였다. 여기에 15[Ω]의 용량성 리액턴스 X_C[Ω]를 직렬로 연결한 후 진상전류가 4[A]였다면 유도성 리액턴스 X_L[Ω]은 얼마인가?

① 5 ② 5.5
③ 7.5 ④ 15

해설 $Z = \dfrac{V}{I} = \dfrac{100}{4} = 25 = \sqrt{R^2 + X_L^2}$ [Ω]

$Z' = \dfrac{V}{I'} = \dfrac{100}{4} = 25 = \sqrt{R^2 + (15 - X_L)^2}$ [Ω]

$R^2 + X_L^2 = R^2 + (15 - X_L)^2$

$225 - 30X_L = 0, \quad X_L = \dfrac{225}{30} = 7.5$ [Ω]

46 ★★ 1[C]의 전하에 100[N]의 힘이 작용했다면 전기장의 세기[V/m]는?

① 10 ② 50
③ 100 ④ 0.01

해설 전기장의 세기
단위 전하에 작용하는 힘
힘과의 관계식 $F = QE$[N]식에서
전기장 $E = \dfrac{F}{Q} = \dfrac{100}{1}$ [V/m]

47 ★★ 다음 중 배선용 차단기의 심벌로 옳은 것은?

① B ② E
③ BE ④ S

해설 ① 배선용 차단기
② 누전차단기
④ 개폐기

48 ★★★ 어떤 물질이 정상 상태보다 전자의 수가 많거나 적어져서 전기를 띠는 상태의 물질을 무엇이라 하는가?

① 전기량 ② 전하
③ 대전 ④ 기전력

해설 어떤 물질이 정상 상태보다 전자의 수가 많거나 적어져서 양 또는 음전하를 띠는 현상을 대전 현상이라 하는데 이때 전기를 띠는 상태의 물질을 전하라고 한다.

49 ★ 그림과 같은 회로에서 전류 I[A]를 구하면?

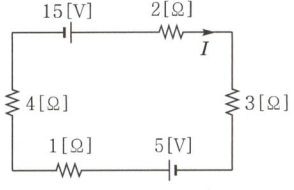

① 1 ② 2
③ 3 ④ 4

해설 전류 $I = \dfrac{15-5}{2+3+1+4}$

$= \dfrac{10}{10} = 1[\mathrm{A}]$

★
50 패러데이 전자유도 법칙에서 유도기전력에 관계되는 사항으로 옳은 것은?

① 자속의 시간적인 변화율에 비례한다.

② 권수에 반비례한다.

③ 자속에 비례한다.

④ 권수에 비례하고 자속에 반비례한다.

해설 유도기전력 $e = N\dfrac{\Delta\Phi}{\Delta t}[\mathrm{V}]$

★★
51 콘덴서만의 회로에 정현파형의 교류전압을 인가하면 전류는 전압보다 위상이 어떠한가?

① 전류가 90° 앞선다.

② 전류가 30° 늦다.

③ 전류가 30° 앞선다.

④ 전류가 90° 늦다.

해설 C만의 회로에서는 전류가 전압보다 90° 앞서는 진상 전류가 흐른다.

★
52 저항 R_1, R_2의 병렬회로에서 전전류가 I일 때 R_2에 흐르는 전류[A]는?

① $\dfrac{R_1+R_2}{R_1}I$　　　② $\dfrac{R_1+R_2}{R_2}I$

③ $\dfrac{R_1}{R_1+R_2}I$　　　④ $\dfrac{R_2}{R_1+R_2}I$

해설 R_1, R_2에 흐르는 전체 전류를 I라 하면 저항의 병렬 접속 시 각 저항에 흐르는 전류는 반비례 분배된다.

따라서, R_2에 흐르는 전류 $I_2 = \dfrac{R_1}{R_1+R_2}I[\mathrm{A}]$

★
53 유도전동기에 기계적 부하를 걸었을 때 출력에 따라 속도, 토크, 효율, 슬립 등의 변화를 나타낸 출력 특성 곡선에서 슬립을 나타내는 곡선은?

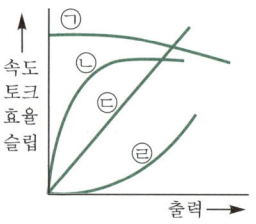

① ㉠　　　　　　　　② ㉡

③ ㉢　　　　　　　　④ ㉣

해설 ㉠ 속도

㉡ 효율

㉢ 토크

㉣ 슬립

★★
54 주파수가 60[Hz]인 3상 4극의 유도전동기가 있다. 슬립이 4[%]일 때 이 전동기의 회전수는 몇 [rpm]인가?

① 1,800

② 1,712

③ 1,728

④ 1,652

해설 회전수 $N = (1-s)N_s$에서

$N_s = \dfrac{120f}{P} = \dfrac{120 \times 60}{4} = 1,800[\mathrm{rpm}]$

$N = (1-0.04) \times 1,800 = 1,728[\mathrm{rpm}]$

★
55 변압기 철심의 철의 함유율[%]은?

① 3~4　　　　② 34~37

③ 67~70　　　④ 96~97

해설 변압기 철심은 와전류손 감소 방법으로 성층 철심을 사용하며 히스테리시스손을 줄이기 위해서 약 3~4[%]의 규소가 함유된 규소 강판을 사용한다. 그러므로 철의 함유율은 96~97[%]이다.

56 ★★ 합성수지관공사에 대한 설명 중 옳지 않은 것은?

① 습기가 많은 장소 또는 물기가 있는 장소에 시설하는 경우에는 방습 장치를 한다.

② 관 상호 간 및 박스와는 관을 삽입하는 깊이를 관의 바깥지름의 1.2배 이상으로 한다.

③ 관의 지지점 간의 거리는 1.5[m] 이상으로 한다.

④ 합성수지관 두께는 1.2[mm] 이상으로 한다.

해설 합성수지관 두께는 2.0[mm] 이상으로 한다.

57 ★★ 다음 중 인입개폐기가 아닌 것은?

① ASS ② LBS

③ LS ④ UPS

해설 UPS(Uninterruptible Power Supply)는 무정전 전원 공급 장치이다.

58 ★ 60[Hz], 20,000[kVA]의 발전기의 회전수가 1,200 [rpm]이라면 이 발전기의 극수는 얼마인가?

① 6극 ② 8극

③ 12극 ④ 14극

해설 발전기의 회전수 $N = \dfrac{120f}{P}$[rpm]

극수 $P = \dfrac{120f}{N} = \dfrac{120 \times 60}{1,200} = 6$극

59 ★ $R = 3[\Omega]$, $\omega L = 8[\Omega]$, $\dfrac{1}{\omega C} = 4[\Omega]$인 RLC 직렬회로의 임피던스는 몇 [Ω]인가?

① 5 ② 8.5

③ 12.4 ④ 15

해설 $\dot{Z} = R + j\left(\omega L - \dfrac{1}{\omega C}\right) = 3 + j(8-4) = 3 + j4$

$Z = \sqrt{3^2 + 4^2} = 5[\Omega]$

60 ★★ 전주에서 COS용 완철의 설치 위치는?

① 최하단 전력선용 완철에서 0.75[m] 하부에 설치한다.

② 최하단 전력선용 완철에서 0.3[m] 하부에 설치한다.

③ 최하단 전력선용 완철에서 1.2[m] 하부에 설치한다.

④ 최하단 전력선용 완철에서 1.0[m] 하부에 설치한다.

해설 **COS용 완철 설치 규정**
• 설치 위치 : 최하단 전력선용 완철에서 0.75[m] 하부에 설치한다.
• 설치 방향 : 선로 방향(전력선 완철과 직각 방향)으로 설치하고 COS는 건조물측에 설치하는 것이 바람직하다 (만약 설치하기 곤란한 장소 또는 도로 이외의 장소에서는 COS 조작 및 작업이 용이하도록 설치할 수 있음).

01 ★★★ 서로 다른 종류의 안티몬과 비스무트의 두 금속을 접속하여 여기에 전류를 통하면 줄열 외에 그 접점에서 열의 발생 또는 흡수가 일어난다. 이와 같은 현상은?

① 제3금속의 법칙
② 제벡 효과
③ 페르미 효과
④ 펠티에 효과

해설 펠티에 효과
두 금속을 접합하여 접합점에 전류를 흘려주면 열의 발생 또는 흡수가 발생하는 현상

02 ★★★ 다음 중 접지의 목적으로 알맞지 않은 것은?

① 감전의 방지
② 전로의 대지전압 상승
③ 보호계전기의 동작 확보
④ 이상전압의 억제

해설 이상전압 발생의 억제 및 전로의 대지전압 상승 억제, 보호계전기의 동작 확보, 감전 및 화재사고 방지를 위해 접지를 한다.

03 ★ 패러데이관에서 단위전위차에 축적되는 에너지 [J]는?

① $\frac{1}{2}$
② 1
③ ED
④ $\frac{1}{2}ED$

해설 단위전하 1[C]에서 나오는 전속관을 패러데이관이라 하며 그 양단에는 항상 1[C]의 전하가 있다.
단위전위차는 1[V]이므로
보유에너지 $W = \frac{1}{2}QV = \frac{1}{2} \times 1 \times 1 = \frac{1}{2}$ [J]

04 ★★ 어드미턴스의 실수부는 무엇인가?

① 컨덕턴스
② 리액턴스
③ 서셉턴스
④ 임피던스

해설 어드미턴스(Y[℧])
임피던스(Z[Ω])의 역수
• 실수부 : 컨덕턴스
• 허수부 : 서셉턴스

05 ★ 전자에 10[V]의 전위차를 인가한 경우 전자에너지 [J]는?

① 1.6×10^{-16}
② 1.6×10^{-17}
③ 1.6×10^{-18}
④ 1.6×10^{-19}

해설 전자에너지(전자볼트)
$W = eV = 1.6 \times 10^{-19} \times 10 = 1.6 \times 10^{-18}$[J]

06 ★★★ 반지름 10[cm], 권수 100회인 원형 코일에 15[A]의 전류가 흐르면 코일 중심의 자장의 세기는 몇 [AT/m]인가?

① 22,500
② 15,000
③ 7,500
④ 1,000

해설 원형 코일 중심 자계
$H = \frac{NI}{2r} = \frac{100 \times 15}{2 \times 0.1} = 7,500$[AT/m]

07 ★★★ 동기전동기의 자기기동법에서 계자 권선을 단락하는 이유는?

① 기동이 쉽다.
② 기동 권선으로 이용한다.
③ 고전압 유도에 의한 절연파괴 위험을 방지한다.
④ 전기자 반작용을 방지한다.

해설 동기전동기의 자기기동법에서 계자 권선을 단락시키는 이유는 고전압 유도에 의한 절연파괴 위험을 방지하기 위함이다.

08 100[V], 100[W] 전구와 100[V], 200[W] 전구를 직렬로 100[V]의 전원에 연결할 경우 어느 전구가 더 밝겠는가?

① 두 전구의 밝기가 같다.
② 100[W]
③ 200[W]
④ 두 전구 모두 안 켜진다.

해설 100[W]의 저항 $R_1 = \dfrac{V^2}{P_1} = \dfrac{100^2}{100} = 100[\Omega]$

200[W]의 저항 $R_2 = \dfrac{V^2}{P_2} = \dfrac{100^2}{200} = 50[\Omega]$

직렬 접속 시 전류가 일정하므로 저항값이 큰 부하일수록 소비전력이 더 크게 발생하여 전구가 더 밝아지므로 100[W]의 전구가 더 밝다.

09 자극 가까이에 물체를 두었을 때 자화되지 않는 물체는?

① 상자성체
② 반자성체
③ 강자성체
④ 비자성체

해설 비자성체
자성이 약해서 전혀 자성을 갖지 않는 물질로서 상자성체와 반자성체를 포함하며 자계에 힘을 받지 않는다.

10 자기회로에서 자로의 길이 31.4[cm], 자로의 단면적이 0.25[m²], 자성체의 비투자율 $\mu_s = 100$일 때 자성체의 자기저항은 얼마인가?

① 5,000
② 10,000
③ 4,000
④ 2,500

해설 자기저항

$R = \dfrac{l}{\mu_0 \mu_s A} = \dfrac{31.4 \times 10^{-2}}{4\pi \times 10^{-7} \times 100 \times 0.25}$
$= 10,000[\text{AT/Wb}]$

11 100회 감은 코일에 전류 0.5[A]가 0.1[sec] 동안 0.3[A]가 되었을 때 2×10^{-4}[V]의 기전력이 발생하였다면 코일의 자기 인덕턴스[μH]는?

① 5
② 10
③ 200
④ 100

해설 코일에 유도되는 기전력 $e = -L \dfrac{\Delta I}{\Delta t}[\text{V}]$

$L = 2 \times 10^{-4} \times \dfrac{0.1}{0.5 - 0.3} = 10^{-4}[\text{H}] = 100[\mu\text{H}]$

12 가우스의 정리에 의해 구할 수 있는 것은?

① 전계의 세기
② 전하 간의 힘
③ 전위
④ 전계에너지

해설 가우스의 정리
전기력선의 총수를 계산하여 전계의 세기도 계산할 수 있는 법칙이다.

13 자체 인덕턴스가 각각 L_1, L_2인 두 원통 코일이 서로 직교하고 있다. 두 코일 사이의 상호 인덕턴스[H]는?

① $L_1 + L_2$
② $L_1 L_2$
③ 0
④ $\sqrt{L_1 L_2}$

해설 코일이 서로 직교(직각)하면 두 코일에서 발생하는 자속과 다른 코일이 서로 나란하므로 쇄교가 되지 않으므로 상호 인덕턴스는 0이 된다.

14 자기 히스테리시스 곡선의 횡축과 종축은 어느 것을 나타내는가?

① 자기장의 크기와 보자력
② 투자율과 자속밀도
③ 투자율과 잔류자기
④ 자기장의 크기와 자속밀도

해설 히스테리시스 곡선에서 횡축(가로축)은 자기장의 세기, 종축(세로축)은 자속밀도를 나타내며 횡축과 만나는 점을 보자력, 종축과 만나는 점을 잔류자기라 한다.

정답 08. ② 09. ④ 10. ② 11. ④ 12. ① 13. ③ 14. ④

15 가공인입선을 시설하는 경우 다음 내용 중 틀린 것은?

① DV 전선을 사용하며 2.6[mm] 이상의 전선을 사용하지 말 것

② 인입구에서 분기하여 100[m]를 초과하지 말 것

③ 도로 5[m]를 횡단하지 말 것

④ 옥내를 관통하지 말 것

해설 가공인입선의 사용전선은 2.6[mm] 이상 경동선이나 동등 이상의 세기를 가진 절연전선(DV 전선 포함)을 사용한다[단, 지지물 간 거리(경간) 15[m] 이하는 2.0[mm] 이상도 가능].

16 평형 3상 교류회로의 Y회로로부터 △회로로로 등가 변환하기 위해서는 어떻게 하여야 하는가?

① 각 상의 임피던스를 3배로 한다.

② 각 상의 임피던스를 $\sqrt{3}$ 배로 한다.

③ 각 상의 임피던스를 $\frac{1}{\sqrt{3}}$ 로 한다.

④ 각 상의 임피던스를 $\frac{1}{3}$ 로 한다.

해설 Y→△로 등가 변환 시 각 상의 임피던스를 3배로 해주어야 한다.

17 공기 중에서 5[cm] 간격을 유지하고 있는 2개의 평행 도선에 각각 10[A]의 전류가 동일한 방향으로 흐를 때 도선 1[m]당 발생하는 힘의 크기[N/m]는?

① 4×10^{-4}

② 2×10^{-5}

③ 4×10^{-5}

④ 2×10^{-4}

해설 평행 도체 사이에 작용하는 힘의 세기

$$F = \frac{2 I_1 I_2}{r} \times 10^{-7}$$
$$= \frac{2 \times 10 \times 10}{0.05} \times 10^{-7}$$
$$= 4 \times 10^{-4}[N/m]$$

18 일정한 주파수의 전원에서 운전하는 3상 유도전동기의 전원전압이 80[%]가 되었다면 토크는 약 몇 [%]가 되는가? (단, 회전수는 변하지 않는 상태로 한다.)

① 55 ② 64
③ 76 ④ 82

해설 3상 유도전동기에서 토크는 공급전압의 제곱에 비례하므로 전압의 80[%]로 운전하면 토크는 $\tau_{80} = 0.8^2 = 64[\%]$ 가 된다.

19 전기기기의 철심 재료로 규소 강판을 성층해서 사용하는 이유로 가장 적당한 것은?

① 기계손을 줄이기 위하여

② 동손을 줄이기 위하여

③ 풍손을 줄이기 위하여

④ 히스테리시스손과 와류손을 줄이기 위하여

해설 철손 감소 대책
• 성층 사용 : 와류손 감소
• 규소 강판 사용 : 히스테리시스손 감소

20 디지털 계전기의 장점이 아닌 것은?

① 진동의 영향을 받지 않는다.

② 신뢰성이 높다.

③ 광범위한 계산에 활용할 수 있다.

④ 자동 감시 기능을 갖는다.

해설 디지털 계전기
보호 기능이 우수하며 처리 속도가 빨라 광범위한 계산에 용이하지만 서지에 약하고 왜형파로 오동작 하기 쉬워서 신뢰도가 낮다.

21 변압기유가 구비해야 할 조건으로 틀린 것은?

① 절연내력이 높을 것

② 응고점이 높을 것

③ 고온에도 산화되지 않을 것

④ 냉각 효과가 클 것

해설 변압기 절연유의 구비 조건
- 절연내력이 클 것
- 응고점이 낮을 것
- 인화점이 높을 것
- 고온에도 산화되지 않을 것

★★★
22 동기발전기의 병렬운전에서 같지 않아도 되는 것은?

① 위상   ② 주파수

③ 용량   ④ 전압

해설 동기발전기의 병렬운전조건
- 기전력의 크기가 같을 것
- 기전력의 파형이 같을 것
- 기전력의 주파수가 같을 것
- 기전력의 위상이 같을 것
- 상회전 방향이 같을 것(3상 동기발전기)

★★
23 분상 기동형 단상 유도전동기의 기동 권선은?

① 운전 권선보다 굵고 권선이 많다.

② 운전 권선보다 가늘고 권선이 많다.

③ 운전 권선보다 굵고 권선이 적다.

④ 운전 권선보다 가늘고 권선이 적다.

해설 분상 기동형 단상 유도전동기의 권선
- 운전 권선(L만의 회로) : 굵은 권선으로 길게 하여 권선을 많이 감아서 L성분을 크게 한다.
- 기동 권선(R만의 회로) : 운전 권선보다 가늘고 권선을 적게 하여 저항값을 크게 한다.

★★
24 유도발전기의 장점이 아닌 것은?

① 동기발전기에 비해 가격이 저렴하다.

② 조작이 쉽다.

③ 동기발전기처럼 동기화할 필요가 없다.

④ 효율과 역률이 높다.

해설 유도발전기는 유도전동기를 동기속도 이상으로 회전시켜서 전력을 얻어내는 발전기로서 동기기에 비해 조작이 쉽고 가격이 저렴하지만 효율과 역률이 낮다.

★★
25 1차 권수 6,000, 2차 권수 200인 변압기의 전압비는?

① 30   ② 60

③ 90   ④ 120

해설 변압기의 전압비(권수비)

$$a = \frac{N_1}{N_2} = \frac{6,000}{200} = 30$$

★★★
26 동기기의 전기자 권선법이 아닌 것은?

① 이층권   ② 단절권

③ 중권   ④ 전절권

해설 고조파 제거로 좋은 파형을 얻기 위해 단절권을 사용한다.

★★★
27 3상 변압기의 병렬운전 시 병렬운전이 불가능한 결선 조합은?

① △-△와 Y-Y   ② △-△와 △-Y

③ △-Y와 △-Y   ④ △-△와 △-△

해설 병렬운전이 가능한 조합

병렬운전 가능	병렬운전 불가능
△-△와 △-△	
Y-Y와 Y-Y	
Y-△와 Y-△	△-△와 △-Y
△-Y와 △-Y	Y-Y와 △-Y
△-△와 Y-Y	
V-V와 V-V	

★★
28 변류기 개방 시 2차측을 단락하는 이유는?

① 2차측 절연 보호

② 2차측 과전류 보호

③ 측정 오차 감소

④ 변류비 유지

해설 변류기 2차측을 개방하게 되면 변류기 1차측의 부하전류가 모두 여자전류가 되어 변류기 2차측에 고전압이 유도되어 절연이 파괴될 수도 있으므로 반드시 단락시켜야 한다.

정답 22. ③   23. ④   24. ④   25. ①   26. ④   27. ②   28. ①

29 유도전동기에서 원선도 작성 시 필요하지 않은 시험은?

① 무부하시험
② 구속시험
③ 저항 측정
④ 슬립 측정

해설 유도전동기에서 원선도 작성 시 필요한 시험
• 저항 측정시험 : 1차 동손
• 무부하시험 : 여자전류, 철손
• 구속시험(단락시험) : 2차 동손

30 일반적으로 특고압전로에 시설하는 피뢰기의 접지공사 시 접지저항[Ω]은?

① 10
② 20
③ 30
④ 40

해설 피뢰기의 접지저항
10[Ω]

31 성냥, 석유류 등 위험물 등이 있는 곳에서의 저압 옥내배선공사방법이 아닌 것은?

① 케이블공사
② 합성수지관공사
③ 금속관공사
④ 애자사용공사

해설 셀룰로이드, 성냥, 석유류 등 가연성 위험물질을 제조 또는 저장하는 장소
금속관공사, 케이블공사, 두께 2[mm] 이상의 합성수지 관공사

32 고압 가공인입선공사 시 가공인입선이 도로를 횡단하는 경우 지표면상에서 몇 [m] 이상 높이에 시설하여야 하는가?

① 3
② 4
③ 5
④ 6

해설 저압 · 고압 가공인입선의 높이

구 분	저 압	고 압
도로 횡단	5[m] 이상	6[m] 이상
철도 횡단	6.5[m] 이상	6.5[m] 이상

구 분	저 압	고 압
횡단보도교	3[m] 이상	3.5[m] 이상
기타 장소	4[m] 이상	5[m] 이상

33 정격전류가 30[A]인 저압전로의 과전류차단기를 산업용 배선용 차단기로 사용하는 경우 39[A]의 전류가 통과하였을 때 몇 분 이내에 자동적으로 동작하여야 하는가?

① 1분
② 60분
③ 2분
④ 120분

해설 과전류차단기로 저압전로에 사용하는 63[A] 이하의 산업용 배선용 차단기는 정격전류의 1.3배 전류가 흐를 때 60분 내에 자동으로 동작하여야 한다.

34 막대자석의 자극의 세기가 10[Wb]이고, 길이가 20[cm]인 경우 자기 모멘트[Wb · cm]는 얼마인가?

① 20
② 100
③ 200
④ 90

해설 막대자석의 모멘트
$M = ml = 10 \times 20 = 200[Wb \cdot cm]$

35 특고압 수변전설비 약호가 잘못된 것은?

① LF - 전력 퓨즈
② DS - 단로기
③ LA - 피뢰기
④ CB - 차단기

해설 전력 퓨즈는 약호가 PF이다.

36 폭연성 먼지(분진)가 존재하는 곳의 금속관공사 시 전동기에 접속하는 부분에서 가요성을 필요로 하는 부분의 배선에는 폭발방지(방폭)형의 부속품 중 어떤 것을 사용하여야 하는가?

① 유연성 구조
② 분진방폭형 유연성 구조
③ 안정증가형 유연성 구조
④ 안전증가형 구조

정답 29. ④ 30. ① 31. ④ 32. ④ 33. ② 34. ③ 35. ① 36. ②

폭연성 먼지(분진)가 존재하는 장소
전동기에 가요성을 요하는 부분의 부속품은 분진방폭형 유연성 구조이어야 한다.

37 동일 굵기의 단선을 쥐꼬리 접속하는 경우 두 전선의 피복을 벗긴 후 심선을 교차시켜서 펜치로 비틀면서 꼬아야 하는데 이때 심선의 교차각은 몇 도가 되도록 해야 하는가?

① 30°   ② 90°
③ 120°   ④ 180°

해설 쥐꼬리 접속은 전선 피복을 여유 있게 벗긴 후 심선을 90°가 되도록 교차시킨 후 펜치로 잡아당기면서 비틀어 2~3회 정도 꼰 후 끝을 잘라낸다.

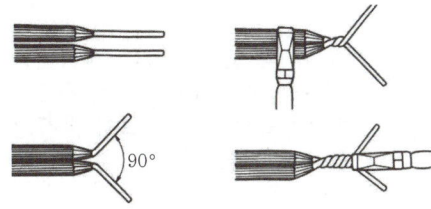

┃쥐꼬리 접속┃

38 노출 장소 또는 점검 가능한 장소에서 제2종 가요 전선관을 시설하고 제거하는 것이 자유로운 경우의 곡선(곡률) 반지름은 안지름의 몇 배 이상으로 하여야 하는가?

① 6   ② 3
③ 12   ④ 10

해설 제2종 가요관의 곡선(곡률) 반지름은 가요전선관을 시설하고 제거하는 것이 자유로운 경우 안지름의 3배 이상으로 한다.

39 옥내배선공사에서 절연전선의 피복을 벗길 때 사용하면 편리한 공구는?

① 드라이버
② 플라이어
③ 압착 펜치
④ 와이어 스트리퍼

해설 **와이어 스트리퍼**
절연전선의 피복 절연물을 직각으로 벗기기 위한 자동공구로, 도체의 손상을 방지하기 위하여 정확한 크기의 구멍을 선택하여 피복 절연물을 벗겨야 한다.

40 코일 주위에 전기적 특성이 큰 에폭시 수지를 고진공으로 침투시키고, 다시 그 주위를 기계적 강도가 큰 에폭시 수지로 몰딩한 변압기는?

① 건식변압기   ② 몰드변압기
③ 유입변압기   ④ 타이변압기

해설 **몰드변압기**
코일 주위에 전기적 특성이 큰 에폭시 수지를 고진공으로 침투시키고, 다시 그 주위를 기계적 강도가 큰 에폭시 수지로 몰딩한 변압기

41 진동이 있는 기계기구의 단자에 전선을 접속할 때 사용하는 것은?

① 눌러 붙임(압착) 단자 ② 스프링 와셔
③ 코드 스패너   ④ 십자머리 볼트

해설 진동으로 인하여 단자가 풀릴 우려가 있는 곳에는 스프링 와셔나 이중 너트를 사용한다.

42 가공인입선을 시설할 때 경동선의 최소 굵기는 몇 [mm]인가? [단, 지지물 간 거리(경간)가 15[m]를 초과한 경우이다.]

① 2.0   ② 2.6
③ 3.2   ④ 1.5

해설 **가공인입선의 사용전선**
2.6[mm] 이상 경동선 또는 이와 동등 이상일 것[단, 지지물 간 거리(경간) 15[m] 이하는 2.0[mm] 이상도 가능]

43 조명등을 숙박업소의 입구에 설치할 때 현관등은 최대 몇 분 이내에 소등되는 타임스위치를 시설하여야 하는가?

① 4   ② 3
③ 1   ④ 2

정답 37. ② 38. ② 39. ④ 40. ② 41. ② 42. ② 43. ③

해설 현관등 타임스위치
• 일반 주택 및 아파트 : 3분
• 숙박업소 각 호실 : 1분

 44 점유면적이 좁고 운전, 보수에 안전하므로 공장, 빌딩 등의 전기실에 많이 사용되며, 큐비클(cubicle) 형이라고 불리는 배전반은?

① 라이브 프런트식 배전반
② 폐쇄식 배전반
③ 포스트형 배전반
④ 데드 프런트식 배전반

해설 폐쇄식 배전반이란 단위회로의 변성기, 차단기 등의 주기기류와 이를 감시, 제어, 보호하기 위한 각종 계기 및 조작개폐기, 계전기 등 전부 또는 일부를 금속제 상자 안에 조립하는 방식

45 박강전선관의 호칭을 맞게 설명한 것은?

① 안지름(내경)에 가까운 홀수로 표시한다.
② 바깥지름(외경)에 가까운 짝수로 표시한다.
③ 바깥지름(외경)에 가까운 홀수로 표시한다.
④ 안지름(내경)에 가까운 짝수로 표시한다.

해설 박강전선관의 호칭
바깥지름(외경)에 가까운 홀수

46 한국전기설비규정에 의한 고압 가공전선로 철탑의 지지물 간 거리(경간)는 몇 [m] 이하로 제한하고 있는가?

① 150   ② 250
③ 500   ④ 600

해설 고압 가공전선로의 철탑의 표준 지지물 간 거리(경간) 600[m]

47 옥내배선공사에서 대지전압 150[V]를 초과하고 300[V] 이하 저압전로의 인입구에 인체감전사고를 방지하기 위하여 반드시 시설해야 하는 지락 차단장치는?

① 퓨즈   ② 커버나이프 스위치
③ 배선용 차단기   ④ 누전차단기

해설 옥내전로의 대지전압이 150[V]를 초과하고 300[V] 이하 저압전로의 인입구에는 반드시 누전차단기를 시설해야 한다.

48 보호를 요하는 회로의 전류가 어떤 일정한 값(정정값) 이상으로 흘렀을 때 동작하는 계전기는?

① 과전류계전기   ② 과전압계전기
③ 차동계전기   ④ 비율차동계전기

해설 전류가 정정값 이상이 되면 동작하는 계전기는 과전류계전기이다.

49 연피 케이블 및 알루미늄피 케이블을 구부리는 경우는 피복이 손상되지 않도록 하고, 그 굽은 부분(굴곡부)의 곡선 반지름(곡률 반경)은 원칙적으로 케이블 바깥지름(외경)의 몇 배 이상이어야 하는가?

① 8   ② 6
③ 12   ④ 10

해설 알루미늄피 케이블의 곡선 반지름(곡률 반경)은 케이블 바깥지름의 12배 이상이다.

50 직류발전기의 정격전압이 100[V], 무부하전압이 104[V]이다. 이 발전기의 전압변동률 ε[%]은?

① 1   ② 2
③ 3   ④ 4

해설 전압변동률
$$\varepsilon = \frac{V_0 - V_n}{V_n} \times 100 = \frac{104 - 100}{100} \times 100 = 4[\%]$$

51 동기전동기에서 난조를 방지하기 위하여 자극면에 설치하는 권선을 무엇이라 하는가?

① 제동 권선   ② 계자 권선
③ 전기자 권선   ④ 보상 권선

정답 44. ② 45. ③ 46. ④ 47. ④ 48. ① 49. ③ 50. ④ 51. ①

해설 동기전동기에서 난조 방지와 기동 토크를 발생시키기 위하여 제동 권선을 설치한다.

52 ★ 투자율 μ의 단위는?

① [AT/m] ② [Wb/m²]

③ [AT/Wb] ④ [H/m]

해설 투자율 μ의 단위는 [H/m]이다.

53 ★★★ 양방향으로 전류를 흘릴 수 있는 양방향 소자는?

① SCR ② GTO

③ TRIAC ④ MOSFET

해설 TRIAC(트라이액)은 SCR 2개를 역병렬로 접속한 소자로서 교류회로에서 양방향 점호(ON) 및 소호(OFF)를 이용하며, 위상제어가 가능하다.

54 ★ 패러데이의 전자유도법칙에서 유도기전력이 발생되는 사항으로 옳은 것은?

① 자속의 시간변화율에 비례한다.

② 권수에 반비례한다.

③ 자속에 비례한다.

④ 권수에 비례하고 자속에 반비례한다.

해설 패러데이의 법칙
코일에서 유도되는 기전력의 크기는 자속의 시간적인 변화율에 비례한다.

55 ★★ 콘덴서만의 회로에 정현파형의 교류를 인가한 경우 전압과 전류의 위상 관계는?

① 전류가 90도 앞선다.

② 전류가 90도 뒤진다.

③ 전압이 90도 앞선다.

④ 동상이다.

해설 콘덴서만의 회로
전류가 전압보다 90° 앞선다(진상, 용량성).

56 ★★ 도체의 전기저항에 영향을 주는 요소가 아닌 것은?

① 도체의 성분 ② 도체의 길이

③ 도체의 모양 ④ 도체의 단면적

해설 전기저항 $R = \rho \dfrac{l}{S}[\Omega]$

여기서, 고유저항 $\rho[\Omega \cdot m]$(도체의 성분에 따라 다르다.)
도체의 길이 $l[m]$
도체의 단면적 $S[m^2]$

57 ★ 다음 중 반자성체는?

① 안티몬 ② 알루미늄

③ 코발트 ④ 니켈

해설 반자성체($\mu_s < 1$)
구리, 안티몬, 은, 비스무트

58 ★★★ 동기발전기의 돌발 단락전류를 주로 제한하는 것은?

① 누설 리액턴스 ② 동기 임피던스

③ 권선 저항 ④ 동기 리액턴스

해설 돌발 단락전류 제한
누설 리액턴스

59 ★ 묽은 황산(H_2SO_4) 용액에 구리(Cu)와 아연(Zn)판을 넣으면 전지가 된다. 이때 양극(+)에 대한 설명으로 옳은 것은?

① 구리판이며 수소 기체가 발생한다.

② 구리판이며 산소 기체가 발생한다.

③ 아연판이며 수소 기체가 발생한다.

④ 아연판이며 산소 기체가 발생한다.

해설 전지의 음극과 양극
• 음극(아연판) : 아연 이온(Zn^{++})은 SO_4^- 이온과 결합하여 $ZnSO_4$ 형태로 존재
• 양극(구리판) : 수소 이온($2H^+$)은 구리판에 부착

정답 52. ④ 53. ③ 54. ① 55. ① 56. ③ 57. ① 58. ① 59. ①

60 저항 R_1, R_2의 병렬회로에서 전전류가 I일 때 R_2에 흐르는 전류[A]는?

① $\dfrac{R_1 + R_2}{R_1} I$ ② $\dfrac{R_1 + R_2}{R_2} I$

③ $\dfrac{R_1}{R_1 + R_2} I$ ④ $\dfrac{R_2}{R_1 + R_2} I$

해설 R_2에 흐르는 전류는 저항에 반비례 분배되므로

$$I_2 = \dfrac{R_1}{R_1 + R_2} I\,[\text{A}]$$

2022년 제4회 CBT 기출복원문제

01 변압기 중성점에 접지공사를 하는 이유는?

① 전류 변동의 방지

② 고·저압 혼촉 방지

③ 전력 변동의 방지

④ 전압 변동의 방지

해설 변압기는 고압, 특고압을 저압으로 변성시키는 기기로서 고·저압 혼촉 사고를 방지하기 위하여 반드시 2차측 중성점에 접지공사를 하여야 한다.

02 동기전동기의 용도로 적합하지 않은 것은?

① 송풍기 　　　　　② 압축기

③ 크레인 　　　　　④ 분쇄기

해설 동기전동기는 속도가 일정하므로 속도 조절이 빈번한 크레인은 적합하지 않다.

03 동기전동기의 자기기동법에서 계자 권선을 단락하는 이유는?

① 기동이 쉽다.

② 기동 권선으로 이용한다.

③ 고전압 유도에 의한 절연파괴 위험 방지

④ 전기자 반작용을 방지한다.

해설 동기전동기의 자기기동법에서 계자 권선을 단락하는 첫 번째 이유는 고전압 유도에 의한 절연파괴 위험 방지이다.

04 변압기의 1차 전압이 3,300[V], 권선수 15인 변압기의 2차측의 전압은 몇 [V]인가?

① 3,850 　　　　　② 330

③ 220 　　　　　　④ 110

해설 권수비 $a = \dfrac{V_1}{V_2}$ 에서

2차 전압 $V_2 = \dfrac{V_1}{a} = \dfrac{3,300}{15} = 220\,[\text{V}]$

05 3상 유도전동기의 회전방향을 바꾸려면 어떻게 해야 하는가?

① 전원의 극수를 바꾼다.

② 3상 전원의 3선 중 두 선의 접속을 바꾼다.

③ 전원의 주파수를 바꾼다.

④ 기동보상기를 이용한다.

해설 3상 유도전동기는 회전자계에 의해 회전하며 회전자계의 방향을 반대로 하려면 전원의 3선 가운데 2선을 바꾸어 전원에 다시 연결하면 회전방향은 반대로 된다.

06 반도체 사이리스터에 의한 전동기의 속도제어 중 주파수제어는?

① 초퍼제어

② 인버터제어

③ 컨버터제어

④ 브리지 정류제어

해설 인버터제어

전동기 전원의 주파수를 변환하여 속도를 제어하는 방식

07 6극 72홈 표준 농형 3상 유도전동기의 매극 매상당의 홈수는?

① 2 　　　　　　　② 3

③ 4 　　　　　　　④ 6

해설 매극 매상당 홈수 = $\dfrac{\text{총 슬롯수}}{\text{극수} \times \text{상수}} = \dfrac{72}{6 \times 3} = 4$

08 비례추이를 이용하여 속도제어가 되는 전동기는?

① 동기전동기

② 농형 유도전동기

③ 직류 분권전동기

④ 3상 권선형 유도전동기

해설 권선형 유도전동기는 2차 저항을 조정함으로써 최대 토크는 변하지 않는 상태에서 속도 조절이 가능하다.

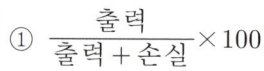 **09** 직류전동기의 규약 효율을 표시하는 식은?

① $\dfrac{출력}{출력 + 손실} \times 100[\%]$

② $\dfrac{출력}{입력} \times 100[\%]$

③ $\dfrac{입력 - 손실}{입력} \times 100[\%]$

④ $\dfrac{입력}{출력 + 손실} \times 100[\%]$

해설 직류전동기의 규약 효율

$$\eta = \dfrac{입력 - 손실}{입력} \times 100[\%]$$

10 슬립이 10[%], 극수 2극, 주파수 60[Hz]인 유도전동기의 회전속도[rpm]는?

① 3,800

② 3,600

③ 3,240

④ 1,800

해설 동기속도 $N_s = \dfrac{120f}{P} = \dfrac{120 \times 60}{2} = 3,600[\text{rpm}]$

회전속도 $N = (1-s)\,N_s = (1-0.1) \times 3,600$

$\qquad\qquad = 3,240[\text{rpm}]$

11 2극 3,600[rpm]인 동기발전기와 병렬운전하려는 12극 발전기의 회전수는 몇 [rpm]인가?

① 3,600

② 1,200

③ 1,800

④ 600

해설 동기발전기의 병렬운전조건에서 주파수가 같아야

하므로 $f = \dfrac{N_{s1}P_1}{120} = \dfrac{3,600 \times 2}{120} = 60[\text{Hz}]$

$N_{s2} = \dfrac{120f}{P_2} = \dfrac{120 \times 60}{12} = 600[\text{rpm}]$

12 다음 중 계전기의 종류가 아닌 것은?

① 과저항계전기

② 지락계전기

③ 과전류계전기

④ 과전압전기

해설 거리에 비례하는 저항계전기는 있지만 과저항계전기는 존재하지 않는다.

13 반도체 내에서 정공은 어떻게 생성되는가?

① 자유전자의 이동

② 접합 불량

③ 결합전자의 이탈

④ 확산 용량

해설 정공이란 결합전자의 이탈로 생기는 빈자리를 뜻한다.

14 변압기유의 열화 방지와 관계가 가장 먼 것은?

① 부싱

② 콘서베이터

③ 불활성 질소

④ 브리더

해설 변압기유의 열화 방지 대책
브리더 설치, 콘서베이터 설치, 불활성 질소 봉입

 15 변압기유가 구비해야 할 조건으로 틀린 것은?

① 절연내력이 클 것

② 인화점이 높을 것

③ 고온에도 산화되지 않을 것

④ 응고점이 높을 것

해설 변압기 절연유의 구비 조건
• 절연내력이 클 것
• 인화점이 높을 것
• 응고점이 낮을 것
• 고온에도 산화되지 않을 것

16 ★★★ 다음 그림은 4극 직류전동기의 자기회로이다. 자기저항이 가장 큰 곳은 어디인가?

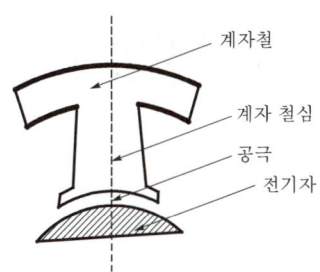

계자철
계자 철심
공극
전기자

① 계자철 ② 계자 철심
③ 전기자 ④ 공극

해설 자기저항은 $R = \dfrac{l}{\mu_0 \mu_s A}$ [AT/Wb]로서 계자철, 계자 철심, 전기자 도체 등은 강자성체($\mu_s \gg 1$)를 사용하므로 자기저항이 아주 작고 그에 비해 공극은 $\mu_s = 1$이므로 자기저항이 가장 크다.

17 ★★★ 직류 직권전동기에서 벨트를 걸고 운전하면 안 되는 이유는?

① 벨트가 마멸 보수가 곤란하므로
② 벨트가 벗겨지면 위험속도에 도달하므로
③ 직결하지 않으면 속도제어가 곤란하므로
④ 손실이 많아지므로

해설 직류 직권전동기는 정격전압 하에서 무부하 특성을 지니므로, 벨트가 벗겨지면 속도는 급격히 상승하여 위험속도에 도달할 수 있다.

18 ★ 단자전압 100[V], 전기자전류 10[A], 전기자저항 1[Ω], 회전수 1,500[rpm]인 직류 직권전동기의 역기전력은 몇 [V]인가?

① 110 ② 80
③ 90 ④ 100

해설 전동기의 역기전력
$E = V - I_a R_a = 100 - (10 \times 1) = 90[V]$

19 ★★★ 다음 중 동기발전기의 병렬운전조건이 아닌 것은?

① 기전력의 크기가 같을 것
② 기전력의 위상이 같을 것
③ 기전력의 주파수가 같을 것
④ 기전력의 용량이 같을 것

해설 기전력의 크기, 위상, 주파수, 파형 등이 같아야 한다.

20 ★★ 낮은 전압을 높은 전압으로 승압할 때 일반적으로 사용되는 변압기의 3상 결선 방식은?

① Y-△ ② Y-Y
③ △-Y ④ △-△

해설 △-Y는 변전소에서 승압용으로 사용하며 1차와 2차 위상차는 30°이다.

21 ★★★ 일반적으로 과전류차단기를 설치하여야 할 곳으로 틀린 것은?

① 접지측 전선
② 보호용, 인입선 등 분기선을 보호하는 곳
③ 송배전선로의 분기선을 보호하는 곳
④ 간선의 전원측 전선

해설 접지측 전선은 과전류차단기를 설치하면 안 된다.

22 ★ 그림과 같은 회로에서 전류 I[A]를 구하면?

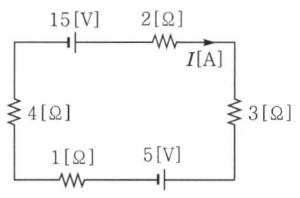

15[V] 2[Ω]
I[A]
4[Ω] 3[Ω]
1[Ω] 5[V]

① 1 ② 2
③ 3 ④ 4

해설 전류 $I = \dfrac{15-5}{2+3+1+4} = \dfrac{10}{10} = 1[A]$

23 어떤 물질이 정상 상태보다 전자의 수가 많거나 적어지면 전기를 띠는 상태가 되는데, 이 물질을 무엇이라 하는가?

① 전기량
② 전하
③ 대전
④ 기전력

해설 어떤 물질이 정상 상태보다 전자의 수가 많아지거나 적어지면 양 또는 음전하를 띠는 현상을 대전 현상이라 하는데 이때 전기를 띠는 상태의 물질을 전하라고 한다.

24 패러데이 전자유도법칙에서 유도기전력에 관계되는 사항으로 옳은 것은?

① 자속의 시간변화율에 비례한다.
② 권수에 반비례한다.
③ 자속에 비례한다.
④ 권수에 비례하고 자속에 반비례한다.

해설 패러데이의 전자유도법칙에 의한 유도기전력

$e = N\dfrac{\Delta\Phi}{\Delta t}[\text{V}]$

유도기전력은 자속의 시간변화율에 비례한다.

25 콘덴서만의 회로에 정현파형의 교류전압을 인가하면 전류는 전압보다 위상이 어떠한가?

① 전류가 90° 앞선다.
② 전류가 30° 늦다.
③ 전류가 30° 앞선다.
④ 전류가 90° 늦다.

해설 C만의 회로에서는 전류가 전압보다 90° 앞서는 진상 전류가 흐른다.

26 저항 R_1, R_2의 병렬회로에서 전전류가 I일 때 R_2에 흐르는 전류는?

① $\dfrac{R_1+R_2}{R_1}I$
② $\dfrac{R_1+R_2}{R_2}I$
③ $\dfrac{R_1}{R_1+R_2}I$
④ $\dfrac{R_2}{R_1+R_2}I$

해설 R_1, R_2에 흐르는 전체 전류를 I라 하면, 저항의 병렬 접속 시 각 저항에 흐르는 전류는 반비례 분배된다.

따라서, R_2에 흐르는 전류 $I_2 = \dfrac{R_1}{R_1+R_2}I$

27 인입개폐기가 아닌 것은?

① ASS
② LBS
③ LS
④ UPS

해설 UPS(Uninterruptible Power Supply)는 무정전 전원 공급장치이다.

28 $R=3[\Omega]$, $\omega L=8[\Omega]$, $\dfrac{1}{\omega C}=4[\Omega]$인 RLC 직렬회로의 임피던스는 몇 $[\Omega]$인가?

① 5
② 8.5
③ 12.4
④ 15

해설 $\dot{Z}=R+j\left(\omega L-\dfrac{1}{\omega C}\right)=3+j(8-4)=3+j4$

$Z=\sqrt{3^2+4^2}=5[\Omega]$

29 전선 접속 시 S형 슬리브 사용에 대한 설명으로 틀린 것은?

① 전선의 끝이 슬리브의 끝에서 조금 나오는 것은 바람직하지 않다
② 슬리브는 전선의 굵기에 적합한 것을 선정한다.
③ 직선 접속 또는 분기 접속에서 2회 이상 꼬아 접속한다.
④ 단선과 연선 접속이 모두 가능하다.

해설 슬리브 접속은 2~3회 꼬아서 접속해야 하며 전선의 끝은 슬리브의 끝에서 조금 나오는 것이 바람직하다.

정답 23.② 24.① 25.① 26.③ 27.④ 28.① 29.①

30 16[mm] 합성수지 전선관을 직각 구부리기를 할 경우 굽힘 반지름은 몇 [mm]인가? (단, 16[mm] 합성수지관의 안지름은 18[mm], 바깥지름은 22[mm]이다.)

① 119
② 132
③ 187
④ 220

해설 **합성수지 전선관을 직각 구부리기**
전선관의 안지름 d, 바깥지름이 D일 경우
굽힘 반지름 $R = 6d + \dfrac{D}{2} = 6 \times 18 + \dfrac{22}{2} = 119$[mm]

31 코일에 교류전압 100[V], $f = 60$[Hz]를 가했더니 지상전류가 4[A]였다. 여기에 15[Ω]의 용량성 리액턴스 X_C[Ω]을 직렬로 연결한 후 진상전류가 4[A]였다면 유도성 리액턴스 X_L[Ω]은 얼마인가?

① 5
② 5.5
③ 7.5
④ 15

해설 $Z = \dfrac{V}{I} = \dfrac{100}{4} = 25 = \sqrt{R^2 + X_L{}^2}$ [Ω]

$Z' = \dfrac{V}{I'} = \dfrac{100}{4} = 25 = \sqrt{R^2 + (15 - X_L)^2}$ [Ω]

$R^2 + X_L^2 = R^2 + (15 - X_L)^2$

$225 - 30X_L = 0$

$X_L = \dfrac{225}{30} = 7.5$[Ω]

32 1[C]의 전하에 100[N]의 힘이 작용했다면 전기장의 세기[V/m]는?

① 10
② 50
③ 100
④ 0.01

해설 **전기장의 세기** : 단위전하에 작용하는 힘
힘과의 관계식 $F = QE$[N]식에서
전기장 $E = \dfrac{F}{Q} = \dfrac{100}{1} = 100$[V/m]

33 배선용 차단기의 심벌은?

① ⬛ B
② ⬛ E
③ ⬛ BE
④ ⬛ S

해설 ① 배선용 차단기
② 누전차단기
④ 개폐기

34 KEC(한국전기설비규정)에 의한 400[V] 이하 가공전선으로 절연전선의 최소 굵기[mm]는?

① 1.6
② 2.6
③ 3.2
④ 4.0

해설 **전압별 가공전선의 굵기**

사용전압	전선의 굵기
400[V] 이하	• 절연전선 : 2.6[mm] 이상 경동선 • 나전선 : 3.2[mm] 이상 경동선
400[V] 초과	• 시가지 내 : 5.0[mm] 이상 경동선 • 시가지 외 : 4.0[mm] 이상 경동선
특고압	• 25[mm²] 이상 경동 연선

35 전원과 부하가 다같이 △결선된 3상 평형회로가 있다. 상전압이 200[V], 부하 임피던스가 $\dot{Z} = 6 + j8$[Ω]인 경우 선전류는 몇 [A]인가?

① 20
② $\dfrac{20}{\sqrt{3}}$
③ $20\sqrt{3}$
④ $10\sqrt{3}$

해설 선간전압 $V_l = V_p = 200$[V]
한 상의 임피던스 $\dot{Z} = 6 + j8$[Ω] $\rightarrow$ $Z = 10$[Ω]
상전류 $I_p = \dfrac{V}{Z} = \dfrac{200}{10} = 20$[A]
선전류 $I_l = \sqrt{3}\, I_p = \sqrt{3} \times 20 = 20\sqrt{3}$ [A]

36 비유전율이 큰 산화티탄 등을 유전체로 사용한 것으로 극성이 없으며 가격에 비해 성능이 우수하여 널리 사용되고 있는 콘덴서의 종류는?

① 마일러 콘덴서　　② 마이카 콘덴서

③ 전해 콘덴서　　　④ 세라믹 콘덴서

해설 세라믹 콘덴서

비유전율이 큰 산화티탄 등을 유전체로 하는 콘덴서로서 자기 콘덴서라고도 하며, 성능이 우수하고 소형으로 할 수 있는 특징이 있다.

37 플로어덕트공사에 의한 저압 옥내배선에서 절연전선으로 연선을 사용하지 않아도 되는 것은 전선의 굵기가 몇 [mm²] 이하인 경우인가?

① 2.5　　　　　　② 4

③ 6　　　　　　　④ 10

해설 저압 옥내배선에서 플로어덕트공사 시 전선은 절연전선으로 연선이 원칙이지만 단선을 사용하는 경우 단면적 10[mm²] 이하까지는 사용할 수 있다.

38 건축물·구조물의 철골 기타의 금속제는 이를 비접지식 고압전로에 시설하는 기계기구의 철대 또는 금속제 외함 또는 저압전로를 결합하는 변압기의 저압전로의 접지공사의 접지극으로 사용할 수 있다. 이 경우 대지와의 전기저항값이 몇 [Ω] 이하이어야 하는가?

① 1　　　　　　　② 2

③ 3　　　　　　　④ 4

해설 건축물의 철골 기타의 금속제는 대지와의 사이에 전기저항값이 2[Ω] 이하인 경우 접지극으로 대용할 수 있다.

39 가공전선로의 인입구에 설치하거나 금속관이나 합성수지관으로부터 전선을 뽑아 전동기 단자 부근에 접속할 때 관 단에 사용하는 재료는?

① 부싱　　　　　　② 엔트런스 캡

③ 터미널 캡　　　　④ 로크 너트

해설 터미널 캡은 배관공사 시 금속관이나 합성수지관으로부터 전선을 뽑아 전동기 단자 부근에 접속할 때 또는 노출배관에서 금속배관으로 변경 시 전선보호를 위해 관 끝에 설치하는 것으로 서비스 캡이라고도 한다.

40 도체의 전기저항에 영향을 주는 요소가 아닌 것은?

① 도체의 종류

② 도체의 길이

③ 도체의 모양

④ 도체의 단면적

해설 전기저항 $R = \rho \dfrac{l}{S}$[Ω]

- 고유저항 ρ[Ω·m](도체의 재료에 따른 고유한 값)
- 도체의 길이 l[m]
- 도체의 단면적 S[m²]

41 자체 인덕턴스 0.2[H]의 코일에 5[A]의 전류가 흐르고 있다. 축적되는 전자에너지[J]는?

① 0.25　　　　　② 1.25

③ 2.5　　　　　　④ 25

해설 $W = \dfrac{1}{2}LI^2 = \dfrac{1}{2} \times 0.2 \times 5^2 = 2.5$[J]

42 주택, 아파트인 경우 표준부하는 몇 [VA/m²]인가?

① 10　　　　　　② 20

③ 30　　　　　　④ 40

해설 건물의 종류에 대응한 표준부하[VA/m²]

건물의 종류	표준부하 [VA/m²]
공장, 공회당, 사원, 교회, 극장, 영화관, 연회장 등	10
기숙사, 여관, 호텔, 병원, 학교, 음식점, 다방, 대중목욕탕	20
사무실, 은행, 상점, 이발소, 미용원	30
주택, 아파트	40

★43 묽은 황산(H_2SO_4) 용액에 구리(Cu)와 아연(Zn)판을 넣으면 전지가 된다. 이때 양극(+)에 대한 설명으로 옳은 것은?

① 구리판이며 수소 기체가 발생한다.
② 구리판이며 산소 기체가 발생한다.
③ 아연판이며 수소 기체가 발생한다.
④ 아연판이며 산소 기체가 발생한다.

해설 볼타 전지의 전해액과 극성
- 전해액 : 묽은 황산($H_2SO_4 = 2H^+ + SO_4^{--}$으로 전리)
- 음극제 : 아연이 Zn^{++}이 전해액에 용해($Zn^{++} + SO_4^{--} = ZnSO_4$)되어 음극으로 대전된다.
- 양극제 : 구리에 수소 이온 $2H^+$이 구리에 부착하여 양으로 대전되며 분극 현상이 발생한다.

★44 정격전압에서 1[kW]의 전력을 소비하는 저항에 정격의 90[%] 전압을 가했을 때, 전력은 몇 [W]가 되는가?

① 630
② 780
③ 810
④ 900

해설 $P = \dfrac{V^2}{R} = 1,000[W]$라 하면,

$P' = \dfrac{(0.9V)^2}{R} = 0.81\dfrac{V^2}{R} = 0.81P$
$= 0.81 \times 1,000[W] = 810[W]$

★★45 다음 중 전력량 1[W·s]와 같은 것은?

① 1[kcal]
② 1[J]
③ 1[kg·m]
④ 1[kWh]

해설 전력량 $W = Pt[J]$이므로 1[J] = 1[W·s]

★46 전자유도 현상에 의한 기전력의 방향을 정의한 법칙은?

① 렌츠의 법칙
② 플레밍의 법칙
③ 패러데이의 법칙
④ 줄의 법칙

해설 렌츠의 법칙은 전자유도 현상에 의한 유도기전력의 방향을 정의한 법칙으로서 "유도기전력은 자신이 발생 원인이 되는 자속의 변화를 방해하려는 방향으로 발생한다."는 법칙이다.

★★47 1[eV]는 몇 [J]인가?

① 1.602×10^{-19}
② 1×10^{-10}
③ 1
④ 1.16×10^4

해설 전자 1개의 전기량 $e = 1.602 \times 10^{-19}[C]$이므로
$W = QV[J]$에서
$1[eV] = 1.602 \times 10^{-19}[C] \times 1[V]$
$\quad\quad = 1.602 \times 10^{-19}[J]$

★★48 다음 중 반자성체는?

① 안티몬
② 알루미늄
③ 코발트
④ 니켈

해설 반자성체($\mu_s < 1$)
외부 자계와 반대 방향으로 자화되는 자성체로 구리, 안티몬, 비스무트, 아연 등이 있다.

★★★49 가공인입선을 시설할 때 경동선의 최소 굵기는 몇 [mm]인가? 〔단, 지지물 간 거리(경간)가 15[m]를 초과한 경우이다.〕

① 2.0
② 2.6
③ 3.2
④ 1.5

해설 가공인입선의 사용전선
2.6[mm] 이상 경동선 또는 이와 동등 이상일 것[단, 지지물 간 거리(경간) 15[m] 이하는 2.0[mm] 이상도 가능]

★★★50 전등 1개를 2개소에서 점멸하고자 할 때 필요한 3로 스위치는 최소 몇 개인가?

① 1개
② 2개
③ 3개
④ 4개

해설 **3로 스위치**
1개의 등을 2개소에서 점멸하는 스위치로 2개가 필요하다.

51 ★ 전주외등의 공사방법으로 알맞지 않은 것은?

① 합성수지관   ② 금속관

③ 케이블   ④ 금속덕트

해설 **전주외등의 배선**
- 전선 : 단면적 2.5[mm²] 이상의 절연전선
- 배선 방법 : 케이블 배선, 합성수지관 배선, 금속관 배선

52 ★★★ 전로에 시설하는 기계기구의 철대 및 금속제 외함(외함이 없는 변압기 또는 계기용 변성기는 철심)에는 접지공사를 하여야 한다. 다음 중 접지공사의 생략이 불가능한 장소는?

① 직류 사용전압 300[V], 교류 대지전압 150[V] 초과하는 전기기계기구를 건조한 장소에 설치한 경우
② 철대 또는 외함이 주위의 적당한 절연대를 이용하여 시설한 경우
③ 전기용품 안전관리법에 의한 2중 절연 기계기구
④ 저압용 기계기구를 목주나 마루 위 등에 설치한 경우

해설 전로에 시설하는 기계기구의 철대 및 금속제 외함(외함이 없는 변압기 또는 계기용 변성기는 철심)의 접지공사 생략 가능 항목
- 사용전압이 직류 300[V], 교류 대지전압 150[V] 이하인 전기기계기구를 건조한 장소에 설치한 경우
- 저압, 고압, 22.9[kV-Y] 계통 전로에 접속한 기계기구를 목주 위 등에 시설한 경우
- 저압용 기계기구를 목주나 마루 위 등에 설치한 경우
- 전기용품 안전관리법에 의한 2중 절연 기계기구
- 외함이 없는 계기용 변성기 등을 고무 절연물 등으로 덮은 경우
- 철대 또는 외함이 주위의 적당한 절연대를 이용하여 시설한 경우
- 2차 전압 300[V] 이하, 정격 용량 3[kVA] 이하인 절연 변압기를 사용하고 2차측을 비접지 방식으로 하는 경우

- 동작전류 30[mA] 이하, 동작시간 0.03[sec] 이하인 인체감전보호 누전차단기를 설치한 경우

53 ★ 다음 중 투자율의 단위에 해당되는 것은?

① [H/m]   ② [F/m]

③ [A/m]   ④ [V/m]

해설 **투자율의 단위**
μ[H/m]

54 ★★ 다음 그림은 전선 피복을 벗기는 공구이다. 알맞은 것은?

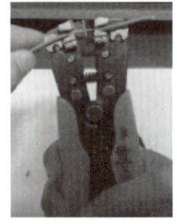

① 니퍼
② 펜치
③ 와이어 스트리퍼
④ 전선 압착 공구

해설 **와이퍼 스트리퍼**
전선 피복을 벗기는 공구로서 그림은 중간 부분을 벗길 수 있는 스트리퍼로서 자동 와이어 스트리퍼이다.

55 ★★ 0.6/1[kV] 비닐절연 비닐외장 케이블의 약칭으로 맞는 것은?

① VV   ② EV

③ FP   ④ CV

해설 **케이블의 약호**
- VV : 비닐절연 비닐외장 케이블
- EV : 폴리에틸렌절연 비닐외장 케이블
- FP : 내화 케이블
- CV : 가교 폴리에틸렌절연 비닐외장 케이블

정답 51.④ 52.① 53.① 54.③ 55.①

56 욕조나 샤워 시설이 있는 욕실 또는 화장실 등 인체가 물에 젖어 있는 상태에서 전기를 사용하는 장소에 콘센트를 시설하는 방법 중 틀린 것은?

① 콘센트는 접지극이 있는 방적형 콘센트를 사용하여 접지한다.

② 인체감전보호용 누전차단기가 부착된 콘센트를 시설한다.

③ 절연변압기(정격용량 3[kVA] 이하인 것에 한한다.)로 보호된 전로에 접속한다.

④ 인체감전보호용 누전차단기(정격감도전류 15[mA] 이하, 동작시간 0.03초 이하의 전압동작형의 것에 한한다.)로 보호된 전로에 접속한다.

해설· 욕조나 샤워 시설이 있는 욕실 또는 화장실 등 인체가 물에 젖어 있는 상태에서 전기를 사용하는 장소에 콘센트를 시설하는 경우

• 인체감전보호용 누전차단기(정격감도전류 15[mA] 이하, 동작시간 0.03초 이하의 전류동작형의 것) 또는 절연변압기(정격용량 3[kVA] 이하인 것)로 보호된 전로에 접속하거나, 인체감전보호용 누전차단기가 부착된 콘센트를 시설하여야 한다.

• 콘센트는 접지극이 있는 방적형 콘센트를 사용하고 규정에 준하여 접지하여야 한다.

57 폭연성 먼지(분진)가 존재하는 곳의 저압 옥내배선공사 시 공사방법으로 짝지어진 것은?

① CD케이블공사, MI케이블공사, 금속관공사

② 금속관공사, MI케이블공사, 개장된 케이블공사

③ CD케이블공사, MI케이블공사, 제1종 캡타이어 케이블공사

④ 개장된 케이블공사, CD케이블공사, 제1종 캡타이어 케이블공사

해설 폭연성 먼지(분진), 화약류 가루(분말)가 존재하는 장소 공사방법
금속관, 케이블(MI케이블, 개장 케이블)

58 옥내배선공사에서 전개된 장소나 점검 가능한 은폐장소에 시설하는 합성수지관의 최소 두께는 몇 [mm]인가?〔단, 합성수지제 휨(가요)전선관은 제외한다.〕

① 1 　　　　　② 1.2

③ 2 　　　　　④ 2.3

해설 합성수지관 규격 및 시설 원칙
• 호칭 : 안지름(내경)에 짝수(14, 16, 22, 28, 36, 42, 54, 70, 82[mm])
• 두께 : 2[mm] 이상
• 연선 사용(단선일 경우 10[mm^2] 이하도 가능)
• 관 안에 전선의 접속점이 없을 것

59 권수가 150인 코일에서 2초간 1[Wb]의 자속이 변화한다면 코일에 발생되는 유도기전력의 크기는 몇 [V]인가?

① 50 　　　　　② 75

③ 100 　　　　　④ 150

해설 코일에 유도되는 기전력
$$e = N\frac{d\phi}{dt} = 150 \times \frac{1}{2} = 75[V]$$

60 60[Hz]의 동기전동기가 2극일 때 동기속도는 몇 [rpm]인가?

① 7,200 　　　　　② 4,800

③ 3,600 　　　　　④ 2,400

해설 동기속도 $N_s = \dfrac{120f}{P} = \dfrac{120 \times 60}{2} = 3,600[rpm]$

MEMO

2023년 제1회 CBT 기출복원문제

01 0.2[℧]의 컨덕턴스를 가진 저항체에 3[A]의 전류를 흘리려면 몇 [V]의 전압을 가하면 되겠는가?

① 12
② 15
③ 20
④ 30

해설 $V = IR = \dfrac{I}{G} = \dfrac{3}{0.2} = 15[V]$

02 교류에서 전압 E[V], 전류 I[A], 역률각이 θ일 때 유효전력 P[W]은?

① EI
② $EI\tan\theta$
③ $EI\sin\theta$
④ $EI\cos\theta$

해설 단상 유효전력
$P = EI\cos\theta[W]$

03 기전력 1.2[V], 용량 20[Ah]인 전지를 직렬로 5개 연결한 경우의 기전력은 6[V]이다. 이때의 전지용량은?

① 6
② 20
③ 12
④ 100

해설 전지 직렬 연결
전지의 용량은 1개값과 같은 20[Ah]이다.

04 상전압이 300[V]인 3상 반파 정류회로의 직류전압은 약 몇 [V]인가?

① 520
② 350
③ 260
④ 400

해설 $E_d = 1.17\,E = 1.17 \times 300 \fallingdotseq 350[V]$

05 한국전기설비규정에 의한 전압의 구분에서 직류를 기준으로 고압에 속하는 범위로 옳은 것은?

① 1,000[V] 초과, 7,000[V] 이하의 전압
② 600[V] 초과, 7,000[V] 이하의 전압
③ 750[V] 초과, 7,000[V] 이하의 전압
④ 1,500[V] 초과, 7,000[V] 이하의 전압

해설 전압의 구분

	직류	교류
저압	1,500[V] 이하	1,000[V] 이하
고압	7,000[V] 이하	
특고압	7,000[V] 초과	

06 다음 금속몰드공사 방법에 대한 설명으로 틀린 것은?

① 몰드 안에는 접속점이 없도록 한다.
② 사용전압은 400[V] 이하이어야 한다.
③ 점검할 수 없는 은폐장소에 시설하였다.
④ 금속몰드의 길이가 4[m] 이하이면 접지공사를 생략할 수 있다.

해설 금속몰드공사의 방법
• 사용전압 400[V] 이하
• 전개된 건조한 장소나 점검할 수 있는 은폐장소
• 몰드 안에 전선의 접속점이 없을 것

07 20[kVA]의 단상 변압기 2대를 사용하여 V-V 결선으로 하고 3상 전원을 얻고자 할 때 최대로 얻을 수 있는 3상 부하의 용량은 약 몇 [kVA]인가?

① 20
② 24
③ 28.8
④ 34.6

해설 V결선 용량
$P_V = \sqrt{3}\,P_1 = \sqrt{3} \times 20 = 34.6[kVA]$

정답 01. ② 02. ④ 03. ② 04. ② 05. ④ 06. ③ 07. ④

08 자기회로의 자기저항이 2,000[AT/Wb]이고 기자력이 50,000[AT]이라면 자속[Wb]은?

① 10

② 20

③ 25

④ 30

해설 자속

$$\Phi = \frac{F}{R_m} = \frac{50,000}{2,000} = 25[\text{Wb}]$$

09 동기발전기의 전기자 권선을 단절권으로 하면?

① 고조파를 제거한다.

② 기전력을 높인다.

③ 절연이 잘 된다.

④ 역률이 좋아진다.

해설 단절권과 분포권을 사용하는 이유

고조파 제거로 인한 좋은 파형 개선

10 변압기 내부 고장 발생 시 발생하는 기름의 흐름 변화를 검출하는 부흐홀츠 계전기의 설치 위치로 알맞은 것은?

① 변압기 본체

② 변압기의 고압 측 부싱

③ 컨서베이터 내부

④ 변압기 본체와 콘서베이터 사이

해설 부흐홀츠 계전기는 내부 고장 발생 시 유증기를 검출하여 동작하는 계전기로 변압기 본체와 콘서베이터를 연결하는 파이프 도중에 설치한다.

11 1차 권수 6,000, 2차 권수 200인 변압기의 전압비는?

① 10

② 30

③ 60

④ 90

해설 변압기 전압비

$$a = \frac{N_1}{N_2} = \frac{6,000}{200} = 30$$

12 두 코일의 자체 인덕턴스를 L_1[H], L_2[H]라 하고 상호 인덕턴스를 M[H]이라 할 때, 두 코일을 자속이 동일한 방향과 역방향이 되도록 하여 직렬로 각각 연결하였을 경우, 합성 인덕턴스의 큰 쪽과 작은 쪽의 차는?

① M

② $2M$

③ $4M$

④ $8M$

해설 직렬 접속 시 합성 인덕턴스

$$L_{가동} = L_1 + L_2 + 2M[\text{H}]$$
$$L_{차동} = L_1 + L_2 - 2M[\text{H}]$$
$$L_{가동} - L_{차동} = 4M[\text{H}]$$

13 그림의 A와 B 사이의 합성저항은?

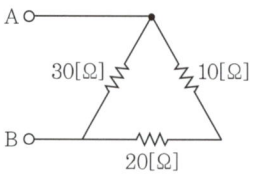

① 10

② 15

③ 30

④ 20

해설 $$R_{AB} = \frac{30 \times 30}{30 + 30} = 15[\Omega]$$

14 그림의 회로 AB에서 본 합성저항은 몇 [Ω]인가?

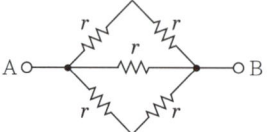

① $\dfrac{r}{2}$

② r

③ $\dfrac{3}{2}r$

④ $2r$

해설 그림에서 $2r$, r, $2r$[Ω]이 각각 병렬이므로

$$r_{AB} = \frac{1}{\frac{1}{2r} + \frac{1}{r} + \frac{1}{2r}} = \frac{1}{\frac{2}{r}} = \frac{r}{2}[\Omega]$$

정답 08. ③ 09. ① 10. ④ 11. ② 12. ③ 13. ② 14. ①

$$\frac{108 - V_n}{V_n} = 0.08\,V_n$$

$$V_n = \frac{108}{1.08} = 100\,[\text{V}]$$

15 비례추이를 이용하여 속도제어가 되는 전동기는?

① 직류 분권전동기

② 동기전동기

③ 농형 유도전동기

④ 3상 권선형 유도전동기

해설 3상 권선형 유도전동기 속도제어

비례추이의 원리를 이용한 것으로 슬립 s를 변화시켜 속도를 제어하는 방식

16 막대자석의 자극의 세기가 $m[\text{Wb}]$이고 길이가 $l[\text{m}]$인 경우 자기 모멘트$[\text{Wb}\cdot\text{m}]$는 얼마인가?

① ml

② $\dfrac{m}{l}$

③ $\dfrac{l}{m}$

④ $2ml$

해설 막대자석의 자기 모멘트

$M = ml\,[\text{Wb}\cdot\text{m}]$

17 회전자 입력 10[kW], 슬립 3[%]인 3상 유도전동기의 2차 동손은 몇 [W]인가?

① 200

② 300

③ 150

④ 400

해설 2차 동손

$P_{C2} = sP_2\,[\text{W}]$

$\qquad = 0.03 \times 10 \times 10^3 = 300\,[\text{W}]$

18 직류 분권전동기의 무부하전압이 108[V], 전압변동률이 8[%]인 경우 정격전압은 몇 [V]인가?

① 100

② 95

③ 105

④ 85

해설 전압변동률 $\varepsilon = \dfrac{V_0 - V_n}{V_n} \times 100$

$\qquad = \dfrac{108 - V_n}{V_n} \times 100 = 8\,[\%]$이므로

19 점유면적이 좁고 운전, 보수에 안전하므로 공장, 빌딩 등의 전기실에 많이 사용되며, 큐비클(cubicle)형이라고 불리는 배전반은?

① 라이브 프런트식 배전반

② 폐쇄식 배전반

③ 포우스트형 배전반

④ 데드 프런트식 배전반

해설 폐쇄식 배전반

각종 계기 및 조작개폐기, 계전기 등 전부를 금속제 상자 안에 조립하는 방식

20 200[V], 10[kW] 3상 유도전동기의 전류는 몇 [A]인가? (단, 유도전동기의 효율과 역률은 0.85이다.)

① 10

② 20

③ 30

④ 40

해설 3상 소비전력 $P = \sqrt{3}\,VI\cos\theta \times$ 효율

전류 $I = \dfrac{P}{\sqrt{3}\,V\cos\theta \times 효율}$

$\qquad = \dfrac{10 \times 10^3}{\sqrt{3} \times 200 \times 0.85 \times 0.85} = 40\,[\text{A}]$

21 메킹 타이어로 슬리브 접속 시 연선의 단면적이 10[mm²] 이하인 경우 슬리브를 최소 몇 회 이상 비틀림을 해야 하는가?

① 3.5회

② 2.5회

③ 2회

④ 3회

해설 연선의 매킹 타이어 슬리브 접속 시 비틀림 횟수

• 10[mm²] 이하 : 2회 이상

• 16[mm²] 이하 : 2.5회 이상

• 25[mm²] 이하 : 3회 이상

정답 15. ④ 16. ① 17. ② 18. ① 19. ② 20. ④ 21. ③

22 2대의 동기발전기 A, B가 병렬운전하고 있을 때 A기의 여자전류를 증가시키면 어떻게 되는가?

① A기의 역률은 낮아지고 B기의 역률은 높아진다.
② A기의 역률은 높아지고 B기의 역률은 낮아진다.
③ A, B 양 발전기의 역률이 높아진다.
④ A, B 양 발전기의 역률이 낮아진다.

해설 여자전류를 증가시키면 A기의 역률은 낮아지고 B기의 역률은 높아진다.

23 공심 솔레노이드에 자기장의 세기를 4,000[AT/m]를 가한 경우 자속밀도[Wb/m^2]는?

① $32\pi \times 10^{-4}$
② $3.2\pi \times 10^{-4}$
③ $16\pi \times 10^{-4}$
④ $1.6\pi \times 10^{-4}$

해설 자속밀도
$B = \mu_0 H = 4\pi \times 10^{-7} \times 4,000 = 16\pi \times 10^{-4} [\text{Wb/m}^2]$

24 전주외등을 전주에 부착하는 경우 전주외등은 하단으로부터 몇 [m] 이상 높이에 시설하여야 하는가? (단, 전주외등의 사용전압은 150[V]를 초과한 경우이다.)

① 3.0
② 3.5
③ 4.0
④ 4.5

해설 전주외등
대지전압 300[V] 이하 백열전등이나 수은등을 배전선로의 지지물 등에 시설하는 등
• 기구 부착 높이 : 지표상 4.5[m] 이상(단, 교통 지장 없을 경우 3.0[m] 이상)
• 돌출 수평 거리 : 1.0[m] 이상

25 전선관과 박스에 고정시킬 때 사용되는 것은 어느 것인가?

① 새들
② 부싱
③ 로크 너트
④ 클램프

해설 로크 너트
2개를 이용하여 금속관을 박스에 고정시킬 때 사용한다.

26 다음 직류전동기 중 정속도 전동기에 해당하는 것은?

① 가동복권전동기
② 직권전동기
③ 분권전동기
④ 차동복권전동기

해설 속도 변동이 가장 적은 전동기는 분권전동기, 타여자전동기이며 속도 변동이 매우 작아서 정속도전동기라고도 한다.

27 직류 직권전동기에서 벨트를 걸고 운전하면 안되는 이유는?

① 벨트가 마멸 보수가 곤란하므로
② 벨트가 벗어지면 위험속도에 도달하므로
③ 직결하지 않으면 속도제어가 곤란하므로
④ 손실이 많아지므로

해설 직류 직권전동기는 정격전압 하에서 무부하 특성을 지니므로, 벨트가 벗어지면 속도는 급격히 상승하여 위험속도에 도달할 수 있다.

28 한국전기설비규정에 의한 접지도체의 전선 색상은 무슨 색인가?

① 녹색 – 노란색
② 녹색
③ 녹색 – 빨간색
④ 검은색

해설 접지도체 전선 색상
녹색 – 노란색

29 200[V], 50[Hz], 8극, 15[kW]의 3상 유도전동기에서 전 부하 회전수가 720[rpm]이면 이 전동기의 2차 효율은 몇 [%]인가?

① 86
② 96
③ 98
④ 100

해설 2차 효율 $\eta_2 = (1-s) \times 100[\%]$

동기속도 $N_s = \dfrac{120 f}{P} = \dfrac{120 \times 50}{8} = 750 [\text{rpm}]$

슬립 $s = \dfrac{N_s - N}{N_s} = \dfrac{750 - 720}{750} = 0.04$

효율 $\eta = (1 - 0.04) \times 100[\%] = 96[\%]$

정답 22. ① 23. ③ 24. ④ 25. ③ 26. ③ 27. ② 28. ① 29. ②

30 전기기기의 철심 재료로 규소 강판을 성층하여 사용하는 이유로 가장 적당한 것은?

① 맴돌이 전류손 감소
② 풍손 감소
③ 기계손 감소
④ 히스테리시스손 감소

> **해설** 규소 강판을 성층해서 사용하는 이유
> 맴돌이 전류손 감소 대책

31 동기전동기의 특징으로 틀린 것은?

① 부하의 역률을 조정할 수가 있다.
② 전 부하 효율이 양호하다.
③ 부하가 변하여도 같은 속도로 운전할 수 있다.
④ 별도의 기동장치가 필요없으므로 가격이 싸다.

> **해설** 동기전동기의 특징
> • 속도(N_s)가 일정하다.
> • 역률을 조정할 수 있다.
> • 효율이 좋다.
> • 별도의 기동장치 필요(자기기동법, 유도전동기법)

32 변압기의 무부하손에서 가장 큰 손실은?

① 계자 권선의 저항손
② 전기자 권선의 저항손
③ 철손
④ 풍손

> **해설** 무부하손
> 부하에 관계없이 항상 일정한 손실
> • 철손(P_i) : 히스테리시스손, 와류손
> • 기계손(P_m) : 마찰손, 풍손

33 전류의 발열 작용에 의한 기구가 아닌 것은?

① 고주파 가열기   ② 전기다리미
③ 전기도금   ④ 백열전구

> **해설** 전기도금
> 전류의 화학 작용

34 사용전압이 고압과 저압인 가공전선을 병행설치(병가)할 때 저압전선의 위치는 어디에 설치해야 하는가?

① 완금에 설치한다.
② 고압전선의 하부에 설치한다.
③ 고압전선의 상부에 설치한다.
④ 완금과 고압전선 사이에 설치한다.

> **해설** 저·고압 가공전선의 병행설치(병가)
> • 저압전선은 고압전선의 하부에 설치
> • 간격(이격거리) : 50[cm] 이상

35 가공인입선을 시설할 때 경동선의 최소 굵기는 몇 [mm]인가?〔단, 지지물 간 거리(경간)가 15[m]를 초과한 경우이다.〕

① 2.0   ② 2.6
③ 3.2   ④ 1.5

> **해설** 가공인입선의 사용 전선
> 2.6[mm] 이상 경동선 또는 이와 동등 이상일 것〔단, 지지물 간 거리(경간) 15[m] 이하는 2.0[mm] 이상도 가능〕

36 교류에서 피상전력이 60[VA], 무효전력이 36[Var]일 때 유효전력[W]은?

① 12   ② 24
③ 48   ④ 96

> **해설** $P = \sqrt{P_a{}^2 - P_r{}^2} = \sqrt{60^2 - 36^2} = 48[\text{W}]$

37 코일이 접속되어 있을 경우, 결합계수가 1일 때 코일 간의 상호 인덕턴스는?

① $M < \sqrt{L_1 L_2}$ ② $M = L_1 - L_2$
③ $M = \sqrt{L_1 L_2}$ ④ $M = L_1 + L_2$

> **해설** 상호 인덕턴스와 자기 인덕턴스 관계식
> $M = k\sqrt{L_1 L_2}\,[\text{H}]$에서
> 결합계수 $k = 1$이므로
> $M = \sqrt{L_1 L_2}\,[\text{H}]$

정답 30. ① 31. ④ 32. ③ 33. ③ 34. ② 35. ② 36. ③ 37. ③

38 전선의 굵기를 측정하는 공구는?

① 권척　　　　　② 메거

③ 와이어 게이지　④ 와이어 스트리퍼

해설 • 권척(줄자) : 길이 측정 공구
• 메거 : 절연저항 측정 공구
• 와이어 게이지 : 전선의 굵기를 측정하는 공구
• 와이어 스트리퍼 : 전선 피복을 벗기는 공구

39 접지극(수직 부설 동봉)으로 피뢰설비에 접속하는 접지극의 직경은 몇 [mm]인가?

① 8　　　　　② 12

③ 20　　　　④ 25

해설 피뢰설비에 접속하는 동봉 규격
직경 8[mm], 길이 0.9[m] 이상

40 저항 $R = 3[\Omega]$, 자체 인덕턴스 $L = 10.6[mH]$가 직렬로 연결된 회로에 주파수 60[Hz], 500[V]의 교류전압을 인가한 경우의 전류 I[A]는?

① 10　　　　② 40

③ 100　　　④ 200

해설 유도성 리액턴스
$$X_L = 2\pi f L [\Omega]$$
$$X_L = 2 \times 3.14 \times 60 \times 10.6 \times 10^{-3} = 4[\Omega]$$
$$Z = \sqrt{R^2 + X_L^2} = \sqrt{3^2 + 4^2} = 5[\Omega]$$
$$I = \frac{V}{Z} = \frac{500}{5} = 100[A]$$

41 정전용량 6[μF], 3[μF]을 직렬로 접속한 경우 합성 정전용량[μF]은?

① 2　　　　② 2.4

③ 1.2　　　④ 12

해설 합성용량
$$C_0 = \frac{C_1 C_2}{C_1 + C_2} = \frac{6 \times 3}{6 + 3} = 2[\mu F]$$

42 진공의 투자율 μ_0[H/m]는?

① 6.33×10^4　　② 8.55×10^{-12}

③ $4\pi \times 10^{-7}$　　④ 9×10^9

해설 진공의 투자율
$$\mu_0 = 4\pi \times 10^{-7} [H/m]$$

43 폭발성 먼지(분진)가 있는 위험장소에 금속관배선에 의할 경우 관 상호 및 관과 박스 기타의 부속품이나 풀 박스 또는 전기기계기구는 몇 턱 이상의 나사 조임으로 접속하여야 하는가?

① 2턱　　　　② 3턱

③ 4턱　　　　④ 5턱

해설 폭연성 먼지(분진)가 존재하는 곳의 접속 시 5턱 이상의 죔 나사로 시공하여야 한다.

44 자기회로와 전기회로의 대응 관계가 잘못된 것은?

① 기자력 – 기전력　　② 자기저항 – 전기저항

③ 자속 – 전계　　　　④ 투자율 – 도전율

해설 전기회로와 자기회로 대응관계

자기회로	전기회로
기자력	기전력
자속	전류
자계	전계
투자율	도전율

45 온도변화에도 용량의 변화가 없으며, 높은 주파수에서 사용하며 극성이 있고 콘덴서 자체에 +의 기호로 전극을 표시하며 비교적 가격이 비싸나 온도에 의한 용량 변화가 엄격한 회로, 어느 정도 주파수가 높은 회로 등에 사용되고 있는 콘덴서는?

① 탄탈 콘덴서　　② 마일러 콘덴서

③ 세라믹 콘덴서　④ 바리콘

해설 탄탈 콘덴서는 탄탈소자의 양 끝에 전극을 구성시킨 구조로서 온도나 직류전압에 대한 정전용량 특성의 변화가 적고 용량이 크며 극성이 있으므로 직류용으로 사용된다.

정답 38. ③　39. ①　40. ③　41. ①　42. ③　43. ④　44. ③　45. ①

46 1[C]의 전하에 100[N]의 힘이 작용했다면 전기장의 세기[V/m]는?

① 20
② 50
③ 100
④ 10

해설 **전기장의 세기**
단위전하에 작용하는 힘
힘과의 관계식 $F = QE$[N]식에서
전기장 $E = \dfrac{F}{Q} = \dfrac{100}{1}$[V/m]

47 화약류저장소에서 백열전등이나 형광등 또는 이들에 전기를 공급하기 위한 전기설비를 시설하는 경우 전로의 대지전압은 몇 [V] 이하인가?

① 100　　　　② 200
③ 220　　　　④ 300

해설 **화약류저장소 시설 규정**
• 금속관, 케이블공사
• 대지전압 300[V] 이하

48 그림의 $R-L$ 직렬회로에서 전류는 몇 [A]인가?

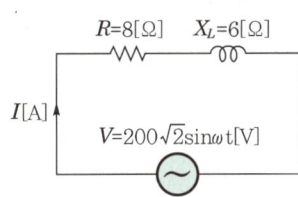

① 10
② 20
③ 30
④ 40

해설 합성 임피던스 $Z = R + jX_L = 8 + j6$[Ω]
절대값 $Z = \sqrt{8^2 + 6^2} = 10$[Ω]
전류 $I = \dfrac{V}{Z} = \dfrac{200}{10} = 20$[A]

49 다이오드를 사용한 정류회로에서 다이오드를 여러 개 직렬로 연결하여 사용하는 경우의 설명으로 가장 옳은 것은?

① 다이오드를 과전류로부터 보호할 수 있다.
② 다이오드를 과전압으로부터 보호할 수 있다.
③ 부하출력의 맥동률을 감소시킬 수 있다.
④ 낮은 전압 전류에 적합하다.

해설 직렬 접속 시 전압강하에 의해 과전압으로부터 보호할 수 있다.

50 계자에서 발생한 자속을 전기자에 골고루 분포시켜주기 위한 것은?

① 공극　　　　② 브러쉬
③ 콘덴서　　　　④ 저항

해설 공극은 계자와 전기자 사이에 있어서 자속을 골고루 전기자에 공급해 주기 위해 만들어준다.

51 주파수 60[Hz]인 최대값이 200[V], 위상 0°인 교류의 순시값으로 맞는 것은?

① $100\sin 60\pi t$
② $200\sin 120\pi t$
③ $200\sqrt{2}\sin 120\pi t$
④ $200\sqrt{2}\sin 60\pi t$

해설 순시값 $v(t) = $ 최대값 $\times \sin(\omega t + \theta)$
$= 200\sin 2\pi \times 60t = 200\sin 120\pi t$[V]

52 다음 중 지중전선로의 매설방법이 아닌 것은?

① 행거식
② 암거식
③ 직접 매설식
④ 관로식

해설 **지중전선로의 종류**
관로식, 암거식, 직접 매설식

53 ★★★ 일반적으로 가공전선로의 지지물에 취급자가 오르고 내리는 데 사용하는 발판 볼트 등은 지표상 몇 [m] 미만에 시설하여서는 아니 되는가?

① 0.75 ② 1.2
③ 1.8 ④ 2.0

해설 발판 볼트 시설 규정
지표상 1.8[m]부터 완금하부 0.9[m]까지 발판 볼트를 설치한다.

54 ★★ 가공전선로의 지지물을 지지선(지선)으로 보강하여서는 안 되는 것은?

① 목주 ② A종 철근콘크리트주
③ 철탑 ④ B종 철근콘크리트주

해설 철탑은 지지선(지선)을 사용하지 않는다.

55 ★ $R-L-C$ 직렬회로에서 임피던스 Z의 크기를 나타내는 식은?

① $R^2+(X_L-X_C)^2$ ② $R^2+(X_L+X_C)^2$
③ $\sqrt{R^2+(X_L-X_C)^2}$ ④ $\sqrt{R^2+(X_L+X_C)^2}$

해설 합성 임피던스 $\dot{Z}=R+j(X_L-X_C)$ [Ω]
절대값 $Z=\sqrt{R^2+(X_L-X_C)^2}$ [Ω]

56 ★★★ 전등 한 개를 2개소에서 점멸하고자 할 때 옳은 배선은?

① ●━//━○━//━● ② ●━//━○━━━●
   S₃   S₃   S₃   S₃
      전원   전원

③ ●━//━○━///━● ④ ●━///━○━//━●
   S₃   S₃   S₃   S₃
      전원   전원

해설 3로 스위치
1개의 전등을 2개소에서 점멸하는 스위치로서 전원에서 전등으로 2가닥의 전선, 전등과 스위치 사이는 3가닥의 전선이 인입되는 결선도이다.

57 ★★★ 일반적으로 절연체를 서로 마찰시키면 이들 물체는 전기를 띠게 된다. 이와 같은 현상은?

① 분극 ② 정전
③ 대전 ④ 코로나

해설 물체를 마찰시킬 때 생기는 전기를 마찰 전기라 하고 물체가 전기를 띠게 되는 현상을 대전이라 한다.

58 ★ 버스덕트공사에 의한 배선 또는 옥외배선의 사용 전압이 저압인 경우의 시설기준에 대한 설명으로 틀린 것은?

① 덕트의 내부는 먼지가 침입하지 않도록 할 것
② 물기가 있는 장소는 옥외용 버스덕트를 사용할 것
③ 습기가 많은 장소는 옥내용 버스덕트를 사용하고 덕트 내부에 물이 고이지 않도록 할 것
④ 덕트의 끝부분은 막을 것

해설 버스덕트 배선
• 덕트의 내부는 먼지가 침입하지 않도록 할 것
• 습기가 많고 물기가 많은 장소는 옥외용 버스덕트를 사용하고 덕트 내부에 물이 고이지 않도록 할 것
• 덕트의 끝부분은 막을 것

59 ★ 저압전로에 정격전류 50[A]의 전류가 흐를 때 과전류차단기로 배선차단기(산업용)를 사용하는 경우 트립하는 전류는 정격전류의 몇 배에서 트립되어야 하는가?

① 1.3
② 1.13
③ 1.45
④ 1.15

해설 산업용 배선차단기의 과전류 트립 동작시간

정격전류	시간(분)	트립동작 정격전류 배수	
		부동작전류	동작전류
63[A] 이하	60	1.05배	1.3배
63[A] 초과	120	1.05배	1.3배

정답 53. ③ 54. ③ 55. ③ 56. ④ 57. ③ 58. ③ 59. ①

60 보호장치의 종류 및 특성에서 과부하전류 및 단락전류 겸용 보호장치를 설치하는 조건이 틀린 것은?

① 과부하전류 및 단락전류 모두를 보호하는 장치는 그 보호장치 설치점에서 예상되는 단락전류를 포함한 모든 과전류를 차단 및 투입할 수 있는 능력이 있어야 한다.

② 과부하전류 전용 보호장치의 차단용량은 그 설치점에서의 예상 단락전류값 이상으로 할 수 있다.

③ 단락전류 전용 보호장치는 예상 단락전류를 차단할 수 있어야 한다.

④ 차단기인 경우에는 이 단락전류를 투입할 수 있는 능력이 있어야 한다.

해설 **보호장치의 차단용량**
과부하전류 전용 보호장치의 차단용량은 그 설치점에서의 예상 단락전류값 미만으로 할 수 있다.

01 무대 및 무대마루 밑, 공연장의 전로에는 전용 개폐기 및 과전류차단기를 시설하여야 한다. 조명용 분기회로 및 정격전류 32[A] 이하의 콘센트용 분기회로는 정격감도전류 몇 [mA] 이하의 누전차단기로 보호하여야 하는가?

① 15

② 25

③ 30

④ 40

해설 **전시회, 쇼, 공연장의 개폐기 및 과전류차단기**
무대·무대마루 밑·오케스트라 박스 및 영사실의 전로에는 전용 개폐기 및 과전류차단기를 시설하여야 하며 비상 조명을 제외한 조명용 분기회로 및 정격 32[A] 이하의 콘센트용 분기회로는 정격감도전류 30[mA] 이하의 누전차단기로 보호하여야 한다.

02 교류에서 전압 E[V], 전류 I[A], 역률각이 θ일 때 유효전력 P[W]은?

① EI

② $EI\tan\theta$

③ $EI\sin\theta$

④ $EI\cos\theta$

해설 **단상 유효전력**
$P = EI\cos\theta$

03 저항의 크기가 같은 경우 △결선 시 소비전력($P_\triangle$)과 Y결선 소비전력(P_Y)을 비교하면?

① $P_\triangle = \sqrt{3}\,P_Y$

② $P_\triangle = \dfrac{1}{\sqrt{3}}P_Y$

③ $P_\triangle = 3P_Y$

④ $P_\triangle = \dfrac{1}{3}P_Y$

해설 저항이 같은 경우 △결선 소비전력($P_\triangle$)과 Y결선 소비전력(P_Y)은 $P_\triangle = 3P_Y$이 성립한다.

04 사람이 상시 통행하는 터널 내 배선의 사용전압이 저압일 때 공사방법으로 틀린 것은?

① 금속관공사

② 금속제 가요전선관공사

③ 금속몰드공사

④ 합성수지관(두께 2[mm] 미만 및 난연성이 없는 것은 제외)공사

해설 금속관, 두께 2[mm] 이상의 합성수지관, 금속제 가요전선관, 케이블, 애자사용 배선 등에 준하여 시설
* 금속몰드공사 : 400[V] 이하, 건조하고 전개된 장소

05 동기발전기의 병렬운전조건 중 같지 않아도 되는 것은?

① 주파수

② 위상

③ 전압

④ 용량

해설 병렬운전조건에서 용량, 전류, 임피던스는 일치하지 않아도 된다.

06 다음 중 비선형 소자가 아닌 것은?

① 공진관

② 코일

③ 저항

④ 콘덴서

해설 저항은 전압과 전류가 직선 형태로 증가하는 선형 소자에 해당된다.

07 다음 정전기 현상이 발생하는 경우가 아닌 것은?

① 액체가 관을 통과하는 경우

② 건전지의 (+)극에 (−)극을 접속한 경우

③ 물체를 접촉했다가 뗀 경우

④ 물체를 마찰시킨 경우

해설 건전지의 (+)극에 (−)극을 접속하면 전류가 흐르므로 정전기 현상이 아니다.

정답 01.③ 02.④ 03.③ 04.③ 05.④ 06.③ 07.②

08 정격이 10,000[V], 500[A], 역률 90[%]의 3상 동기발전기의 단락전류 I_s[A]는? (단, 단락비는 1.3으로 하고 전기자저항은 무시한다.)

① 450 　　　　　② 550
③ 650 　　　　　④ 750

 단락비는 $K = \dfrac{I_s}{I_n}$ 이므로

단락전류 $I_s = I_n \times$ 단락비
$$= 500 \times 1.3 = 650[A]$$

09 직류 직권전동기의 회전수(N)와 토크(τ)와의 관계는?

① $\tau \propto \dfrac{1}{N}$ 　　　　② $\tau \propto \dfrac{1}{N^2}$

③ $\tau \propto N$ 　　　　④ $\tau \propto N^{\frac{3}{2}}$

해설 직권전동기의 토크

$$\tau \propto \dfrac{1}{N^2}$$

10 변압기에서 자속에 대한 설명 중 맞는 것은?

① 전압에 비례하고 주파수에 반비례
② 전압에 반비례하고 주파수에 비례
③ 전압에 비례하고 주파수에 비례
④ 전압과 주파수에 무관

해설 변압기의 유도기전력 $E_1 = 4.44fN_1\phi_m$[V]에서 자속 ϕ_m $= \dfrac{E_1}{4.44fN_1}$[V]이므로 전압에 비례하고 주파수에 반비례한다.

11 똑같은 크기의 저항 5개를 가지고 얻을 수 있는 합성저항 최대값은 최소값의 몇 배인가?

① 5 　　　　　② 10
③ 25 　　　　　④ 20

해설 최대 합성저항은 직렬이고 최소 합성저항은 병렬이므로 직렬은 병렬의 $n^2 = 5^2 = 25$배이다.

12 발전기나 변압기 내부 고장 보호에 쓰이는 계전기는?

① 접지계전기 　　　② 차동계전기
③ 과전압계전기 　　④ 역상계전기

해설 발전기, 변압기 내부 고장 보호용 계전기는 차동계전기, 비율차동계전기, 부흐홀츠계전기가 있다.

13 동기발전기에서 단락비가 크면 다음 중 작아지는 것은?

① 동기 임피던스와 전압변동률
② 단락전류
③ 공극
④ 기계의 크기

해설 단락비가 큰 기기
• 단락비 : 정격전류에 대한 단락전류의 비
• 동기 임피던스가 작다.
• 전기자 반작용이 작다.

14 동기전동기의 자기기동법에서 계자 권선을 단락하는 이유는?

① 기동이 쉽다.
② 기동 권선으로 이용한다.
③ 고전압 유도에 의한 절연파괴 위험을 방지한다.
④ 전기자 반작용을 방지한다.

해설 동기전동기의 자기기동법에서 계자 권선을 단락하는 첫 번째 이유는 고전압 유도에 의한 절연파괴 위험 방지이다.

15 슬립이 0일 때 유도전동기의 속도는?

① 동기속도로 회전한다.
② 정지상태가 된다.
③ 변화가 없다.
④ 동기속도보다 빠르게 회전한다.

해설 회전속도는 $N = (1-s)N_s = N_s$[rpm]이므로 동기속도로 회전한다.

16 SCR에서 Gate 단자의 반도체는 일반적으로 어떤 형을 사용하는가?

① N형 ② P형
③ NP형 ④ PN형

해설 SCR(Silicon Controlled Rectifier)은 일반적인 타입이 P-Gate 사이리스터이며 제어 전극인 게이트(G)가 캐소드(K)에 가까운 쪽의 P형 반도체 층에 부착되어 있는 3단자 단일 방향성 소자이다.

17 단상 유도전동기의 기동방법 중 기동토크가 가장 큰 것은?

① 반발기동형 ② 분상기동형
③ 반발유도형 ④ 콘덴서 기동형

해설 단상 유도전동기 토크 크기 순서
반발기동형 > 반발유도형 > 콘덴서 기동형 > 분상기동형 > 셰이딩 코일형

18 금속전선관의 종류에서 후강전선관 규격[mm]이 아닌 것은?

① 22 ② 28
③ 36 ④ 48

해설 후강전선관의 종류
16, 22, 28, 36, 42, 54, 70, 82, 92, 104[mm]

19 다음 중 점유면적이 좁고 운전, 보수에 안전하므로 공장, 빌딩 등의 전기실에 많이 사용되며, 큐비클(cubicle)형이라고 불리는 배전반은?

① 라이브 프런트식 배전반
② 폐쇄식 배전반
③ 포우스트형 배전반
④ 데드 프런트식 배전반

해설 폐쇄식 배전반
각종 계기 및 조작개폐기, 계전기 등 전부를 금속제 상자 안에 조립하는 방식

20 다음 중 유도전동기에서 비례추이를 할 수 있는 것은?

① 출력 ② 2차 동손
③ 효율 ④ 역률

해설 유도전동기의 비례추이
• 가능 : 1차 입력, 1차 전류, 2차 전류, 역률, 동기와트, 토크(1차측)
• 불가능 : 출력, 효율, 2차 동손, 부하(2차측)

21 다음 중 450/750[V] 일반용 단심 비닐절연전선의 약호는?

① FI ② RI
③ NR ④ RI

해설 NR
450/750[V] 일반용 단심 비닐절연전선

22 히스테리시스 곡선이 세로축과 만나는 점의 값은 무엇을 나타내는가?

① 자속밀도
② 잔류자기
③ 보자력
④ 자기장

해설 히스테리시스 곡선이 만나는 점
• 세로축(종축)과 만나는 점 : 잔류자기
• 가로축(횡축)과 만나는 점 : 보자력

23 코일에 흐르는 전류가 0.5[A], 축적되는 에너지가 0.2[J]이 되기 위한 자기 인덕턴스는 몇 [H]인가?

① 0.8 ② 1.6
③ 10 ④ 16

해설 코일에 축적되는 $W = \dfrac{1}{2}LI^2[J]$에서

$$L = \frac{2W}{I^2} = \frac{2 \times 0.2}{0.5^2} = 1.6[H]$$

정답 16. ② 17. ① 18. ④ 19. ② 20. ④ 21. ③ 22. ② 23. ②

24 조명등을 숙박업소의 입구에 설치할 때 현관등은 최대 몇 분 이내에 소등되는 타임스위치를 시설하여야 하는가?

① 4 ② 3
③ 1 ④ 2

 현관등 타임스위치
- 일반 주택 및 아파트 : 3분
- 숙박업소 각 호실 : 1분

25 코일에 전류 3[A]가 0.5[sec] 동안 6[A]가 되었을 때 60[V]의 기전력이 발생하였다면 코일의 자기 인덕턴스[H]는?

① 20 ② 30
③ 10 ④ 40

 코일에 유도되는 기전력 $e = -L\dfrac{\Delta I}{\Delta t}$[H]

$$L = 60 \times \frac{0.5}{6-3} = 10\,[\text{H}]$$

26 접지를 하는 목적으로 설명이 틀린 것은?

① 전기설비 용량 감소
② 대지전압 상승 방지
③ 감전 방지
④ 화재와 폭발사고 방지

해설 **접지의 목적**
- 전선의 대지전압의 저하
- 보호계전기의 동작 확보
- 감전의 방지
- 화재와 폭발사고 방지

27 고압 가공인입선이 도로를 횡단하는 경우 노면상 시설하여야 할 높이는 몇 [m] 이상인가?

① 8.5 ② 6.5
③ 6 ④ 4.5

해설 **고압 인입선의 최소 높이**

구 분	고 압
도로 횡단	6[m] 이상
철도 횡단	6.5[m] 이상
횡단보도교	3.5[m] 이상
기타 장소	5[m] 이상

28 캡타이어 케이블을 공사하는 경우 지지점을 지지하는 공사방법으로 틀린 것은?

① 캡타이어 케이블을 조영재에 따라 시설하는 경우는 그 지지점 간의 거리는 1.0[m] 이하로 한다.
② 서까래와 서까래의 사이에 캡타이어 케이블을 시설할 수 없는 경우 메신저 와이어로 접속한다.
③ 사람이 접촉할 우려가 없는 곳의 지지점 간격은 1.5[m] 이하로 해야 한다.
④ 캡타이어 케이블 상호 및 캡타이어 케이블과 박스, 기구와의 접속 개소와 지지점 간의 거리는 0.15[m]로 하는 것이 바람직하다.

해설 **캡타이어 케이블 공사방법**
- 케이블 지지점 거리 : 1.0[m] 이하(단, 사람이 접촉할 우려가 없는 장소 : 6.0[m] 이하)
- 서까래와 서까래의 사이에 캡타이어 케이블을 시설할 수 없는 경우 메신저 와이어로 접속한다.
- * 메신저 와이어〔조가선(조가용선)〕: 가공 케이블을 매달아 지지할 때 사용하는 철재

29 가정용 전기 세탁기를 욕실에 설치하는 경우 콘센트의 규격은?

① 접지극부 3극 15[A] ② 3극 15[A]
③ 접지극부 2극 15[A] ④ 2극 15[A]

해설 **인체가 물에 젖은 상태(화장실, 비데)의 전기사용장소 규정**

인체감전보호용 누전차단기 부착 콘센트	접지극이 있는 방적형 콘센트
	정격감도전류 15[mA] 이하, 동작시간 0.03초 이하의 전류동작형
정격용량 3[kVA] 이하 절연변압기로 보호된 전로	

• 가정용 전기 세탁기는 저압이므로 단상(2극)을 사용하며 물에 접촉할 우려가 있으므로 반드시 접지극부 2극 15[A] 콘센트가 적당하다.

30 합성수지관을 상호 접속 시에 관을 삽입하는 깊이는 관 바깥지름의 몇 배 이상으로 하여야 하는가? (단, 접착제를 사용하지 않는 경우이다.)

① 0.8   ② 1.0

③ 1.2   ④ 2.0

해설 합성수지관 접속 시 삽입 깊이
관 바깥지름의 1.2배(접착제 사용 시 0.8배)

31 실내 전반조명을 하고자 한다. 작업대로부터 광원의 높이가 2.4[m]인 위치에 조명기구를 배치할 때 벽에서 한 기구 이상 떨어진 기구에서 기구 간의 거리는 일반적인 경우 최대 몇 [m]로 배치하여 설치하는가?

① 1.8   ② 2.4

③ 3.2   ④ 3.6

해설 실내 전반조명의 등간격 $S \leqq 1.5[H]$이므로,
$S = 1.5 \times 2.4 = 3.6[m]$

32 진공의 투자율 μ_0[H/m]는?

① 6.33×10^4 ② 8.55×10^{-12}

③ $4\pi \times 10^{-7}$ ④ 9×10^9

해설 진공의 투자율 $\mu_0 = 4\pi \times 10^{-7}[H/m]$

33 셀룰로이드, 성냥, 석유류 등 기타 가연성 위험물질을 제조 또는 저장하는 장소의 배선으로 잘못된 배선은?

① 금속관 배선

② 합성수지관 배선

③ 플로어덕트 배선

④ 케이블 배선

해설 가연성 먼지(분진), 위험물
금속관, 케이블, 합성수지관공사
* 플로어덕트 : 400[V] 이하, 점검할 수 없는 은폐장소

34 UPS란 무엇인가?

① 정전 시 무정전 직류전원장치

② 상시 교류전원장치

③ 무정전 교류전원장치

④ 상시 직류전원장치

해설 무정전 교류전원공급장치(UPS : Uninterruptible Power Supply)
선로에서 정전이나 순시 전압강하 또는 입력 전원의 이상 상태 발생 시 부하에 대한 교류 입력 전원의 연속성을 확보할 수 있는 전원공급장치

35 한국전기설비규정에 의하여 애자사용공사를 건조한 장소에 시설하고자 한다. 사용전압이 400[V] 이하인 경우 전선과 조영재 사이의 간격(이격거리)은 최소 몇 [mm] 이상이어야 하는가?

① 120   ② 45

③ 25   ④ 60

해설 애자사용공사 시 전선과 조영재 간 간격(이격거리)
• 400[V] 이하 : 25[mm] 이상
• 400[V] 초과 : 45[mm] 이상(단, 건조한 장소는 25[mm] 이상)

36 변압기유로 쓰이는 절연유에 요구되는 성질이 아닌 것은?

① 절연내력이 클 것

② 인화점이 높을 것

③ 응고점이 낮을 것

④ 점도가 클 것

해설 변압기유의 구비조건
• 절연내력이 클 것
• 인화점이 높고 응고점이 낮을 것
• 점도 낮을 것

정답 30. ③ 31. ④ 32. ③ 33. ③ 34. ③ 35. ③ 36. ④

37 절연전선을 동일 금속덕트 내에 넣을 경우 전선의 피복절연물을 포함한 단면적의 총합계가 금속덕트 내 단면적의 몇 [%] 이하가 되도록 선정하여야 하는가? (단, 제어회로 등의 배선에 사용하는 전선이 아니다.)

① 30
② 20
③ 32
④ 48

해설 덕트 내 넣는 전선의 단면적은 덕트 내 단면적의 20[%] 이하가 되도록 할 것(단, 제어회로 등의 배선에 사용하는 전선만 넣는 경우 50[%] 이하로 한다.)

38 경질 비닐관의 호칭으로 맞는 것은?

① 홀수에 안지름
② 짝수에 바깥지름
③ 홀수에 바깥지름
④ 짝수에 관 안지름

해설 경질 비닐관(합성수지관)의 호칭
• 짝수, 관 안지름으로 표기
• 규격 : 14, 16, 22, 28, 36, 42, 54, 70, 82[mm]

39 다음 그림은 전선 피복을 벗기는 공구이다. 알맞은 것은?

① 니퍼
② 펜치
③ 와이어 스트리퍼
④ 전선 압착 공구

해설 와이어 스트리퍼
전선 피복을 벗기는 공구로서 그림은 중간 부분을 벗길 수 있는 자동 와이어 스트리퍼이다.

40 황산구리 용액에 10[A]의 전류를 60분간 흘린 경우 이때 석출되는 구리의 양[g]은? (단, 구리의 전기화학당량은 0.3293×10^{-3}[g/C]이다.)

① 11.86
② 5.93
③ 7.82
④ 1.67

해설 전극에서 석출되는 물질의 양
$W = kQ = kIt$[g]
$= 0.3293 \times 10^{-3} \times 10 \times 60 \times 60$
$\fallingdotseq 11.86$[g]

41 교류전압이 $v = 200\sin\left(\omega t + \dfrac{\pi}{6}\right)$[V], 교류전류가 $i = 20\sin\left(\omega t + \dfrac{\pi}{3}\right)$[A]인 경우 전압과 전류의 위상관계는?

① v가 i보다 $\dfrac{\pi}{3}$ 뒤진다.
② v가 i보다 $\dfrac{\pi}{6}$ 앞선다.
③ i가 v보다 $\dfrac{\pi}{6}$ 앞선다.
④ i가 v보다 $\dfrac{\pi}{3}$ 뒤진다.

해설 위상차 $\theta = \dfrac{\pi}{3} - \dfrac{\pi}{6} = \dfrac{\pi}{6}$[rad] $= 30°$이고 전류가 전압보다 $\dfrac{\pi}{6}$ 앞선다.

42 SCR 2개를 역병렬로 접속한 그림과 같은 기호의 명칭은?

① SCR
② TRIAC
③ GTO
④ UJT

해설 TRIAC(트라이액)은 SCR 2개를 이용하여 역병렬로 접속한 소자로서 교류회로에서 양방향 점호(ON) 및 소호(OFF)를 이용하며, 위상제어가 가능하다.

43 4[μF]의 콘덴서에 4[kV]의 전압을 가하여 200[Ω]의 저항을 통해 방전시키면 이때 발생하는 에너지[J]는 얼마인가?

① 32
② 16
③ 8
④ 40

정답 37. ② 38. ④ 39. ③ 40. ① 41. ③ 42. ② 43. ①

해설 콘덴서에 축적되는 에너지

$$W = \frac{1}{2}CV^2$$
$$= \frac{1}{2} \times 4 \times 10^{-6} \times (4 \times 10^3)^2 = 32[J]$$

44 선택지락계전기(selective ground relay)의 용도는?

① 단일회선에서 지락전류의 방향의 선택
② 단일회선에서 지락사고 지속시간 선택
③ 단일회선에서 지락전류의 대소의 선택
④ 다회선에서 지락고장 회선의 선택

해설 선택지락계전기(SGR)
다회선 송전선로에서 지락이 발생된 회선만을 검출하여 선택하여 차단할 수 있도록 동작하는 계전기

45 1[kWh]와 같은 값은?

① $3.6 \times 10^6[J]$ ② $3.6 \times 10^6[N/m^2]$
③ $3.6 \times 10^3[J]$ ④ $3.6 \times 10^3[N/m^2]$

해설 전력량 $1[kWh] = 3.6 \times 10^6[J]$

46 최대사용전압이 3.3[kV]인 차단기 전로의 절연내력시험전압은 몇 [V]인가?

① 3,036   ② 4,125
③ 4,950   ④ 6,600

해설 전로의 절연내력시험

종 류		시험전압	최저 시험전압
비접지	7,000[V] 이하	×1.5배	500[V]
	7,000[V] 초과	×1.25배	10,500[V]

시험전압 $3,300 \times 1.5 = 4,950[V]$

47 전기자저항 0.1[Ω], 전기자전류 104[A], 유도기전력 110.4[V]인 직류 분권발전기의 단자전압은 몇 [V]인가?

① 98   ② 100
③ 102   ④ 105

해설 $V = E - I_a R_a = 110.4 - 104 \times 0.1 = 100[V]$

48 다극 중권 직류발전기의 전기자 권선에 균압 고리를 설치하는 이유는?

① 브러시에서 순환전류를 방지하기 위하여
② 전기자 반작용을 방지하기 위하여
③ 정류 기전력을 높이기 위하여
④ 전압강하를 방지하기 위하여

해설 브러시에서 순환전류(불꽃 발생)를 방지하기 위하여 4극 이상의 중권에 대해서는 균압환을 설치한다.

49 저압 옥내배선공사 중 애자사용공사를 하는 경우 전선 상호 간의 간격은 몇 [mm] 이상 이격하여야 하는가?

① 20   ② 40
③ 60   ④ 80

해설 애자사용공사 시 전선 상호 간 간격
• 저압 : 60[mm]
• 고압 : 80[mm]

50 변압기 V결선의 특징으로 틀린 것은?

① V결선 출력은 △결선 출력과 그 크기가 같다.
② 고장 시 응급 처치 방법으로 쓰인다.
③ 단상 변압기 2대로 3상 전력을 공급한다.
④ 부하 증가가 예상되는 지역에 시설한다.

해설 V결선 출력은 △결선 시 출력보다 $\frac{1}{\sqrt{3}}$ 배로 감소한다.

51 온도변화에도 용량의 변화가 적으며, 극성이 있고 콘덴서 자체에 +의 기호로 전극을 표시하며 비교적 가격이 비싸나 온도에 의한 용량변화가 엄격한 회로, 어느 정도 주파수가 높은 회로 등에 사용되고 있는 콘덴서는?

① 탄탈 콘덴서   ② 마일러 콘덴서
③ 세라믹 콘덴서   ④ 바리콘

해설 탄탈 콘덴서는 탄탈소자의 양 끝에 전극을 구성시킨 구조로서 온도나 직류전압에 대한 정전용량 특성의 변화가 적고 용량이 크며 극성이 있으므로 직류용으로 사용된다.

52 ★★★
20[kVA]의 단상 변압기 2대를 사용하여 V-V 결선으로 하고 3상 전원을 얻고자 할 때 최대로 얻을 수 있는 3상 부하의 용량은 약 몇 [kVA]인가?

① 20　　　　　　② 24

③ 28.8　　　　　④ 34.6

해설 V 결선 용량

$P_V = \sqrt{3} P_1 = \sqrt{3} \times 20 = 34.6 [kVA]$

53 ★★
2분 간에 876,000[J]의 일을 하였다. 그 전력[kW]은 얼마인가?

① 7.3　　　　　　② 730

③ 73　　　　　　④ 438

해설 전력량 $W = Pt [J]$이므로

전력 $P = \dfrac{W}{t} = \dfrac{876,000}{2 \times 60} = 7,300 = 7.3 [kW]$

54 ★
평균 반지름 $r [m]$의 환상 솔레노이드에 $I [A]$의 전류가 흐를 때, 내부 자계가 $H [AT/m]$이었다. 권수 N은?

① $\dfrac{HI}{2\pi r}$　　　　② $\dfrac{2\pi r}{HI}$

③ $\dfrac{2\pi r H}{I}$　　　　④ $\dfrac{I}{2\pi r H}$

해설 내부 자계 $H = \dfrac{NI}{2\pi r}$ 이므로 권수 $N = \dfrac{2\pi r H}{I} [T]$

55 ★
$R-L-C$ 직렬회로에서 직렬공진조건은?

① $\omega L - \dfrac{1}{\omega C} = 0$　　② $\omega L + \dfrac{1}{\omega C} = 1$

③ $\omega L - \dfrac{1}{\omega C} = 1$　　④ $\omega L - \omega C = 0$

해설 합성 임피던스 $\dot{Z} = R + j\left(\omega L - \dfrac{1}{\omega C}\right) [\Omega]$에서 직렬공진 조건은 $\omega L - \dfrac{1}{\omega C} = 0$이 된다.

56 ★★★
양전하와 음전하를 가진 물체를 서로 접속하면 여기에 전하가 이동하게 되며 이들 물체는 전기를 띠게 된다. 이와 같은 현상을 무엇이라 하는가?

① 분극　　　　　② 정전

③ 대전　　　　　④ 코로나

해설 대전
절연체를 서로 마찰시키면 전자를 얻거나 잃어서 전기를 띠게 되는 현상

57 ★★
기전력 1.5[V], 내부 저항 0.2[Ω]인 전지 5개를 직렬로 접속하여 단락시켰을 때의 전류[A]는?

① 15　　　　　　② 7.5

③ 5.5　　　　　④ 30

해설 전자의 단락전류 $I = \dfrac{E}{r} = \dfrac{1.5}{0.2} = 7.5 [A]$

58 ★★★
3상 유도전동기의 원선도를 그리려면 등가회로의 정수를 구할 때 몇 가지 시험이 필요하다. 이에 해당되지 않는 것은?

① 무부하시험　　② 저항 측정

③ 회전수 측정　　④ 구속시험

해설
• 저항 측정시험 : 1차 동손
• 무부하시험 : 여자전류, 철손
• 구속시험(단락시험) : 2차 동손

59 ★★★
전기기계의 효율 중 발전기의 규약효율 η_G는 몇 [%]인가? (단, P는 입력, Q는 출력, L은 손실이다.)

① $\eta_G = \dfrac{Q}{Q+L} \times 100 [\%]$　② $\eta_G = \dfrac{P-L}{P+L} \times 100 [\%]$

③ $\eta_G = \dfrac{Q}{P} \times 100 [\%]$　　④ $\eta_G = \dfrac{P-L}{P} \times 100 [\%]$

해설 전기에너지 기준으로 발전기에서는 출력이 기준이 된다.

$$\eta_G = \frac{Q}{Q+L} \times 100[\%]$$

★★★
60 공심 솔레노이드 내부의 자기장의 세기가 500[AT/m]

일 때 자속밀도의 세기[Wb/m²]는?

① $2\pi \times 10^{-5}$ ② $4\pi \times 10^{-3}$

③ $2\pi \times 10^{-4}$ ④ $4\pi \times 10^{-4}$

해설 자속밀도와 자기장 관계식

$$B = \mu_0 H$$
$$= 4\pi \times 10^{-7} \times 500 = 2\pi \times 10^{-4}[\text{Wb/m}^2]$$

정답 60. ③

01 2[Ω], 4[Ω], 6[Ω]의 3개 저항을 병렬 접속했을 때 10[A]의 전류가 흐른다면 2[Ω]에 흐르는 전류는 몇 [A]인가?

① 2.45
② 2
③ 5
④ 5.45

해설 저항이 3개가 접속된 경우 컨덕턴스로 변환하여 계산하면 된다.

$$I = \frac{\frac{1}{2}}{\frac{1}{2} + \frac{1}{4} + \frac{1}{6}} \times 10 = 5.45[A]$$

02 합성수지관 배관 시 관과 박스와의 접속 시에 지지점 간 거리는 고정시킨 박스로부터 몇 [mm] 이하에 새들로 지지하여야 하는가?

① 500
② 300
③ 200
④ 400

해설 합성수지관 지지점 간 거리
• 관과 박스 접속 시 지지점 간 거리 : 30[cm]=300[mm]
• 관 상호 접속 시 지지점 간 거리 : 1.5[m] 이하

03 다음 중 변압기의 원리는 어느 작용을 이용한 것인가?

① 발열작용
② 화학작용
③ 자기유도작용
④ 전자유도작용

해설 변압기의 원리
1차 코일에서 발생한 자속이 2차 코일과 쇄교하면서 발생되는 유도기전력을 이용한 기기(전자유도작용)

04 3상 동기기에 제동 권선을 설치하는 주된 목적은?

① 출력 증가와 난조 방지
② 효율 증가와 기동 토크
③ 역률 개선과 기동 토크
④ 기동 토크와 난조 방지

해설 전동기의 제동 권선 목적
기동 토크 발생 및 난조 방지

05 박강전선관의 표준규격[mm]이 아닌 것은?

① 19
② 31
③ 37
④ 75

해설 박강전선관
두께 1.2[mm] 이상의 얇은 전선관
• 관 호칭 : 관 바깥지름의 크기에 가까운 홀수
• 관 종류(7종류) : 19, 25, 31, 39, 51, 63, 75[mm]

06 자체 인덕턴스 L_1, L_2, 상호 인덕턴스 M인 두 코일의 결합계수가 1이면 어떤 관계가 되는가?

① $L_1 + L_2 = M$
② $L_1 L_2 = M$
③ $\sqrt{L_1 L_2} = M$
④ $L_1 L_2 = \sqrt{M}$

해설 $M = k\sqrt{L_1 L_2}$ [H]에서 $k = 1$이므로
$\sqrt{L_1 L_2} = M[H]$

07 동기발전기의 무부하 포화 곡선에 대한 설명으로 옳은 것은?

① 정격전류 – 단자전압
② 정격전류 – 정격전압
③ 계자전류 – 정격전압
④ 계자전류 – 단자전압

해설 무부하 포화 곡선
계자전류 – 유기기전력(단자전압)을 나타낸 전압 특성 곡선

정답 01. ④ 02. ② 03. ④ 04. ④ 05. ③ 06. ③ 07. ④

08 다음 중 점유면적이 좁고 운전, 보수에 안전하므로 공장, 빌딩 등의 전기실에 많이 사용되며, 큐비클(cubicle)형이라고 불리는 배전반은?

① 라이브 프런트식 배전반

② 폐쇄식 배전반

③ 포스트형 배전반

④ 데드 프런트식 배전반

해설 폐쇄식 배전반

각종 계기 및 조작개폐기, 계전기 등 전부를 금속제 상자 안에 조립하는 방식

09 동기전동기의 자기기동법에서 계자 권선을 단락하는 이유는?

① 기동이 쉽다.

② 기동 권선으로 이용

③ 고전압 유도에 의한 절연파괴 위험 방지

④ 전기자 반작용을 방지한다.

해설 동기전동기의 자기기동법은 계자 권선을 단락시켜서 고전압 유도에 의한 절연파괴 위험을 방지하기 위함이다.

10 OW의 전선 명칭은?

① 인입용 비닐절연전선

② 배선용 단심 비닐절연전선

③ 옥외용 비닐절연전선

④ 450/750[V] 일반용 단심 비닐절연전선

해설 OW

옥외용 비닐절연전선

11 그림과 같은 회로에서 합성저항은 몇 [Ω]인가?

① 6.6

② 7.4

③ 8.7

④ 9.4

해설 합성저항 $= \dfrac{4 \times 6}{4+6} + \dfrac{10}{2} = 7.4[\Omega]$

12 전선을 기구 단자에 접속할 때 진동 등의 영향으로 헐거워질 우려가 있는 경우에 사용하는 것은?

① 스프링 와셔

② 코드 페스너

③ 십자머리 볼트

④ 압착 단자

해설 진동으로 인하여 단자가 풀릴 우려가 있는 곳은 스프링 와셔나 이중 너트를 사용하여 진동을 흡수하여 영향을 없앤다.

13 다음 중 변압기유의 열화 방지와 관계가 가장 먼 것은?

① 부싱   ② 브리더

③ 질소 봉입   ④ 콘서베이터

해설 변압기유의 열화 방지 대책

브리더 설치, 콘서베이터 설치, 불활성 질소 봉입

14 C[F]의 콘덴서에 축적되는 에너지 W[J]를 발생시키려면 전압[V]은?

① $\sqrt{\dfrac{W}{2C}}$ ② $\sqrt{\dfrac{W}{C}}$

③ $\sqrt{\dfrac{2W}{C}}$ ④ $\sqrt{\dfrac{2C}{W}}$

해설 콘덴서에 축적되는 에너지 $W = \dfrac{1}{2}CV^2$[J]에서

V로 정리하면 $V^2 = \dfrac{2W}{C}$ 이므로

$V = \sqrt{\dfrac{2W}{C}}$ [V]

15 홈수가 36인 표준 농형 3상 유도전동기의 극수가 4극이라면 매극 매상당의 홈수는?

① 6   ② 3

③ 2   ④ 1

해설 $\alpha = \dfrac{\text{총 슬롯수}}{\text{상수} \times \text{극수}} = \dfrac{36}{3 \times 4} = 3$

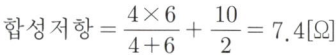

16 반도체 내에서 정공은 어떻게 생성되는가?

① 결합전자의 이탈　　② 접합 불량
③ 자유전자의 이동　　④ 확산 용량

해설 **정공**
결합전자의 이탈로 생기는 빈자리

17 전원과 부하가 다같이 Y결선된 3상 평형회로가 있다. 상전압이 200[V], 부하 임피던스가 $\dot{Z} = 8 + j6$[Ω]인 경우 상전류는 몇 [A]인가?

① 20　　　　　　　② $\dfrac{20}{\sqrt{3}}$

③ $20\sqrt{3}$　　　　　④ $10\sqrt{3}$

해설 한 상의 임피던스 $\dot{Z} = 8 + j6$[Ω]에서
절대값 $Z = 10$[Ω]이므로
상전류 $I_p = \dfrac{V}{Z} = \dfrac{200}{10} = 20$[A]

18 콘크리트 직접매설(직매)용 케이블 배선에서 일반적으로 케이블을 구부릴 때는 피복이 손상되지 않도록 그 굽은 부분(굴곡부)의 곡선 반지름은 케이블 바깥지름(외경)의 몇 배 이상으로 하여야 하는가? (단, 단심이 아닌 경우이다.)

① 8　　　　　　　② 6
③ 10　　　　　　④ 12

해설 **케이블 구부릴 때 곡선 반지름(곡률 반경)**
• 일반 케이블 : 바깥지름(외경)의 6배(단, 단심일 경우 8배이다.)
• 연피, 알루미늄피 케이블 : 바깥지름(외경)의 12배 이상

19 공기 중에서 1[Wb]의 자극으로부터 나오는 자력선의 총수는 몇 개인가?

① 6.33×10^4　　　② 7.96×10^5
③ 8.855×10^3　　④ 1.256×10^6

해설 **자기력선의 총수**
$N = \dfrac{m}{\mu_0} = \dfrac{1}{4\pi \times 10^{-7}} = 7.96 \times 10^5$개

20 녹아웃의 지름이 관의 지름보다 클 때에 관을 박스에 고정시키기 위해 사용되는 기구은?

① 터미널 캡
② 링 리듀서
③ 엔트런스 캡
④ 유니버설 엘보

해설 **링 리듀서**
금속관을 박스에 설치할 때 녹아웃 지름이 관의 지름보다 커서 로크 너트만으로는 고정할 수 없을 때 보조적으로 녹아웃 지름을 작게 하기 위해 사용하는 기구

21 다음 중 동기속도가 1,200[rpm]이고 회전수 1,176 [rpm]인 유도전동기의 슬립[%]은?

① 3　　　　　　　② 2
③ 4　　　　　　　④ 5

해설 $s = \dfrac{N_s - N}{N_s} \times 100$[%]
$= \dfrac{1,200 - 1,176}{1,200} \times 100 = 2$[%]

22 직권전동기의 회전수를 $\dfrac{1}{3}$로 감소시키면 토크는 어떻게 되겠는가?

① $\dfrac{1}{9}$　　　　　　② $\dfrac{1}{3}$

③ 3　　　　　　　④ 9

해설 직권전동기의 특성은 $\tau \propto I^2 \propto \dfrac{1}{N^2}$ 이므로
$\dfrac{1}{\left(\dfrac{1}{3}\right)^2} = 9$

23 철근 콘크리트주의 길이가 12[m]일 때 땅에 묻히는 표준 깊이는 몇 [m]이어야 하는가? (단, 설계하중은 6.8[kN] 이하이다.)

① 2　　　　　　　② 2.3
③ 2.5　　　　　　④ 3

정답 16. ①　17. ①　18. ②　19. ②　20. ②　21. ②　22. ④　23. ①

해설 전장 16[m] 이하, 설계하중 6.8[kN] 이하인 지지물 건주 시 전주 땅에 묻히는 깊이(지지물 기초 안전율 : 2 이상)

• 15[m] 이하 : 전체 길이$\times\frac{1}{6}$ 이상

매설 깊이 $H = 12\times\frac{1}{6} = 2$[m]

24 3상 기전력을 2개의 전력계 W_1, W_2로 측정해서 W_1의 지시값이 P_1, W_2의 지시값이 P_2라고 하면 3상 유효전력은 어떻게 표현되는가?

① $P_1 - P_2$　　　　　② $3(P_1 - P_2)$
③ $P_1 + P_2$　　　　　④ $3(P_1 + P_2)$

해설 2전력계법에서 3상 유효전력
$P = P_1 + P_2$[W]

25 최소 동작값 이상의 구동 전기량이 주어지면 고장전류의 크기에 관계없이 일정 시한으로 동작하는 계전기는?

① 반한시 계전기
② 정한시 계전기
③ 역한시 계전기
④ 반한시-정한시 계전기

해설 정한시 계전기
설정된 최소 동작전류(전기량) 이상의 전류가 흐르면 고장전류의 크기와 관계없이 정해진 시한 동작하는 계전기

26 다음 중 단선의 브리타니아 직선 접속에 사용되는 것은?

① 에나멜선　　　　　② 파라핀선
③ 조인트선　　　　　④ 바인드선

해설 조인트선
브리타니아 직선 접속 시 전선이 굵으므로 접촉면을 증가시키기 위해 첨선을 삽입한 후 사용하는 1.0 ~ 1.2[mm] 굵기의 나동선

27 진공 중에 3×10^{-5}[C], 8×10^{-5}[C]의 두 점전하가 2[m]의 간격을 두고 놓여 있다. 두 전하 사이에 작용하는 힘[N]은?

① 2.7　　　　　② 10.8
③ 5.4　　　　　④ 24

해설 쿨롱의 법칙

$F = 9\times10^9\times\dfrac{Q_1\cdot Q_2}{r^2}$[N]

$= 9\times10^9\times\dfrac{3\times10^{-5}\times8\times10^{-5}}{2^2} = 5.4$[N]

28 수·변전설비의 고압회로에 걸리는 전압을 표시하기 위해 전압계를 시설할 때 고압회로와 전압계 사이에 시설하는 것은?

① 관통형 변압기　　　② 계기용 변류기
③ 계기용 변압기　　　④ 권선형 변류기

해설 계기용 변압기(PT)
고압을 저압으로 변성하여 측정계기나 보호계전기에 전압을 공급하기 위한 계기

29 황산구리($CuSO_4$) 전해액에 2개의 구리판을 넣고 전원을 연결하였을 때 음극에서 나타나는 현상으로 옳은 것은?

① 변화가 없다.　　　　② 두터워진다.
③ 얇아진다.　　　　　④ 수소 가스가 발생한다.

해설 음극에서는 전자가 달라붙으므로 두터워지고 양극은 같은 두께로 얇아진다.

30 양전하와 음전하를 가진 물체를 서로 접속하면 여기에 전하가 이동하게 되며 이들 물체는 전기를 띄게 된다. 이와 같은 현상을 무엇이라 하는가?

① 분극　　　　　② 정전
③ 대전　　　　　④ 코로나

해설 대전
양전하와 음전하를 가진 물체를 서로 접속하면 여기에 전하가 이동하여 전기를 띄는 현상

정답 24. ③ 25. ② 26. ③ 27. ③ 28. ③ 29. ② 30. ③

31 동기발전기를 회전계자형으로 하는 이유가 아닌 것은?

① 고전압에 견딜 수 있게 전기자 권선을 절연하기가 쉽다.
② 전기자 단자에 발생한 고전압을 슬립링 없이 간단하게 외부회로에 인가할 수 있다.
③ 전기자가 고정되어 있지 않아 제작비용이 저렴하다.
④ 기계적으로 튼튼하게 만드는 데 용이하다.

해설 회전계자형 동기발전기
전기자 권선 절연이 용이하고 구조가 간단하며 외부 인출이 쉽다.
• 고정자 : 전기자 도체
• 회전자 : 계자

32 1차 권선과 2차 권선을 직렬로 접속하여 기전력을 얻어내는 방식의 변압기는?

① 누설변압기
② 내철형 변압기
③ 단권변압기
④ 외철형 변압기

해설 단권변압기
1차 권선과 2차 권선을 직렬로 접속하여 기전력을 얻어내는 방식

33 4극 중권 직류전동기의 전기자도체수가 284, 자속 0.02[Wb], 부하전류가 80[A]이고 토크가 72.4[N·m], 회전수가 900[rpm]일 때 출력은 약 몇 [W]인가?

① 6,880
② 6,840
③ 6,860
④ 6,820

해설 직류전동기의 토크
$\tau = \dfrac{PZ}{2\pi a}\phi I_a = 9.55\dfrac{P_o}{N}\,[\text{N·m}]$에서

출력 $P_o = \dfrac{N\tau}{9.55} = \dfrac{900 \times 72.4}{9.55} = 6,820\,[\text{W}]$

34 5.5[kW], 200[V] 유도전동기의 전전압 기동 시의 기동전류가 150[A]이었다. 여기에 Y-△ 기동 시 기동전류는 몇 [A]가 되는가?

① 150
② 80
③ 30
④ 50

해설 Y-△ 기동 시 기동전류는 전전압 기동 시보다 $\dfrac{1}{3}$로 감소하므로 $150 \times \dfrac{1}{3} = 50\,[\text{A}]$이다.

35 옥내의 건조하고 전개된 장소에서 사용전압이 400[V] 이상인 경우에는 시설할 수 없는 배선공사는?

① 애자사용공사
② 금속덕트공사
③ 버스덕트공사
④ 금속몰드공사

해설 전개(노출), 건조한 곳의 사용전압이 400[V] 이상인 장소의 옥내배선
"금속관공사, 합성수지관공사, 가요전선관공사, 케이블공사, 애자사용공사, 금속덕트공사, 버스덕트공사"에 의할 수 있다.

36 가연성 먼지(분진)에 전기설비가 발화원이 되어 폭발의 우려가 있는 곳에 시설하는 저압 옥내배선공사방법이 아닌 것은?

① 금속관공사
② 케이블공사
③ 애자사용공사
④ 두께 2[mm] 이상의 합성수지관공사

해설 가연성 먼지(분진)(소맥분, 전분, 유황 기타 가연성 먼지 등)으로 인하여 폭발할 우려가 있는 저압 옥내설비공사는 금속관공사, 케이블공사, 두께 2[mm] 이상의 합성수지관공사 등에 의하여 시설한다.

37 다음 중 나전선 상호 간 또는 나전선과 절연전선 접속 시 접속 부분의 전선의 세기는 일반적으로 [%] 이상 감소하면 안 되는가?

① 20
② 30
③ 60
④ 80

해설 전선 접속 시 접속 부분의 전선의 세기는 20[%] 이상 감소하지 않도록 하여야 한다.

정답 31. ③ 32. ③ 33. ④ 34. ④ 35. ④ 36. ③ 37. ①

38 다음 중 옥내에 시설하는 저압전로와 대지 사이의 절연저항 측정에 사용되는 계기는?

① 콜라우시 브리지   ② 어스테스터

③ 메거   ④ 마그넷 벨

해설 절연저항 측정

메거

39 직류발전기에서 전기자 권선에 유도되는 교류기 전력을 정류해서 직류로 만드는 부분으로 맞는 것은?

① 회전자 – 브러시   ② 전기자 – 브러시

③ 슬립링 – 브러시   ④ 정류자 – 브러시

해설 정류자

브러시와 접촉하여 교류를 정류하여 직류로 만드는 장치

40 큰 고장전류가 흐르지 않는 경우 접지선의 굵기는 구리선인 경우 최소 몇 [mm²] 이상이어야 하는가?

① 4   ② 6

③ 16   ④ 25

해설 큰 고장전류가 접지도체를 통하여 흐르지 않을 경우 접지도체의 최소 단면적[mm²]

도 체	피뢰시스템 접속되지 않은 경우	피뢰시스템 접속
구리 소재	6	16
철제	50	

41 120[Ω]의 저항 4개를 접속하여 가장 최소로 얻을 수 있는 저항값은 몇 [Ω]인가?

① 30   ② 40

③ 20   ④ 50

해설 최소 저항값

병렬로 접속

$R_o = \dfrac{120}{4} = 30[\Omega]$

42 정격전류가 40[A]인 주택의 전로에 58[A]의 전류가 흘렀을 경우 주택에 사용하는 배선용 차단기는 몇 분 내에 자동적으로 동작하여야 하는가?

① 10   ② 30

③ 60   ④ 120

해설 주택용 배선용 차단기의 동작 특성

정격전류	시간(분)	정격전류 배수	
		부동작전류	동작전류
63[A] 이하	60	1.13배	1.45배
63[A] 초과	120	1.13배	1.45배

43 10[A], 100[W]의 전열기에 15[A]의 전류가 흘렀다면 이 전열기의 전력은 몇 [W]가 되겠는가?

① 115   ② 120

③ 200   ④ 225

해설 전류가 1.5배 증가하면 전력은 $P = I^2 R$식을 적용하여 I^2배로 증가하므로 $P' = 1.5^2 \times 100 = 225[W]$가 된다.

44 환상 솔레노이드의 내부 자장과 전류의 세기에 대한 설명으로 맞는 것은?

① 전류의 세기에 반비례한다.

② 전류의 세기에 비례한다.

③ 전류의 세기 제곱에 비례한다.

④ 전혀 관계가 없다.

해설 환상 솔레노이드 내부 자장 세기 $H = \dfrac{NI}{2\pi r}[AT/m]$이므로 전류의 세기에 비례한다.

45 두 개의 평행한 도체가 진공 중(또는 공기 중)에 20[cm] 떨어져 있고, 100[A]의 같은 크기의 전류가 흐르고 있을 때 1[m]당 발생하는 힘의 크기 [N]는?

① 20   ② 40

③ 0.01   ④ 0.1

정답 38. ③ 39. ④ 40. ② 41. ① 42. ③ 43. ④ 44. ② 45. ③

해설 평행도선 사이에 작용하는 힘의 세기

$$F = \frac{2I_1 I_2}{r} \times 10^{-7}$$
$$= \frac{2 \times 100 \times 100}{0.2} \times 10^{-7} = 0.01[\text{N/m}]$$

★46 m[Wb]인 자극이 공기 중에서 r[m] 떨어져 있는 경우 자계의 세기[AT/m]는?

① $\dfrac{m}{4r}$

② $\dfrac{m}{4\pi\mu_0\mu_s r^2}$

③ $\dfrac{m}{4\pi r^2}$

④ $\dfrac{\mu_0\mu_s m}{4\pi r^2}$

해설 m[Wb]인 자극에 의한 자계

$$H = \frac{m}{4\pi\mu_0\mu_s r^2}[\text{AT/m}]$$

★★★47 단상 전파 사이리스터 정류회로에서 점호각이 60°일 때의 정류전압은 몇 [V]인가? (단, 전원측 전압의 실효값은 100[V]이고, 유도성 부하이다.)

① 141

② 100

③ 85

④ 45

해설 단상 전파 사이리스터 정류전압
$$E_d = 0.9 E\cos\alpha = 0.9 \times 100 \times \cos 60° = 45[\text{V}]$$

★★★48 교통신호등 제어장치의 2차측 배선의 제어회로의 최대사용전압은 몇 [V] 이하이어야 하는가?

① 200

② 150

③ 300

④ 400

해설 교통신호등 제어장치의 2차측 배선공사방법
• 최대사용전압 : 300[V] 이하
• 전선 : 2.5[mm²] 이상의 연동연선
• 교통신호등회로의 사용전압이 150[V]를 넘는 경우 누전차단기를 시설할 것

★★49 3상 6,600[V], 1,000[kVA] 발전기의 전류용량과 역률 70[%]에서의 출력[kW]은?

① 87.48, 1,000

② 151.52, 1,000

③ 87.48, 700

④ 151.52, 700

해설 3상 피상전력 $P_a = \sqrt{3}\, VI[\text{VA}]$

전류 $I = \dfrac{1,000}{\sqrt{3} \times 6.6} = 87.48[\text{A}]$

출력 $P = 1,000 \times 0.7 = 700[\text{kW}]$

★★★50 자속밀도 1[Wb/m²]은 몇 [gauss]인가?

① $4\pi \times 10^{-7}$

② 10^{-6}

③ 10^4

④ $\dfrac{4\pi}{10}$

해설 자속밀도 환산

$$1[\text{Wb/m}^2] = \frac{10^8[\text{Max}]}{10^4[\text{cm}^2]}$$
$$= 10^4[\text{max/cm}^2 = \text{gauss, 가우스}]$$

★★★51 5[Wb]의 자속이 이동하여 2[J]의 일을 하였다면 통과한 전류[A]는?

① 0.1

② 0.2

③ 0.4

④ 0.5

해설 자속이 한 일 $W = \phi I[\text{J}]$이므로

전류 $I = \dfrac{W}{\phi} = \dfrac{2}{5} = 0.4[\text{A}]$

★★52 캡타이어 케이블을 조영재에 시설하는 경우 그 지지점 간 거리는 몇 [m] 이하이어야 하는가?

① 1

② 1.5

③ 2.0

④ 2.5

해설 캡타이어 케이블을 조영재에 따라 시설하는 경우 지지점 간의 거리
1[m] 이하

★53 동기발전기의 전기자전류가 무부하 유도기전력보다 90° 앞선 전류가 흐르는 경우 나타나는 전기자 반작용은?

① 증자작용

② 감자작용

③ 교차자화작용

④ 직축반작용

해설 발전기의 전기자 반작용
- 동상 전류 : 교차자화작용
- 뒤진 전류 : 감자작용
- 앞선 전류 : 증자작용

54 ★★★ 3상 유도전동기의 운전 중 급속정지가 필요할 때 사용하는 제동방식은?

① 단상제동　　　② 회생제동

③ 발전제동　　　④ 역상제동

해설 역상제동
전기자회로의 극성을 반대로 접속하여 전동기를 급제동 시키는 방식(전동기 급제동 목적)

55 ★★ 시정수와 과도현상과의 관계에 대한 설명으로 옳은 것은?

① 시정수가 클수록 과도현상은 짧아진다.

② 시정수가 작을수록 과도현상은 길어진다.

③ 시정수가 클수록 과도현상은 길어진다.

④ 시정수와 관계가 없다.

해설 시정수(e^{-1}이 되는 시간)와 과도현상과의 관계
- 시정수가 크면 과도현상이 길어진다.
- 시정수가 작으면 과도현상이 짧아진다.

56 ★★★ 30[μF]과 40[μF]의 콘덴서를 병렬로 접속한 후 100[V]의 전압을 가했을 때 전전하량은 몇 [C]인가?

① 17×10^{-4}　　② 34×10^{-4}

③ 56×10^{-4}　　④ 70×10^{-4}

해설 합성정전용량 $C_0 = 30 + 40 = 70[\mu F]$
$Q = CV = 70 \times 10^{-6} \times 100 = 70 \times 10^{-4}[C]$

57 ★ 비정현파의 종류에 속하는 사각파의 전개식에서 기본파의 진폭[V]은? (단, $V_m = 20[V]$, $T = 10[m \cdot s]$)

① 25.47　　　② 24.47

③ 23.47　　　④ 26.47

해설 $V = \dfrac{4}{\pi} V_m = \dfrac{4}{\pi} \times 20 = 25.47[V]$

58 ★★ 3상 전원을 이용하여 2상 전압을 얻고자 할 때 사용하는 결선방법은?

① Scott결선　　② Fork결선

③ 환상결선　　　④ 2중 3각 결선

해설 전원 3ϕ을 2ϕ으로 결선하는 방식
- 스코트(T)결선 : 전기철도
- 우드브리지결선
- 메이어결선

59 ★ 슬립이 일정한 경우 유도전동기의 공급전압이 $\dfrac{1}{2}$로 감소하면 토크는 처음에 비해 어떻게 되는가?

① 2배가 된다.　　　② 1배가 된다.

③ $\dfrac{1}{2}$로 줄어든다.　　④ $\dfrac{1}{4}$로 줄어든다.

해설 유도전동기의 토크와 공급전압과의 관계
$\tau \propto V^2$이므로 $\left(\dfrac{1}{2}\right)^2 = \dfrac{1}{4}$로 감소한다.

60 ★★★ 변압기의 1차에 6,000[V]를 가할 때 2차 전압이 200[V]라면 이 변압기의 권수비는 얼마인가?

① 3　　　　② 20

③ 30　　　　④ 200

해설 변압기의 권수비 $a = \dfrac{N_1}{N_2} = \dfrac{V_1}{V_2} = \dfrac{6,000}{200} = 30$

정답 54. ④　55. ③　56. ④　57. ①　58. ①　59. ④　60. ③

01 도체계에서 임의의 도체를 일정 전위(일반적으로 영전위)의 도체로 완전 포위하면 내부와 외부의 전계를 완전히 차단할 수 있는 데 이를 무엇이라 하는가?

① 핀치 효과   ② 톰슨 효과
③ 정전 차폐   ④ 자기 차폐

해설 정전 차폐
도체가 정전유도가 되지 않도록 도체 바깥을 포위하여 접지하는 것을 정전 차폐라 하며 완전 차폐가 가능하다.

02 그림은 동기기의 위상 특성 곡선을 나타낸 것이다. 전기자전류가 가장 작게 흐를 때의 역률은?

① 0.9(지상)
② 0
③ 1
④ 0.9(진상)

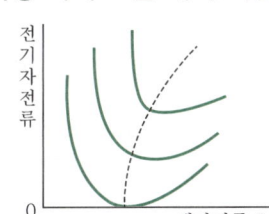

해설 V곡선에서 최저점이 역률이 1인 상태이다.

03 3상 동기기에 제동 권선을 설치하는 주된 목적은?

① 난조 방지   ② 효율 증가
③ 역률 개선   ④ 출력 증가

해설 제동 권선의 역할
난조 방지, 기동 토크 발생

04 변압기의 원리는 어느 작용을 이용한 것인가?

① 발열작용   ② 화학작용
③ 자기유도작용   ④ 전자유도작용

해설 변압기의 원리
전자유도작용

05 박강전선관의 표준굵기[mm]가 아닌 것은?

① 16   ② 19
③ 25   ④ 31

해설 박강전선관
두께 1.2[mm] 이상의 얇은 전선관
• 관의 호칭 : 관 바깥지름의 크기에 가까운 홀수
• 관의 종류(7종류) : 19, 25, 31, 39, 51, 63, 75[mm]

06 동기발전기의 전기자 반작용 중에서 전기자전류에 의한 자기장의 축이 항상 주자속의 축과 수직이 되면서 자극편 왼쪽에 있는 주자속은 증가시키고, 오른쪽에 있는 주자속은 감소시켜 편자작용을 하는 전기자 반작용은?

① 증자작용   ② 교차자화작용
③ 직축반작용   ④ 감자작용

해설 교차자화작용(횡축반작용)
부하인 경우 동위상 특성의 전기자전류에 의해 발생한 자속이 주자속과 직각으로 교차하는 현상

07 3상 유도전동기의 동기속도를 N_s, 회전속도를 N, 슬립이 s인 경우 2차 효율[%]은?

① $\dfrac{N}{N_s} \times 100$ ② $(s-1) \times 100$

③ $s^2 \times 100$ ④ $\dfrac{1}{s}(N_s - N) \times 100$

해설 2차 효율 $\eta_2 = (1-s) \times 100 = \dfrac{N}{N_s} \times 100 [\%]$

08 3상 유도전동기의 슬립이 4[%], 2차 동손이 0.4[kW]인 경우 2차 입력[kW]은?

① 12   ② 8
③ 6   ④ 10

해설 2차 동손 $P_{c2} = sP_2$ 이므로

2차 입력 $P_2 = \dfrac{P_{c2}}{s} = \dfrac{0.4}{0.04} = 10[\text{kW}]$

09 ★★★ 권선형 유도전동기에서 회전자 권선에 2차 저항기를 삽입하면 어떻게 되는가?

① 회전수가 커진다.
② 변화가 없다.
③ 기동전류가 작아진다.
④ 기동토크가 작아진다.

해설 2차 저항기를 삽입하면 비례추이에 의해 기동전류는 작아지고 기동토크는 커진다.

10 ★★ 다음 그림은 직류발전기의 분류 중 어느 것에 해당되는가?

① 직권발전기
② 타여자 발전기
③ 복권발전기
④ 분권발전기

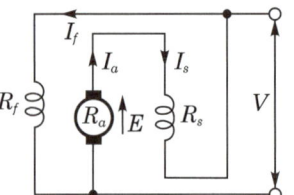

해설 그림은 복권발전기로서 복권발전기는 전기자도체와 직렬로 접속된 직권계자가 있고 병렬로 접속된 분권계자로 구성된다.

11 ★★ 동기 임피던스 5[Ω]인 2대의 3상 동기발전기의 유도기전력에 100[V]의 전압 차이가 있다면 무효순환전류[A]는?

① 10
② 15
③ 20
④ 25

해설 동기발전기의 병렬운전조건 중 기전력의 크기가 다른 경우 이를 같게 하기 위해 흐르는 전류
무효횡류(무효순환전류)

$\dfrac{E_s}{2Z_s} = \dfrac{100}{2 \times 5}$

$= 10[\text{A}]$

12 ★★★ 콘덴서의 정전용량을 크게 하는 방법으로 옳지 않은 것은?

① 극판의 면적을 크게 한다.
② 극판 사이에 유전율이 큰 유전체를 삽입한다.
③ 극판 사이에 비유전율이 큰 유전체를 삽입한다.
④ 극판의 간격을 작게 한다.

해설 콘덴서의 정전용량 $C = \dfrac{\varepsilon A}{d}[\text{F}]$ 이므로 극판의 간격 $d[\text{m}]$ 에 반비례한다.

13 ★★ 주파수 50[Hz]인 철심의 단면적은 60[Hz]의 몇 배인가?

① 1.0
② 0.8
③ 1.2
④ 1.5

해설 $\dfrac{60}{50} = 1.2$ (주파수와 면적은 반비례)

14 ★★★ 전주외등을 전주에 부착하는 경우 전주외등은 하단으로부터 몇 [m] 이상 높이에 시설하여야 하는가? (단, 전주외등은 1,500[V] 고압 수은등이다.)

① 3.0
② 3.5
③ 4.0
④ 4.5

해설 전주외등
대지전압 300[V] 이하 백열전등이나 수은등을 배전선로의 지지물 등에 시설하는 등
• 기구인출선 도체 단면적 : 0.75[mm²] 이상
• 기구 부착 높이 : 지표상 4.5[m] 이상 (단, 교통지장 없을 경우 3.0[m] 이상)
• 돌출 수평거리 : 1.0[m] 이상

15 ★★★ 교류회로에서 양방향 점호(ON) 및 소호(OFF)를 이용하며, 위상제어를 할 수 있는 소자는?

① GTO
② TRIAC
③ SCR
④ IGBT

해설 TRIAC
SCR을 서로 반대로 하여 접속하여 만든 3단자, 양방향 교류 스위치로서 위상제어가 가능하며 교류전력을 제어하며 다이액(DIAC)과 함께 사용되는 소자

정답 09. ③ 10. ③ 11. ① 12. ③ 13. ③ 14. ④ 15. ②

16 지지선(지선)의 안전율은 2.5 이상으로 하여야 한다. 이 경우 허용 최저 인장하중[kN]은 얼마 이상으로 하여야 하는가?

① 0.68   ② 6.8

③ 9.8   ④ 4.31

해설 지지선(지선)의 시설 규정
- 안전율은 2.5 이상일 것
- 지지선(지선)의 허용 인장하중은 4.31[kN] 이상일 것
- 소선 3가닥 이상의 아연 도금 연선일 것

17 하나의 콘센트에 두 개 이상의 플러그를 꽂아 사용할 수 있는 기구는?

① 코드 접속기   ② 아이언 플러그

③ 테이블 탭   ④ 멀티 탭

해설 접속기구
- 멀티 탭 : 하나의 콘센트에 여러 개의 전기 기계기구를 끼워 사용하는 것으로 연장선이 없는 콘센트
- 테이블 탭(table tap) : 코드 길이가 짧을 때 연장 사용하는 콘센트

18 자극 가까이에 물체를 두었을 때 전혀 자화되지 않는 물체는?

① 상자성체   ② 반자성체

③ 강자성체   ④ 비자성체

해설 비자성체
강자성체 이외의 자성이 약해서 전혀 자성을 갖지 않는 물질로서 상자성체와 반자성체를 포함하며 자계에 힘을 받지 않는다.

19 소세력 회로의 전선을 조영재에 붙여 시설하는 경우에 틀린 것은?

① 전선은 금속제의 수관·가스관 또는 이와 유사한 것과 접촉하지 아니하도록 시설할 것
② 전선은 코드·캡타이어 케이블 또는 케이블일 것
③ 전선이 손상을 받을 우려가 있는 곳에 시설하는 경우에는 적당한 방호장치를 할 것
④ 전선의 굵기는 2.5[mm²] 이상일 것

해설 소세력 회로의 배선(전선을 조영재에 붙여 시설하는 경우)
- 전선은 코드나 캡타이어 케이블 또는 케이블을 사용할 것
- 케이블 이외에는 공칭 단면적 1[mm²] 이상의 연동선 또는 이와 동등 이상의 것일 것

20 전주에서 COS용 완철의 설치 위치는 최하단 전력선용 완철에서 몇 [m] 하부에 설치하는가?

① 0.75   ② 0.8

③ 0.9   ④ 0.95

해설 COS용 완철 설치 위치
최하단 전력선용 완철에서 0.75[m] 하부에 설치하며 COS 조작 및 작업이 용이하도록 설치한다.

21 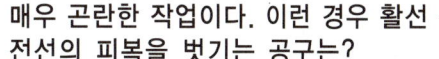 절연전선으로 전선이 설치(가선)된 배전선로에서 활선 상태인 경우 전선의 피복을 벗기는 것은 매우 곤란한 작업이다. 이런 경우 활선 상태에서 전선의 피복을 벗기는 공구는?

① 전선 피박기   ② 애자 커버

③ 와이어 통   ④ 데드 엔드 커버

해설
- 전선 피박기 : 활선 상태에서 전선 피복을 벗기는 공구
- 와이어 통 : 충전되어 있는 활선을 움직이거나 작업권 밖으로 밀어낼 때 또는 활선을 다른 장소로 옮길 때 사용하는 활선 공구
- 데드 엔드 커버 : 내장주의 선로에서 활선 공법을 할 때 작업자가 현수 애자 등에 접촉되어 생기는 안전 사고를 예방하기 위해 사용하는 것

22 최대사용전압이 70[kV]인 중성점 직접 접지식 전로의 절연내력시험전압은 몇 [V]인가?

① 35,000[V]   ② 42,000[V]

③ 44,800[V]   ④ 50,400[V]

해설 절연내력시험
최대사용전압이 60[kV] 이상인 중성점 직접 접지식 전로의 절연내력시험은 최대사용전압의 0.72배의 전압을 연속으로 10분 간 가할 때 견디는 것으로 하여야 한다.
시험전압 = 70,000 × 0.72 = 50,400[V]

23 배관공사 시 금속관이나 합성수지관으로부터 전선을 뽑아 전동기 단자 부근에 접속할 때 설치하는 것은?

① 부싱
② 엔트런스 캡
③ 터미널 캡
④ 로크 너트

해설 **터미널 캡**
배관공사 시 금속관이나 합성수지관으로부터 전선을 뽑아 전동기 단자 부근에 접속할 때, 또는 노출배관에서 금속배관으로 변경 시 관 단에 설치하는 재료(서비스 캡)

24 직권전동기의 회전수를 $\frac{1}{3}$로 감소시키면 토크는 어떻게 되겠는가?

① $\frac{1}{9}$
② $\frac{1}{3}$
③ 3
④ 9

해설 직권전동기는 $\tau \propto I^2 \propto \dfrac{1}{N^2}$ 이므로

$$\frac{1}{\left(\frac{1}{3}\right)^2} = 9$$

25 불연성 먼지가 많은 장소에 시설할 수 없는 저압 옥내 배선의 방법은?

① 금속관 배선
② 플로어덕트 배선
③ 금속제 가요전선관 배선
④ 애자사용 배선

해설 **불연성 먼지(정미소, 제분소)**
금속관공사, 케이블공사, 합성수지관공사, 가요전선관공사, 애자사용공사, 금속덕트 및 버스덕트공사, 캡타이어 케이블공사

26 다음 중 금속관, 케이블, 합성수지관, 애자사용공사가 모두 가능한 특수 장소를 옳게 나열한 것은?

┌─────────────────────────┐
│ ㉠ 화약류 등의 위험 장소   │
│ ㉡ 위험물 등이 존재하는 장소   │
│ ㉢ 불연성 먼지가 많은 장소   │
│ ㉣ 습기가 많은 장소   │
└─────────────────────────┘

① ㉠, ㉣
② ㉡, ㉢
③ ㉢, ㉣
④ ㉠, ㉡

해설 금속관, 케이블공사는 어느 장소든 가능하고 합성수지관은 ㉠ 불가능, 애자사용공사는 ㉠, ㉡이 불가능하므로 ㉢, ㉣이 가능하다.

27 자속을 발생시키는 원천을 무엇이라 하는가?

① 기전력
② 전자력
③ 기자력
④ 정전력

해설 **기자력(起磁力, magneto motive force)**
자속 Φ를 발생하게 하는 근원
기자력 $F = NI = R_m\Phi$[AT]

28 전압계 및 전류계의 측정 범위를 넓히기 위하여 사용하는 배율기와 분류기의 접속 방법은?

① 배율기는 전압계와 병렬 접속, 분류기는 전류계와 직렬 접속
② 배율기는 전압계와 직렬 접속, 분류기는 전류계와 병렬 접속
③ 배율기 및 분류기 모두 전압계와 전류계에 직렬 접속
④ 배율기 및 분류기 모두 전압계와 전류계에 병렬 접속

해설 ・배율기는 전압 분배 기능이므로 직렬 접속
・분류기는 전류 분배 기능이므로 병렬 접속

29 30[μF]과 40[μF]의 콘덴서를 병렬로 접속한 후 100[V]의 전압을 가했을 때 전전하량은 몇 [C]인가?

① 17×10^{-4}
② 34×10^{-4}
③ 56×10^{-4}
④ 70×10^{-4}

정답 23. ③ 24. ④ 25. ② 26. ③ 27. ③ 28. ② 29. ④

[해설] 합성정전용량 $C_0 = 30 + 40 = 70[\mu F]$

$Q = CV = 70 \times 10^{-6} \times 100 = 70 \times 10^{-4}[C]$

30 저항과 코일이 직렬 연결된 회로에서 직류 100[V]를 인가하면 20[A]의 전류가 흐르고, 100[V], 60[Hz] 교류를 인가하면 10[A]의 전류가 흐른다. 이 코일의 리액턴스[Ω]는?

① 5　　　　　　　② $5\sqrt{3}$
③ 10　　　　　　④ $10\sqrt{3}$

[해설] 직류 인가한 경우 $L = 0$이므로

$R = \dfrac{V}{I} = \dfrac{100}{20} = 5[\Omega]$

교류를 인가한 경우 임피던스

$Z = \dfrac{V}{I} = \dfrac{100}{10} = 10 = \sqrt{R^2 + X_L^2}[\Omega]$이므로

$X_L = \sqrt{Z^2 - R^2} = \sqrt{10^2 - 5^2}$
$\quad = \sqrt{75} = \sqrt{5^2 \times 3} = 5\sqrt{3}[\Omega]$

31 종류가 다른 두 금속을 접합하여 폐회로를 만들고 두 접합점의 온도를 다르게 하면 이 폐회로에 전류가 흐르는 현상을 지칭하는 것은?

① 줄의 법칙(Joule's law)
② 톰슨 효과(Thomson effect)
③ 펠티에 효과(Peltier effect)
④ 제벡 효과(Seebeck effect)

[해설] 서로 다른 금속을 접합 후 온도차에 의해 열기전력이 발생되어 열류가 흐르는 현상을 제벡(제베크) 효과라고 한다.

32 30[Ah]의 축전지를 3[A]로 사용하면 몇 시간 사용 가능한가?

① 1시간　　　　　② 3시간
③ 10시간　　　　④ 20시간

[해설] 축전지의 용량 $= It[Ah]$이므로

시간 $t = \dfrac{30}{3} = 10[h]$

33 단선의 굵기가 6[mm²] 이하인 전선을 직선 접속할 때 주로 사용하는 접속법은?

① 트위스트 접속　　　② 브리타니아 접속
③ 쥐꼬리 접속　　　　④ T형 접속기(커넥터) 접속

[해설] 트위스트 접속
6[mm²] 이하의 가는 전선 접속

34 코드나 케이블 등을 기계기구의 단자 등에 접속할 때 몇 [mm²]가 넘으면 그림과 같은 터미널러그[눌러 붙임(압착) 단자]를 사용하여야 하는가?

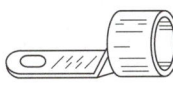

① 10　　　　　　　② 6
③ 4　　　　　　　④ 8

[해설] 코드나 케이블 등을 기계기구의 단자 등에 접속할 때 단면적 6[mm²]를 초과하는 연선에 터미널러그를 부착할 것

35 5[Wb]의 자속이 이동하여 2[J]의 일을 하였다면 통과한 전류[A]는?

① 0.1　　　　　　② 0.2
③ 0.4　　　　　　④ 0.5

[해설] 자속이 한 일 $W = \phi I[J]$이므로

전류 $I = \dfrac{W}{\phi} = \dfrac{2}{5} = 0.4[A]$

36 접지저항을 측정하는 방법은?

① 휘트스톤 브리지법
② 캘빈 더블 브리지법
③ 콜라우시 브리지법
④ 테스터법

[해설] 접지저항 측정
접지저항계, 콜라우시 브리지법, 어스테스터기

[정답] 30. ②　31. ④　32. ③　33. ①　34. ②　35. ③　36. ③

37 30[W] 전열기에 220[V], 주파수 60[Hz]인 전압을 인가한 경우 부하에 나타나는 전압의 평균전압은 몇 [V]인가?

① 99   ② 198

③ 257.4   ④ 297

해설 전압의 최대값 $V_m = 220\sqrt{2}\,[\text{V}]$

평균값 $V_{av} = \dfrac{2}{\pi} V_m = \dfrac{2}{\pi} \times 220\sqrt{2} = 198\,[\text{V}]$

* 쉬운 풀이 : $V_{av} = 0.9V = 0.9 \times 220 = 198\,[\text{V}]$

• 실효값 $V = \dfrac{V_m}{\sqrt{2}} = 0.707\,V_m = 1.1\,V_{av}\,[\text{V}]$

• 평균값 $V_{av} = \dfrac{2}{\pi} V_m = 0.637\,V_m = 0.9V\,[\text{V}]$

38 다음 파형 중 비정현파가 아닌 것은?

① 펄스파   ② 사각파

③ 삼각파   ④ 주기 사인파

해설 주기적인 사인파는 기본 정현파이므로 비정현파에 해당되지 않는다.

39 다음 중 과전류차단기를 설치하는 곳은?

① 간선의 전원측 전선

② 접지공사의 접지선

③ 접지공사를 한 저압 가공전선의 접지측 전선

④ 다선식 전로의 중성선

해설 **과전류차단기의 시설 제한장소**
• 모든 접지공사의 접지선
• 다선식 전선로의 중성선
• 접지공사를 실시한 저압 가공전선로의 접지측 전선

40 지지선(지선)의 중간에 넣는 애자의 명칭은?

① 구형애자   ② 곡핀애자

③ 현수애자   ④ 핀애자

해설 지지선(지선)의 중간에 사용하는 애자를 구형애자, 지지선(지선)애자, 옥애자, 구슬애자라고 한다.

41  공기 중에서 자속밀도 2[Wb/m²]의 평등 자장 속에 길이 60[cm]의 직선도선을 자장의 방향과 30° 각으로 놓고 여기에 5[A]의 전류를 흐르게 하면 이 도선이 받는 힘은 몇 [N]인가?

① 2   ② 5

③ 6   ④ 3

해설 전자력 $F = IBl\sin\theta$
$= 5 \times 2 \times 0.6 \times \sin 30° = 3\,[\text{N}]$

42 전선의 전기저항 처음 값을 R_1이라 하고 이 전선의 반지름을 2배로 하면 전기저항 R은 처음 값의 얼마이겠는가?

① $4R_1$ ② $2R_1$

③ $\dfrac{1}{2} R_1$ ④ $\dfrac{1}{4} R_1$

해설 전기저항 $R = \rho \dfrac{l}{A} = \rho \dfrac{l}{\pi r^2}\,[\Omega]$이므로 반지름이 2배 증가하면 단면적은 $r^2 = 4$배 증가하므로 단면적에 반비례하는 전기저항은 $\dfrac{1}{4}$로 감소한다.

43 일반용 단심 비닐절연전선의 약호는?

① NR   ② NF

③ NFI   ④ NRI

해설 **전선의 약호**
• NR : 450/750[V] 일반용 단심 비닐절연전선
• NRI : 기기 배선용 단심 비닐절연전선
• NF : 일반용 유연성 단심 비닐절연전선
• NFI : 기기 배선용 유연성 단심 비닐절연전선

44 전지의 기전력이 1.5[V] 5개를 부하저항 2.5[Ω]인 전구에 접속하였을 때 전구에 흐르는 전류는 몇 [A]인가? (단, 전지의 내부저항은 0.5[Ω]이다.)

① 1.5   ② 2

③ 3   ④ 2.5

해설 $I = \dfrac{nE}{nr + R} = \dfrac{5 \times 1.5}{5 \times 0.5 + 2.5} = 1.5\,[\text{A}]$

정답 37. ②   38. ④   39. ①   40. ①   41. ④   42. ④   43. ①   44. ①

45 금속관과 금속관을 접속할 때 커플링을 사용하는데 커플링을 접속할 때 사용되는 공구는?

① 히키

② 녹아웃 펀치

③ 파이프 커터

④ 파이프 렌치

> **해설** • 파이프 커터, 파이프 바이스 : 금속관 절단 공구
> • 오스터 : 금속관에 나사내는 공구
> • 녹아웃 펀치 : 콘크리트 벽에 구멍을 뚫는 공구
> • 파이프 렌치 : 금속관 접속 부분을 조이는 공구

46 C [F]의 콘덴서에 W [J]의 에너지를 축적하기 위해서는 몇 [V]의 충전전압이 필요한가?

① $\sqrt{\dfrac{W}{C}}$

② $\sqrt{\dfrac{2W}{C}}$

③ $\sqrt{\dfrac{W}{2C}}$

④ $\sqrt{\dfrac{2C}{W}}$

> **해설** 콘덴서에 축적되는 에너지 $W = \dfrac{1}{2}CV^2$ [J]에서
>
> V로 정리하면 $V^2 = \dfrac{2W}{C}$ 이므로
>
> $V = \sqrt{\dfrac{2W}{C}}$ [V]

47 110/220[V] 단상 3선식 회로에서 110[V] 전구 Ⓡ, 110[V] 콘센트 Ⓒ, 220[V] 전동기 Ⓜ의 연결이 올바른 것은?

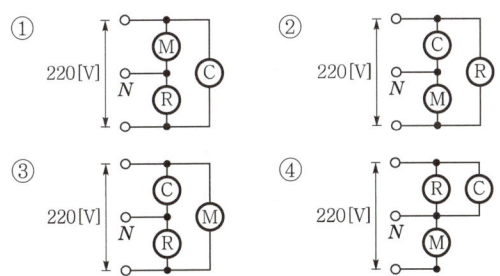

> **해설** 전구와 콘센트는 110[V]를 사용하므로 전선과 중성선 사이에 연결해야 하고 전동기 Ⓜ은 220[V]를 사용하므로 선간에 연결하여야 한다.

48 고장에 의하여 생긴 불평형의 전류차가 평형전류의 어떤 비율 이상으로 되었을 때 동작하는 것으로, 변압기 내부고장의 보호용으로 사용되는 계전기는?

① 과전류계전기

② 방향계전기

③ 차동계전기

④ 역상계전기

> **해설** 전류의 차가 일정 비율 이상이 되어 동작하는 방식의 계전기는 비율차동계전기이다.

49 3상 유도전동기의 운전 중 급속정지가 필요할 때 사용하는 제동방식은?

① 역상제동

② 회생제동

③ 발전제동

④ 3상제동

> **해설** **역상제동**
> 전기자회로의 극성을 반대로 접속하여 전동기를 급제동시키는 방식(전동기 급제동 목적)

50 변압기의 무부하손을 가장 많이 차지하는 것은?

① 표유부하손

② 풍손

③ 철손

④ 동손

> **해설** **고정손(무부하손)**
> 부하에 관계없이 항상 일정한 손실
> • 철손 : 히스테리시스손, 와류손(가장 많이 차지)
> • 기계손 : 마찰손, 풍손
> • 브러시의 전기손

51 전기기기의 철심재료로 규소 강판을 많이 사용하는 이유로 가장 적당한 것은?

① 와류손과 히스테리시스손을 줄이기 위하여

② 맴돌이 전류를 없애기 위해

③ 풍손을 없애기 위해

④ 구리손을 줄이기 위해

> **해설** **철심재료**
> • 규소 강판 사용 : 히스테리시스손 감소
> • 0.35-0.5[mm] 철심을 성층 : 와류손 감소

정답 45. ④ 46. ② 47. ③ 48. ③ 49. ① 50. ③ 51. ①

52 변전소의 전력기기를 시험하기 위하여 회로를 분리하거나 또는 계통의 접속을 바꾸거나 하는 경우에 사용되는 것은?

① 나이프 스위치 ② 차단기
③ 퓨즈 ④ 단로기

해설 **단로기**
기기 점검이나 보수 시 회로를 분리하거나 계통의 접속을 바꿀 때 사용하는 개폐기

53 전기장의 단위로 맞는 것은?

① [V] ② [J/C]
③ [N·m/C] ④ [V/m]

해설 [V=J/C=N·m/C]는 전위의 단위이며, [V/m]는 전장의 단위이다.

54 두 개의 평행한 도체가 진공 중(또는 공기 중)에 20[cm] 떨어져 있고, 100[A]의 같은 크기의 전류가 흐르고 있을 때 1[m]당 발생하는 힘의 크기 [N]는?

① 0.05 ② 0.01
③ 50 ④ 100

해설 **평행도체 사이에 작용하는 힘의 세기**

$$F = \frac{2\,I_1 I_2}{r} \times 10^{-7}\,[\text{N/m}]$$
$$= \frac{2 \times 100 \times 100}{0.2} \times 10^{-7}$$
$$= 10^{-2} = 0.01\,[\text{N/m}]$$

55 다음 그림에서 ( ) 안의 극성은?

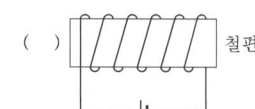

① N극과 S극이 교번한다.
② S극
③ N극
④ 극의 변화가 없다.

해설 그림에서 오른손을 솔레노이드 코일의 전류 방향에 따라 네 손가락을 감아쥐면 엄지 손가락이 N극 방향을 가리키므로 N극이 된다.

56 변압기 결선에서 Y-Y 결선 특징이 아닌 것은?

① 고조파 포함 ② 중성점 접지 가능
③ V-V 결선 가능 ④ 절연 용이

해설 **Y-Y 결선의 특징**
• 중성점 접지가 가능
• 절연이 용이
• 중성점 접지 시 접지선을 통해 제3고조파 전류가 흐를 수 있으므로 인접 통신선에 유도장해가 발생한다.

57 긴 직선 도선에 i의 전류가 흐를 때 이 도선으로부터 r만큼 떨어진 곳의 자장의 세기는?

① 전류 i에 반비례하고 r에 비례한다.
② 전류 i에 비례하고 r에 반비례한다.
③ 전류 i의 제곱에 반비례하고 r에 반비례한다.
④ 전류 i에 반비례하고 r의 제곱에 반비례한다.

해설 **직선 도선 주위의 자장의 세기**
$H = \dfrac{I}{2\pi r}\,[\text{AT/m}]$이므로, H는 전류 i에 비례하고 거리 r에 반비례한다.

58 전주를 건주할 때 철근 콘크리트주의 길이가 7[m]이면 땅에 묻히는 깊이는 얼마인가? (단, 설계하중이 6.8[kN] 이하이다.)

① 1.0 ② 1.2
③ 2.0 ④ 2.5

해설 전장 16[m] 이하, 설계하중 6.8[kN] 이하인 지지물 건주 시 전주의 땅에 묻히는 깊이(지지물 기초 안전율 : 2 이상)
• 15[m] 이하 : 전체 길이 × $\dfrac{1}{6}$ 이상

매설 깊이 $H = 7 \times \dfrac{1}{6} = 1.2\,[\text{m}]$

정답 52. ④ 53. ④ 54. ② 55. ③ 56. ③ 57. ② 58. ②

59 ★★★ 양전하와 음전하를 가진 물체를 서로 접속하면 여기에 전하가 이동하게 되며 이들 물체는 전기를 띠게 된다. 이와 같은 현상을 무엇이라 하는가?

① 분극   ② 정전
③ 대전   ④ 코로나

해설 대전

양전하와 음전하를 가진 물체를 서로 접속하면 여기에 전하가 이동하여 전기를 띠는 현상

60 ★★★ 정전용량 $C\,[\mu\mathrm{F}]$의 콘덴서에 충전된 전하가 $q = \sqrt{2}\,Q\sin\omega t\,[\mathrm{C}]$와 같이 변화하도록 하였다면 이때 콘덴서에 흘러 들어가는 전류의 값은?

① $i = \sqrt{2}\,\omega Q\sin\omega t$

② $i = \sqrt{2}\,\omega Q\cos\omega t$

③ $i = \sqrt{2}\,\omega Q\sin(\omega t - 60°)$

④ $i = \sqrt{2}\,\omega Q\cos(\omega t - 60°)$

해설 콘덴서 소자에 흐르는 전류

$$i_C = \frac{dq}{dt} = \frac{d}{dt}(\sqrt{2}\,Q\sin\omega t)$$
$$= \sqrt{2}\,\omega Q\cos\omega t\,[\mathrm{A}]$$

[별해] $C\,[\mathrm{F}]$의 회로는 위상 90°가 앞서므로 전하량이 sin 파라면 전류는 파형이 $\cos\omega t$ 또는 $\sin(\omega t + 90°)$ 이어야 한다.

MEMO

2024년 제1회 CBT 기출복원문제

01 변압기의 원리는 어느 작용을 이용한 것인가?
① 발열작용
② 화학작용
③ 자기유도작용
④ 전자유도작용

해설 **변압기의 원리**
1차 코일에서 발생한 자속이 2차 코일과 쇄교하면서 발생되는 유도 기전력을 이용한 기기(전자유도작용)

02 동기발전기의 전기자 반작용 중에서 전기자전류에 의한 자기장의 축이 항상 주자속의 축과 수직이 되면서 자극편 왼쪽에 있는 주자속은 증가시키고, 오른쪽에 있는 주자속은 감소시켜 편자작용을 하는 전기자 반작용은?
① 증자작용
② 감자작용
③ 교차자화작용
④ 직축반작용

해설 **교차자화작용(횡축반작용)**
부하인 경우 동위상 특성의 전기자전류에 의해 발생한 자속이 주자속과 직각으로 교차하는 현상

03 3상 유도전동기의 슬립이 4[%], 2차 동손이 0.4[kW]인 경우 2차 입력[kW]은?
① 12
② 8
③ 6
④ 10

해설 2차 동손 $P_{c2} = sP_2$ 이므로
2차 입력 $P_2 = \dfrac{P_{c2}}{s} = \dfrac{0.4}{0.04} = 10[\text{kW}]$

04 다음 그림은 직류발전기의 분류 중 어느 것에 해당되는가?

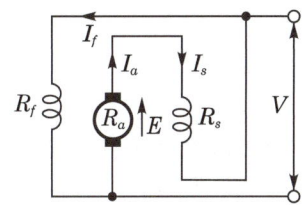

① 직권발전기
② 타여자 발전기
③ 복권발전기
④ 분권발전기

해설 그림은 복권발전기로서 내분권에 해당되며 전기자도체와 직렬로 접속된 직권계자가 있고 병렬로 접속된 분권계자로 구성된다.

05 주파수 60[Hz]인 철심의 단면적은 50[Hz]의 몇 배인가?
① 1.0
② 1.5
③ 1.2
④ 0.833

해설 주파수와 철심의 단면적은 반비례하므로
$\dfrac{50}{60} = 0.833$배가 된다.

06 배관공사 시 금속관이나 합성수지관으로부터 전선을 뽑아 전동기 단자 부근에 접속할 때 관 끝단에 사용하는 재료는?
① 부싱
② 엔트런스 캡
③ 터미널 캡
④ 로크 너트

해설 **터미널 캡**
배관공사 시 금속관이나 합성수지관으로부터 전선을 뽑아 전동기 단자 부근에 접속하거나 노출배관에서 금속배관으로 변경 시 전선 보호를 위해 관 끝에 설치하는 재료

07 전선의 굵기가 6 [mm²] 이하의 가는 단선의 전선 접속은 어떤 접속을 하여야 하는가?

① 브리타니아 접속　　② 쥐꼬리 접속
③ 트위스트 접속　　　④ 슬리브 접속

해설 **단선의 직선 접속**
• 단면적 6[mm²] 이하 : 트위스트 접속
• 단면적 10[mm²] 이상 : 브리타니아 접속

08 20[kVA]의 단상 변압기 2대를 사용하여 V-V결선으로 하고 3상 전원을 얻고자 한다. 이때 여기에 접속시킬 수 있는 3상 부하의 용량은 약 몇 [kVA]인가?

① 약 20　　　　　② 약 24
③ 약 28.8　　　　④ 약 34.6

해설 **V결선 용량**
$$P_V = \sqrt{3}\,P_1 = \sqrt{3} \times 20 \fallingdotseq 34.6[\text{kVA}]$$

09 동기 발전기의 전기자 권선을 단절권으로 하면?

① 고조파를 제거한다.
② 기전력이 높아진다.
③ 절연이 잘 된다.
④ 역률이 좋아진다.

해설 **단절권과 분포권을 사용하는 이유**
고조파 제거로 인한 좋은 파형 개선

10 전주외등에 기구를 설치하는 경우 기구는 지표면으로부터 몇 [m] 이상 높이에 시설하여야 하는가? (단, 기구전압은 150[V]를 초과한 고압인 경우이다.)

① 3.0　　　　　② 3.5
③ 4.0　　　　　④ 4.5

해설 **전주외등**
대지전압 300[V] 이하 백열전등이나 수은등을 배전 선로의 지지물에 시설하는 등
• 기구 부착 높이 : 지표상 4.5[m] 이상(단, 교통지장 없을 경우 3.0[m] 이상)
• 돌출 수평 거리 : 1.0[m] 이하

11 수정을 이용한 마이크로폰은 다음 중 어떤 원리를 이용한 것인가?

① 핀치 효과　　　② 압전 효과
③ 펠티에 효과　　④ 톰슨 효과

해설 • 압전 효과 : 유전체 표면에 압력이나 인장력을 가하면 전기 분극이 발생하는 효과
• 응용기기 : 수정발진기, 마이크로폰, 초음파 발생기, crystal pick-up 등

12 비례추이를 이용하여 속도제어가 되는 전동기는?

① 직류 분권전동기
② 동기전동기
③ 농형 유도전동기
④ 3상 권선형 유도전동기

해설 **2차 저항 제어법**
비례추이의 원리를 이용한 것으로 2차 회로에 외부 저항을 넣어 같은 토크에 대한 슬립 s를 변화시켜 속도를 제어하는 방식으로 3상 권선형 유도전동기에서 사용하는 방식이다.

13 전선의 굵기를 측정하는 공구는?

① 권척　　　　　② 메거
③ 와이어 게이지　④ 와이어 스트리퍼

해설 ① 권척(줄자) : 길이 측정 공구
② 메거 : 절연 저항 측정 공구
③ 와이어 게이지 : 전선의 굵기를 측정하는 공구
④ 와이어 스트리퍼 : 전선 피복을 벗기는 공구

14 정전용량 6[μF], 3[μF]을 직렬로 접속한 경우 합성 정전용량[μF]은?

① 2　　　　　　② 2.4
③ 1.2　　　　　④ 12

해설 **직렬 합성용량**
$$C_0 = \frac{C_1 C_2}{C_1 + C_2} = \frac{6 \times 3}{6 + 3} = 2[\mu\text{F}]$$

정답 07. ③　08. ④　09. ①　10. ④　11. ②　12. ④　13. ③　14. ①

15 온도 변화에도 용량의 변화가 없으며, 높은 주파수에서 사용하며 극성이 있고 콘덴서 자체에 +의 기호로 전극을 표시하며 비교적 가격이 비싸나 온도에 의한 용량 변화가 엄격한 회로, 어느 정도 주파수가 높은 회로 등에 사용되고 있는 콘덴서는?

① 탄탈 콘덴서　　　　② 마일러 콘덴서
③ 세라믹 콘덴서　　　④ 바리콘

해설　탄탈 콘덴서는 탄탈 소자의 양 끝에 전극을 구성시킨 구조로서 온도나 직류전압에 대한 정전용량 특성의 변화가 적고 용량이 크며 극성이 있으므로 직류용으로 사용된다.

16 저항 $R=3[\Omega]$, 자체 인덕턴스 $L=10.6\,[mH]$가 직렬로 연결된 회로에 주파수 60[Hz], 500[V]의 교류전압을 인가한 경우의 전류 $I[A]$는?

① 10　　　　　　　② 40
③ 100　　　　　　④ 200

해설　유도성 리액턴스 $X_L = 2\pi fL[\Omega]$

$X_L = 2 \times 3.14 \times 60 \times 10.6 \times 10^{-3} = 4[\Omega]$

$Z = \sqrt{R^2 + X_L^2} = \sqrt{3^2 + 4^2} = 5[\Omega]$

$I = \dfrac{V}{Z} = \dfrac{500}{5} = 100[A]$

17 버스덕트공사에 의한 배선 또는 옥외배선의 사용전압이 저압인 경우의 시설기준에 대한 설명으로 틀린 것은?

① 덕트의 내부는 먼지가 침입하지 않도록 할 것
② 물기가 있는 장소는 옥외용 버스덕트를 사용할 것
③ 습기가 많은 장소는 옥내용 버스덕트를 사용하고 덕트 내부에 물이 고이지 않도록 할 것
④ 덕트의 끝부분은 막을 것

해설　**버스덕트 배선**
• 덕트의 내부는 먼지가 침입하지 않도록 할 것
• 습기, 물기가 많은 장소는 옥외용 버스덕트를 사용하고 덕트 내부에 물이 고이지 않도록 할 것
• 덕트의 끝부분은 막을 것

18 사람이 상시 통행하는 터널 내 배선의 사용전압이 저압일 때 공사방법으로 틀린 것은?

① 금속관
② 금속제 가요전선관
③ 금속몰드
④ 합성수지관(두께 2[mm] 미만 및 난연성이 없는 것은 제외)

해설　**사람이 상시 통행하는 터널 내 배선 공사**
금속관, 케이블, 두께 2[mm] 이상 합성수지관, 금속제 가요전선관, 애자사용공사 등에 준하여 시설

19 한국전기설비규정에 의하여 애자사용공사를 건조한 장소에 시설하고자 한다. 사용전압이 400[V] 이하인 경우 전선과 조영재 사이의 간격(이격거리)은 최소 몇 [mm] 이상이어야 하는가?

① 120
② 45
③ 25
④ 60

해설　**애자사용공사 시 전선과 조영재 간 간격(이격거리)**
• 400[V] 이하 : 25[mm] 이상
• 400[V] 초과 : 45[mm] 이상(단, 건조한 장소는 25[mm] 이상)

20 양전하와 음전하를 가진 물체를 서로 접속하면 여기에 전하가 이동하게 되며 이들 물체는 전기를 띠게 된다. 이와 같은 현상을 무엇이라 하는가?

① 분극
② 정전
③ 대전
④ 코로나

해설　**대전**
절연체를 서로 마찰시키면 전자를 얻거나 잃어서 전기를 띠게 되는 현상

21 환상 솔레노이드의 내부 자장과 전류의 세기에 대한 설명으로 맞는 것은?

① 전류의 세기에 반비례한다.
② 전류의 세기에 비례한다.
③ 전류의 세기 제곱에 비례한다.
④ 전혀 관계가 없다.

해설 환상 솔레노이드 내부 자장 세기 $H = \dfrac{NI}{2\pi r}$[AT/m]이므로 전류의 세기에 비례한다.

22 전류에 의해 만들어지는 자기장의 자기력선 방향을 간단하게 알아보는 법칙은?

① 앙페르의 오른나사의 법칙
② 렌츠의 자기유도법칙
③ 플레밍의 왼손법칙
④ 패러데이의 전자유도법칙

해설 앙페르의 오른나사의 법칙
전류에 의한 자기장(자기력선)의 방향을 알기 쉽게 정의한 법칙

23 5[Wb]의 자속이 이동하여 2[J]의 일을 하였다면 통과한 전류[A]는?

① 0.1   ② 0.2
③ 0.4   ④ 0.5

해설 자속이 한 일 $W = \phi I$[J]이므로
전류 $I = \dfrac{W}{\phi} = \dfrac{2}{5} = 0.4$[A]

24 6극, 파권, 직류발전기의 전기자도체수가 400, 유기기전력이 120[V], 회전수 600[rpm]일 때 발전기의 1극당 자속수는 몇 [Wb]인가?

① 0.01
② 0.02
③ 0.03
④ 0.04

해설 발전기의 유기기전력 $E = \dfrac{PZ\Phi N}{60\,a}$[V]이고 파권은 병렬 회로수가 2이므로
자속 $\Phi = \dfrac{60aE}{PZN} = \dfrac{60 \times 2 \times 120}{6 \times 400 \times 600} = 0.01$[Wb]

25 설치면적과 설치비용이 많이 들지만 가장 이상적이고 효과적인 진상용 콘덴서 설치방법은?

① 수전단 모선측에 설치
② 부하측에 설치
③ 부하측에 분산하여 설치
④ 가장 큰 부하측에만 설치

해설 진상용 콘덴서(역률 개선용 콘덴서) 설치 시 가장 효과적인 방법은 부하측에 분산하여 설치하는 것이다.

26 3상 권선형 유도전동기에서 2차측 저항을 2배로 증가시키면 그 최대 토크는 어떻게 되는가?

① $\dfrac{1}{2}$ 배로 된다.
② 2배로 된다.
③ $\sqrt{2}$ 배로 된다.
④ 변하지 않는다.

해설 3상 권선형 유도전동기의 최대 토크는 2차 저항과 관계없이 항상 일정하다.

27 속도를 광범위하게 조정할 수 있으므로 압연기나 엘리베이터 등에 사용되는 직류전동기는?

① 가동 복권전동기
② 차동 복권전동기
③ 직권전동기
④ 타여자 전동기

해설 타여자 전동기의 특징
• 속도를 광범위하게 조정할 수 있다.
• 압연기나 엘리베이터 등에 적합하다.

정답 21. ② 22. ① 23. ③ 24. ① 25. ③ 26. ④ 27. ④

28 시정수와 과도현상과의 관계에 대한 설명으로 옳은 것은?

① 시정수가 클수록 과도현상은 짧아진다.
② 시정수가 짧을수록 전압이 커진다.
③ 시정수가 클수록 과도현상은 길어진다.
④ 시정수와 관계가 없다.

> **해설** **시정수**
> • 정상값의 63.2[%]에 도달하는 데 걸리는 시간
> • 시정수가 클수록 과도현상이 길어진다.

29 전선의 접속에 대한 설명으로 틀린 것은?

① 접속 부분의 전기저항을 증가시켜서는 안 된다.
② 접속 부분의 인장강도를 80[%] 이상 감소시키지 않도록 한다.
③ 접속 부분에 전선 접속 기구를 사용한다.
④ 알루미늄 전선과 구리선의 접속 시 전기적인 부식이 생기지 않도록 한다.

> **해설** 전선 접속 시 접속 부분의 인장강도는 접속하기 전보다 80[%] 이상 유지해야 한다.

30 그림과 같이 I[A]의 전류가 흐르고 있는 도체의 미소 부분 $\triangle l$의 전류에 의해 r[m] 떨어진 점 P의 자기장 $\triangle H$[AT/m]는?

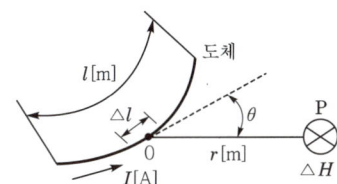

① $\triangle H = \dfrac{I^2 \triangle l \sin\theta}{4\pi r^2}$

② $\triangle H = \dfrac{I \triangle l^2 \sin\theta}{4\pi r}$

③ $\triangle H = \dfrac{I^2 \triangle l \sin\theta}{4\pi r}$

④ $\triangle H = \dfrac{I \triangle l \sin\theta}{4\pi r^2}$

> **해설** **비오 – 사바르의 법칙**
> 전류에 의한 자장의 세기를 정의한 법칙

31 다음 중 전력제어용 반도체 소자가 아닌 것은?

① IGBT ② GTO
③ LED ④ TRIAC

> **해설** **전력제어용 반도체 소자**
> 전력 변환, 제어용으로 최적화된 장치의 반도체 소자 (IGBT, GTO, SCR, TRIAC, SSS 등)
> ※ LED : 발광 다이오드

32 가공인입선을 시설할 때 경동선의 최소 굵기는 몇 [mm]인가? [단, 지지물 간 거리(경간)는 15[m]를 초과한 경우이다.]

① 2.0 ② 2.6
③ 3.2 ④ 1.5

> **해설** **가공인입선으로 사용 가능한 전선**
> 2.6[mm] 이상 경동선 또는 이와 동등 이상일 것(단, 지지물 간 거리 15[m] 이하는 2.0[mm] 이상도 가능)

33 15[kW], 100[V] 3상 유도전동기의 슬립이 4[%]일 때 2차 동손[kW]은?

① 0.4 ② 0.5
③ 0.6 ④ 0.8

> **해설** 2차 동손 $P_{c2} = sP_2 = 0.04 \times 15 = 0.6$[kW]

34 변압기 V결선의 특징으로 틀린 것은?

① 고장 시 응급 처치 방법으로 쓰인다.
② 단상 변압기 2대로 3상 전력을 공급한다.
③ 부하 증가가 예상되는 지역에 시설한다.
④ V결선 출력은 △결선 출력과 그 크기가 같다.

> **해설** V결선 출력은 △결선 시 출력보다 $\dfrac{1}{\sqrt{3}}$배로 감소한다.

정답 28. ③ 29. ② 30. ④ 31. ③ 32. ② 33. ③ 34. ④

35 다음 중 단선의 브리타니아 직선 접속에 사용되는 것은?

① 조인트선　　　　② 파라핀선

③ 바인드선　　　　④ 에나멜선

해설 브리타니아 직선 접속
10[mm²] 이상의 굵은 단선 접속 시 피복을 벗긴 심선 사이에 첨선을 삽입하여 조인트선으로 감아서 접속하는 방법

36 슬립이 10[%], 극수 2극, 주파수 60[Hz]인 유도 전동기의 회전속도[rpm]는?

① 3,800　　　　② 3,600

③ 3,240　　　　④ 1,800

해설 동기속도
$$N_s = \frac{120f}{P} = \frac{120 \times 60}{2} = 3,600[\text{rpm}]$$
회전속도 $N = (1-s)N_s$
$$= (1-0.1) \times 3,600 = 3,240[\text{rpm}]$$

37 변압기에서 퍼센트 저항 강하 3[%], 리액턴스 강하 4[%]일 때, 역률 0.8(지상)에서의 전압변동률은?

① 2.4[%]　　　　② 3.6[%]

③ 4.8[%]　　　　④ 6[%]

해설 변압기의 전압변동률
$$\varepsilon = p\cos\theta + q\sin\theta = 3 \times 0.8 + 4 \times 0.6 = 4.8[\%]$$

38 전선의 구비 조건이 아닌 것은?

① 비중이 클 것

② 가요성이 풍부할 것

③ 고유저항이 작을 것

④ 기계적 강도가 클 것

해설 전선 구비 조건
• 비중이 작을 것(중량이 가벼울 것)
• 전기저항(고유저항)이 작을 것
• 가요성, 기계적 강도 및 내식성이 좋을 것

39 직류발전기에서 계자가 하는 일은?

① 자속을 발생시킨다.

② 기전력을 발생시킨다.

③ 교류를 직류로 변환시킨다.

④ 기전력을 외부로 인출해준다.

해설 계자
자속을 발생시키는 역할

40 주상 변압기의 2차측 접지공사는 어느 것에 의한 보호를 목적으로 하는가?

① 2차측 단락

② 1차측 접지

③ 2차측 접지

④ 1차측과 2차측의 혼촉

해설 주상 변압기의 2차측 접지공사를 하는 목적
1차측과 2차측의 혼촉사고 방지

41 조명용 백열전등을 호텔 또는 여관 객실의 입구에 설치할 때나 일반 주택 및 아파트 각 실의 현관에 설치할 때 사용되는 스위치는?

① 타임 스위치

② 누름버튼 스위치

③ 토글 스위치

④ 로터리 스위치

해설 현관등의 타임 스위치 소등시간
• 주택 : 3분 이내
• 숙박업소 각 호실 : 1분 이내

42 최대사용전압이 220[V]인 3상 유도전동기가 있다. 이것의 절연내력시험전압은 몇 [V]로 하여야 하는가?

① 300　　　　② 330

③ 450　　　　④ 500

해설 전동기의 절연내력시험전압
7,000[V] 이하 1.5배(최저 500[V])
$V = 220 \times 1.5 = 330[\text{V}]$이지만 최저값은 500[V]이다.

정답 35. ①　36. ③　37. ③　38. ①　39. ①　40. ④　41. ①　42. ④

43 셀룰로이드, 성냥, 석유류 등 기타 가연성 위험 물질을 제조 또는 저장하는 장소의 배선으로 잘못된 것은?

① 합성수지관   ② 플로어덕트
③ 금속관   ④ 케이블

해설 가연성 먼지(분진), 위험물 제조 및 저장장소의 배선
금속관, 케이블, 합성수지관

44 코일의 자체 인덕턴스는 어느 것에 따라 변화하는가?

① 투자율   ② 유전율
③ 도전율   ④ 저항률

해설 자체 인덕턴스는 $L = \dfrac{\mu A N^2}{l}$[H]이므로 투자율에 비례한다.

45 3상 유도전동기의 1차 입력 60[kW], 1차 손실 1[kW], 슬립 3[%]일 때 기계적 출력 [kW]은?

① 75   ② 57
③ 95   ④ 100

해설 $P_o = (1-s)P_2 = (1-s)(입력 - 손실)$
$= (1-0.03) \times (60 - 1)$
$= 57.23 \fallingdotseq 57[\text{kW}]$

46 6극 중권의 직류전동기가 있다. 자속이 0.06[Wb]이고 전기자도체수 284, 부하전류 60[A], 토크가 108.48[N·m], 회전수가 800[rpm]일 때 출력 [W]은?

① 8,458.44   ② 9,010.48
③ 9,087.33   ④ 9,824.23

해설 직류전동기의 토크
$\tau = 9.55 \times \dfrac{P}{N}$[N·m]
출력 $P = \dfrac{\tau N}{9.55} = \dfrac{108.48 \times 800}{9.55}$
$= 9,087.33[\text{W}]$

47 전기분해를 통하여 석출된 물질의 양은 통과한 전기량 및 화학당량과 어떤 관계가 있는가?

① 전기량과 화학당량에 비례한다.
② 전기량과 화학당량에 반비례한다.
③ 전기량에 비례하고 화학당량에 반비례한다.
④ 전기량에 반비례하고 화학당량에 비례한다.

해설 패러데이 법칙
전극에서 석출되는 물질의 양은 전기량과 화학당량에 비례한다.
$W = kQ = kIt$[g]

48 변압기 2대를 V결선했을 때의 이용률은 몇[%]인가?

① 57.5   ② 70.7
③ 86.6   ④ 100

해설 V 결선의 이용률$= \dfrac{\text{V결선 출력}}{\text{2대 전력}} \times 100 = \dfrac{\sqrt{3}}{2} \times 100$
$= 86.6[\%]$

49 쿨롱의 법칙에서 2개의 점전하 사이에 작용하는 정전력의 크기는?

① 두 전하의 곱에 비례하고 거리에 반비례한다.
② 두 전하의 곱에 반비례하고 거리에 비례한다.
③ 두 전하의 곱에 비례하고 거리의 제곱에 비례한다.
④ 두 전하의 곱에 비례하고 거리의 제곱에 반비례한다.

해설 쿨롱의 법칙은 $F = \dfrac{Q_1 Q_2}{4\pi \varepsilon_0 r^2}$[N]이므로 두 전하의 곱에 비례하고 거리의 제곱에 반비례한다.

50 전압의 순시값 $v(t) = 200\sqrt{2}\sin\left(\omega t + \dfrac{\pi}{2}\right)$[V]를 복소수로 표현하면?

① $200 + j200$ ② 200
③ $j200$ ④ $100 + j100$

해설 복소수 $\dot{V} = 200 \dfrac{\pi}{2} = 200 \angle 90°$
$= 200\cos 90° + j200\sin 90° = j200$[V]

정답 43. ②   44. ①   45. ②   46. ③   47. ①   48. ③   49. ④   50. ③

51 1[cm]당 권선수가 10인 무한 길이 솔레노이드에 1[A]의 전류가 흐르고 있을 때 솔레노이드 외부 자계의 세기[AT/m]는?

① 0   ② 10

③ 100   ④ 1,000

해설 무한장 솔레노이드의 자계는 내부에만 형성되므로 외부 자계의 세기는 0이다.

52 제어회로용 배선을 금속덕트에 넣는 경우 전선이 차지하는 단면적은 피복절연물을 포함한 단면적의 총합계가 덕트 내 단면적의 몇 [%] 이하가 되도록 선정하여야 하는가?

① 20   ② 30

③ 50   ④ 40

해설 금속덕트 내에 전선이 차지하는 단면적
• 덕트 내 단면적의 20[%] 이하
• 제어회로 등의 배선만 사용하는 경우 50[%] 이하

53 기전력이 1.5[V]인 전지 5개를 부하저항 2.5[Ω]인 전구에 접속하였을 때 전구에 흐르는 전류는 몇 [A]인가? (단, 전지의 내부저항은 1[Ω]이다.)

① 1   ② 2.5

③ 3   ④ 3.5

해설 $I = \dfrac{nE}{nr+R} = \dfrac{5 \times 1.5}{5 \times 1 + 2.5} = 1[A]$

54 지지물에 전선 그 밖의 기구를 고정시키기 위해 완목, 완금, 애자 등을 설치하는 것을 무엇이라 하는가?

① 장주

② 건주

③ 터파기

④ 가선 공사

해설 장주
지지물에 전선, 개폐기 등을 고정시키기 위해 완목, 완금, 애자 등을 설치하는 것

55 어느 회로의 전류가 다음과 같을 때, 이 회로에 대한 전류의 실효값[A]은?

$$i = 3 + 10\sqrt{2} \sin\left(\omega t - \frac{\pi}{6}\right) + 5\sqrt{2} \sin\left(3\omega t - \frac{\pi}{3}\right) [A]$$

① 11.6

② 23.2

③ 32.2

④ 48.3

해설 비정현파의 실효값
$I = \sqrt{3^2 + 10^2 + 5^2} = 11.6[A]$

56 그림과 같은 $R-C$ 병렬회로에서 역률은?

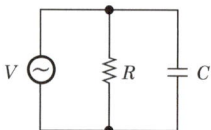

① $\dfrac{R}{\sqrt{R^2 + X_C^2}}$ ② $\dfrac{X_C}{\sqrt{R^2 + X_C^2}}$

③ $\dfrac{R \cdot X_C}{\sqrt{R^2 + X_C^2}}$ ④ $\dfrac{X_C}{R^2 + X_C^2}$

해설 $R-C$ 병렬회로의 역률
$\cos\theta = \dfrac{X_C}{\sqrt{R^2 + X_C^2}}$

57 그림의 A와 B 사이의 합성저항은?

① 10[Ω]

② 15[Ω]

③ 30[Ω]

④ 20[Ω]

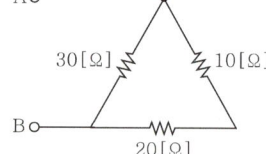

해설 $R_{AB} = \dfrac{1}{\dfrac{1}{30} + \dfrac{1}{10+20}} = 15[Ω]$

58 0.1[℧]의 컨덕턴스를 가진 저항체에 3[A]의 전류를 흘리려면 몇 [V]의 전압을 가하면 되겠는가?

① 10
② 20
③ 30
④ 40Ω

[해설] $V = IR = \dfrac{I}{G} = \dfrac{3}{0.1} = 30[V]$

59 유도전동기의 속도제어법이 아닌 것은?

① 2차 저항제어
② 극수제어
③ 일그너제어
④ 주파수제어

[해설] 일그너방식은 직류전동기의 속도제어법 중 전압제어 방식의 하나이다.

60 100[V]용 100[W] 전구와 100[V]용 200[W] 전구를 직렬로 100[V]의 전원에 연결할 경우 어느 전구가 더 밝겠는가?

① 두 전구의 밝기가 같다.
② 100[W]
③ 200[W]
④ 두 전구 모두 안 켜진다.

[해설] 100[W]의 저항 $R_1 = \dfrac{V^2}{P_1} = \dfrac{100^2}{100} = 100[\Omega]$

200[W]의 저항 $R_2 = \dfrac{V^2}{P_2} = \dfrac{100^2}{200} = 50[\Omega]$

직렬 접속 시 전류가 일정하므로 저항값이 큰 부하일수록 소비전력이 더 크게 발생하여 전구가 더 밝아지므로 100[W]의 전구가 더 밝다.

01 ★★ 수·변전설비에서 계기용 변류기(CT)의 설치 목적은?

① 고전압을 저전압으로 변성
② 대전류를 소전류로 변성
③ 선로전류 조정
④ 지락전류 측정

해설 **계기용 변류기(CT)**
대전류를 소전류(5[A])로 변성하여 측정 계기나 전기의 전류원으로 사용하기 위한 전류 변성기

02 ★★★ 굵은 전선이나 케이블을 절단할 때 사용되는 공구는?

① 펜치   ② 클리퍼
③ 나이프   ④ 플라이어

해설 **클리퍼**
전선 단면적 25[mm²] 이상의 굵은 전선이나 볼트 절단 시 사용하는 공구

03 ★★★ 전선의 구비 조건이 아닌 것은?

① 비중이 클 것
② 가요성이 풍부할 것
③ 고유저항이 작을 것
④ 기계적 강도가 클 것

해설 **전선 구비 조건**
• 비중이 작을 것(중량이 가벼울 것)
• 가요성, 기계적 강도 및 내식성이 좋을 것
• 전기저항(고유저항)이 작을 것

04 ★★ 다음 중 반자성체는?

① 니켈   ② 코발트
③ 구리   ④ 철

해설 **반자성체**
외부 자계와 반대 방향으로 자화되는 자성체(구리, 안티몬, 비스무트, 아연 등)

05 ★★ 200[V], 60[Hz], 10[kW] 3상 유도전동기의 전류는 몇 [A]인가? (단, 유도전동기의 효율과 역률은 0.85이다.)

① 10   ② 20
③ 30   ④ 40

해설 3상 소비전력 $P = \sqrt{3} \, VI\cos\theta \times$ 효율

전류 $I = \dfrac{P}{\sqrt{3} \, V\cos\theta \times$ 효율}$

$= \dfrac{10 \times 10^3}{\sqrt{3} \times 200 \times 0.85 \times 0.85} = 40[A]$

06 ★★★ 직류 분권전동기의 무부하전압이 108[V], 전압 변동률이 8[%]인 경우 정격전압은 몇 [V]인가?

① 100   ② 95
③ 105   ④ 85

해설 **전압변동률**

$\varepsilon = \dfrac{V_0 - V_n}{V_n} \times 100 = \dfrac{108 - V_n}{V_n} \times 100 = 8[\%]$이므로

$\dfrac{108 - V_n}{V_n} = 0.08$

$V_n = \dfrac{108}{1.08} = 100[V]$

07 ★★★ 전선의 굵기가 6[mm²] 이하인 가는 단선의 전선 접속은 어떤 접속을 하여야 하는가?

① 브리타니아 접속
② 쥐꼬리 접속
③ 트위스트 접속
④ 슬리브 접속

해설 **단선의 직선 접속**
• 단면적 6[mm²] 이하 : 트위스트 접속
• 단면적 10[mm²] 이상 : 브리타니아 접속

정답 01. ② 02. ② 03. ① 04. ③ 05. ④ 06. ① 07. ③

08 20[kVA]의 단상 변압기 2대를 사용하여 V-V결선으로 하고 3상 전원을 얻고자 한다. 이때 여기에 접속시킬 수 있는 3상 부하의 용량은 약 몇 [kVA]인가?

① 약 20
② 약 24
③ 약 28.8
④ 약 34.6

[해설] V결선 용량
$$P_V = \sqrt{3}\,P_1 = \sqrt{3} \times 20 ≒ 34.6[kVA]$$

09 동기발전기의 전기자 권선을 단절권으로 하면?

① 고조파를 제거한다.
② 기전력이 높아진다.
③ 절연이 잘 된다.
④ 역률이 좋아진다.

[해설] 권선법으로 단절권과 분포권을 사용하는 이유
고조파 제거로 인한 양호한 파형 개선

10 2대의 동기발전기 A, B가 병렬운전하고 있을 때 A기의 여자전류를 증가시키면 어떻게 되는가?

① A, B 양 발전기의 역률이 높아진다.
② A기의 역률은 높아지고 B기의 역률은 낮아진다.
③ A기의 역률은 낮아지고 B기의 역률은 높아진다.
④ A, B 양 발전기의 역률이 낮아진다.

[해설] 여자전류를 증가시키면 A기의 역률은 낮아지고 B기의 역률은 높아진다.

11 회전자 입력 10[kW], 슬립 3[%]인 3상 유도전동기의 2차 동손은 몇 [W]인가?

① 200
② 300
③ 150
④ 400

[해설] 2차 동손 $P_{c2} = sP_2 = 0.03 \times 10 \times 10^3 = 300[W]$

12 비례추이를 이용하여 속도제어가 되는 전동기는?

① 직류 분권전동기
② 동기전동기
③ 농형 유도전동기
④ 3상 권선형 유도전동기

[해설] 3상 권선형 유도전동기 속도 제어
비례추이의 원리를 이용한 것으로 슬립 s를 변화시켜 속도를 제어하는 방식

13 동기전동기의 특징으로 틀린 것은?

① 부하의 역률을 조정할 수가 있다.
② 전부하 효율이 양호하다.
③ 부하가 변하여도 같은 속도로 운전할 수 있다.
④ 별도의 기동장치가 필요없으므로 가격이 싸다.

[해설] 동기전동기의 특징
• 속도(N_s)가 일정하다.
• 역률을 조정할 수 있다.
• 효율이 좋다.
• 별도의 기동장치 필요(자기기동법, 유도전동기법)

14 변압기의 무부하손에서 가장 큰 손실은?

① 계자 권선의 저항손
② 전기자 권선의 저항손
③ 철손
④ 풍손

[해설] 무부하손
부하에 관계없이 항상 일정한 손실
• 철손(P_i) : 히스테리시스손, 와류손
• 기계손(P_m) : 마찰손, 풍손

15 폭발성 먼지(분진)가 있는 위험장소에 금속관배선에 의할 경우 관 상호 및 관과 박스 기타의 부속품이나 풀 박스 또는 전기기계기구는 몇 턱 이상의 나사 조임으로 접속하여야 하는가?

① 2턱
② 3턱
③ 4턱
④ 5턱

[정답] 08. ④ 09. ① 10. ③ 11. ② 12. ④ 13. ④ 14. ③ 15. ④

해설 폭연성 먼지가 존재하는 곳의 접속 시 5턱 이상의 죔
나사로 시공하여야 한다.

★★
16 다이오드를 사용한 정류회로에서 다이오드를 여
러개 직렬로 연결하여 사용하는 경우의 설명으로
가장 옳은 것은?

① 다이오드를 과전류로부터 보호할 수 있다.
② 다이오드를 과전압으로부터 보호할 수 있다.
③ 부하출력의 맥동률을 감소시킬 수 있다.
④ 낮은 전압 전류에 적합하다.

해설 다이오드 직렬 접속 시 전압강하로 인하여 과전압으로부
터 보호할 수 있다.

★★
17 $R-L-C$ 직렬회로에서 임피던스 Z의 크기를
나타내는 식은?

① $R^2 + (X_L - X_C)^2$
② $R^2 + (X_L + X_C)^2$
③ $\sqrt{R^2 + (X_L - X_C)^2}$
④ $\sqrt{R^2 + (X_L + X_C)^2}$

해설 합성 임피던스 복소수 $\dot{Z} = R + j(X_L - X_C)\,[\Omega]$
절대값 $Z = \sqrt{R^2 + (X_L - X_C)^2}\,[\Omega]$

★★
18 가장 일반적인 저항기로 세라믹봉에 탄소계의 저
항체를 구워 붙이고, 여기에 나선형으로 홈을 파
서 원하는 저항값을 만든 저항기는?

① 금속 피막 저항기   ② 탄소 피막 저항기
③ 가변 저항기   ④ 어레이 저항기

해설 **탄소 피막 저항기**
탄소 피막을 저항체로서 사용하는 것으로 피막을 나선형
으로 홈을 파서 저항값을 높이며 동시에 원하는 값으로
조정이 가능하다. 겉표면에 색깔별로 마킹을 하여 저항
값을 표시한다.

★
19 권수 50회인 코일에 5[A]의 전류가 흘러서 10^{-3}
[Wb]의 자속이 코일을 지난다고 하면, 이 코일의
자체 인덕턴스는 몇 [mH]인가?

① 10   ② 20
③ 40   ④ 30

해설 $LI = N\Phi$

$$L = \frac{N\Phi}{I}$$

$$= \frac{50 \times 10^{-3}}{5} = 10\,[\text{mH}]$$

★★
20 환상 솔레노이드의 단면적 $A = 4 \times 10^{-4}\,[\text{m}^2]$,
자로의 길이 $l = 0.4\,[\text{m}]$, 비투자율 1,000, 코일
의 권수가 1,000일 때 자기 인덕턴스[H]는?

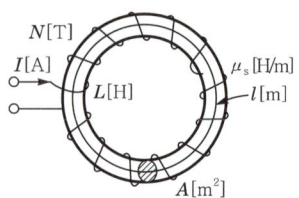

① 1.26
② 12.6
③ 126
④ 1,260

해설 **자기 인덕턴스 식**

$$L = \frac{\mu_0 \mu_s S N^2}{l}$$

$$= \frac{4\pi \times 10^{-7} \times 1,000 \times 4 \times 10^{-4} \times 1,000^2}{0.4}$$

$$\fallingdotseq 1.26\,[\text{H}]$$

★★
21 3상 동기 발전기의 계자 간의 극간격은 얼마인가?

① π ② 2π
③ $\dfrac{\pi}{2}$ ④ $\dfrac{\pi}{3}$

해설 **극간격**
$\pi\,[\text{rad}]$

정답 16. ② 17. ③ 18. ② 19. ① 20. ① 21. ①

22 실내 전체를 균일하게 조명하는 방식으로 광원을 일정한 간격으로 배치하며 공장, 학교, 사무실 등에서 채용되는 조명방식은?

① 전반조명
② 국부조명
③ 직접조명
④ 간접조명

해설 조명의 종류
• 전반조명 : 실내 전체를 균등한 광속으로 유지(사무실)
• 국부조명 : 필요한 범위를 높은 광속으로 유지(진열장)
• 직접조명 : 특정 부분만 광속의 90[%] 이상을 작업면에 투사시키는 방식
• 간접조명 : 광속의 90[%] 이상을 벽이나 천장에 투사시켜 간접적으로 빛을 얻는 방식

23 다음에 (   ) 안에 알맞은 낱말은?

> 뱅크(bank)란 전로에 접속된 변압기 또는 (   )의 결선상 단위를 말한다.

① 차단기
② 콘덴서
③ 단로기
④ 리액터

해설 뱅크(bank)란 전로에 접속된 변압기 또는 콘덴서의 결선상 단위를 말한다.

24 기전력이 1.5[V]인 전지 20개를 내부저항 0.5[Ω], 부하저항 5[Ω]인 부하에 접속하였을 때 부하에 흐르는 전류는 몇 [A]인가?

① 1.5
② 2
③ 3
④ 2.5

해설 전지에 흐르는 전류
$$I = \frac{nE}{nr+R} = \frac{20 \times 1.5}{20 \times 0.5 + 5} = 2[A]$$

25 코드나 케이블 등을 기계기구의 단자 등에 접속할 때 몇 [mm²]가 넘으면 그림과 같은 터미널러그(압착단자)를 사용하여야 하는가?

① 10
② 6
③ 4
④ 8

해설 코드나 케이블 등을 기계기구의 단자 등에 접속할 때 단면적 6[mm²]를 초과하는 연선에 터미널러그를 부착할 것

26 전기기기의 철심재료로 규소 강판을 성층해서 사용하는 이유로 가장 적당한 것은?

① 히스테리시스손을 줄이기 위하여
② 구리손을 줄이기 위해
③ 풍손을 없애기 위해
④ 맴돌이 전류손을 줄이기 위해서

해설 전기기기 철심재료로 규소 강판을 성층해서 사용하는 이유
맴돌이 전류손 감소

27 인입용 비닐절연전선의 약호(기호)는?

① VV
② DV
③ OW
④ NR

해설 전선 약호
• VV : 비닐절연 비닐외장 케이블
• DV : 인입용 비닐절연전선
• OW : 옥외용 비닐절연전선
• NR : 일반용 단심 비닐절연전선

28 전기배선용 도면을 작성할 때 사용하는 매입용 콘센트 도면 기호는?

① ●
② ○
③ ◐
④ ▢

해설 ① 점멸기   ② 전등(백열등)
③ 매입용 콘센트   ④ 점검구

29 전선 접속 시 전선의 인장강도는 몇 [%] 이상 감소시키면 안 되는가?

① 10   ② 20
③ 30   ④ 80

해설 전선 접속 시 접속 부분의 인장강도는 접속 전보다 80[%] 이상 유지해야 하므로 20[%] 이상 감소되지 않도록 하여야 한다.

30 가공전선로의 지지물에 시설하는 지지선(지선)의 안전율은 얼마 이상이어야 하는가? (단, 허용인장하중은 4.31[kN] 이상)

① 2   ② 2.5
③ 3   ④ 3.5

해설 지지선의 시설 규정
• 구성 : 소선 3가닥 이상의 아연 도금 연선
• 안전율 : 2.5 이상
• 허용인장하중 : 4.31[kN] 이상

31 한국전기설비규정에 의한 저압 가공전선의 굵기 및 종류에 대한 설명 중 틀린 것은?

① 저압 가공전선에 사용하는 나전선은 중성선 또는 다중접지된 접지측 전선으로 사용하는 전선에 한한다.
② 사용전압이 400[V] 이하인 저압 가공전선은 지름 2.6[mm] 이상의 경동선이어야 한다.
③ 사용전압이 400[V] 초과인 저압 가공전선에는 인입용 비닐절연전선을 사용한다.
④ 사용전압이 400[V] 초과인 저압 가공전선으로 시가지 외에 시설하는 것은 4.0[mm] 이상의 경동선이어야 한다.

해설 저압, 고압 가공전선의 굵기

사용 전압	전선의 굵기
400[V] 이하	• 절연전선 : 2.6[mm] 이상 경동선 • 나전선 : 3.2[mm] 이상 경동선
400[V] 초과	• 시가지 내 : 5.0[mm] 이상 경동선 • 시가지 외 : 4.0[mm] 이상 경동선 (400[V] 초과 시 인입용 비닐절연전선 사용할 수 없음)

32 다음 중 버스덕트의 종류가 아닌 것은?

① 피더 버스덕트
② 플러그인 버스덕트
③ 케이블 버스덕트
④ 탭붙이 버스덕트

해설 버스덕트의 종류

명 칭	특 징
피더 버스	도중 부하 접속 불가능한 구조
플러그인	도중 부하 접속용으로 플러그 있는 구조
익스팬션	열에 의한 신축성을 흡수시킨 구조
탭붙이	중간에 기기나 전선을 접속시키기 위한 탭붙이 구조
트랜스포지션	도체 상호 위치를 덕트 내에서 교체시킨 덕트

33 한국전기설비규정에 의하면 480[V] 가공인입선이 철도를 횡단할 때 레일면상의 최저 높이는 약 몇 [m]인가?

① 4.0   ② 4.5
③ 5.5   ④ 6.5

해설 저압 가공인입선의 최소 높이

장소 구분	노면상 높이[m]
도로 횡단	5(a : 3)
철도 횡단	6.5
횡단보도교	3
기타 장소	4(a : 2.5)

a : 기술상 부득이하고 교통에 지장이 없는 경우

34 공기 중에서 1[Wb]의 자극으로부터 나오는 자력선의 총수는 몇 개인가?

① 6.33×10^4 ② 7.96×10^5
③ 8.855×10^3 ④ 1.256×10^6

해설 자기력선의 총수

$$N = \frac{m}{\mu_0} = \frac{1}{4\pi \times 10^{-7}} = 7.96 \times 10^5 \text{개}$$

정답 29. ②   30. ②   31. ③   32. ③   33. ④   34. ②

35 ★★

전기저항이 작고, 부드러운 성질이 있어 구부리기가 용이하므로 주로 옥내배선에 사용하는 구리선의 명칭은?

① 연동선　　　　② 경동선
③ 합성연선　　　④ 중공연선

해설 경동선은 인장강도가 뛰어나므로 주로 옥외전선로에서 사용하고, 연동선은 부드럽고 가요성이 뛰어나므로 주로 옥내배선에서 사용한다.

36 ★★

래크(Rack) 배선을 사용하는 전선로는?

① 저압 지중전선로
② 저압 가공전선로
③ 고압 가공전선로
④ 고압 지중전선로

해설 래크(Rack) 배선
저압 가공전선로에 완금없이 래크(애자)를 수직으로 설치하여 전선을 수직 배선하는 방식

37 ★★★

성냥, 석유류, 셀룰로이드 등 기타 가연성 위험물질을 제조 또는 저장하는 장소의 배선으로 틀린 것은?

① 금속관공사
② 애자공사
③ 케이블공사
④ 2.0[mm] 이상 합성수지관공사(난연성 콤바인덕트관 제외)

해설 가연성 먼지(분진), 위험물 장소의 배선공사
금속관, 케이블, 합성수지관(두께 2.0[mm] 이상)공사

38 ★★★

계자에서 발생한 자속을 전기자에 골고루 분포시켜주기 위한 것은?

① 공극　　　　② 브러쉬
③ 콘덴서　　　④ 저항

해설 공극은 계자와 전기자 사이에 있어서 자속을 골고루 전기자에 공급해 주기 위해 만들어준다.

39 ★★

두 개의 평행한 도체가 진공 중(또는 공기 중)에 20[cm] 떨어져 있고, 100[A]의 같은 크기의 전류가 흐르고 있을 때 1[m]당 발생하는 힘의 크기 [N]는?

① 20　　　　② 40
③ 0.01　　　④ 0.1

해설 평행도선 사이에 작용하는 힘의 세기

$$F = \frac{2I_1 I_2}{r} \times 10^{-7}$$
$$= \frac{2 \times 100 \times 100}{0.2} \times 10^{-7} = 0.01[\text{N}]$$

40 ★★

200[V], 50[Hz], 8극, 15[kW]의 3상 유도전동기에서 전부하 회전수가 720[rpm]이면 이 전동기의 2차 효율은 몇 [%]인가?

① 98
② 86
③ 100
④ 96

해설 2차 효율 $\eta_2 = (1-s) \times 100[\%]$

동기속도 $N_s = \dfrac{120f}{P} = \dfrac{120 \times 50}{8}$
$\qquad\qquad = 750[\text{rpm}]$

슬립 $s = \dfrac{N_s - N}{N_s} = \dfrac{750 - 720}{750} = 0.04$

효율 $\eta = (1 - 0.04) \times 100 = 96[\%]$

41 ★

다음 중 비유전율이 가장 작은 것은?

① 운모
② 고무
③ 규소수지
④ 공기

해설 비유전율
• 공기 : 1
• 고무 : 2.2 ~ 2.4
• 운모 : 5 ~ 9
• 규소수지 : 2.7 ~ 2.74

정답 35. ① 36. ② 37. ② 38. ① 39. ③ 40. ④ 41. ④

42 단면적 5[cm^2], 길이 1[m], 비투자율 103인 환상 철심에 500회의 권선을 감고 여기에 0.25[A]의 전류를 흐르게 한 경우 기자력[AT]은?

① 125
② 12.5
③ 1,250
④ 100

해설 기자력 $F = NI = 500 \times 0.25 = 125$[AT]

43 비유전율이 9인 유전체의 유전율은?

① 80×10^{-6}[F/m]
② 80×10^{-12}[F/m]
③ 1×10^{-12}[F/m]
④ 1×10^{-16}[F/m]

해설 유전체의 유전율
$\varepsilon = \varepsilon_0 \varepsilon_s = 8.855 \times 10^{-12} \times 9 = 80 \times 10^{-12}$[F/m]

44 직류 직권전동기에서 벨트를 걸고 운전하면 안되는 이유는?

① 벨트가 마멸되면 보수가 곤란하므로
② 벨트가 벗어지면 위험속도에 도달하므로
③ 직결하지 않으면 속도제어가 곤란하므로
④ 손실이 많아지므로

해설 직류 직권전동기는 정격전압 하에서 무부하 특성을 지니므로, 벨트가 벗겨지면 속도가 급격히 상승하여 위험속도에 도달할 수 있다.

45 1차 권수 6,000, 2차 권수 200인 변압기의 전압비는?

① 10
② 30
③ 60
④ 90

해설 변압기 전압비 $a = \dfrac{N_1}{N_2} = \dfrac{6,000}{200} = 30$

46 전하의 성질에 대한 설명 중 옳지 않은 것은?

① 낙뢰는 구름과 지면 사이에 모인 전기가 한꺼번에 방전되는 현상이다.
② 같은 종류의 전하끼리는 흡인하고, 다른 종류의 전하끼리는 반발한다.
③ 전하는 가장 안정한 상태를 유지하려는 성질이 있다.
④ 대전체의 영향으로 비대전체에 전기가 유도된다.

해설 같은 종류의 전하끼리는 반발하고, 다른 종류의 전하끼리는 흡인한다.

47 $R-L$ 직렬회로에서 전압과 전류의 위상차는?

① $\tan^{-1}\dfrac{R}{\omega L}$
② $\tan^{-1}\dfrac{\omega L}{R}$
③ $\tan^{-1}\dfrac{R}{\sqrt{R^2 + \omega L^2}}$
④ $\tan^{-1}\dfrac{L}{R}$

해설 $R-L$ 직렬회로의 전압, 전류의 위상차
$\theta = \tan^{-1}\dfrac{\omega L}{R}$

48 금속덕트를 취급자 이외에는 출입할 수 없는 곳에서 수직으로 설치하는 경우 지지점 간의 거리는 최대 몇 [m] 이하로 하여야 하는가?

① 1.5
② 2.0
③ 3.0
④ 6.0

해설 금속덕트 지지점 간 거리
3[m] 이하
(단, 취급자 이외에는 출입할 수 없는 곳에서 수직으로 설치하는 경우 6[m] 이하까지도 가능)

정답 42. ① 43. ② 44. ② 45. ② 46. ② 47. ② 48. ④

49 저압 수전방식 중 단상 3선식은 평형이 되는 게 원칙이지만 부득이한 경우 설비 불평형률은 몇 [%] 이내로 유지해야 하는가?

① 10
② 20
③ 30
④ 40

해설 단상 3선식에서 중성선과 각 전압측 전선 간의 부하는 평형이 되게 하는 것을 원칙으로 하지만, 부득이한 경우 발생하는 설비 불평형률은 40[%]까지 할 수 있다.

50 상전압이 300[V]인 3상 반파 정류회로의 직류전압은 약 몇 [V]인가?

① 520
② 350
③ 260
④ 400

해설 $E_d = 1.17E = 1.17 \times 300 ≒ 350[V]$

51 그림과 같이 공기 중에 놓인 2×10^{-8}[C]의 전하에서 2[m] 떨어진 점 P와 1[m] 떨어진 점 Q와의 전위차[V]는?

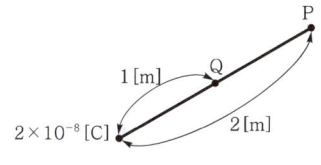

① 80
② 90
③ 100
④ 110

해설 전위 $V = 9 \times 10^9 \times \dfrac{Q}{r}[V]$

$V_Q = 9 \times 10^9 \times \dfrac{2 \times 10^{-8}}{1} = 180[V]$

$V_P = 9 \times 10^9 \times \dfrac{2 \times 10^{-8}}{2} = 90[V]$

그러므로 전위차는 $V = 180 - 90 = 90[V]$

52 그림의 회로에서 소비되는 전력은 몇 [W]인가?

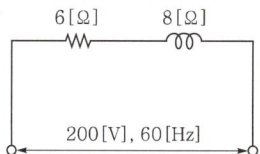

① 1,200
② 2,400
③ 3,600
④ 4,800

해설 전류 $I = \dfrac{V}{Z} = \dfrac{200}{\sqrt{6^2 + 8^2}} = 20[A]$

소비전력 $P = I^2 R = 20^2 \times 6 = 2,400[W]$

53 변압기 내부 고장 보호에 쓰이는 계전기는?

① 접지계전기
② 부흐홀츠 계전기
③ 과전압계전기
④ 역상계전기

해설 변압기 내부 고장 보호에 사용되는 계전기는 차동, 비율 차동, 부흐홀츠 계전기 등이 있다.

54 기본 정현파의 최대값이 200[V]인 경우 평균값은 약 몇 [V]인가?

① 약 141
② 약 137
③ 약 127
④ 약 121

해설 평균값 $V_{av} = \dfrac{2}{\pi} V_m = \dfrac{2}{\pi} \times 200 ≒ 127[V]$

55 [Wb]는 무엇의 단위를 나타내는가?

① 전기저항
② 자극의 세기
③ 기자력
④ 자기저항

해설 ① 전기저항 – [Ω]
② 자극의 세기 – [Wb]
③ 기자력 – [AT]
④ 자기저항 – [AT/Wb]

정답 49. ④ 50. ② 51. ② 52. ② 53. ② 54. ③ 55. ②

56 온도 15[℃], 용량 20[L]인 전열기로 300[kcal]의 열량을 발생시킨다면 물의 온도는 몇 [℃]까지 상승할 수 있는가?

① 10

② 20

③ 15

④ 30

해설 전열기의 발열량 $Q = Cm\theta$[kcal]이므로

온도차 $\theta = \dfrac{Q}{Cm} = \dfrac{300}{1 \times 20} = 15[℃]$

그러므로 상승한 물의 온도 $= 15 + 15 = 30[℃]$

57 $R-L-C$ 직렬회로에서 저항이 3[Ω], 유도 리액턴스가 8[Ω], 용량 리액턴스가 4[Ω]인 경우 회로의 역률은?

① 0.6

② 0.8

③ 0.9

④ 1.0

해설 합성 임피던스

$$\dot{Z} = R + j(X_L - X_C)$$
$$= 3 + j(8-4) = 3 + j4[Ω]$$
$$\cos\theta = \dfrac{R}{Z} = \dfrac{3}{\sqrt{3^2+4^2}} = \dfrac{3}{5} = 0.6$$

58 온도의 변화에 아주 민감하여 전기저항이 크게 변하는 반도체로서 전류가 오르는 것을 방지하거나 온도를 감지하는 센서로 사용하는 반도체는?

① 바리스터

② 서미스터

③ 터널 다이오드

④ 제너 다이오드

해설 서미스터
저항기의 일종으로 작은 온도의 변화로 전기 저항이 크게 변하는 반도체의 성질을 이용하여 회로의 온도를 감지하는 센서로 사용하는 반도체

59 전류의 열작용에 대한 설명으로 옳은 것은?

① 줄열은 전류에 비례한다.

② 줄열은 전류의 제곱에 비례한다.

③ 줄열은 전류에 반비례한다.

④ 줄열은 전류의 제곱에 반비례한다.

해설 저항체에서 발생하는 전류에 의한 발열량
$H = 0.24 I^2 R t$[cal]

60 다음 콘덴서에 대한 설명 중 맞는 것은?

① 콘덴서는 직렬로 접속하면 합성용량이 커진다.

② 콘덴서는 직렬로 접속하면 합성용량이 작아진다.

③ 콘덴서는 병렬로 접속하면 합성용량이 작아진다.

④ 콘덴서는 용량이 같은 경우에만 직렬 접속이 가능하다.

해설 콘덴서의 정전용량 합성값은 병렬일 때는 합이므로 값이 커지고, 직렬로 연결하면 정전용량 합성값은 작아진다.

01 래크(rack) 배선을 사용하는 전선로는?

① 저압 지중전선로

② 저압 가공전선로

③ 고압 가공전선로

④ 고압 지중전선로

해설 래크(rack) 배선

저압 가공전선로에 완금없이 래크(애자)를 전주에 수직으로 설치하여 전선을 수직 배선하는 방식

02 전기분해에 의해서 석출되는 물질의 양은 전해액을 통과한 총 전기량에 비례하며, 그 물질의 화학당량에 비례한다. 이것을 무슨 법칙이라 하는가?

① 줄의 법칙

② 플레밍의 법칙

③ 키르히호프의 법칙

④ 패러데이의 법칙

해설 패러데이의 전기화학에 관한 법칙

$W = kQ[\text{g}]$

여기서, k : 전기화학당량[g/C]

Q : 총 전기량[C]

03 변압기의 1차 권수비가 80, 2차 권수비가 320일 때 2차 전압이 100[V]라면 1차 전압은 몇 [V]인가?

① 100

② 50

③ 25

④ 10

해설 권수비 $a = \dfrac{N_1}{N_2} = \dfrac{V_1}{V_2} = \dfrac{I_2}{I_1}$ 에서

$a = \dfrac{N_1}{N_2} = \dfrac{80}{320} = \dfrac{1}{4} = 0.25$ 이므로

$V_1 = a V_2 = 0.25 \times 100 = 25[\text{V}]$

04 같은 전구를 직렬로 접속했을 때와 병렬로 접속했을 때 어느 것이 더 밝겠는가?

① 직렬이 2배 더 밝다.

② 직렬이 더 밝다.

③ 병렬이 더 밝다.

④ 밝기가 같다.

해설

• 직렬 소비전력 $P = \dfrac{V^2}{2R}[\text{W}]$

• 병렬 소비전력 $P = \dfrac{V^2}{\frac{R}{2}} = \dfrac{2V^2}{R}[\text{W}]$

05 전류 10[A], 전압 100[V], 역률 0.6인 단상 부하의 전력은 몇 [W]인가?

① 800

② 600

③ 1,000

④ 1,200

해설 유효전력

$P = VI\cos\theta$

$= 100 \times 10 \times 0.6$

$= 600[\text{W}]$

06 두 개의 접지 막대기와 눈금계, 계기, 도선을 연결하고 절환 스위치를 이용하여 검류계의 지시값을 "0"으로 하여 접지저항을 측정하는 방법은?

① 콜라우시 브리지

② 켈빈 더블 브리지법

③ 접지저항계

④ 휘트스톤 브리지

해설 접지 저항계

두 개의 보조 접지 전극(접지 막대기)을 대지에 매입하고 다이얼을 조정하여 검류계의 지시값을 "0"으로 하여 계기의 지시값으로 접지 저항을 측정

정답 01. ② 02. ④ 03. ③ 04. ③ 05. ② 06. ③

07 전선의 굵기가 6 [mm²] 이하인 가는 단선의 전선 접속은 어떤 접속을 하여야 하는가?

① 브리타니아 접속　　② 쥐꼬리 접속
③ 트위스트 접속　　　④ 슬리브 접속

해설 단선의 직선 접속
• 단면적 6[mm²] 이하 : 트위스트 접속
• 단면적 10[mm²] 이상 : 브리타니아 접속

08 20[kVA]의 단상 변압기 2대를 사용하여 V−V결선으로 하고 3상 전원을 얻고자 한다. 이때 여기에 접속시킬 수 있는 3상 부하의 용량은 약 몇 [kVA]인가?

① 20　　　　　　　② 24
③ 28.8　　　　　　④ 34.6

해설 V결선 용량
$$P_V = \sqrt{3}\,P_1 = \sqrt{3} \times 20 = 34.6 [\text{kVA}]$$

09 전기저항이 작고, 부드러운 성질이 있어 구부리기가 용이하므로 주로 옥내배선에 사용하는 구리선의 명칭은?

① 연동선　　　　　② 경동선
③ 합성연선　　　　④ 중공연선

해설 경동선은 인장강도가 뛰어나므로 주로 옥외전선로에서 사용하고, 연동선은 부드럽고 가요성이 뛰어나므로 주로 옥내배선에서 사용한다.

10 수ㆍ변전설비에서 계기용 변류기(CT)의 설치 목적은?

① 고전압을 저전압으로 변성
② 지락전류 측정
③ 선로전류 조정
④ 대전류를 소전류로 변성

해설 계기용 변류기(CT)
대전류를 소전류(5[A])로 변성하여 측정 계기나 전기의 전류원으로 사용하기 위한 전류 변성기

11 전선의 구비 조건이 아닌 것은?

① 비중이 클 것
② 가요성이 풍부할 것
③ 고유 저항이 작을 것
④ 기계적 강도가 클 것

해설 전선 구비 조건
• 비중이 작을 것(중량이 가벼울 것)
• 가요성, 기계적 강도 및 내식성이 좋을 것
• 전기 저항(고유 저항)이 작을 것

12 1차 전압 13,200[V], 2차 전압 220[V]인 단상 변압기의 1차에 6,000[V] 전압을 가하면 2차 전압은 몇 [V]인가?

① 100　　　　　　② 200
③ 50　　　　　　　④ 250

해설
권수비 $a = \dfrac{N_1}{N_2} = \dfrac{V_1}{V_2} = \dfrac{I_2}{I_1}$ 에서

$$a = \frac{V_1}{V_2} = \frac{13,200}{220} = 60 \text{ 이므로}$$

$$V_2 = \frac{V_1}{a} = \frac{6,000}{60} = 100 [\text{V}]$$

13 4[μF]의 콘덴서에 4[kV]의 전압을 가하여 200[Ω]의 저항을 통해 방전시키면 이 때 발생하는 에너지[J]는 얼마인가?

① 32　　　　　　　② 16
③ 8　　　　　　　　④ 40

해설 콘덴서에 축적되는 에너지
$$W = \frac{1}{2}CV^2 = \frac{1}{2} \times 4 \times 10^{-6} \times (4 \times 10^3)^2 = 32 [\text{J}]$$

14 한 방향으로 일정값 이상의 전류가 흘렀을 때 동작하는 계전기는?

① 선택지락계전기　　② 방향단락계전기
③ 차동계전기　　　　④ 거리계전기

정답 07. ③　08. ④　09. ①　10. ④　11. ①　12. ①　13. ①　14. ②

해설 방향단락계전기
일정한 방향으로 일정한 값 이상의 고장전류가 흐를 때 작동하는 계전기. 작동과 동시에 전력 조류가 반대로 된다.

15 권수 50회의 코일에 5[A]의 전류가 흘러 10^{-3} [Wb]의 자속이 코일을 지난다고 하면, 이 코일의 자체 인덕턴스는 몇 [mH]인가?

① 10 ② 20

③ 40 ④ 30

해설 $LI = N\Phi$

$$L = \frac{N\Phi}{I} = \frac{50 \times 10^{-3}}{5} = 10[\text{mH}]$$

16 다이오드를 사용한 정류회로에서 다이오드를 여러 개 직렬로 연결하여 사용하는 경우의 설명으로 가장 옳은 것은?

① 다이오드를 과전류로부터 보호할 수 있다.
② 다이오드를 과전압으로부터 보호할 수 있다.
③ 부하출력의 맥동률을 감소시킬 수 있다.
④ 낮은 전압 전류에 적합하다.

해설 다이오드 직렬 접속 시 전압강하로 인하여 과전압으로부터 보호할 수 있다.

17 다음 중 전력제어용 반도체 소자가 아닌 것은?

① GTO ② TRIAC

③ LED ④ IGBT

해설 전력제어용 반도체 소자
전력 변환, 제어용으로 최적화된 장치의 반도체 소자 (IGBT, GTO, SCR, TRIAC, SSS 등)
• LED : 발광 다이오드

18 공심 솔레노이드에 자기장의 세기 4,000[AT/m]를 가한 경우 자속밀도[Wb/m²]은?

① $32\pi \times 10^{-4}$ ② $3.2\pi \times 10^{-4}$

③ $16\pi \times 10^{-4}$ ④ $1.6\pi \times 10^{-4}$

해설 자속밀도
$$B = \mu_0 H$$
$$= 4\pi \times 10^{-7} \times 4,000$$
$$= 16\pi \times 10^{-4}[\text{Wb/m}^2]$$

19 폭발성 먼지(분진)이 있는 위험장소에 금속관배선에 의할 경우 관 상호 및 관과 박스 기타의 부속품이나 풀 박스 또는 전기기계기구는 몇 턱 이상의 나사 조임으로 접속하여야 하는가?

① 8턱 ② 7턱

③ 6턱 ④ 5턱

해설 폭연성 먼지(분진)이 존재하는 곳의 접속 시 5턱 이상의 죔 나사로 시공하여야 한다.

20 다음 ( ) 안에 알맞은 낱말은?

> 뱅크(Bank)란 전로에 접속된 변압기 또는 (   )의 결선상 단위를 말한다.

① 차단기
② 콘덴서
③ 단로기
④ 리액터

해설 뱅크(bank)란 전로에 접속된 변압기 또는 콘덴서의 결선상 단위를 말한다.

21 동기발전기의 병렬운전 중 기전력의 차가 발생하여 흐르는 전류는?

① 무효순환전류
② 유효순환전류
③ 동기화전류
④ 뒤진 무효전류

해설 동기발전기에 유도기전력의 차가 발생하면 무효순환전류가 흐른다.

22 실내 전체를 균일하게 조명하는 방식으로, 광원을 일정한 간격으로 배치하며 공장, 학교, 사무실 등에서 채용되는 조명방식은?

① 전반조명　　　　② 국부조명
③ 직접조명　　　　④ 간접조명

해설 조명의 종류
• 전반조명 : 실내 전체를 균등한 광속 유지(사무실)
• 국부조명 : 필요한 범위만 높은 광속을 유지(진열장)
• 직접조명 : 발산 광속 중 90% 이상을 작업면에 직접 조명하는 방식
• 간접조명 : 광속의 90% 이상을 벽이나 천장에 투사시켜 간접적으로 빛을 얻는 방식

23 자기 인덕턴스가 각각 L_1, L_2[H]인 두 원통 코일이 서로 직교하고 있다. 두 코일 간의 상호 인덕턴스는?

① $L_1 + L_2$　　　　② $L_1 L_2$
③ 0　　　　④ $\sqrt{L_1 L_2}$

해설 자속과 코일이 서로 평행이 되어 상호 인덕턴스는 존재하지 않는다.

24 60[Hz]의 동기전동기가 4극일 때 동기속도는 몇 [rpm]인가?

① 3,600　　　　② 1,800
③ 900　　　　④ 2,400

해설 $N_s = \dfrac{120f}{P} = \dfrac{120 \times 60}{4} = 1,800 \text{[rpm]}$

25 다음 그림에서 ( ) 안의 극성은?

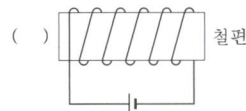

① N극과 S극이 교변한다.
② S극
③ N극
④ 극의 변화가 없다.

해설 그림에서 오른손을 솔레노이드 코일의 전류 방향에 따라 네 손가락을 감아쥐면 엄지 손가락이 N극 방향을 가리키므로 N극이 된다.

26 코드나 케이블 등을 기계기구의 단자 등에 접속할 때 연선의 단면적이 몇 [mm²]를 초과하면 그림과 같은 터미널러그(압착단자)를 사용하여야 하는가?

① 10
② 6
③ 4
④ 8

해설 코드나 케이블 등을 기계기구의 단자 등에 접속할 때 단면적 6[mm²]를 초과하는 연선에 터미널러그를 부착할 것

27 두 코일의 자체 인덕턴스를 L_1[H], L_2[H]라 하고 상호 인덕턴스를 M[H]이라 할 때, 두 코일을 자속이 동일한 방향과 역방향이 되도록 하여 직렬로 각각 연결하였을 경우, 합성 인덕턴스의 큰 쪽과 작은 쪽의 차는?

① M
② $2M$
③ $4M$
④ $8M$

해설 직렬 접속 시 합성 인덕턴스의 차
$L_{가동} = L_1 + L_2 + 2M \text{[H]}$
$L_{차동} = L_1 + L_2 - 2M \text{[H]}$
$L_{가동} - L_{차동} = 4M \text{[H]}$

28 다음 중 버스덕트의 종류가 아닌 것은?

① 피더 버스덕트
② 플러그인 버스덕트
③ 케이블 버스덕트
④ 탭붙이 버스덕트

정답 22. ① 23. ③ 24. ② 25. ③ 26. ② 27. ③ 28. ③

해설 버스덕트의 종류

명 칭	특 징
피더 버스	도중 부하 접속 불가능
플러그인	도중 부하 접속용으로 플러그 있는 구조
익스팬션	열에 의한 신축성을 흡수시킨 구조
탭붙이	기기나 전선을 접속하기 위한 탭붙이구조
트랜스포지션	도체 상호 위치를 덕트 내에서 교체시킨 덕트

29 ★★★ 인입용 비닐절연전선의 약호(기호)는?

① VV　　　　　　② DV
③ OW　　　　　　④ NR

해설 전선의 명칭
• VV : 비닐절연 비닐외장 케이블
• DV : 인입용 비닐절연전선
• OW : 옥외용 비닐절연전선
• NR : 일반용 단심 비닐절연전선

30 ★★ 한국전기설비규정에 의하면 480[V] 가공인입선이 철도를 횡단할 때 레일면상의 최저 높이는 약 몇 [m]인가?

① 4　　　　　　② 4.5
③ 5.5　　　　　④ 6.5

해설 저압 가공인입선의 최소 높이[m]

장소 구분	노면상 높이[m]
도로 횡단	5(a : 3)
철도 횡단	6.5
횡단보도교	3
기타 장소	4(a : 2.5)

a : 기술상 부득이하고 교통에 지장이 없는 경우

31 ★★ 낮은 전압을 높은 전압으로 승압할 때 일반적으로 사용되는 변압기의 3상 결선방식은?

① △－△　　　　② △－Y
③ Y－Y　　　　　④ Y－△

해설 △－Y결선
• 승압용으로 사용
• 1차와 2차 간 위상차는 30°

32 ★★ 전선 접속 시 전선의 인장강도는 몇 [%] 이상 감소시키면 안 되는가?

① 10　　　　　　② 20
③ 30　　　　　　④ 80

해설 전선 접속 시 접속 부분의 인장강도는 접속 전보다 80[%] 이상 유지해야 하므로 20[%] 이상 감소되지 않도록 하여야 한다.

33 ★★★ 슬립이 0일 때 유도전동기의 속도는?

① 동기속도로 회전한다.
② 정지상태가 된다.
③ 변화가 없다.
④ 동기속도보다 빠르게 회전한다.

해설 회전속도 $N = (1-s)N_s = N_s$[rpm]이므로 동기속도로 회전한다.

34 ★ 전압 200[V]이고 $C_1 = 10[\mu F]$와 $C_2 = 5[\mu F]$인 콘덴서를 병렬로 접속하면 C_2에 분배되는 전압은 몇 [V]인가?

① 1,000
② 2,000
③ 200
④ 100

해설 병렬은 전압이 일정하므로 200[V]가 걸린다.

35 ★★★ 가공전선로의 지지물에 시설하는 지지선(지선)의 안전율은 얼마 이상이어야 하는가? (단, 허용 인장하중은 4.31[kN] 이상)

① 2　　　　　　② 2.5
③ 3　　　　　　④ 3.5

해설 지지선(지선)의 시설 규정
• 구성 : 소선 3가닥 이상의 아연도금연선 사용
• 안전율 : 2.5 이상
• 허용인장하중 : 4.31[kN] 이상

정답 29. ②　30. ④　31. ②　32. ②　33. ①　34. ③　35. ②

36 전기배선용 도면을 작성할 때 사용하는 매입용 콘센트의 도면 기호는?

① ●

② ○

③ ◗

④ ▢

해설 ① 점멸기
② 전등(백열등)
③ 매입용 콘센트
④ 점검구

37 분권전동기에 대한 설명으로 틀린 것은?

① 토크는 전기자전류의 자승에 비례한다.
② 부하전류에 따른 속도 변화가 거의 없다.
③ 계자회로에 퓨즈를 넣어서는 안 된다.
④ 계자 권선과 전기자 권선이 전원에 병렬로 접속되어 있다.

해설 **분권전동기의 특징**
• 토크식 $\tau = K\phi I_a [N \cdot m]$이므로 전기자전류에 비례한다.
• 부하전류에 따른 속도 변화가 거의 없다.
• 계자회로에 퓨즈를 넣어서는 안 된다.
• 계자 권선과 전기자 권선이 전원에 병렬로 접속되어 있다.

38 계자에서 발생한 자속을 전기자에 골고루 분포시켜주기 위한 것은?

① 공극
② 브러쉬
③ 콘덴서
④ 저항

해설 공극은 계자와 전기자 사이에 있어서 자속을 골고루 전기자에 공급해 주기 위해 만들어준다.

39 3상 유도전동기의 동기속도를 N_s, 회전속도를 N, 슬립이 s인 경우 2차 효율[%]은?

① $\dfrac{1}{s}(N_s - N) \times 100$ ② $(s-1) \times 100$

③ $\dfrac{N}{N_s} \times 100$ ④ $s^2 \times 100$

해설 **2차 효율**
$$\eta_2 = (1-s) \times 100 = \frac{N}{N_s} \times 100 [\%]$$

40 성냥, 석유류, 셀룰로이드 등 기타 가연성 위험 물질을 제조 또는 저장하는 장소의 배선으로 틀린 것은?

① 금속관공사
② 애자공사
③ 케이블공사
④ 합성수지관(2.6[mm] 이상 난연성 콤바인덕트관 제외)공사

해설 **가연성 먼지(분진), 위험물 장소의 배선공사**
금속관, 케이블, 합성수지관(두께 2.0[mm] 이상)공사

41 그림과 같이 $I[A]$의 전류가 흐르고 있는 도체의 미소 부분 $\triangle l$의 전류에 의해 r[m] 떨어진 점 P의 자기장 $\triangle H[AT/m]$는?

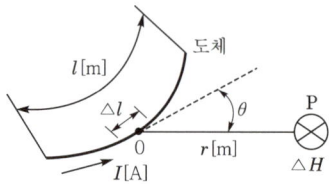

① $\triangle H = \dfrac{I^2 \triangle l \sin\theta}{4\pi r^2}$

② $\triangle H = \dfrac{I \triangle l^2 \sin\theta}{4\pi r}$

③ $\triangle H = \dfrac{I^2 \triangle l \sin\theta}{4\pi r}$

④ $\triangle H = \dfrac{I \triangle l \sin\theta}{4\pi r^2}$

해설 비오−사바르의 법칙 : 전류에 의한 자장의 세기

$$\triangle H = \frac{I \triangle l \sin\theta}{4\pi r^2} [\text{AT/m}]$$

42. 자기회로와 전기회로의 대응관계가 잘못된 것은?

① 기전력 − 자속밀도

② 전기저항 − 자기저항

③ 전류 − 자속

④ 도전율 − 투자율

해설 자기회로와 전기회로 대응관계

전기회로	자기회로
기전력	기자력
전류	자속
전기저항	자기저항
도전율	투자율

43. 변압기 내부 고장 발생 시 발생하는 기름의 흐름 변화를 검출하는 부흐홀츠 계전기의 설치 위치로 알맞은 것은?

① 변압기 본체와 콘서베이터 사이

② 변압기의 고압측 부싱

③ 콘서베이터 내부

④ 변압기 본체

해설 부흐홀츠 계전기는 내부 고장 발생 시 유증기를 검출하여 동작하는 계전기로 변압기 본체와 콘서베이터를 연결하는 파이프 도중에 설치한다.

44. 10[Ω]의 저항 5개를 접속하여 가장 최소로 얻을 수 있는 저항값은 몇 [Ω]인가?

① 2

② 5

③ 10

④ 50

해설 최소값

병렬로 접속 $R_0 = \frac{10}{5} = 2[\Omega]$

45. 3상 유도전동기의 원선도를 그리는 데 필요하지 않은 것은?

① 저항측정

② 무부하시험

③ 구속시험

④ 슬립측정

해설
- 저항측정시험 : 1차 동손
- 무부하시험 : 여자전류, 철손
- 구속시험(단락시험) : 2차 동손

46. 저압 수전방식 중 단상 3선식은 평형이 되는게 원칙이지만 부득이한 경우 설비 불평형률은 몇 [%] 이내로 유지해야 하는가?

① 10

② 20

③ 30

④ 40

해설 단상 3선식에서 중성선과 각 전압측 전선 간의 부하는 평형이 되게 하는 것을 원칙으로 하지만, 부득이한 경우 발생하는 설비 불평형률은 40[%]까지 할 수 있다.

47. 세 변의 저항 $R_a = R_b = R_c = 15[\Omega]$인 Y결선회로가 있다. 이것과 등가인 △ 결선회로의 각 변의 저항[Ω]은?

① $\frac{15}{\sqrt{3}}$

② 45

③ $15\sqrt{3}$

④ 15

해설 Y결선을 등가인 △ 결선으로 변환 시 각 변의 저항은 3배가 되므로 45[Ω]이 된다.

48. 금속덕트를 취급자 이외에는 출입할 수 없는 곳에서 수직으로 설치하는 경우 지지점 간의 거리는 최대 몇 [m] 이하로 하여야 하는가?

① 1.5

② 2.0

③ 3.0

④ 6.0

해설 금속 덕트 지지점 간 거리

3[m] 이하로 할 것

(단, 취급자 이외에는 출입할 수 없는 곳에서 수직으로 설치하는 경우 6[m] 이하까지도 가능)

49 2극 3,600[rpm]인 동기발전기와 병렬운전하려는 8극 발전기의 회전수[rpm]는?

① 3,600
② 900
③ 2,400
④ 1,800

해설 병렬운전 시 주파수가 같아야 한다.

$$f = \frac{N_s P}{120} = \frac{3,600 \times 2}{120} = 60[\text{Hz}]$$

$$N_s = \frac{120f}{P} = \frac{120 \times 60}{8} = 900[\text{rpm}]$$

50 RL 직렬회로에서 전압과 전류의 위상차는?

① $\tan^{-1}\dfrac{R}{\omega L}$

② $\tan^{-1}\dfrac{\omega L}{R}$

③ $\tan^{-1}\dfrac{R}{\sqrt{R^2 + \omega L^2}}$

④ $\tan^{-1}\dfrac{L}{R}$

해설 RL 직렬회로의 전압, 전류의 위상차

$$\theta = \tan^{-1}\frac{\omega L}{R}$$

51 단상 유도전동기의 기동방법 중 기동토크가 가장 큰 것은?

① 콘덴서 기동형
② 분상기동형
③ 반발유도형
④ 반발기동형

해설 단상 유도전동기 기동토크 크기 순서

반발기동형 > 반발유도형 > 콘덴서 기동형 > 분상기동형 > 셰이딩 코일형

52 전기자저항 0.1[Ω], 전기자전류 104[A], 유도기전력 110.4[V]인 직류 분권발전기의 단자전압은 몇 [V]인가?

① 98
② 100
③ 102
④ 105

해설
$$V = E - I_a R_a$$
$$= 110.4 - 104 \times 0.1$$
$$= 100[\text{V}]$$

53 복소수 $A = a + jb$인 경우 절대값과 위상은 얼마인가?

① $\sqrt{a^2 - b^2}, \; \theta = \tan^{-1}\dfrac{a}{b}$

② $a^2 - b^2, \; \theta = \tan^{-1}\dfrac{a}{b}$

③ $\sqrt{a^2 + b^2}, \; \theta = \tan^{-1}\dfrac{b}{a}$

④ $a^2 + b^2, \; \theta = \tan^{-1}\dfrac{a}{b}$

해설 • 복소수의 절대값 $A = \sqrt{a^2 + b^2}$

• 위상 $\theta = \tan^{-1}\dfrac{b}{a}$

54 220[V], 1.5[kW] 전구를 20시간 점등했다면 전력량[kWh]은?

① 15
② 20
③ 30
④ 60

해설 전력량
$$W = Pt = 1.5[\text{kW}] \times 20[\text{h}] = 30[\text{kWh}]$$

55 자체 인덕턴스 0.1[H]의 코일에 5[A]의 전류가 흐르고 있다. 축적되는 전자에너지[J]는?

① 0.25
② 0.5
③ 1.25
④ 2.5

해설
$$W = \frac{1}{2}LI^2$$
$$= \frac{1}{2} \times 0.1 \times 5^2 = 1.25[\text{J}]$$

56
★★★
진공 중에 4×10^{-5}[C], 8×10^{-5}[C]의 두 점전하가 2[m]의 간격을 두고 놓여 있다. 두 전하 사이에 작용하는 힘[N]은?

① 5.4 ② 7.2
③ 10.8 ④ 2.7

해설 쿨롱의 법칙

$$F = 9 \times 10^9 \times \frac{Q_1 \cdot Q_2}{r^2} [\text{N}]$$

$$= 9 \times 10^9 \times \frac{4 \times 10^{-5} \times 8 \times 10^{-5}}{2^2} = 7.2 [\text{N}]$$

57
★
다음은 3상 유도전동기 고정자 권선의 결선도를 나타낸 것이다. 맞는 것은?

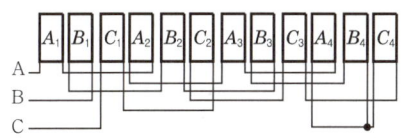

① 3상, 2극, Y결선
② 3상, 4극, △결선
③ 3상, 2극, △결선
④ 3상, 4극, Y결선

해설 주어진 그림은 상이 A, B, C인 3상, 4극, Y결선의 결선도이다.

58
★
그림에서 저항 R이 접속되고, 여기에 3상 평형 전압 V[V]가 인가되어 있다. 지금 ×표의 곳에서 1선이 단선되었다고 하면 소비전력은 몇 배로 되는가?

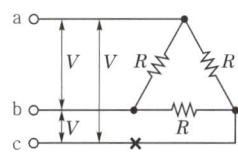

① $\frac{3}{2}$ ② $\frac{1}{2}$
③ $\frac{1}{4}$ ④ $\frac{\sqrt{3}}{2}$

해설
• 단선 전 소비전력 : $P_1 = 3\frac{V^2}{R}$[W]

• 단선 후 소비전력 : $P_2 = \frac{V^2}{R} + \frac{V^2}{2R} = \frac{3}{2}\frac{V^2}{R}$[W]

그러므로 단선 후 $\frac{1}{2}$로 소비전력이 감소한다.

59
★
교통신호등 제어장치의 2차측 배선의 제어회로의 최대사용전압은 몇 [V] 이하이어야 하는가?

① 200 ② 150
③ 300 ④ 400

해설 교통신호등 제어장치의 2차측 배선공사방법
• 최대사용전압 : 300[V] 이하
• 전선 : 2.5[mm²] 이상의 연동연선
• 교통신호등회로의 사용전압이 150[V]를 넘는 경우 누전차단기를 시설할 것

60
★★
한국전기설비규정에 의한 저압 가공전선의 굵기 및 종류에 대한 설명 중 틀린 것은?

① 저압 가공전선에 사용하는 나전선은 중성선 또는 다중 접지된 접지측 전선으로 사용하는 전선에 한한다.
② 사용전압이 400[V] 이하인 저압 가공전선은 지름 2.6[mm] 이상의 경동선이어야 한다.
③ 사용전압이 400[V] 초과인 저압 가공전선에는 인입용 비닐절연전선을 사용한다.
④ 사용전압이 400[V] 초과인 저압 가공전선으로 시가지 외에 시설하는 것은 4.0[mm] 이상의 경동선이어야 한다.

해설 저압, 고압 가공전선의 사용 전선

사용 전압	전선의 굵기
400[V] 이하	• 절연 전선 : 2.6[mm] 이상 경동선 • 나전선 : 3.2[mm] 이상 경동선
400[V] 초과	• 시가지 내 : 5.0[mm] 이상 경동선 • 시가지 외 : 4.0[mm] 이상 경동선 (※ 400[V] 초과 시 인입용 비닐절연전선을 사용할 수 없다.)

정답 56. ② 57. ④ 58. ② 59. ③ 60. ③

01 지지선(지선)의 중간에 넣는 애자의 명칭은?

① 구형애자   ② 곡핀애자

③ 현수애자   ④ 핀애자

> **해설** 지지선(지선)의 중간에 사용하는 애자
> 구형애자, 지선애자, 옥애자, 구슬애자

02 전력선 반송보호계전방식의 이점을 설명한 것으로 맞지 않는 것은?

① 다른 방식에 비해 장치가 간단하다.

② 고장 구간의 고속도 동시 차단이 가능하다.

③ 고장 구간을 선택할 수 있다.

④ 동작을 예민하게 할 수 있다.

> **해설** 전력선 반송보호계전방식
> 송전선의 양 끝단에 설치된 계전기들 사이 신호를 주고받아 송전선을 반송전화나 원격제어, 원격측정 등의 통신선으로서 이용하는 방식
> • 고장 구간의 고속도 동시 차단이 가능하다.
> • 고장 구간의 선택이 확실하다.
> • 동작을 예민하게 할 수 있다.
> • 장치가 복잡하고 고장 확률이 높으므로 보수 점검에 주의하여야 한다.

03 점 자극 사이에 작용하는 힘의 세기가 F_1[N]이었다. 이때 거리를 2배로 증가시키면 작용하는 힘 F[N]은 F_1[N]의 몇 배인가?

① $4F_1$ ② $0.5F_1$

③ $0.25F_1$ ④ $2F_1$

> **해설** 쿨롱의 법칙 $F_1 = k\dfrac{m_1 \cdot m_2}{r^2} = \dfrac{m_1 \cdot m_2}{4\pi\mu_0 r^2}$[N]에서
> 거리 제곱에 반비례하므로
> $F = \dfrac{1}{2^2}F_1 = \dfrac{1}{4}F_1 = 0.25F_1$[N]

04 220[V], 3[kW] 전구를 20시간 점등했다면 전력량[kWh]은?

① 15   ② 20

③ 30   ④ 60

> **해설** 전력량 $W = Pt = 3[\text{kW}] \times 20[\text{h}] = 60[\text{kWh}]$

05 주파수가 60[Hz]인 3상 4극의 유도전동기가 있다. 슬립이 4[%]일 때 이 전동기의 회전수는 몇 [rpm]인가?

① 1,800   ② 1,712

③ 1,728   ④ 1,652

> **해설** 회전수 $N = (1-s)N_s$에서
> $$N_s = \frac{120f}{P} = \frac{120 \times 60}{4} = 1,800[\text{rpm}]$$
> $$N = (1-0.04) \times 1,800 = 1,728[\text{rpm}]$$

06 최대 사용전압이 70[kV]인 중성점 직접 접지식 전로의 절연내력시험전압은 몇 [V]인가?

① 35,000

② 42,000

③ 44,800

④ 50,400

> **해설** 절연내력시험
> 최대 사용전압이 60[kV] 이상인 중성점 직접 접지식 전로의 절연내력시험은 최대 사용전압의 0.72배의 전압을 연속으로 10분간 가할 때 견디는 것으로 하여야 한다.
> 시험전압 $= 70,000 \times 0.72 = 50,400[\text{V}]$

07 30[W] 전열기에 220[V], 주파수 60[Hz]인 전압을 인가한 경우 평균전압[V]은?

① 150   ② 198

③ 211   ④ 311

정답 01. ① 02. ① 03. ③ 04. ④ 05. ③ 06. ④ 07. ②

해설 전압의 최대값 $V_m = 220\sqrt{2}\,[V]$

평균값 $V_{av} = \dfrac{2}{\pi}V_m = \dfrac{2}{\pi}\times 220\sqrt{2} = 198\,[V]$

* 쉬운 풀이 : $V_{av} = 0.9V = 0.9\times 220 = 198\,[V]$

★★
08 직류전동기의 속도제어방법이 아닌 것은?

① 전압제어   ② 계자제어

③ 저항제어   ④ 2차 제어

해설 **직류전동기의 속도제어법**
전압제어, 계자제어, 저항제어

★★★
09 450/750[V] 일반용 단심 비닐절연전선의 약호는?

① IV   ② NR

③ FI   ④ RI

해설 **전선의 약호**
- NR : 450/750[V] 일반용 단심 비닐절연전선
- NRI : 기기 배선용 단심 비닐절연전선
- NF : 일반용 유연성 단심 비닐절연전선
- NFI : 기기 배선용 유연성 단심 비닐절연전선

★★
10 다음 중 접지저항을 측정하기 위한 방법은?

① 전류계, 전압계

② 전력계

③ 휘트스톤 브리지법

④ 콜라우슈 브리지법

해설 **접지 저항 측정 방법**
접지저항계, 콜라우슈 브리지법, 어스테스터기

★★
11 다음 중 과전류차단기를 설치하는 곳은?

① 전등의 전원측 전선

② 접지공사의 접지선

③ 접지공사를 한 저압 가공전선의 접지측 전선

④ 다선식 전로의 중성선

해설 **과전류차단기의 시설 제한장소**
- 모든 접지공사의 접지선
- 다선식 전선로의 중성선
- 접지공사를 실시한 저압 가공전선로의 접지측 전선

★★★
12 다음 그림에서 ( ) 안의 극성은?

 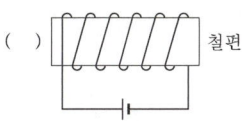

철편

① N극과 S극이 교번한다.

② S극

③ N극

④ 극의 변화가 없다.

해설 그림에서 오른손을 솔레노이드 코일의 전류 방향에 따라 네 손가락을 감아쥐면 엄지 손가락이 N극 방향을 가리키 므로 N극이 된다.

★★★
13 전선의 굵기가 6[mm²] 이하의 가는 단선의 전선 접속은 어떤 접속을 하여야 하는가?

① 브리타니아 접속   ② 쥐꼬리 접속

③ 트위스트 접속   ④ 슬리브 접속

해설 **단선의 직선 접속**
- 단면적 $6[mm^2]$ 이하 : 트위스트 접속
- 단면적 $10[mm^2]$ 이상 : 브리타니아 접속

★★
14 역률이 90° 뒤진 전류가 흐를 때 전기자 반작용은?

① 감자작용을 한다.

② 증자작용을 한다.

③ 교차자화작용을 한다.

④ 자기여자작용을 한다.

해설 **전기자 반작용**
- 감자작용 : 뒤진 전류
- 증자작용 : 앞선 전류

---

15 부흐홀츠 계전기로 보호되는 기기는?

① 교류발전기

② 유도전동기

③ 직류발전기

④ 변압기

[해설] **부흐홀츠 계전기**

변압기의 절연유 열화 방지

16 양방향으로 전류를 흘릴 수 있는 양방향 소자는?

① MOSFET　　② TRIAC

③ SCR　　　　④ GTO

[해설] **양방향성 사이리스터**

SSS, TRIAC, DIAC

17 직류를 교류로 변환하는 장치로서 초고속 전동기의 속도제어용 전원이나 초고주파 형광등의 점등용으로 사용하는 장치는?

① 인버터　　　② 변성기

③ 컨버터　　　④ 변류기

[해설] **인버터**

• DC를 AC로 변환하는 역변환 장치

• 전동기의 속도를 효율적으로 제어

• 초고주파 형광등의 점등용

18 재질이 구리(동)인 전선의 종단 접속의 방법이 아닌 것은?

① 비틀어 꽂는 형의 전선 접속기에 의한 접속

② 구리선 압착 단자에 의한 접속

③ 직선 맞대기용 슬리브에 의한 압착 접속

④ 종단 겹침용 슬리브에 의한 접속

[해설] **구리(동)전선의 종단 접속**

• 구리선 압착 단자에 의한 접속

• 비틀어 꽂는 형의 전선 접속기에 의한 접속

• 종단 겹침용 슬리브(E형)에 의한 접속

• 직선 겹침용 슬리브(P형)에 의한 접속

• 꽂음형 커넥터에 의한 접속

19 단위시간당 5[Wb]의 자속이 통과하여 2[J]의 일을 하였다면 전류[A]는 얼마인가?

① 0.25　　　　② 2.5

③ 0.4　　　　④ 4

[해설] 자속이 통과하면서 한 일 $W = \phi I$ [J]

$$I = \frac{W}{\phi} = \frac{2}{5} = 0.4[A]$$

20 가공전선로의 지지물에서 다른 지지물을 거치지 아니하고 수용장소의 인입선 접속점에 이르는 가공전선을 무엇이라 하는가?

① 옥외 전선

② 이웃 연결(연접)인입선

③ 가공인입선

④ 관등회로

[해설] **가공인입선**

• 가공전선로의 지지물에서 다른 지지물을 거치지 아니하고 수용장소의 인입선 접속점에 이르는 가공전선

• 사용전선 : 절연전선, 다심형 전선, 케이블일 것

　－ 저압 : 2.6[mm] 이상 절연전선(단, 경간 15[m] 이하는 2.0[mm] 이상도 가능)

　－ 고압 : 5.0[mm] 이상

21 활선 상태에서 전선의 피복을 벗기는 공구는?

① 전선 피박기

② 애자 커버

③ 와이어 통

④ 데드 엔드 커버

[해설] ① 전선 피박기 : 활선 상태에서 전선 피복을 벗기는 공구

② 애자 커버 : 애자 보호용 절연 커버

③ 와이어 통 : 충전되어 있는 활선을 움직이거나 작업권 밖으로 밀어낼 때 또는 활선을 다른 장소로 옮길 때 사용하는 활선 공구

④ 데드 엔드 커버 : 잡아당김(인류) 또는 내장주의 선로에서 활선 공법을 할 때 작업자가 현수애자 등에 접촉되어 생기는 안전사고를 예방하기 위해 사용하는 것

[정답] 15. ④　16. ②　17. ①　18. ③　19. ③　20. ③　21. ①

22 회로의 전압, 전류를 측정할 때 전압계와 전류계의 접속방법은?

① 전압계 - 직렬, 전류계 - 직렬
② 전압계 - 직렬, 전류계 - 병렬
③ 전압계 - 병렬, 전류계 - 직렬
④ 전압계 - 병렬, 전류계 - 병렬

해설 • 전압계 : 병렬 접속
• 전류계 : 직렬 접속

23 변압기 철심의 철의 함유율[%]은?

① 50 ~ 60
② 75 ~ 86
③ 80 ~ 90
④ 96 ~ 97

해설 변압기 철심은 와전류손 감소방법으로 성층 철심을 사용하며 히스테리시스손을 줄이기 위해서 약 3 ~ 4[%]의 규소가 함유된 규소강판을 사용한다. 그러므로 철의 함유율은 96 ~ 97[%]이다.

24 콘덴서의 정전용량을 크게 하는 방법으로 옳지 않은 것은?

① 극판의 면적을 크게 한다.
② 극판 사이에 유전율이 큰 유전체를 삽입한다.
③ 극판의 간격을 작게 한다.
④ 극판 사이에 비유전율이 작은 유전체를 삽입한다.

해설 콘덴서의 정전용량 $C = \dfrac{\varepsilon A}{d}$ [F]이므로 극판의 간격 d [m]에 반비례한다.

25 전기 기계기구를 전주에 부착하는 경우 전주외등은 하단으로부터 몇 [m] 이상 높이에 시설하여야 하는가? (단, 전기 기계기구는 1,500[V]를 초과하는 고압 수은등이다.)

① 3.0
② 3.5
③ 4.0
④ 4.5

해설 전주외등
대지전압 300[V] 이하 백열전등이나 수은등을 배전선로의 지지물 등에 시설하는 등
• 기구인출선 도체 단면적 : 0.75[mm²] 이상
• 기구 부착 높이 : 지표상 4.5[m] 이상 (단, 교통지장 없을 경우 3.0[m] 이상)
• 돌출 수평거리 : 1.0[m] 이상

26 소세력 회로의 전선을 조영재에 붙여 시설하는 경우에 대한 설명으로 틀린 것은?

① 전선은 금속제의 수관 · 가스관 또는 이와 유사한 것과 접촉하지 아니하도록 시설할 것
② 전선은 코드 · 캡타이어 케이블 또는 케이블일 것
③ 전선이 손상을 받을 우려가 있는 곳에 시설하는 경우에는 적당한 방호장치를 할 것
④ 전선의 굵기는 2.5[mm²] 이상일 것

해설 소세력 회로의 배선(전선을 조영재에 붙여 시설하는 경우)
• 전선은 코드나 캡타이어 케이블 또는 케이블을 사용할 것
• 케이블 이외에는 공칭 단면적 1[mm²] 이상의 연동선 또는 이와 동등 이상의 것일 것

27 COS용 완철의 설치 위치는 최하단 전력선용 완철에서 몇 [m] 하부에 설치하는가?

① 0.75
② 1.8
③ 0.9
④ 0.5

해설 COS용 완철 설치 위치
최하단 전력선용 완철에서 0.75[m] 하부에 설치하며 COS 조작 및 작업이 용이하도록 설치한다.

28 하나의 콘센트에 수많은 전기 기계기구를 연결하여 사용할 수 있는 기구는?

① 코드 접속기
② 아이언 플러그
③ 테이블 탭
④ 멀티 탭

정답 22. ③ 23. ④ 24. ④ 25. ④ 26. ④ 27. ① 28. ④

접속기구
- 멀티 탭 : 하나의 콘센트에 여러 개의 전기 기계기구를 끼워 사용하는 것으로 연장선이 없는 콘센트
- 테이블 탭(table tap) : 코드 길이가 짧을 때 연장 사용하는 콘센트

29 전지의 기전력이 1.5[V] 5개를 부하 저항 2.5[Ω]인 전구에 접속하였을 때 전구에 흐르는 전류는 몇 [A]인가? (단, 전지의 내부저항은 0.5[Ω]이다.)

① 1.5　　　　② 2

③ 3　　　　　④ 2.5

해설 $I = \dfrac{nE}{nr+R} = \dfrac{5 \times 1.5}{5 \times 0.5 + 2.5} = 1.5[A]$

30 다음 중 자기저항의 단위에 해당되는 것은?

① [AT/Wb]　　　② [Wb/AT]

③ [H/m]　　　　④ [Ω]

해설 기자력 $F = NI = R\phi[AT]$에서

자기저항 $R = \dfrac{NI}{\phi}[AT/Wb]$

31 두 금속을 접합하여 여기에 온도차가 발생하면 그 접점에서 기전력이 발생하여 전류가 흐르는 현상은?

① 줄 효과　　　② 홀(hole) 효과

③ 제베크 효과　④ 펠티에 효과

해설 제베크 효과
두 금속을 접합하여 접합점에 온도차가 발생하면 그 접점에서 기전력이 발생하여 전류가 흐르는 현상

32 $R - L$ 직렬회로에 직류전압 100[V]를 가했더니 전류가 20[A]이었다. 교류전압 100[V], $f = 60$[Hz]를 인가한 경우 흐르는 전류가 10[A]였다면 유도성 리액턴스 $X_L[Ω]$은 얼마인가?

① 5　　　　　② $5\sqrt{2}$

③ $5\sqrt{3}$　　　④ 10

해설 직류를 인가한 경우 $L = 0$이므로

$$R = \frac{V}{I} = \frac{100}{20} = 5[Ω]$$

교류를 인가한 경우 임피던스

$$Z = \frac{V}{I} = \frac{100}{10} = 10 = \sqrt{R^2 + X_L^2}[Ω]$$이므로

$$X_L = \sqrt{Z^2 - R^2} = \sqrt{10^2 - 5^2}$$
$$= \sqrt{75} = \sqrt{5^2 \times 3} = 5\sqrt{3}[Ω]$$

33 배관공사 시 금속관이나 합성수지관으로부터 전선을 뽑아 전동기 단자 부근에 접속할 때 관 단에 사용하는 재료는?

① 부싱　　　　　② 엔트런스 캡

③ 터미널 캡　　　④ 로크 너트

해설 터미널 캡은 배관공사 시 금속관이나 합성수지관으로부터 전선을 뽑아 전동기 단자 부근에 접속할 때, 또는 노출배관에서 금속배관으로 변경 시 전선 보호를 위해 관 끝에 설치하는 것으로 서비스 캡이라고도 한다.

34 전력 계통에 접속되어 있는 변압기나 장거리 송전 시 정전용량으로 인한 충전 특성 등을 보상하기 위한 기기는?

① 유도전동기　　　② 동기조상기

③ 유도발전기　　　④ 동기발전기

해설 정전용량으로 인한 앞선 전류를 감소시키기 위해 여자전류를 조정하여 뒤진 전류를 흘려 줄 수 있는 동기조상기를 설치한다.

35 정전용량 $C[\mu F]$의 콘덴서에 충전된 전하가 $q = \sqrt{2}Q\sin\omega t$[C]와 같이 변화하도록 하였다면 이때 콘덴서에 흘러 들어가는 전류의 값은?

① $i = \sqrt{2}\omega Q\sin\omega t$[A]

② $i = \sqrt{2}\omega Q\cos\omega t$[A]

③ $i = \sqrt{2}\omega Q\sin(\omega t - 60°)$[A]

④ $i = \sqrt{2}\omega Q\cos(\omega t - 60°)$[A]

정답 29. ① 30. ① 31. ③ 32. ③ 33. ③ 34. ② 35. ②

해설 콘덴서 소자에 흐르는 전류

$$i_C = \frac{dq}{dt} = \frac{d}{dt}(\sqrt{2}\,Q\sin\omega t)$$

$$= \sqrt{2}\,\omega Q\cos\omega t\,[\text{A}]$$

[별해] $C\,[\text{F}]$의 회로는 위상 90°가 앞서므로 전하량이 sin 파형이라면 전류는 파형이 $\cos\omega t$ 또는 $\sin(\omega t + 90°)$ 이어야 한다.

36 직권전동기의 회전수를 $\frac{1}{3}$로 감소시키면 토크는 어떻게 되겠는가?

① $\frac{1}{9}$ ② $\frac{1}{3}$

③ 3 ④ 9

해설 직권전동기는 $\tau \propto I^2 \propto \dfrac{1}{N^2}$ 이므로 $\dfrac{1}{\left(\frac{1}{3}\right)^2} = 9$

37 30[Ah]의 축전지를 3[A]로 사용하면 몇 시간 사용 가능한가?

① 1시간
② 3시간
③ 10시간
④ 20시간

해설 축전지의 용량 $= It\,[\text{Ah}]$이므로

시간 $t = \dfrac{30}{3} = 10\,[\text{h}]$

38 다음 중 유도전동기의 속도제어에 사용되는 인버터장치의 약호는?

① CVCF
② VVVF
③ CVVF
④ VVCF

해설 VVVF
가변 전압 가변 주파수 변환장치

39 동기와트 P_2, 출력 P_o, 슬립 s, 동기속도 N_s, 회전속도 N, 2차 동손 P_{c2}일 때 2차 효율 표기로 틀린 것은?

① $1-s$ ② $\dfrac{P_{c2}}{P_2}$

③ $\dfrac{P_o}{P_2}$ ④ $\dfrac{N}{N_s}$

해설 2차 효율 $\eta_2 = \dfrac{P_o}{P_2} = \dfrac{(1-s)P_2}{P_2} = 1-s = \dfrac{N}{N_s}$

40 가공전선로의 지지물에 시설하는 지지선(지선)의 안전율이 2.5일 때 최저 허용 인장하중은 얼마 이상이어야 하는가?

① 4.01 ② 5.5
③ 4.31 ④ 3.5

해설 지지선(지선)의 시설 규정
• 구성 : 소선 3가닥 이상의 아연 도금 연선
• 안전율 : 2.5 이상
• 허용 인장하중 : 4.31[kN] 이상

41 불연성 먼지가 많은 장소에 시설할 수 없는 저압 옥내배선의 방법은?

① 금속관공사 ② 애자사용공사
③ 케이블공사 ④ 플로어덕트공사

해설 불연성 먼지(정미소, 제분소) 공사 방법
금속관공사, 케이블공사, 합성수지관공사, 가요전선관공사, 애자사용공사, 금속덕트 및 버스덕트공사

42 직류발전기의 정격전압 100[V], 무부하전압 104[V]이다. 이 발전기의 전압변동률 ε[%]은?

① 4 ② 3
③ 6 ④ 5

해설 전압변동률

$$\varepsilon = \frac{V_0 - V_n}{V_n} \times 100 = \frac{104-100}{100} \times 100 = 4\,[\%]$$

43 직류 직권전동기의 특징에 대한 설명으로 틀린 것은?

① 부하전류가 증가할 때 속도가 크게 감소한다.
② 전동기 기동 시 기동토크가 작다.
③ 무부하 운전이나 벨트를 연결한 운전은 위험하다.
④ 계자 권선과 전기자 권선이 직렬로 접속되어 있다.

해설 전동기는 기본적으로 토크와 속도는 반비례하고, 전류와 토크는 비례한다. 전동기 기동 시 발생되는 전류는 유도기전력이 발생되지 않아 정격전류에 비해 큰 전류가 흐른다. 따라서 기동토크가 크다.

44 가동 접속한 자기 인덕턴스 값이 $L_1 = 50[\text{mH}]$, $L_2 = 70[\text{mH}]$, 상호 인덕턴스 $M = 60[\text{mH}]$일 때 합성 인덕턴스[mH]는? (단, 누설 자속이 없는 경우이다.)

① 120
② 240
③ 200
④ 100

해설 $L_{가동} = L_1 + L_2 + 2M = 50 + 70 + 2 \times 60 = 240[\text{mH}]$

45 다음 파형 중 비정현파가 아닌 것은?

① 사인 주기파
② 사각파
③ 삼각파
④ 펄스파

해설 주기적인 사인파는 기본 정현파이므로 비정현파에 해당되지 않는다.

46 도체계에서 A도체를 일정 전위(일반적으로 영전위)의 B도체로 완전 포위하면 A도체의 내부와 외부의 전계를 완전히 차단할 수 있는데 이를 무엇이라 하는가?

① 핀치 효과
② 톰슨 효과
③ 정전 차폐
④ 자기 차폐

해설 정전 차폐
도체가 정전유도되지 않도록 도체 바깥을 포위하여 접지하는 것을 정전 차폐라 하며 완전 차폐가 가능하다.

47 슬립이 0.05이고 전원 주파수가 60[Hz]인 유도 전동기의 회전자 회로의 주파수[Hz]는?

① 1
② 2
③ 3
④ 4

해설 회전자 회로의 주파수
$f_2 = s\,f = 0.05 \times 60 = 3[\text{Hz}]$
f_2 : 회전자 기전력 주파수
f : 전원 주파수

48 박강 전선관의 표준 굵기[mm]가 아닌 것은?

① 19
② 25
③ 16
④ 31

해설 박강 전선관
두께 1.2[mm] 이상의 얇은 전선관
• 관의 호칭 : 관 바깥지름의 크기에 가까운 홀수
• 종류 : 19, 25, 31, 39, 51, 63, 75[mm]

49 자속을 발생시키는 원천을 무엇이라 하는가?

① 기전력
② 전자력
③ 기자력
④ 정전력

해설 기자력(起磁力, magneto motive force)
• 자속 Φ를 발생하게 하는 근원
• 기자력식 $F = NI = R_m\Phi[\text{AT}]$

50 30[μF]과 40[μF]의 콘덴서를 병렬로 접속한 후 100[V]의 전압을 가했을 때 전전하량은 몇 [C]인가?

① 1.7×10^{-3}
② 3.4×10^{-3}
③ 5.6×10^{-4}
④ 7.0×10^{-3}

해설 합성정전용량 $C_0 = 30 + 40 = 70[\mu\text{F}]$
$Q = CV = 70 \times 10^{-6} \times 100 = 7.0 \times 10^{-3}[\text{C}]$

51 다음 중 애자, 금속관, 케이블, 합성수지관공사가 모두 가능한 특수장소를 옳게 나열한 것은?

> ㉠ 화약류 등의 위험 장소
> ㉡ 위험물 등이 존재하는 장소
> ㉢ 불연성 먼지가 많은 장소
> ㉣ 습기가 많은 장소

① ㉠, ㉣　　　　　② ㉡, ㉢
③ ㉢, ㉣　　　　　④ ㉠, ㉡

해설 금속관, 케이블공사는 어느 장소든 가능하고 합성수지관은 ㉠ 불가능, 애자사용공사는 ㉠, ㉡이 불가능하므로 ㉢, ㉣이 가능하다.

52 1[m]당 권선수가 100인 무한장 솔레노이드에 10[A]의 전류가 흐르고 있을 때 솔레노이드 내부 자계의 세기[AT/m]는?

① 1,000　　　　　② 100
③ 10　　　　　　④ 0

해설 무한장 솔레노이드의 내부 자계의 세기
$$H = \frac{NI}{l} = n_o I = 100 \times 10 = 1,000 [\text{AT/m}]$$

53 교류의 파형률이란?

① $\dfrac{최대값}{실효값}$

② $\dfrac{평균값}{실효값}$

③ $\dfrac{실효값}{평균값}$

④ $\dfrac{실효값}{최대값}$

해설 파형률과 파고율
- 교류의 파형률 = $\dfrac{실효값}{평균값}$
- 교류의 파고율 = $\dfrac{최대값}{실효값}$

54 100[kVA]의 단상 변압기 2대를 사용하여 V-V 결선으로 하고 3상 전원을 얻고자 한다. 이때, 여기에 접속시킬 수 있는 3상 부하의 용량은 몇 [kVA]인가?

① $100\sqrt{3}$　　　　② 100
③ 200　　　　　　④ $200\sqrt{3}$

해설 V결선 용량
$$P_V = \sqrt{3}\,P_1 = \sqrt{3} \times 100 = 100\sqrt{3}\,[\text{kVA}]$$

55 직류전동기에서 자속이 증가하면 회전수는?

① 감소한다.　　　② 정지한다.
③ 증가한다.　　　④ 변화없다.

해설 유기기전력 $E = K\Phi N[\text{V}]$이므로
직류전동기의 회전수 $N = K\dfrac{V - I_a R_a}{\Phi}[\text{rpm}]$이 되므로 자속에 반비례한다.

56 동기발전기의 병렬운전조건이 아닌 것은?

① 기전력의 크기가 같을 것
② 기전력의 위상이 같을 것
③ 기전력의 주파수가 같을 것
④ 기전력의 임피던스가 같을 것

해설 동기발전기 병렬운전 시 일치해야 하는 조건
- 기전력의 크기
- 기전력의 위상
- 기전력의 주파수
- 기전력의 파형

57 1차 전압 3,300[V], 2차 전압 110[V], 주파수 60[Hz]의 변압기가 있다. 이 변압기의 권수비는?

① 20　　　　　　② 30
③ 40　　　　　　④ 50

해설 변압기 권수비 $a = \dfrac{V_1}{V_2} = \dfrac{3,300}{110} = 30$

정답 51. ③　52. ①　53. ③　54. ①　55. ①　56. ④　57. ②

58 유도전동기에 기계적 부하를 걸었을 때 출력에 따라 속도, 토크, 효율, 슬립 등의 변화를 나타낸 출력 특성 곡선에서 슬립을 나타내는 곡선은?

① ㉠
② ㉡
③ ㉢
④ ㉣

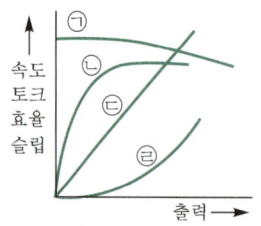

해설　㉠ : 속도
㉡ : 효율
㉢ : 토크
㉣ : 슬립

59 110/220[V] 단상 3선식 회로에서 110[V] 전구 Ⓡ, 110[V] 콘센트 Ⓒ, 220[V] 전동기 Ⓜ의 연결이 올바른 것은?

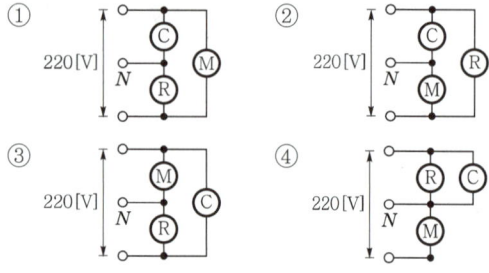

해설　전구와 콘센트는 110[V]를 사용하므로 전선과 중성선 사이에 연결해야 하고 전동기 Ⓜ은 220[V]를 사용하므로 선간에 연결하여야 한다.

60 동기기의 손실에서 고정손에 해당되는 것은?

① 계자 권선의 저항손
② 전기자 권선의 저항손
③ 계자철심의 철손
④ 브러시의 전기손

해설　**고정손(무부하손)**
부하에 관계없이 항상 일정한 손실
• 철손(P_i) : 히스테리시스손, 와류손
• 기계손(P_m) : 마찰손, 풍손

정답　58. ④　59. ① 60. ③

01 코일이 접속되어 있을 때, 누설자속이 없는 이상적인 코일 간의 상호 인덕턴스는?

① $M = \sqrt{L_1 L_2}$

② $M = L_1 + L_2$

③ $M = L_1 L_2$

④ $M = \sqrt{\dfrac{L_1}{L_2}}$

해설 상호 인덕턴스와 자기 인덕턴스 관계식

$M = k\sqrt{L_1 L_2}$ [H]에서

누설이 없는 경우 $k = 1$이므로

$M = \sqrt{L_1 L_2}$ [H]

02 전로의 전압이 400[V] 이상인 저압 기계기구의 철대 및 금속제 외함(외함이 없는 변압기 또는 계기용 변성기는 철심)에는 접지공사를 하여야 한다. 다음 설명 중 접지공사가 생략이 불가능한 장소는?

① 저압용 기계기구를 목주나 마루 위 등에 설치한 경우

② 철대 또는 외함을 주위의 적당한 절연대를 이용하여 시설한 경우

③ 전기용품 및 생활용품 안전관리법에 의한 2중 절연 기계기구

④ 철대 또는 외함에 적당한 피뢰기를 시설한 경우

해설 접지공사가 생략 가능한 장소

• 저압, 고압, 22.9[kV-Y] 계통 전로에 접속한 기계기구를 목주 위 등에 시설한 경우
• 저압용 기계기구를 목주나 마루 위 등에 설치한 경우
• 전기용품 및 생활용품 안전관리법에 의한 2중 절연 기계기구
• 철대 또는 외함을 주위의 적당한 절연대를 이용하여 시설한 경우

03 박강 전선관의 표준 규격[mm]이 아닌 것은?

① 19

② 25

③ 16

④ 39

해설 박강 전선관

• 두께 1.2[mm] 이상의 얇은 전선관
• 관의 호칭 : 관 바깥지름의 크기에 가까운 홀수
• 관의 종류(7종류) : 19, 25, 31, 39, 51, 63, 75[mm]

04 단상 전력계 2대를 사용하여 2전력계법으로 3상 전력을 측정하고자 한다. 두 전력계의 지시값이 각각 P_1, P_2[W]라면 3상 전력 P[W]를 구하는 식으로 옳은 것은?

① $P = P_1 + P_2$

② $P = \sqrt{3}(P_1 \times P_2)$

③ $P = P_1 \times P_2$

④ $P = P_1 - P_2$

해설 2전력계법에 의한 유효전력

$P = P_1 + P_2$[W]

05 한국전기설비규정에서 교통신호등 회로의 사용전압이 몇 [V]를 초과하는 경우에는 지락 발생 시 자동적으로 전로를 차단하는 장치를 시설하여야 하는가?

① 50

② 100

③ 150

④ 200

해설 교통신호등 회로의 사용전압이 150[V]를 초과한 경우는 전로에 지락 발생 시 자동적으로 전로를 차단하는 누전차단기를 시설하여야 한다.

06 배전반 및 분전반의 설치 장소로 적합하지 못한 것은?

① 전기 회로를 쉽게 조작할 수 있는 장소

② 개폐기를 쉽게 조작할 수 있는 장소

③ 안정된 장소

④ 은폐된 장소

해설 배전반 및 분전반 시설 장소

• 점검 가능한 안전하고 전개된 장소

• 전기 회로를 쉽게 조작 가능한 곳

07 고압 가공전선로가 도로를 횡단하는 경우 지표상 최소 높이는 몇 [m]인가?

① 6.5 　　　　② 6

③ 5 　　　　④ 3.5

해설 고압 가공전선로의 지표상 높이[m]

구분	고압
도로 횡단	6[m] 이상
철도 횡단	6.5[m] 이상
횡단보도교	3.5[m] 이상

08 자연 공기 내에서 개방할 때 접촉자가 떨어지면서 자연 소호되는 방식을 가진 차단기로, 저압의 교류 또는 직류 차단기로 많이 사용되는 것은?

① 기중 차단기 　　② 자기 차단기

③ 가스 차단기 　　④ 유입 차단기

해설 대기로 아크를 발생하여 소호하는 방식의 차단기를 기중 차단기라 한다. 약호로는 ACB를 사용한다.

09 한국전기설비규정에 의한 중성점 접지용 접지도체는 공칭단면적 몇 [mm²] 이상의 연동선을 사용하여야 하는가? (단, 25[kV] 이하인 중성선 다중 접지식으로서 전로에 지락 발생 시 2초 이내에 자동적으로 이를 전로로부터 차단하는 장치가 되어 있는 경우이다.)

① 16 　　　　② 6

③ 2.5 　　　　④ 10

해설 중성점 접지용 접지도체는 공칭단면적 16[mm²] 이상의 연동선을 사용하여야 한다. 단, 25[kV] 이하인 중성선 다중 접지식으로서 전로에 지락 발생 시 2초 이내에 이를 전로로부터 자동적으로 차단하는 장치가 되어 있는 경우는 6[mm²]를 사용하여야 한다.

10 동일 굵기의 단선을 쥐꼬리 접속하는 경우 두 전선의 피복을 벗긴 후 심선을 교차시켜서 펜치로 비틀면서 꼬아야 하는데 이때 심선의 교차각은 몇 도가 되도록 해야 하는가?

① 30° 　　　　② 90°

③ 120° 　　　　④ 180°

해설 쥐꼬리 접속은 전선 피복을 여유 있게 벗긴 후 심선을 90°가 되도록 교차시킨 후 펜치로 잡아당기면서 비틀어 2~3회 정도 꼰 후 끝을 잘라낸다.

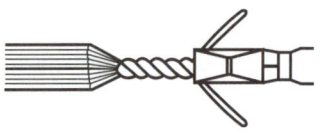

11 어드미턴스 $Y_1[℧]$, $Y_2[℧]$가 병렬로 접속되어 있을 때 합성 어드미턴스[℧]는?

① $Y_1 + Y_2$ 　　　② $\dfrac{Y_1 Y_2}{Y_1 + Y_2}$

③ $\dfrac{1}{Y_1 + Y_2}$ 　　　④ $\dfrac{Y_1 + Y_2}{Y_1 Y_2}$

해설 병렬 합성 어드미턴스

$Y = Y_1 + Y_2[℧]$

12 연선의 분기 접속 방법이 아닌 것은?

① 단권 분기 접속 　　② 권선 분기 접속

③ 분할 분기 접속 　　④ 트위스트 접속

해설 연선의 분기 접속 방법

• 권선 분기 접속

• 단권 분기 접속

• 분할 분기 접속

정답 06.④ 07.② 08.① 09.② 10.② 11.① 12.④

신규문제

13 케이블 또는 절연도체의 내부 단면적은 금속관 배관의 단면적의 얼마 이하이어야 하는가?

① $\frac{1}{5}$ ② $\frac{1}{4}$

③ $\frac{1}{2}$ ④ $\frac{1}{3}$

해설 **전선관 규격 결정 시 전선이 차지하는 최대 단면적**

구분	케이블 또는 절연도체 단면적 비율
전선관시스템	$\frac{1}{3}$ (23년부터 개정 적용)
케이블트렁킹, 케이블덕팅	20[%](관 내 전광표시장치, 제어회로 배선이면 50[%])

14 연동선의 고유저항은 몇 $[\Omega \cdot mm^2/m]$인가?

① $\frac{1}{58}$ ② $\frac{1}{55}$

③ $\frac{1}{56}$ ④ $\frac{1}{35}$

해설 **표준 연동선의 고유저항**

$$\rho = \frac{1}{58} [\Omega \cdot mm^2/m]$$

15 10[V/m]의 전장에 힘의 세기가 0.1[N]이 작용하였다면 전하량[C]은 얼마인가?

① 10^{-5} ② 10^{-4}

③ 10^{-3} ④ 10^{-2}

해설 힘과 전장(전계) 관계식은 $F = QE[N]$이므로

전하량 $Q = \frac{F}{E} = \frac{0.1}{10} = 10^{-2}[C]$

16 가연성 가스가 존재하는 저압 옥내 전기설비공사 방법으로 옳은 것은?

① 가요전선관공사 ② 합성수지관공사

③ 금속관공사 ④ 금속몰드공사

해설 **가연성 가스가 존재하는 장소의 공사방법**
금속관, 케이블(캡타이어 케이블 제외)공사

17 전선과 기구 단자 접속 시 나사를 덜 죄었을 경우 발생할 수 있는 위험과 거리가 먼 것은?

① 누전 ② 전기저항의 감소
③ 과열 발생 ④ 화재 위험

해설 전선과 기구 단자 간에 나사를 덜 죄었을 경우는 누설이 발생하므로 전기저항이 증가한다.

18 연피 케이블의 접속에 반드시 사용되는 테이프는?

① 고무 테이프 ② 비닐 테이프
③ 리노 테이프 ④ 자기 융착 테이프

해설 연피 케이블에는 절연성, 내유성이 우수한 리노 테이프를 반드시 사용하여야 한다.

19 한쪽 전동기가 운전하고 있을 때 다른 한쪽의 전동기는 동작이 안 되도록 하는 회로를 무엇이라고 하는가?

① 인터록회로 ② 자기유지회로
③ 촌동회로 ④ Y−△회로

해설 인터록회로(선행 동작 우선 회로)

20 최대사용전압이 70[kV]인 중성점 직접 접지식 전로의 절연내력시험전압은 몇 [V]인가?

① 35,000 ② 42,000
③ 44,800 ④ 50,400

해설 **절연내력시험전압**(10분 동안 가할 것)

최대사용전압	전로의 접지방식	절연내력 시험전압비 (최저시험전압)
60[kV] 초과 170[kV] 이하	중성점 비접지식 전로	1.25배
	중성점 접지(성형 결선 또는 스콧 결선)로서 중성점 접지식 전로(전위 변성기를 사용하여 접지)	1.1배 (최저 75[kV])
	중성점 직접 접지	0.72배

$V = 70,000 \times 0.72 = 50,400[V]$

정답 13. ④ 14. ① 15. ④ 16. ③ 17. ② 18. ③ 19. ① 20. ④

21 어떤 콘덴서에 $V[V]$의 전압을 가해서 $Q[C]$의 전하를 충전할 때 저장되는 에너지는?

① $\dfrac{1}{2}QV$ ② QV^2

③ QV ④ $\dfrac{1}{2}QV^2$

해설 콘덴서에 축적되는 에너지

$$W = \frac{1}{2}QV = \frac{1}{2}CV^2 = \frac{Q^2}{2C}\,[\mathrm{J}]$$

22 고압 옥측 전선로를 시설할 경우 수관, 가스관 또는 이와 유사한 것과 접근하거나 교차하는 경우에는 고압 옥측 전선로의 전선과 이들 사이의 간격(이격거리)[m]은?

① 0.6

② 0.45

③ 0.3

④ 0.15

해설 고압 옥측 전선로의 전선이 다른 옥측 전선, 관등 회로의 배선, 약전류 전선 등이나 수관, 가스관 또는 이와 유사한 것과 접근하거나 교차하는 경우에는 고압 옥측 전선로의 전선과 이들 사이의 간격(이격거리)은 0.15[m] 이상이어야 한다.

23 사람이 상시 통행하는 터널 내 배선의 사용전압이 저압일 때 공사방법으로 틀린 것은?

① 금속관공사

② 애자사용공사

③ 금속몰드공사

④ 합성수지관(두께 2[mm] 미만 및 난연성이 없는 것은 제외)공사

해설 금속관, 두께 2[mm] 이상의 합성수지관, 금속제 가요 전선관, 케이블, 애자사용공사 등에 준하여 시설한다.
※ 금속몰드공사 : 400[V] 이하, 건조하고 전개된 장소

24 황산구리($CuSO_4$) 전해액에 2개의 구리판을 넣고 전원을 연결하였을 때 음극에서 나타나는 현상으로 옳은 것은?

① 변화가 없다. ② 두터워진다.

③ 얇아진다. ④ 수소 가스가 발생한다.

해설 음극에서는 전자가 달라붙으므로 두터워지고 양극은 같은 두께로 얇아진다.

25 120[Ω]의 저항 4개를 접속하여 가장 최소로 얻을 수 있는 저항값은 몇 [Ω]인가?

① 30 ② 40

③ 20 ④ 50

해설 최소 저항값

병렬 $R_0 = \dfrac{R_1}{4} = \dfrac{120}{4} = 30\,[\Omega]$

26 코일의 자체 인덕턴스는 어느 것에 따라 변화하는가?

① 유전율 ② 투자율

③ 도전율 ④ 저항률

해설 자체 인덕턴스는 $L = \dfrac{\mu A N^2}{l}\,[\mathrm{H}]$(여기서, μ : 투자율, A : 철심 단면적, N : 코일권수, l : 자로의 길이)이므로 투자율에 비례한다.

27 $m[Wb]$인 자극이 공기 중에서 $r[m]$ 떨어져 있는 경우 자계의 세기[AT/m]는?

① $\dfrac{m}{4r}$ ② $\dfrac{m}{4\pi\mu_0\mu_s r^2}$

③ $\dfrac{m}{4\pi r^2}$ ④ $\dfrac{\mu_0\mu_s m}{4\pi r^2}$

해설 $m[Wb]$인 자극에 의한 자계

$$H = \frac{m}{4\pi\mu_0\mu_s r^2}\,[\mathrm{AT/m}]$$

28 ★★★ 두 개의 평행한 도체가 진공 중(또는 공기 중)에 20[cm] 떨어져 있고, 100[A]의 같은 크기의 전류가 흐르고 있을 때 힘의 크기[N/m]는?

① 20
② 40
③ 0.01
④ 0.1

해설 평행 도선 사이에 작용하는 힘의 세기

$$F = \frac{2\,I_1 I_2}{r} \times 10^{-7} = \frac{2 \times 100 \times 100}{0.2} \times 10^{-7} = 0.01[\text{N/m}]$$

29 ★★★ 환상 솔레노이드의 내부 자장과 전류의 세기에 대한 설명으로 맞는 것은?

① 전류의 세기에 반비례한다.
② 전류의 세기에 비례한다.
③ 전류의 세기 제곱에 비례한다.
④ 전혀 관계가 없다.

해설 환상 솔레노이드 내부 자장 세기 $H = \frac{NI}{2\pi r}[\text{AT/m}]$이므로 전류의 세기에 비례한다.

30 ★★★ 시정수와 과도 현상과의 관계에 대한 설명으로 옳은 것은?

① 시정수가 클수록 과도 현상은 짧아진다.
② 시정수가 짧을수록 과도 현상은 길어진다.
③ 시정수가 클수록 과도 현상은 길어진다.
④ 시정수와 관계가 없다.

해설 시정수(e^{-1}이 되는 시간)와 과도 현상과의 관계
• 시정수가 크면 과도 현상이 길어진다.
• 시정수가 작으면 과도 현상이 짧아진다.

31 ★★★ 비정현파의 종류에 속하는 사각파의 전개식에서 기본파의 진폭[V]은? (단, $V_m = 20[\text{V}]$, $T = 10$ [ms])

① 24.47
② 25.47
③ 23.47
④ 26.47

해설 $V = \frac{4}{\pi} V_m = \frac{4}{\pi} \times 20 ≒ 25.47[\text{V}]$

32 ★★★ $C[\text{F}]$의 콘덴서에 $W[\text{J}]$의 에너지를 축적하기 위해서는 몇 [V]의 충전전압이 필요한가?

① $\sqrt{\dfrac{W}{C}}$
② $\sqrt{\dfrac{2W}{C}}$
③ $\sqrt{\dfrac{W}{2C}}$
④ $\sqrt{\dfrac{2C}{W}}$

해설 콘덴서에 축적되는 에너지 $W = \frac{1}{2} CV^2 [\text{J}]$에서

V로 정리하면 $V^2 = \frac{2W}{C}$이므로

$$V = \sqrt{\frac{2W}{C}} \, [\text{V}]$$

33 ★★★ 변압기 내부 고장 발생 시 발생하는 기름의 흐름 변화를 검출하는 부흐홀츠 계전기의 설치 위치로 알맞은 것은?

① 변압기 본체와 콘서베이터 사이
② 변압기의 고압측 부싱
③ 콘서베이터 내부
④ 변압기 본체

해설 부흐홀츠 계전기는 내부 고장 발생 시 유증기를 검출하여 동작하는 계전기로 변압기 본체와 콘서베이터를 연결하는 파이프 도중에 설치한다.

34 ★★ 200[V], 60[Hz], 10[kW] 3상 유도 전동기의 전류는 몇 [A]인가? (단, 유도 전동기의 효율과 역률은 각각 0.85이다.)

① 10
② 20
③ 30
④ 40

해설 3상 소비 전력 $P = \sqrt{3}\,VI\cos\theta \times$ 효율

전류 $I = \dfrac{P}{\sqrt{3}\,V\cos\theta \times 효율}$

$= \dfrac{10 \times 10^3}{\sqrt{3} \times 200 \times 0.85 \times 0.85} = 40[\text{A}]$

35 가공인입선을 시설하는 경우 다음 내용 중 틀린 것은?

① 인입구에서 분기하여 100[m]를 초과하지 말 것

② 5[m] 초과하는 도로를 횡단하지 말 것

③ 전선 긍장이 15[m] 이하인 경우 2.6[mm] 이상의 인입용 비닐절연전선을 사용할 것

④ 옥내를 관통하지 말 것

해설 가공인입선의 사용전선은 2.6[mm] 이상 경동선이나 동등 이상의 세기를 가진 절연전선(DV 전선 포함)을 사용한다[단, 지지물 간 거리(경간) 15[m] 이하는 2.0[mm] 이상도 가능].

36 동기전동기의 특징으로 틀린 것은?

① 별도의 기동장치가 필요없으므로 가격이 싸다.

② 전 부하 효율이 양호하다.

③ 부하가 변하여도 같은 속도로 운전할 수 있다.

④ 부하의 역률을 조정할 수가 있다.

해설 동기전동기의 특징
• 속도(N_s)가 일정하다.
• 역률을 조정할 수 있다.
• 효율이 좋다.
• 별도의 기동장치가 필요하다(자기기동법, 유도전동기법).

37 변압기의 무부하손에서 가장 큰 손실은?

① 계자 권선의 저항손

② 전기자 권선의 저항손

③ 철손

④ 풍손

해설 무부하손
부하에 관계없이 항상 일정한 손실로서 대부분 철손이 차지한다.
• 철손(P_i) : 히스테리시스손, 와류손
• 기계손(P_m) : 마찰손, 풍손

38 2대의 동기발전기 A, B가 병렬운전하고 있을 때 A기의 여자전류를 증가시키면 어떻게 되는가?

① A기의 역률은 낮아지고, B기의 역률은 높아진다.

② A기의 역률은 높아지고, B기의 역률은 낮아진다.

③ A, B 양 발전기의 역률이 높아진다.

④ A, B 양 발전기의 역률이 낮아진다.

해설 여자전류를 증가시키면 A기의 역률은 낮아지고, B기의 역률은 높아진다.

39 20[kVA]의 단상 변압기 2대를 사용하여 V-V결선으로 하고 3상 전원을 얻고자 한다. 이때 여기에 접속시킬 수 있는 3상 부하의 용량은 몇 [kVA]인가?

① 20 ② 24

③ 28.8 ④ 34.6

해설 V결선 용량
$$P_V = \sqrt{3}\,P_1 = \sqrt{3} \times 20 = 34.6[\text{kVA}]$$

40 동기발전기의 전기자 권선을 단절권으로 하면?

① 고조파를 제거한다. ② 기전력이 높아진다.

③ 절연이 잘 된다. ④ 역률이 좋아진다.

해설 권선법으로 단절권과 분포권을 사용하는 이유
고조파 제거로 인한 양호한 파형 개선

41 다이오드를 사용한 정류회로에서 다이오드를 여러 개 직렬로 연결하여 사용하는 경우의 설명으로 가장 옳은 것은?

① 다이오드를 과전류로부터 보호할 수 있다.

② 다이오드를 과전압으로부터 보호할 수 있다.

③ 부하 출력의 맥동률을 감소시킬 수 있다.

④ 낮은 전압 전류에 적합하다.

해설 다이오드 직렬 접속 시 전압강하로 인하여 과전압으로부터 보호할 수 있다.

정답 35. ③ 36. ① 37. ③ 38. ① 39. ④ 40. ① 41. ②

42 전위의 단위로 맞지 않은 것은?

① [N · m/C]　　　　② [J/C]

③ [V]　　　　　　④ [V/m]

해설 전위의 단위

$V = \dfrac{W}{Q}$ [V=J/C=N · m/C]

※ 전계의 단위 : [V/m]

43 3상 동기발전기의 계자 간의 극간격은 얼마인가?

① π　　　　　② 2π

③ $\dfrac{\pi}{2}$　　　　④ $\dfrac{\pi}{3}$

해설 극간격 : π[rad]

44 전기기기의 철심재료로 규소강판을 성층해서 사용하는 이유로 가장 적당한 것은?

① 맴돌이 전류손을 줄이기 위해서

② 구리손을 줄이기 위해서

③ 풍손을 없애기 위해서

④ 히스테리시스손을 줄이기 위해서

해설 전기기기 철심재료로 규소강판을 성층해서 사용하는 이유
맴돌이 전류손을 감소시키기 위해서이다.

45 직류 분권전동기의 무부하전압이 108[V], 전압 변동률이 8[%]인 경우 정격전압은 몇 [V]인가?

① 95　　　　　② 100

③ 105　　　　④ 118

해설 전압변동률

$\varepsilon = \dfrac{V_0 - V_n}{V_n} \times 100$

$\varepsilon = \dfrac{108 - V_n}{V_n} \times 100 = 8[\%]$이므로

$108 - V_n = 0.08 V_n$에서 $(1 + 0.08) V_n = 108$

$V_n = \dfrac{108}{1.08} = 100$[V]

46 200[V], 50[Hz], 8극, 15[kW]의 3상 유도전동기에서 전부하 회전수가 720[rpm]이면 이 전동기의 2차 효율은 몇 [%]인가?

① 98　　　　　② 86

③ 100　　　　④ 96

해설 동기 속도 $N_s = \dfrac{120f}{P} = \dfrac{120 \times 50}{8} = 750$[rpm]

2차 효율 $\eta_2 = (1 - s) \times 100[\%]$이고

슬립 $s = \dfrac{N_s - N}{N_s}$이므로

2차 효율 $\eta_2 = \left(1 - \dfrac{N_s - N}{N_s}\right) \times 100[\%]$

$= \left(\dfrac{N}{N_s}\right) \times 100[\%]$

$= \dfrac{720}{750} \times 100[\%] = 96[\%]$

47 1차 권수 6,000, 2차 권수 200인 변압기의 전압비는?

① 10　　　　　② 30

③ 60　　　　　④ 90

해설 변압기의 전압비

$a = \dfrac{N_1}{N_2} = \dfrac{6,000}{200} = 30$

48 직류 직권전동기에서 벨트를 걸고 운전하면 안되는 이유는?

① 벨트가 마멸 보수가 곤란하므로

② 벨트가 벗겨지면 위험속도에 도달하므로

③ 직결하지 않으면 속도제어가 곤란하므로

④ 손실이 많아지므로

해설 직류 직권전동기는 정격전압하에서 무부하 특성을 지니므로, 벨트가 벗겨지면 속도는 급격히 상승하여 위험속도에 도달할 수 있다.

49 상전압이 300[V]인 3상 반파 정류회로의 직류전압은 약 몇 [V]인가?

① 260　　　　② 350

③ 400　　　　④ 520

해설 $E_d = 1.17 E = 1.17 \times 300 ≒ 350$[V]

정답　42. ④　43. ①　44. ①　45. ②　46. ④　47. ②　48. ②　49. ②

50 직류전동기 중 정속도전동기에 해당하는 것은?

① 가동 복권전동기

② 직권전동기

③ 분권전동기

④ 차동 복권전동기

해설 속도변동이 가장 작은 전동기는 분권전동기, 타여자전동기이며 속도변동이 매우 작아서 정속도전동기라고도 한다.

51 온도 20[℃], 용량 100[L]인 전열기로 2시간 동안 가열하여 40[℃]까지 올렸다면 몇 [kW]의 전력을 소비하겠는가? (단, 전열기의 효율은 60[%]이다.)

① 10

② 20.2

③ 2.5

④ 1.9

해설 전열기의 발열량과 물에서 발생한 열량이 같으면 되므로 $Q = 860Pt\eta = Cm\theta\,[\text{kcal}]$이다.

온도차 $P = \dfrac{Cm\theta}{860t\eta}$

$= \dfrac{1 \times 100 \times (40 - 20)}{860 \times 2 \times 0.6} = 1.9\,[\text{kW}]$

52 계자에서 발생한 자속을 전기자에 골고루 분포시켜 주기 위한 것은?

① 공극

② 브러시

③ 콘덴서

④ 저항

해설 공극은 계자와 전기자 사이에 있어서 자속을 골고루 전기자에 공급해 주기 위해 만들어준다.

53 배전선로공사에서 충전되어 있는 활선을 움직이거나 작업권 밖으로 밀어낼 때 또는 활선을 다른 장소로 옮길 때 사용하는 활선공구는?

① 전선 피박기

② 활선 커버

③ 데드 엔드 커버

④ 와이어 통

해설 배전선로공사용 활선 공구

• 와이어 통(wire tong) : 핀애자나 현수애자를 사용한 가선공사에서 활선을 움직이거나 작업권 밖으로 밀어내거나 전선을 옮길 때 사용하는 절연봉이다.

• 데드 엔드 커버 : 가공배전선로에서 활선작업 시 작업자가 현수애자 등에 접촉하여 발생하는 안전사고 예방을 위해 전선 작업개소의 애자 등의 충전부를 방호하기 위한 절연커버이다.

• 전선 피박기 : 활선상태에서 전선 피복을 벗기는 공구로 활선 피박기라고도 한다.

54 단위시간당 5[Wb]의 자속이 통과하여 2[J]의 일을 하였다면 전류는 얼마인가?

① 0.25

② 2.5

③ 0.4

④ 4

해설 자속이 도체를 통과하면서 한 일 $W = \phi I\,[\text{J}]$

$I = \dfrac{W}{\phi} = \dfrac{2}{5} = 0.4\,[\text{A}]$

55 그림과 같은 회로에서 합성저항은 몇 [Ω]인가?

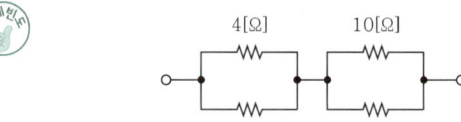

① 6.6

② 7.4

③ 8.7

④ 9.4

해설 합성저항 $= \dfrac{4 \times 6}{4 + 6} + \dfrac{10}{2} = 7.4\,[\Omega]$

56 계전기 동작이 확실하기 위한 방법이 아닌 것은?

① 차폐 케이블 양단을 접지한다.

② 적정한 온도와 습도를 유지한다.

③ 제어 케이블의 노이즈를 방지한다.

④ 접지저항을 크게 한다.

해설 계전기 동작이 확실하기 위해서는 고장전류가 커야 하므로 접지저항이 작아야 한다.

57 ★★ 기전력 120[V], 내부저항 15[Ω]인 전원이 있다. 부하(R)를 접속하여 얻을 수 있는 최대 전력[W]은? (단, $r = R$이 성립한다.)

① 360

② 240

③ 120

④ 50

해설 **최대 전력 전달 조건을 만족하는 경우**

최대 전력 $P_{\max} = \dfrac{E^2}{4R} = \dfrac{120^2}{4 \times 15} = 240[\text{W}]$

58 ★★ 진공 중에서 같은 크기의 두 자극을 1[m] 거리에 놓았을 때 작용하는 힘이 6.33×10^4[N]이 되는 자극의 단위는?

① 1[N]

② 1[J]

③ 1[Wb]

④ 1[C]

해설 진공 중에서 같은 크기의 자극 $m_1 = m_2 = m$ [Wb] 사이에 작용하는 힘 $F = \dfrac{m \times m}{4\pi\mu_0 r^2}$ [N]이므로

$6.33 \times 10^4 = 6.33 \times 10^4 \times \dfrac{m \cdot m}{1^2}$ 이 성립한다.

그러므로 $m = 1$[Wb]이다.

59 ★★★ 회전자 입력 10[kW], 슬립 3[%]인 3상 유도전동기의 2차 동손[W]은?

① 300

② 400

③ 500

④ 700

해설 **2차 동손**

$P_{c2} = sP_2 = 0.03 \times 10 \times 10^3 = 300[\text{W}]$

60 ★★ 정격전류가 30[A]인 전로에 1.3배의 전류가 흘렀을 경우 배선용 차단기(산업용)는 몇 분 내에 자동적으로 동작하여야 하는가?

① 10

② 60

③ 30

④ 120

해설 **산업용 배선용 차단기의 동작 특성**

정격전류	시간(분)	정격전류 배수	
		부동작전류	동작전류
63[A] 이하	60	1.05배	1.3배
63[A] 초과	120	1.05배	1.3배

2025년 | 제2회 CBT 기출복원문제

01 피시 테이프(fish tape)의 용도로 옳은 것은?

① 전선을 테이핑하기 위하여 사용된다.
② 전선관의 끝 마무리를 위해서 사용된다.
③ 배관에 전선을 넣을 때 사용된다.
④ 합성수지관을 구부릴 때 사용된다.

해설 피시 테이프
관 공사 시 전선을 넣을 때 사용하는 평각 구리선이다.

02 일반적으로 가공전선로의 지지물에 취급자가 오르고 내리는 데 사용하는 발판볼트는 지표상 몇 [m] 미만에 시설하여서는 안 되는가?

① 0.75
② 1.2
③ 1.8
④ 2.0

해설 발판볼트 시설 규정
지표상 1.8[m]부터 완금 하부 0.9[m]까지 발판볼트를 설치한다.

03 코일이 접속되어 있을 때, 누설자속이 없는 이상적인 코일 간의 상호 인덕턴스는?

① $M = \sqrt{L_1 L_2}$

② $M = L_1 + L_2$

③ $M = L_1 L_2$

④ $M = \sqrt{\dfrac{L_1}{L_2}}$

해설 상호 인덕턴스와 자기 인덕턴스 관계식
$M = k\sqrt{L_1 L_2}\,[\text{H}]$에서 누설이 없는 경우
$k = 1$이므로
$M = \sqrt{L_1 L_2}\,[\text{H}]$

04 단상 전력계 2대를 사용하여 2전력계법으로 3상 전력을 측정하고자 한다. 두 전력계의 지시값이 각각 P_1, P_2[W]라면 3상 전력 P[W]를 구하는 식으로 옳은 것은?

① $P = \sqrt{3}\,(P_1 \times P_2)$

② $P = P_1 + P_2$

③ $P = P_1 \times P_2$

④ $P = P_1 - P_2$

해설 2전력계법에 의한 유효전력
$P = P_1 + P_2\,[\text{W}]$

05 3상 동기기에 제동권선을 설치하는 주된 목적은?

① 출력 증가
② 효율 증가
③ 역률 개선
④ 난조 방지

해설 제동권선의 목적
• 발전기 : 난조 방지
• 전동기 : 기동토크 발생 및 난조 방지

06 동기발전기의 병렬운전 중 기전력의 위상차가 생기면 어떻게 되는가?

① 부하 분담이 변한다.
② 무효순환전류가 흘러 전기자 권선이 과열된다.
③ 동기화력이 생겨 두 기전력의 위상이 동상이 되도록 작용한다.
④ 위상이 일치하는 경우보다 출력이 감소한다.

해설 기전력의 크기가 같고 위상차가 존재할 때는 유효순환전류(동기화전류)가 흘러 동기화력에 의해 위상이 일치화된다.

정답 01. ③ 02. ③ 03. ① 04. ② 05. ④ 06. ③

07 한국전기설비규정에 의한 폭연성 먼지가 아닌 것은?

① 소맥분
② 티탄
③ 마그네슘
④ 알루미늄

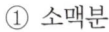 폭연성 먼지(먼지가 쌓여서 착화되어 폭발 우려가 있는 것)
티탄, 마그네슘, 알루미늄, 화약, 유황가루

08 3상 100[kVA], 13,200/200[V] 변압기의 저압 측 선전류의 유효분 전류[A]는 약 얼마인가? (단, 역률은 0.8이다.)

① 100
② 173
③ 230
④ 260

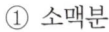 $P_a = \sqrt{3}\, VI [\text{kVA}]$ 에서

$$I = \frac{P_a}{\sqrt{3}\, V} = \frac{100 \times 10^3}{200\sqrt{3}} = 288.68[\text{A}]$$

전류의 유효분
$$I_{\text{유효분}} = I\cos\theta = 288.68 \times 0.8 = 230.94[\text{A}]$$

09 $C[\text{F}]$의 콘덴서에 축적되는 에너지를 $W[\text{J}]$ 발생시키려면 전압[V]은?

① $\sqrt{\dfrac{W}{2C}}$
② $\sqrt{\dfrac{W}{C}}$
③ $\sqrt{\dfrac{2W}{C}}$
④ $\sqrt{\dfrac{2C}{W}}$

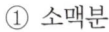 콘덴서에 축적되는 에너지 $W = \dfrac{1}{2}CV^2[\text{J}]$ 에서

V로 정리하면 $V^2 = \dfrac{2W}{C}$ 이므로

$$V = \sqrt{\dfrac{2W}{C}}\,[\text{V}]$$

10 그림과 같은 회로에서 합성저항은 몇 [Ω]인가?

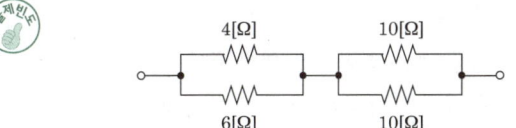

① 6.6
② 7.4
③ 8.7
④ 9.4

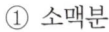 합성저항 $= \dfrac{4 \times 6}{4+6} + \dfrac{10}{2} = 7.4[\Omega]$

11 한국전기설비규정에 의한 전로의 전압이 7[kV] 인 중성점 직접 접지의 접지도체는 큰 고장전류가 안전하게 통할 수 있는 경우 공칭단면적 몇 [mm²] 이상의 연동선을 사용하여야 하는가?

① 6
② 10
③ 16
④ 2.5

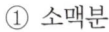 큰 고장전류가 안전하게 통할 수 있는 접지도체 단면적 [mm²]

구분		단면적
특고압 · 고압 전기설비용		6
중성점 접지용	• 사용전압 7[kV] 이하 전로 • 사용전압 25[kV] 이하 특고압 중성점 다중 접지식(가공전선로 지락 발생 시 2초 이내 전로로부터 자동차단장치가 있는 경우)	6
	• 그 외 경우(25[kV] 초과 중성점 접지식)	16

12 어드미턴스 $Y_1[\mho]$, $Y_2[\mho]$가 병렬로 접속되어 있을 때 합성 어드미턴스[$\mho$]는?

① $Y_1 + Y_2$
② $\dfrac{Y_1 Y_2}{Y_1 + Y_2}$
③ $\dfrac{1}{Y_1 + Y_2}$
④ $\dfrac{Y_1 + Y_2}{Y_1 Y_2}$

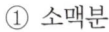 병렬 접속 합성 어드미턴스
$$Y = Y_1 + Y_2[\mho]$$

13 재질이 구리(동)인 전선의 종단 접속의 방법이 아닌 것은?

① C형 전선 접속기에 의한 접속

② 종단 겹침용 슬리브에 의한 접속

③ 구리선 압착단자에 의한 접속

④ 비틀어 꽂는 형의 전선 접속기에 의한 접속

해설 **구리(동)전선의 종단 접속**
- 구리선 압착단자에 의한 접속
- 비틀어 꽂는 형의 전선 접속기에 의한 접속
- 종단 겹침용 슬리브(E형)에 의한 접속
- 직선 겹침용 슬리브(P형)에 의한 접속
- 꽂음형 커넥터에 의한 접속

14 다음 중 과전류차단기를 설치하는 곳은?

① 다선식 전로의 중성선

② 접지공사의 접지선

③ 접지공사를 한 저압 가공전선의 접지측 전선

④ 전동기 간선의 전원측 전선

해설 **과전류차단기의 시설 제한 장소**
- 모든 접지공사의 접지선
- 다선식 전선로의 중성선
- 접지공사를 실시한 저압 가공전선로의 접지측 전선

15 전기설비기술기준에 의하면 옥외등 인하선으로서 지표상의 높이 2.5[m] 미만의 부분은 전선에 공칭단면적 몇 [mm²] 이상의 연동선과 동등 이상의 세기 및 굵기의 절연전선(옥외용 비닐절연전선을 제외)을 사용하는가?

① 0.75   ② 1.5

③ 2.5   ④ 2.0

해설 **옥외등 인하선의 시설**
옥외등 인하선으로서 지표상의 높이 2.5[m] 미만의 부분은 전선에 공칭단면적 2.5[mm²] 이상의 연동선과 동등 이상의 세기 및 굵기의 옥외용 비닐절연전선을 제외한 절연전선을 사용한다.

16 10[V/m]의 전장에 힘의 세기가 0.1[N]이 작용하였다면 전하량[C]은 얼마인가?

① 10^{-5} ② 10^{-4}

③ 10^{-3} ④ 10^{-2}

해설 힘과 전장(전계) 관계식은 $F = QE[N]$이므로
전하량 $Q = \dfrac{F}{E} = \dfrac{0.1}{10} = 10^{-2}[C]$

17 연피 케이블의 접속에 반드시 사용되는 테이프는?

① 고무 테이프   ② 비닐 테이프

③ 리노 테이프   ④ 자기 융착 테이프

해설 연피 케이블에는 절연성, 내유성이 우수한 리노 테이프를 반드시 사용하여야 한다.

18 어떤 콘덴서에 $V[V]$의 전압을 가해서 $Q[C]$의 전하를 충전할 때 저장되는 에너지는?

① $\dfrac{1}{2}QV$ ② QV^2

③ QV ④ $\dfrac{1}{2}QV^2$

해설 **콘덴서에 축적되는 에너지**
$$W = \frac{1}{2}QV = \frac{1}{2}CV^2 = \frac{Q^2}{2C}\,[J]$$

19 황산구리($CuSO_4$) 전해액에 2개의 구리판을 넣고 전원을 연결하였을 때 음극에서 나타나는 현상으로 옳은 것은?

① 변화가 없다.

② 두터워진다.

③ 얇아진다.

④ 수소 가스가 발생한다.

해설 음극에서는 전자가 달라붙으므로 두터워지고 양극은 같은 두께로 얇아진다.

정답 13. ① 14. ④ 15. ③ 16. ④ 17. ③ 18. ① 19. ②

20 5[Wb]의 자속이 이동하여 2[J]의 일을 하였다면 통과한 전류[A]는?

① 0.1
② 0.2
③ 0.4
④ 0.5

해설 자속이 한 일 $W = \phi I$ [J]이므로

전류 $I = \dfrac{W}{\phi} = \dfrac{2}{5} = 0.4$[A]

21 코일의 자체 인덕턴스는 어느 것에 따라 변화하는가?

① 유전율
② 투자율
③ 도전율
④ 저항률

해설 자체 인덕턴스는 $L = \dfrac{\mu A N^2}{l}$ [H](여기서, μ : 투자율, A : 철심 단면적, N : 코일권수, l : 자로의 길이)이므로 투자율에 비례한다.

22 m[Wb]인 자극이 공기 중에서 r[m] 떨어져 있는 경우 자계의 세기[AT/m]는?

① $\dfrac{m}{4r}$
② $\dfrac{m}{4\pi\mu_0\mu_s r^2}$
③ $\dfrac{m}{4\pi r^2}$
④ $\dfrac{\mu_0\mu_s m}{4\pi r^2}$

해설 m[Wb]인 자극에 의한 자계

$H = \dfrac{m}{4\pi\mu_0\mu_s r^2}$ [AT/m]

23 두 개의 평행한 도체가 진공 중(또는 공기 중)에 20[cm] 떨어져 있고, 100[A]의 같은 크기의 전류가 흐르고 있을 때 힘의 크기[N/m]는?

① 20
② 40
③ 0.01
④ 0.1

해설 평행도선 사이에 작용하는 힘의 세기

$$F = \dfrac{2I_1 I_2}{r} \times 10^{-7} = \dfrac{2 \times 100 \times 100}{0.2} \times 10^{-7} = 0.01[\text{N/m}]$$

24 환상 솔레노이드의 내부 자장과 전류의 세기에 대한 설명으로 맞는 것은?

① 전류의 세기에 반비례한다.
② 전류의 세기에 비례한다.
③ 전류의 세기 제곱에 비례한다.
④ 전혀 관계가 없다.

해설 환상 솔레노이드 내부 자장의 세기 $H = \dfrac{NI}{2\pi r}$ [AT/m]이므로 전류의 세기에 비례한다.

25 시정수와 과도 현상과의 관계에 대한 설명으로 옳은 것은?

① 시정수가 클수록 과도 현상은 짧아진다.
② 시정수가 짧을수록 과도 현상은 길어진다.
③ 시정수가 클수록 과도 현상은 길어진다.
④ 시정수와 관계가 없다.

해설 시정수(e^{-1}이 되는 시간)와 과도 현상과의 관계
• 시정수가 크면 과도 현상이 길어진다.
• 시정수가 작으면 과도 현상이 짧아진다.

26 비정현파의 종류에 속하는 사각파의 전개식에서 기본파의 진폭[V]은? (단, $V_m = 20$[V], $T = 10$ [ms])

① 24.47
② 25.47
③ 23.47
④ 26.47

해설 $V = \dfrac{4}{\pi} V_m = \dfrac{4}{\pi} \times 20 = 25.47$[V]

정답 20. ③ 21. ② 22. ② 23. ③ 24. ② 25. ③ 26. ②

27

그림은 전력제어 소자를 이용한 위상제어회로이다. 전동기의 속도를 제어하기 위하여 (가)에 사용되는 소자는?

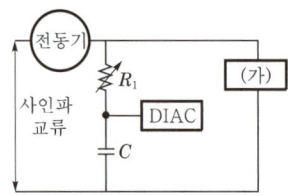

① 전력용 트랜지스터
② 제어 다이오드
③ 트라이액
④ 레귤레이터 78XX 시리즈

해설 트라이액(TRIAC)은 양방향성으로 교류를 제어하는 반도체 소자로서 적합한 특성을 갖추고 있으며 교류전류 스위치로서 연속적으로 변화하는 교류제어용으로 사용된다.

28

복권발전기의 병렬운전을 안전하게 하기 위해서 두 발전기의 전기자와 직권 권선의 접촉점에 연결해야 하는 것은?

① 균압선   ② 집전환
③ 안정저항   ④ 브러시

해설 복권발전기 운전 중 과복권발전기로 운전 시 발전기 특성상 수하 특성을 지니지 않으므로 안전하게 운전하기 위해서는 균압선을 연결해야 한다.

29

동기전동기의 특징으로 틀린 것은?

① 별도의 기동장치가 필요없으므로 가격이 싸다.
② 전 부하 효율이 양호하다.
③ 부하가 변하여도 같은 속도로 운전할 수 있다.
④ 부하의 역률을 조정할 수가 있다.

해설 동기전동기의 특징
• 속도(N_s)가 일정하다.
• 역률을 조정할 수 있다.
• 효율이 좋다.
• 별도의 기동장치가 필요하다(자기기동법, 유도전동기법).

30

다이오드를 사용한 정류회로에서 다이오드를 여러 개 직렬로 연결하여 사용하는 경우의 설명으로 가장 옳은 것은?

① 다이오드를 과전류로부터 보호할 수 있다.
② 다이오드를 과전압으로부터 보호할 수 있다.
③ 부하 출력의 맥동률을 감소시킬 수 있다.
④ 낮은 전압 전류에 적합하다.

해설 다이오드 직렬 접속 시 전압강하에 의해 과전압으로부터 보호할 수 있다.

31

전위의 단위로 맞지 않은 것은?

① [N · m/C]   ② [J/C]
③ [V]   ④ [V/m]

해설 전위의 단위
$$V = \frac{W}{Q}[\mathrm{V} = \mathrm{J/C} = \mathrm{N} \cdot \mathrm{m/C}]$$
※ 전계의 단위 : [V/m]

32

동기발전기의 돌발 단락전류를 주로 제한하는 것은?

① 누설 리액턴스   ② 역상 리액턴스
③ 동기 리액턴스   ④ 권선 저항

해설 동기발전기의 돌발 단락전류를 제한하는 것은 누설 리액턴스이다.

33

온도 20[℃], 용량 100[L]인 전열기로 2시간 동안 가열하여 40[℃]까지 올렸다면 몇 [kW]의 전력을 소비하겠는가? (단, 전열기의 효율은 60[%]이다.)

① 10   ② 20.2
③ 2.5   ④ 1.9

해설 전열기의 발열량과 물에서 발생한 열량이 같으면 되므로
$Q = 860 P t \eta = C m \theta [\mathrm{kcal}]$ 이다.
온도차 $P = \dfrac{Cm\theta}{860t\eta}$
$$= \frac{1 \times 100 \times (40 - 20)}{860 \times 2 \times 0.6} = 1.9[\mathrm{kW}]$$

34 직류발전기의 정격전압 100[V], 무부하전압 103 [V]이다. 이 발전기의 전압변동률 ε[%]은?

① 1   ② 3

③ 6   ④ 9

해설 전압변동률

$$\varepsilon = \frac{V_0 - V_n}{V_n} \times 100 = \frac{103 - 100}{100} \times 100 = 3[\%]$$

35 금속관 배관공사에서 절연부싱을 사용하는 이유는?

① 박스 내에서 전선의 접속을 방지

② 관이 손상되는 것을 방지

③ 관 끝에서 전선의 손상 방지

④ 관의 입구에서 조영재의 접속을 방지

해설 절연부싱

관공사 관 끝단에 설치하여 전선의 손상을 방지하기 위한 설비

36 발전기나 변압기 내부 고장 보호에 쓰이는 계전기는?

① 접지계전기

② 차동계전기

③ 과전압계전기

④ 역상계전기

해설 발전기, 변압기 내부 고장 보호용 계전기는 차동계전기, 비율차동계전기, 부흐홀츠계전기가 있다.

37 저압 옥내배선공사 중 애자사용공사를 하는 경우 전선 상호 간의 간격은 몇 [m] 이상 이격하여야 하는가?

① 0.06   ② 0.10

③ 0.25   ④ 0.12

해설 저압 애자공사 시 전선 상호 간격

60[mm]=0.06[m]

38 출력 10[kW], 효율 80[%]인 기기의 손실은 약 몇 [kW]인가?

① 0.6   ② 1.1

③ 2.0   ④ 2.5

해설 효율 $\eta = \frac{출력}{입력} \times 100[\%]$

입력 $= \frac{출력}{\eta} \times 100 = \frac{10}{0.8} \times 100 = 12.5[kW]$

손실 $=$ 입력 $-$ 출력
$= 12.5 - 10 = 2.5[kW]$

39 변압기의 중성점 접지저항 계산식 $R_g = \frac{K}{I_g}[\Omega]$ 에서 고·저압 혼촉 시에 고압전로의 1선 지락 전류가 I_g[A], 접지저항값이 R_g[Ω]일 때 K의 값은?

① 150   ② 200

③ 300   ④ 600

해설 사용전압 35,000[V] 이하인 변압기 중성점 접지저항

$$R_g = \frac{K}{I_g} = \frac{150,\ 300,\ 600}{I_g}[\Omega]$$

• 150 : 특별한 보호장치가 없는 경우(조건이 없는 경우)

• 300 : 1초 초과 2초 이내 동작하는 자동차단장치 시설

• 600 : 1초 이내 동작하는 자동차단장치 시설

40 역률이 좋아 가정용 선풍기, 세탁기, 냉장고 등에 주로 사용되는 것은?

① 분상기동형 전동기

② 영구 콘덴서기동형 전동기

③ 반발기동형 전동기

④ 셰이딩코일형 전동기

해설 영구 콘덴서기동형 전동기는 구조가 간단하고 역률이 좋기 때문에 큰 기동토크를 요하지 않고 속도를 조정할 필요가 있는 선풍기나 세탁기 등에 이용한다.

정답 34. ②   35. ③   36. ②   37. ①   38. ④   39. ①   40. ②

41 3상 유도전동기의 회전 방향을 바꾸기 위한 방법으로 옳은 것은?

① 전원의 전압과 주파수를 바꾸어 준다.
② △-Y 결선으로 결선법을 바꾸어 준다.
③ 기동보상기를 사용하여 권선을 바꾸어 준다.
④ 전동기의 1차 권선에 있는 3개의 단자 중 어느 2개의 단자를 서로 바꾸어 준다.

해설 3상 유도전동기는 회전자계에 의해 회전하며 회전자계의 방향을 반대로 하려면 전원의 3선 가운데 2선을 바꾸어 전원에 다시 연결하면 회전 방향은 반대로 된다.

42 가공 케이블 시설 시 조가선(조가용선)에 금속 테이프 등을 사용하여 케이블 외장을 견고하게 붙여 조가하는 경우 나선형으로 금속제 테이프를 감는 간격은 몇 [cm] 이하를 확보하여 감아야 하는가?

① 50
② 30
③ 20
④ 10

해설 조가선(조가용선)에 금속제 테이프를 감는 간격은 나선형으로 20[cm] 이하마다 감아야 한다.

행거	금속제 테이프
행거 조가선 50[cm]	금속제 테이프 조가선 케이블 20[cm]
50[cm] 이하마다 매달 것	20[cm] 이하로 나선형으로 감아 붙일 것

43 변압기의 정격용량은 변압기의 전압 정격과 변압기 권선에 흐를 수 있는 전류를 결정하는 값이다. 다음 중 정격용량의 단위로 맞는 것은?

① [W]　　② [Var]
③ [VA]　　④ [J]

해설 변압기 정격용량의 단위
[VA]

44 한국전기설비규정에 의해 피뢰기는 고압 및 특고압 가공전선로에 반드시 시설하여야 한다. 다음 중 시설하지 않아도 되는 곳은?

① 발전소 · 변전소의 가공전선의 인입구
② 특고압 가공전선로로부터 공급받는 수용장소의 인입구
③ 지중전선로가 접속되지 아니한 곳
④ 특고압 배전용 변압기의 특고압측 및 고압측

해설 피뢰기를 반드시 시설해야 하는 장소
• 발전소 · 변전소 또는 이에 준하는 장소의 가공전선 인입구 및 인출구
• 가공전선로에 접속하는 특고압 배전용 변압기의 고압측 및 특고압측
• 고압 및 특고압 가공전선로부터 공급을 받는 수용장소의 인입구
• 가공전선로와 지중전선로가 접속되는 곳

45 다음 중 고압용 절연전선이 아닌 것은?

① 폴리에틸렌 외장 케이블
② 클로로프렌 외장 케이블
③ 비닐 외장 케이블
④ 무기질 절연 케이블

해설 전선의 종류
• 저압에만 사용되는 케이블 : 무기질 절연 케이블(MI)
• 고압에만 사용되는 케이블 : 콤바인덕트 케이블(CD)

46 직류전동기의 속도제어방법이 아닌 것은?

① 전압제어법
② 계자제어법
③ 저항제어법
④ 2차 저항제어법

해설 직류전동기의 속도제어법
• 저항제어법
• 전압제어법
• 계자제어법

정답 41. ④ 42. ③ 43. ③ 44. ③ 45. ④ 46. ④

47
120[Ω]의 저항 4개를 접속하여 가장 최소로 얻을 수 있는 저항값은 몇 [Ω]인가?

① 30 ② 40
③ 20 ④ 50

해설 **최소 저항값(병렬)**
$$R_0 = \frac{R_1}{4} = \frac{120}{4} = 30[\Omega]$$

48
금속관을 절단할 때 사용되는 공구는?

① 오스터 ② 녹 아웃 펀치
③ 파이프 커터 ④ 파이프 렌치

해설 **금속관 절단 공구**
파이프 커터, 쇠톱

49
정격전압 100[V], 전기자전류 50[A], 전기자저항이 0.2[Ω]인 직류발전기의 유기기전력은 몇 [V]인가?

① 117 ② 120
③ 110 ④ 125

해설 **발전기의 유기기전력**
$$E = V + I_a R_a = 100 + 50 \times 0.2 = 110[V]$$

50
금속관공사에 대한 기준으로 틀린 것은?

① 콘크리트에 매설하는 금속관의 두께는 1.0[mm]를 사용하였다.
② 금속관 내에 전선의 접속점이 없도록 시설하였다.
③ 교류회로에서 전선을 병렬로 사용하는 경우 관 내에 전자적 불평형이 생기지 않도록 시설할 것
④ 단면적 10[mm²] 이하의 연동선은 단선을 사용할 수 있다.

해설 **금속관 시설 규정**
• 절연전선 사용(단, 옥외용 비닐절연전선 제외)
• 2.5[mm²] 이상 연동연선(단선 10[mm²] 사용 가능)
• 관 내 전선의 접속점이 없을 것
• 콘크리트 매설 시 두께 : 1.2[mm] 이상

51
다음 중 버스덕트의 종류가 아닌 것은?

① 트롤리 버스덕트
② 플러그인 버스덕트
③ 플로어 버스덕트
④ 피더 버스덕트

해설 **버스덕트의 종류**
트롤리 버스덕트, 플러그인 버스덕트, 피더 버스덕트

52
직류전동기 중 정속도전동기에 해당하는 것은?

① 가동 복권전동기 ② 직권전동기
③ 분권전동기 ④ 차동 복권전동기

해설 속도변동이 가장 작은 전동기는 분권전동기, 타여자전동기이며 속도변동이 매우 작아서 정속도전동기라고도 한다.

53
낙뢰, 수목 접촉, 일시적인 불꽃방전(섬락) 등 순간적인 사고로 계통에서 분리된 구간을 신속히 계통에 재투입시킴으로써 계통의 안정도를 향상시키고 정전 구간을 단축시키기 위해 사용되는 계전기는?

① 재폐로계전기 ② 거리계전기
③ 과전류계전기 ④ 차동계전기

해설 **재폐로계전기**
계통에 고장이 발생하면 고장 구간을 신속히 제거한 후 재투입시켜서 정전 구간을 단축시키는 계전기이다.

54
저압 수전방식 중 3상 3선식은 평형이 되는 게 원칙이지만 부득이한 경우 설비 불평형률은 몇 [%] 이내로 유지해야 하는가?

① 10 ② 20
③ 30 ④ 40

해설 **부득이한 경우 설비 불평형률**
• 단상 3선식 : 40[%]
• 3상 3선식, 3상 4선식 : 30[%]

정답 47. ① 48. ③ 49. ③ 50. ① 51. ③ 52. ③ 53. ① 54. ③

55 ★★

기전력 120[V], 내부저항 15[Ω]인 전원이 있다. 부하(R)를 접속하여 얻을 수 있는 최대 전력[W]은? (단, $r = R$이 성립한다.)

① 360 ② 240

③ 120 ④ 50

해설 최대 전력 전달 조건을 만족하는 경우

최대 전력 $P_{\max} = \dfrac{E^2}{4R} = \dfrac{120^2}{4 \times 15} = 240[W]$

56 ★★

진공 중에서 같은 크기의 두 자극을 1[m] 거리에 놓았을 때 작용하는 힘이 6.33×10^4[N]이 되는 자극의 세기는?

① 1[N] ② 1[J]

③ 1[Wb] ④ 1[C]

해설 진공 중에서 같은 크기의 자극 $m_1 = m_2 = m$[Wb] 사이에 작용하는 힘은 $F = \dfrac{m \times m}{4\pi\mu_0 \mu_s r^2}$[N]이므로

$6.33 \times 10^4 = 6.33 \times 10^4 \times \dfrac{m \cdot m}{1^2}$ 이 성립한다.

그러므로 $m = 1$[Wb]이다.

57 ★★★

전선의 접속에 대한 설명으로 틀린 것은?

① 접속 부분의 전기저항을 증가시켜서는 안 된다.

② 접속 부분의 전선의 강도를 80[%] 이상 감소하도록 한다.

③ 접속 부분에 전선 접속기구를 사용한다.

④ 알루미늄 전선과 구리선의 접속 시 전기적인 부식이 생기지 않도록 한다.

해설 전선 접속 시 전선의 강도는 20[%] 이상 감소하면 안 된다.

58 ★★

직류기의 주요 구성 3요소가 아닌 것은?

① 전기자 ② 정류자

③ 계자 ④ 공극

해설 직류기의 구성 3요소

전기자, 계자, 정류자

59 신규문제

건축물의 종류에서 사무실, 은행, 상점의 표준부하 몇 [VA/m²]인가?

① 30 ② 40

③ 20 ④ 10

해설 건축물 종류에 따른 표준부하[VA/m²]

건축물의 종류	표준부하
공장, 공회당, 사원, 교회, 극장, 영화관, 연회장	10
기숙사, 여관, 호텔, 병원, 학교, 음식점, 목욕탕	20
사무실, 은행, 상점, 이발소, 미용원	30
주택, 아파트	40

60 신규문제

공장의 설비용량이 1,000[kW]이고, 3상 전압 24[kV], 역률 0.8일 때 차단기의 정격전류[A]는?

① 15 ② 25

③ 30 ④ 8

해설 설비용량 $P = \sqrt{3}\,VI\cos\theta$이므로

전류 $I = \dfrac{P}{\sqrt{3}\,V\cos\theta}$

$= \dfrac{1,000}{\sqrt{3} \times 24 \times 0.8} ≒ 30.07$[A]

전선의 허용전류(I_Z)와 보호장치의 정격전류(I_n)의 협조 관계는 $I_n \le I_Z$이므로 차단기 정격전류는 30[A]이다.

정답 55. ② 56. ③ 57. ② 58. ④ 59. ① 60. ③

2025년 제3회 CBT 기출복원문제

01 3단자 사이리스터가 아닌 것은?

① GTO
② SCR
③ TRIAC
④ SCS

해설 SCS
4단자 단방향성 사이리스터

02 자기 인덕턴스가 각각 50[mH], 80[mH]이고 상호 인덕턴스가 60[mH]인 경우 두 코일 간에 누설 자속이 없는 경우 가동 접속 합성 인덕턴스 값 [mH]은?

① 120
② 240
③ 250
④ 300

해설 가동 접속 합성 인덕턴스(완전 결합 시 $k=1$)
$L_0 = L_1 + L_2 + 2M = 50 + 80 + 2 \times 60 = 250[\text{mH}]$

03 전등 한 개를 2개소에서 점멸하고자 할 때 옳은 배선은?

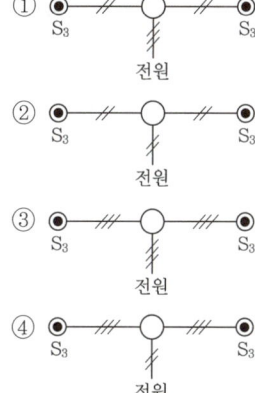

해설 3로 스위치
1개의 전등을 2개소에서 점멸하는 스위치로서 전원에서 전등으로 2가닥의 전선, 전등과 스위치 사이는 3가닥의 전선이 인입되는 결선도이다.

04 5[Ω]의 저항 4개, 10[Ω]의 저항 3개, 100[Ω]의 저항 1개가 있다. 이들을 모두 직렬 접속할 때 합성저항[Ω]은?

① 75
② 50
③ 150
④ 100

해설 $R_0 = 5 \times 4 + 10 \times 3 + 100 \times 1 = 150[\Omega]$

05 폭연성 분진이 존재하는 곳의 저압 옥내배선 공사 시 공사방법으로 짝지어진 것은?

① 개장된 케이블공사, CD케이블공사, 제1종 캡타이어 케이블공사
② CD케이블공사, MI케이블공사, 금속관공사
③ CD케이블공사, MI케이블공사, 제1종 캡타이어 케이블공사
④ 금속관공사, MI케이블공사, 개장된 케이블공사

해설 폭연성 분진, 화약류 분말이 있는 장소의 공사
금속관공사, 케이블공사(MI케이블, 개장된 케이블)

06 220[V] 단상의 부하에 전류가 전압보다 45° 뒤진 15[A]의 전류가 흘렀다. 소비전력[W]은?

① 2,333
② 3,300
③ 1,650
④ 2,857

해설 단상 유효전력
$P = VI\cos\theta = 220 \times 15 \times \cos 45° = 2,333[\text{W}]$

07 주파수 60[Hz]의 회로에 접속되어 슬립 3[%], 회전수 1,164[rpm]으로 회전하고 있는 유도전동기의 극수는?

① 4
② 6
③ 8
④ 10

정답 01. ④ 02. ③ 03. ④ 04. ③ 05. ④ 06. ① 07. ②

해설 유도전동기의 회전속도 $N=(1-s)N_s$[rpm]이므로

$$N_s = \frac{N}{1-s} = \frac{1,164}{1-0.03} = 1,200[\text{rpm}]$$

극수 $P = \frac{120f}{N_s} = \frac{120 \times 60}{1,200} = 6$극

08 동기전동기의 자기기동법에서 계자 권선을 단락하는 이유는?

① 기동이 쉽다.
② 기동 권선으로 이용한다.
③ 고전압 유도에 의한 절연파괴 위험을 방지한다.
④ 전기자 반작용을 방지한다.

해설 동기전동기의 자기기동법에서 계자 권선을 단락하는 첫 번째 이유는 고전압 유도에 의한 절연파괴 위험을 방지하기 위함이다.

09 비돌극형 동기발전기의 단자전압(1상)을 V, 유도기전력을 E, 동기 리액턴스를 X_s, 부하각을 δ라고 하면, 3상의 출력[W]은? (단, 전기자 저항 등은 무시한다.)

① $\dfrac{3VE\cos\delta}{X_s}$ ② $\dfrac{VE\cos\delta}{X_s}$

③ $\dfrac{3VE\sin\delta}{X_s}$ ④ $\dfrac{VE\sin\delta}{X_s}$

해설 $P = \dfrac{3VE\sin\delta}{X_s}$[W]

10 다음 변압기 극성에 관한 설명 중 틀린 것은?

① 병렬 운전 시 극성을 고려해야 한다.
② 3상 결선 시 극성을 고려한다.
③ 1차와 2차 권선에 유기되는 전압의 극성이 반대이면 감극성이다.
④ 우리나라는 감극성이 표준이다.

해설 감극성
감극성 변압기는 높은 전압을 낮은 전압으로 변성시키는 변압기로서 1차와 2차 권선에 유기되는 전압의 극성이 동일하여야 한다.

11 전선을 접속할 경우의 설명으로 틀린 것은?

① 접속 부분의 전기저항이 증가되지 않아야 한다.
② 전선의 세기를 80[%] 이상 감소시키지 않아야 한다.
③ 접속 부분은 접속기구를 사용하거나 납땜을 하여야 한다.
④ 알루미늄 전선과 동선을 접속하는 경우 전기적 부식이 생기지 않도록 해야 한다.

해설 전선 접속 시 전선의 강도는 20[%] 이상 감소시키면 안 된다.

12 임피던스 $\dot{Z} = 6 + j8[\Omega]$에서 컨덕턴스[℧]는?

① 0.06   ② 0.08
③ 0.1   ④ 1.0

해설 어드미턴스(임피던스 Z의 역수)

$$\dot{Y} = \frac{1}{\dot{Z}} = \frac{1}{6+j8} = \frac{1 \times (6-j8)}{(6+j8)(6-j8)} = \frac{6-j8}{100}$$

$= 0.06 - j0.08[℧]$

어드미턴스의 실수부가 컨덕턴스이므로 0.06[℧]이 된다.
※ 어드미턴스의 허수부는 서셉턴스이므로 0.08[℧]이 된다.

13 전기자와 계자 권선이 병렬로만 접속되어 있는 발전기는?

① 분권   ② 직권
③ 타여자   ④ 차동 복권

해설 분권발전기
계자 권선과 전기자 회로가 병렬로 접속되어 있는 직류기이다.

14 정전 흡인력은 전압의 몇 제곱에 비례하는가?

① 2   ② 3
③ $\dfrac{1}{2}$ ④ $\dfrac{3}{2}$

해설 정전 흡인력 $f = \dfrac{1}{2}\varepsilon_0 E^2 = \dfrac{1}{2}\varepsilon_0\left(\dfrac{V}{d}\right)^2$ [N/m²]로서 전압의 제곱에 비례한다.

정답 08. ③ 09. ③ 10. ③ 11. ② 12. ① 13. ① 14. ①

15 변전소의 전력기기를 시험하기 위하여 회로를 분리하거나 또는 계통의 접속을 바꾸거나 하는 경우에 사용되는 것은?

① 나이프 스위치　　② 차단기
③ 퓨즈　　　　　　　④ 단로기

해설 단로기

기기 점검이나 보수 시 회로를 분리하거나 계통의 접속을 바꿀 때 사용하는 개폐기이다.

16 낙뢰, 수목 접촉, 일시적인 섬락 등 순간적인 사고로 계통에서 분리된 구간을 신속하게 계통에 재투입시킴으로써 계통의 안정도를 향상시키고 정전시간을 단축시키기 위해 사용되는 계전기는?

① 차동계전기　　　　② 거리계전기
③ 과전류계전기　　　④ 재폐로계전기

해설 재폐로계전기

송전선로에 고장이 발생하면 재폐로 차단기와 조합하여 고장을 일으킨 구간을 신속하게 고속 차단한 후 재투입시켜서 정전시간을 단축시키는 계전기이다.

17 보극이 없는 직류기의 운전 중 중성축의 위치가 변하지 않는 경우는?

① 무부하　　　　　　② 전부하
③ 중부하　　　　　　④ 과부하

해설 중성축의 위치가 변하는 이유는 전기자 도체에 흐르는 전류에 의해 발생된 자속이 계자 자속에 영향을 미치는 현상(전기자 반작용) 때문에 발생하므로, 만약 전기자 도체에 전류가 흐르지 않으면 전기자 반작용이 발생하지 않는다. 즉, 무부하인 경우 중성축의 위치가 변하지 않는다.

18 직류를 교류로 변환하는 장치는?

① 정류기　　　　　　② 충전기
③ 순변환장치　　　　④ 역변환장치

해설 인버터(역변환장치)

직류를 교류로 변환하는 장치이다.

19 슬립 $s = 5[\%]$, 저항 $r_2 = 0.1[\Omega]$인 유도전동기의 등가저항 $R_2[\Omega]$은 얼마인가?

① 0.4　　　　　　　② 0.5
③ 1.9　　　　　　　④ 2.0

해설 등가저항

$$R_2 = \frac{1-s}{s}r_2 = \frac{r_2}{s} - r_2 = \frac{0.1}{0.05} - 0.1 = 1.9[\Omega]$$

20 직류발전기에서 전기자의 주된 역할은?

① 기전력을 유도한다.
② 자속을 만든다.
③ 정류작용을 한다.
④ 회전자와 외부 회로를 접속한다.

해설 • 계자 : 자속 발생
• 전기자 : 기전력 발생
• 정류자 : 교류를 직류로 변환
• 브러시 : 전기자 회로와 외부 회로 연결

21 무부하 직류발전기의 단자전압을 바꾸기 위해서는 무엇을 조정하여야 하는가?

① 계자저항　　　　　② 전기자저항
③ 회전속도　　　　　④ 부하저항

해설 발전기의 단자전압 $V = E - I_a R_a[\text{V}]$이고 유도기전력 $E = K\phi N[\text{V}]$이므로 자속의 크기에 반비례하는 계자저항을 조정하여 단자전압을 바꿀 수 있다.

22 진공 중에 10[μC]과 20[μC]의 점전하를 1[m]의 거리로 놓았을 때 작용하는 힘[N]은?

① 9　　　　　　　　② 2
③ 7.2　　　　　　　④ 1.8

해설 쿨롱의 법칙

$$F = 9 \times 10^9 \times \frac{Q_1 Q_2}{r^2}$$

$$= 9 \times 10^9 \times \frac{10 \times 10^{-6} \times 20 \times 10^{-6}}{1^2} = 1.8[\text{N}]$$

정답 15. ④　16. ④　17. ①　18. ④　19. ③　20. ①　21. ①　22. ④

23 동기기의 전기자 권선법이 아닌 것은?

① 중권 　② 이층권
③ 전층권 ④ 분포권

해설 동기기의 전기자 권선법
고상권, 이층권, 중권, 단절권, 분포권

24 1[μF]의 콘덴서에 30[kV]의 전압을 가하여 200[Ω]의 저항을 통해 방전시키면 이때 발생하는 에너지 [J]는 얼마인가?

① 450 　② 900
③ 1,000 ④ 1,200

해설 콘덴서에 축적되는 에너지
$$W = \frac{1}{2}CV^2 = \frac{1}{2} \times 1 \times 10^{-6} \times (30 \times 10^3)^2 = 450[\text{J}]$$

25 3상 유도전동기에서 2차측 저항을 2배로 하면 그 최대 토크는 어떻게 되는가?

① 변하지 않는다.
② 2배로 된다.
③ $\sqrt{2}$ 배로 된다.
④ $\frac{1}{2}$ 배로 된다.

해설 3상 유도전동기 권선형에서 최대 토크는 2차 저항과 관계없이 항상 일정하므로 변하지 않는다.

26 변압기 주 탱크와 콘서베이터 사이에 설치하여 내부고장 발생 시 발생하는 가스의 흐름 및 기름의 흐름 변화를 검출하는 계전기로 알맞은 것은?

① 비율차동계전기
② 부흐홀츠계전기
③ 충격압력계전기
④ 방압안전장치

해설 부흐홀츠계전기는 내부고장 발생 시 유증기를 검출하여 동작하는 계전기로 변압기 본체와 콘서베이터를 연결하는 파이프 도중에 설치한다.

27 100[kVA]의 단상 변압기 2대를 사용하여 V–V 결선으로 하고 3상 전원을 얻고자 할 때 최대로 얻을 수 있는 3상 부하의 용량은 약 몇 [kVA]인가?

① 173.2
② 100
③ 200
④ 346.4

해설 V–V결선 용량
$$P_V = \sqrt{3} \, P_1 = \sqrt{3} \times 100 ≒ 173.2[\text{kVA}]$$

28 사용전압이 고압과 저압인 가공전선을 병가할 때 저압전선의 위치는 어디에 설치해야 하는가?

① 완금에 설치한다.
② 고압전선의 아래에 설치한다.
③ 고압전선의 위에 설치한다.
④ 높이와 상관없다.

해설 저 · 고압전선의 병가
• 저압전선은 고압전선의 하부에 설치한다.
• 이격거리 : 50[cm] 이상일 것(단, 고압측이 케이블인 경우에는 30[cm] 이하)

29 기전력이 1.5[V]인 전지 5개를 직렬로 접속하고 부하저항 2.5[Ω]을 접속한 경우 부하에 흐르는 전류[A]는? (단, 전지의 내부저항은 0.5[Ω]이다.)

① 1 　② 1.5
③ 2 　④ 3

해설 전지에 흐르는 전류
$$I = \frac{nE}{nr + R} = \frac{5 \times 1.5}{5 \times 0.5 + 2.5} = 1.5[\text{A}]$$

30 다음 중 접지의 목적으로 알맞지 않은 것은?

① 전기공사비의 절감
② 보호계전기의 동작 확보
③ 감전사고 방지
④ 이상전압의 발생 억제

해설 접지공사의 목적
- 감전 및 화재사고 방지
- 이상전압의 발생 억제
- 전로의 대지전위 상승 방지
- 보호계전기의 동작 확보

31 변압기유가 구비해야 할 조건은?

① 절연내력이 클 것
② 인화점이 낮을 것
③ 응고점이 높을 것
④ 비열이 작을 것

해설 변압기유의 구비조건
- 절연내력이 클 것
- 인화점이 높을 것
- 응고점이 낮을 것
- 비열이 클 것

32 전주를 건주할 때 철근 콘크리트주의 길이가 7[m] 이면 땅에 묻히는 깊이[m]는 얼마인가? (단, 설계하중이 6.8[kN] 이하이다.)

① 1.0   ② 1.8
③ 2.0   ④ 1.2

해설 전장 16[m] 이하, 설계하중 6.8[kN] 이하인 지지물 건주 시 전주가 땅에 묻히는 깊이는 전체 길이 $\times \dfrac{1}{6}$ 이상

∴ 매설깊이 $H = 7 \times \dfrac{1}{6} = 1.2[\text{m}]$

33 동기발전기의 병렬운전 중 기전력의 위상차가 발생하면 어떤 현상이 나타나는가?

① 무효횡류
② 유효순환전류
③ 무효순환전류
④ 고조파전류

해설 동기발전기의 병렬운전 중 기전력의 위상차가 발생하면 유효순환전류(동기화전류)가 흘러서 발생하는 동기화력에 의해 위상이 일치하게 된다.

34 화약류 저장소의 배선공사 시 전용 개폐기에서 화약류 저장소 인입구까지의 공사방법 중 틀린 것은?

① 대지전압은 300[V] 이하이어야 한다.
② 애자사용공사에 의한 경우
③ 케이블을 사용하여 지중에 시설할 것
④ 모든 접속은 전폐형으로 할 것

해설 화약류 저장소 등 위험장소의 시설규정
- 금속관공사, 케이블공사
- 대지전압 : 300[V] 이하
- 개폐기 및 과전류차단기에서 화약고의 인입구까지의 배선에는 케이블을 사용하고 반드시 지중에 금속관으로 시설할 것

35 똑같은 크기의 저항 4개를 가지고 얻을 수 있는 합성저항 최대값은 최소값의 몇 배인가?

① 4배   ② 16배
③ 10배   ④ 5배

해설 최대 합성저항은 직렬이고 최소 합성저항은 병렬이므로 직렬은 병렬의 $n^2 = 4^2 = 16$배이다.

36 후강전선관의 최대 크기는 직경 몇 [mm]인가?

① 180   ② 150
③ 130   ④ 104

해설 후강전선관의 종류
16, 22, 28, 36, 42, 54, 70, 82, 92, 104[mm]

37 권수가 150인 코일에서 2초간 1[Wb]의 자속이 변화한다면 코일에 발생되는 유도기전력의 크기는 몇 [V]인가?

① 50   ② 75
③ 100   ④ 150

해설 코일에 유도되는 기전력
$$e = N\dfrac{d\phi}{dt} = 150 \times \dfrac{1}{2} = 75[\text{V}]$$

정답 31. ① 32. ④ 33. ② 34. ② 35. ② 36. ④ 37. ②

38 자기저항 식으로 맞는 것은?

① $\dfrac{l}{\mu_0\mu_r A}$　　② $\dfrac{\mu_0\mu_r A}{l}$

③ $\dfrac{\mu_0\mu_r}{lA}$　　④ $\dfrac{lA}{\mu_0\mu_r}$

[해설] 자기저항

$$R=\frac{l}{\mu_0\mu_r A}\,[\text{AT/Wb}]$$

39 동기발전기의 병렬운전조건으로 맞지 않는 것은?

① 기전력의 용량이 같을 것
② 기전력의 주파수가 같을 것
③ 기전력의 위상이 같을 것
④ 기전력의 크기가 같을 것

[해설] 동기발전기의 병렬운전 시 일치할 조건
기전력(전압)의 크기, 위상, 주파수, 파형

40 합성수지관의 표준길이는 몇 [m]인가?

① 4.0
② 3.6
③ 5.0
④ 5.5

[해설] 합성수지관
• 호칭 : 내경, 짝수
• 표준규격 : 두께 2[mm] 이상, 표준길이 4[m]

41 교류의 파형률이란?

① $\dfrac{최대값}{실효값}$　　② $\dfrac{평균값}{실효값}$

③ $\dfrac{실효값}{평균값}$　　④ $\dfrac{실효값}{최대값}$

[해설]
• 교류의 파형률 = $\dfrac{실효값}{평균값}$
• 교류의 파고율 = $\dfrac{최대값}{실효값}$

42 자기 인덕턴스에 대한 설명으로 틀린 것은?

① 자기 인덕턴스는 자속에 비례한다.
② 자기 인덕턴스는 권수에 비례한다.
③ 자기 인덕턴스는 자로의 길이에 반비례한다.
④ 자기 인덕턴스는 유전율에 비례한다.

[해설] 자기 인덕턴스 식
$$L=\frac{N\phi}{I}=\frac{\mu A N^2}{l}\,[\text{H}]$$이므로 유전율과 무관하다.

43 알칼리 축전지의 대표적인 축전지로 널리 사용되고 있는 2차 전지는?

① 망간 전지　　② 산화은 전지
③ 페이퍼 전지　　④ 니켈-카드뮴 전지

[해설] 니켈-카드뮴 전지
휴대용 이동전화의 전원으로 사용되는 전지로서 '니케드 전지'라고도 한다.

44 $R-L-C$ 직렬회로에서 임피던스 Z의 크기를 나타내는 식은?

① $R^2+(X_L+X_C)^2$
② $\sqrt{R^2+(X_L-X_C)^2}$
③ $\sqrt{R^2+(X_L+X_C)^2}$
④ $R^2+(X_L-X_C)^2$

[해설] $R-L-C$ 직렬회로의 합성 임피던스
$\dot{Z}=R+j(X_L-X_C)\,[\Omega]$
절대값 $Z=\sqrt{R^2+(X_L-X_C)^2}\,[\Omega]$

45 두 개의 평행도선에서 전류의 방향이 동일할 경우 무슨 힘이 발생하는가?

① 서로 끌어당긴다.
② 서로 밀어낸다.
③ 서로 밀어냈다 끌어당긴다.
④ 힘이 작용하지 않는다.

[정답] 38. ① 39. ① 40. ① 41. ③ 42. ④ 43. ④ 44. ② 45. ①

해설 평행도체 사이에 작용하는 힘(전자력)

$$F = \frac{2I_1I_2}{r} \times 10^{-7}[\text{N/m}]$$

- 전류 방향 동일 : 흡인력
- 전류 방향 반대(왕복도체) : 반발력

★★★
46 인입용 비닐절연전선의 품명은?

① CNCV-W
② DV
③ TR CNCV-W
④ OW

해설 전선 약호
- CNCV-W : 동심중성선 수밀형 전력 케이블
- TR CNCV-W : 트리억제형 동심중성선 수밀형 전력 케이블

★
47 저압 이웃 연결 인입선을 시설하는 경우 다음 분기점으로부터 몇 [m]를 초과하면 안 되는가?

① 100
② 200
③ 50
④ 30

해설 저압 이웃 연결(연접) 인입선 시설원칙
- 분기점에서 100[m]를 초과하지 말 것
- 다른 수용가의 옥내를 관통하지 말 것
- 폭 5[m]를 넘는 도로를 횡단하지 말 것
- 수용가 옥내 관통 금지

★
48 전선관에 전선을 넣어서 공사하는 경우 전선의 접속점에 대한 설명으로 옳은 것은?

① 금속관에서 금속관 내 전선의 접속점을 만든 경우
② 합성수지관에서 합성수지관 내 전선의 접속점을 만든 경우
③ 합성수지몰드에서 몰드 안에 전선의 접속점을 만든 경우
④ 금속몰드에서 몰드용 조인트 박스 안에서 쥐꼬리 접속을 한 경우

해설 전선관이나 몰드 안에서는 전선의 접속점을 만들면 안 된다.

★★
49 2대의 변압기를 이용하여 3상 부하에 전원을 공급해주는 방식은?

① Y-Y
② △-△
③ V-V
④ △-Y

해설 V-V 결선
2대의 변압기를 이용하여 3상 부하에 전원을 공급해주는 결선방식이다.

★
50 디지털 또는 아날로그 입출력 모듈을 통하여 로직, 시퀀싱, 타이밍, 카운팅, 연산과 같은 특수한 기능을 수행하기 위하여 프로그램이 가능한 메모리를 사용하고 여러 종류의 기계나 프로세서를 제어하는 디지털 동작의 전자장치를 무엇이라 하는가?

① IB
② Encorder
③ Decorder
④ PLC

해설 PLC(Programmable Logic Controller)
디지털 또는 아날로그 입출력 모듈을 통하여 로직, 시퀀싱, 타이밍, 카운팅, 연산과 같은 특수한 기능을 수행하기 위하여 프로그램이 가능한 메모리를 사용하고 여러 종류의 기계나 프로세서를 제어하는 디지털 동작의 전자장치이다.

★
51 영상전류를 검출할 때 사용하는 계기는?

① OCR
③ PT
② CT
④ ZCT

해설 영상변류기(ZCT)
지락 사고 시 발생하는 영상전류를 검출하여 지락계전기에 공급하는 역할을 하는 전류변성기이다.

★★★
52 전기공사에서 접지저항을 측정할 때 사용하는 측정기는 무엇인가?

① 검류기
② 변류기
③ 메거
④ 어스테스터

해설 접지저항 측정방법
접지저항계, 콜라우시 브리지법, 어스테스터기

정답 46. ② 47. ① 48. ④ 49. ③ 50. ④ 51. ④ 52. ④

53 단상 차단기의 정격용량 계산식은 어떻게 되는가?

① $\sqrt{2}$ × 정격전압 × 정격전류

② 정격전압 × 정격차단전류

③ $\sqrt{2}$ × 정격전압 × 정격차단전류

④ 정격전압 × 정격전류

해설 **단상 차단기의 정격용량[VA]**
정격전압 × 정격차단전류

54 3[kW] 전열기를 220[V] 정격상태에서 1시간 동안 사용한 경우 발생 열량은 몇 [kcal]인가?

① 3　　　　② 860

③ 2,580　　④ 1,200

해설 전체 열량 $H = 860 \times 3 \times 1 = 2,580$[kcal]
※ 전열기 열량 1[kWh]=860[kcal]

55 OW 전선의 명칭은 무엇인가?

① 450/750[V] 일반용 단심 비닐절연전선

② 배선용 단심 비닐절연전선

③ 인입용 비닐절연전선

④ 옥외용 비닐절연전선

해설 **OW**
옥외용 비닐절연전선

56 공기 중에서 5×10⁻⁴[Wb]의 자극에서 10[cm] 떨어진 곳에 3×10⁻⁴[Wb]의 자극이 있는 경우 두 자극 간에 작용하는 힘[N]은?

① 9.5×10^{-4}　　② 9.5×10^{-3}

③ 9.5×10^{-2}　　④ 9.5×10^{-1}

해설 **두 자극 사이 작용하는 힘의 세기**

$$F = \frac{m_1 \cdot m_2}{4\pi\mu_0 r^2} = 6.33 \times 10^4 \times \frac{m_1 \cdot m_2}{r^2}$$

$$= 6.33 \times 10^4 \times \frac{5 \times 10^{-4} \times 3 \times 10^{-4}}{0.1^2}$$

$$= 9.5 \times 10^{-1}[\text{N}]$$

57 한국전기설비규정에 의하여 콘센트를 시설하는 경우 인체감전보호용 누전차단기(중성선까지 동시차단)를 시설해야 하는데 정격감도전류는 몇 [mA]인가?

① 10

② 15

③ 20

④ 30

해설 **콘센트의 시설 시 전류동작형 인체감전보호용 누전차단기의 정격감도전류**
• 일반적인 장소 : 30[mA]
• 인체가 물에 젖은 상태에서 전기를 사용하는 장소 : 15[mA]

58 전류의 순시값 $i(t) = 200\sqrt{2}\sin\left(120\pi t + \dfrac{\pi}{2}\right)$[A]를 벡터로 나타내면?

① $j200$

② 200

③ $200 + j200$

④ $200\sqrt{2} + j200\sqrt{2}$

해설 전류 $\dot{I} = 200 \left/ \dfrac{\pi}{2} = 90° \right.$
$= 200(\cos 90° + j\sin 90°)$
$= j200$[A]

59 전하의 성질을 잘못 설명한 것은?

① 같은 종류의 전하는 흡인하고, 다른 종류의 전하끼리는 반발한다.

② 대전체에 들어 있는 전하를 없애려면 접지시킨다.

③ 대전체의 영향으로 비대전체에 전기가 유도된다.

④ 전하는 가장 안정한 상태를 유지하려는 성질이 있다.

해설 같은 종류의 전하는 반발하고, 다른 종류의 전하는 흡인한다.

정답 53. ②　54. ③　55. ④　56. ④　57. ④　58. ①　59. ①

60 1[m]당 권선수가 100인 무한장 솔레노이드에 10[A]의 전류가 흐르고 있을 때 솔레노이드 내부 자계의 세기[AT/m]는?

① 1,000
② 100
③ 10
④ 0

해설 무한장 솔레노이드의 내부 자계의 세기

$$H = \frac{NI}{l} = n_0 I = 100 \times 10 = 1,000 [\text{AT/m}]$$

01 동기전동기의 특징으로 틀린 것은?

① 별도의 기동장치가 필요하다.

② 역률을 조정할 수 없다.

③ 부하가 변하여도 같은 속도로 운전할 수 있다.

④ 난조가 발생하기 쉽다.

해설 동기전동기의 특징
• 속도(N_s)가 일정하다.
• 역률을 조정할 수 있다.
• 효율이 좋다.
• 별도의 기동장치가 필요하다(자기기동법, 유도전동기법).

02 3상 동기기에 제동 권선을 설치하는 주된 목적은?

① 출력 증가   ② 효율 증가

③ 역률 개선   ④ 난조 방지

해설 • 발전기에서는 난조 방지
• 전동기에서는 기동 토크 발생 및 난조 방지

03 정전 흡인력은 전압의 몇 제곱에 비례하는가?

① 2   ② 3

③ $\dfrac{1}{2}$ ④ $\dfrac{3}{2}$

해설 정전 흡인력 $f = \dfrac{1}{2}\varepsilon_0 E^2 = \dfrac{1}{2}\varepsilon_0\left(\dfrac{V}{d}\right)^2$ [N/m²]로서 전압의 제곱에 비례한다.

04 5[Ω]의 저항 4개, 10[Ω]의 저항 3개, 100[Ω]의 저항 1개가 있다. 이들을 모두 직렬 접속할 때 합성저항[Ω]은?

① 75   ② 50

③ 150   ④ 100

해설 $R_0 = 5 \times 4 + 10 \times 3 + 100 \times 1$
$= 150[\Omega]$

05 진공 중에 10[μC]과 20[μC]의 점전하를 1[m]의 거리로 놓았을 때 작용하는 힘[N]은?

① 9   ② 2

③ 7.2   ④ 1.8

해설 쿨롱의 법칙

$F = 9 \times 10^9 \times \dfrac{Q_1 Q_2}{r^2}$

$= 9 \times 10^9 \times \dfrac{10 \times 10^{-6} \times 20 \times 10^{-6}}{1^2}$

$= 1.8[\text{N}]$

06 3[kW] 전열기를 220[V] 정격상태에서 1시간 동안 사용한 경우 발생 열량은 몇 [kcal]인가?

① 3

② 860

③ 2,580

④ 1,200

해설 전체 열량 $H = 860 \times 3 \times 1 = 2,580[\text{kcal}]$
※ 전열기 열량 1[kWh]=860[kcal]

07 다음 중 버스덕트의 종류가 아닌 것은?

① 트롤리 버스덕트

② 플러그인 버스덕트

③ 케이블탭 버스덕트

④ 피더 버스덕트

해설 버스덕트의 종류
트롤리 버스덕트, 플러그인 버스덕트, 피더 버스덕트

정답 01. ② 02. ④ 03. ① 04. ③ 05. ④ 06. ③ 07. ③

 **08** 두 개의 평행도선에서 전류의 방향이 동일할 경우 무슨 힘이 발생하는가?

① 서로 끌어당긴다.

② 서로 밀어낸다.

③ 서로 밀어냈다 끌어당긴다.

④ 힘이 작용하지 않는다.

해설 평행도체 사이에 작용하는 힘(전자력)

$$F = \frac{2I_1 I_2}{r} \times 10^{-7} [\text{N/m}]$$

• 전류 방향 동일 : 흡인력

• 전류 방향 반대(왕복도체) : 반발력

 09 전류의 순시값 $i(t) = 200\sqrt{2}\sin\left(120\pi t + \frac{\pi}{2}\right)[\text{A}]$ 를 벡터로 나타낸 것은?

① $j200$ ② 200

③ $200 + j200$ ④ $200\sqrt{2} + j200\sqrt{2}$

해설 전류 $\dot{I} = 200\left|\frac{\pi}{2} = 90° \right.$
$\qquad = 200(\cos 90° + j\sin 90°)$
$\qquad = j200[\text{A}]$

 10 교류의 파형률이란?

① $\dfrac{최대값}{실효값}$ ② $\dfrac{평균값}{실효값}$

③ $\dfrac{실효값}{평균값}$ ④ $\dfrac{실효값}{최대값}$

해설
• 교류의 파형률 $= \dfrac{실효값}{평균값}$

• 교류의 파고율 $= \dfrac{최대값}{실효값}$

 11 알칼리 축전지의 대표적인 축전지로 널리 사용되고 있는 2차 전지는?

① 망간 전지   ② 산화은 전지

③ 페이퍼 전지   ④ 니켈-카드뮴 전지

해설 니켈-카드뮴 전지

휴대용 이동전화의 전원으로 사용되는 전지로서 '니케드 전지'라고도 한다.

12 자기 인덕턴스에 대한 설명으로 틀린 것은?

① 자기 인덕턴스는 자속에 비례한다.

② 자기 인덕턴스는 권수에 비례한다.

③ 자기 인덕턴스는 자로의 길이에 반비례한다.

④ 자기 인덕턴스는 유전율에 비례한다.

해설 자기 인덕턴스 식

$$L = \frac{N\phi}{I} = \frac{\mu A N^2}{l} [\text{H}]$$이므로 유전율과 무관하다.

13 $R-L-C$ 직렬회로에서 임피던스 Z의 크기를 나타내는 식은?

① $R^2 + (X_L + X_C)^2$

② $\sqrt{R^2 + (X_L - X_C)^2}$

③ $\sqrt{R^2 + (X_L + X_C)^2}$

④ $R^2 + (X_L - X_C)^2$

해설 $R-L-C$ 직렬회로의 합성 임피던스

$\dot{Z} = R + j(X_L - X_C) [\Omega]$

절대값 $Z = \sqrt{R^2 + (X_L - X_C)^2} [\Omega]$

14 자기 인덕턴스가 각각 50[mH], 80[mH]이고 상호 인덕턴스가 60[mH]인 경우 두 코일 간에 누설 자속이 없는 경우 가동 접속 합성 인덕턴스 값[mH]은?

① 120   ② 240

③ 250   ④ 300

해설 가동 접속 합성 인덕턴스(완전 결합 시 $k=1$)

$L_0 = L_1 + L_2 + 2M$
$\quad = 50 + 80 + 2 \times 60$
$\quad = 250[\text{mH}]$

15 자기저항 식으로 맞는 것은?

① $\dfrac{l}{\mu_0\mu_r A}$ ② $\dfrac{\mu_0\mu_r A}{l}$

③ $\dfrac{\mu_0\mu_r}{lA}$ ④ $\dfrac{lA}{\mu_0\mu_r}$

해설 자기저항

$$R = \frac{l}{\mu_0\mu_r A}\,[\text{AT/Wb}]$$

16 권수가 150인 코일에서 2초간 1[Wb]의 자속이 변화한다면 코일에 발생되는 유도기전력의 크기는 몇 [V]인가?

① 50   ② 75

③ 100   ④ 150

해설 코일에 유도되는 기전력

$$e = N\frac{d\phi}{dt} = 150 \times \frac{1}{2} = 75\,[\text{V}]$$

17 기전력이 1.5[V]인 전지 5개를 직렬로 접속하고 부하저항 2.5[Ω]을 접속한 경우 부하에 흐르는 전류[A]는? (단, 전지의 내부저항은 0.5[Ω]이다.)

① 1   ② 1.5

③ 2   ④ 3

해설 전지에 흐르는 전류

$$I = \frac{nE}{nr+R} = \frac{5 \times 1.5}{5 \times 0.5 + 2.5} = 1.5\,[\text{A}]$$

18 동기발전기의 병렬운전 중 기전력의 위상차가 발생하면 어떻게 되는가?

① 부하 분담이 변한다.

② 무효순환전류가 흘러 전기자 권선이 과열된다.

③ 동기화력이 생겨 두 기전력의 위상이 동상이 되도록 작용한다.

④ 위상이 일치하는 경우보다 출력이 감소한다.

해설 기전력의 크기가 같고 위상차가 존재할 때는 유효순환전류(동기화전류)가 흘러 동기화력에 의해 위상이 일치화된다.

19 전주를 건주할 때 철근 콘크리트주의 길이가 9[m]이면 땅에 묻히는 깊이[m]는 얼마인가? (단, 설계하중이 6.8[kN] 이하이다.)

① 1.0   ② 1.5

③ 1.8   ④ 2.0

해설 전장 16[m] 이하, 설계하중 6.8[kN] 이하인 지지물 건주 시 전주가 땅에 묻히는 깊이는 전체 길이 $\times \dfrac{1}{6}$ 이상

∴ 매설깊이 $H = 9 \times \dfrac{1}{6} = 1.5\,[\text{m}]$

20 1[μF]의 콘덴서에 30[kV]의 전압을 가하여 200[Ω]의 저항을 통해 방전시키면 이때 발생하는 에너지[J]는 얼마인가?

① 450   ② 900

③ 1,000   ④ 1,200

해설 콘덴서에 축적되는 에너지

$$W = \frac{1}{2}CV^2 = \frac{1}{2} \times 1 \times 10^{-6} \times (30 \times 10^3)^2 = 450\,[\text{J}]$$

21 220[V] 단상의 부하에 전류가 전압보다 45° 뒤진 15[A]의 전류가 흘렀다. 소비전력[W]은?

① 2,333   ② 3,300

③ 1,650   ④ 2,857

해설 단상 유효전력

$$P = VI\cos\theta = 220 \times 15 \times \cos 45° = 2,333\,[\text{W}]$$

22 직류기의 주요 구성 3요소가 아닌 것은?

① 전기자   ② 정류자

③ 계자   ④ 공극

해설 직류기의 구성 3요소
전기자, 계자, 정류자

정답 15. ① 16. ② 17. ② 18. ③ 19. ② 20. ① 21. ① 22. ④

23 공기 중에서 5×10^{-4}[Wb]의 자극에서 10[cm] 떨어진 곳에 3×10^{-4}[Wb]의 자극이 있는 경우 두 자극 간에 작용하는 힘[N]은?

① 9.5×10^{-4}　　② 9.5×10^{-3}
③ 9.5×10^{-2}　　④ 9.5×10^{-1}

해설 두 자극 사이 작용하는 힘의 세기

$$F = \frac{m_1 \cdot m_2}{4\pi\mu_0 r^2}$$
$$= 6.33 \times 10^4 \times \frac{m_1 \cdot m_2}{r^2}$$
$$= 6.33 \times 10^4 \times \frac{5 \times 10^{-4} \times 3 \times 10^{-4}}{0.1^2}$$
$$= 9.5 \times 10^{-1}[\text{N}]$$

24 전기자와 계자 권선이 병렬로만 접속되어 있는 발전기는?

① 분권　　② 직권
③ 타여자　　④ 차동 복권

해설 분권발전기
계자 권선과 전기자 회로가 병렬로 접속되어 있는 직류기이다.

25 저압 수전방식 중 단상 3선식은 평형이 되는게 원칙이지만 부득이한 경우 설비 불평형률은 몇 [%] 이내로 유지해야 하는가?

① 10　　② 20
③ 30　　④ 40

해설 부득이한 경우 설비 불평형률
• 단상 3선식 : 40[%]
• 3상 3선식, 3상 4선식 : 30[%]

26 인입용 비닐절연전선의 약호(기호)는?

① VV　　② DV
③ OW　　④ NR

해설 전선 명칭
• VV : 비닐절연 비닐 외장 케이블
• DV : 인입용 비닐절연전선
• OW : 옥외용 비닐절연전선
• NR : 일반용 단심 비닐절연전선

27 직류전동기의 속도제어방법이 아닌 것은?

① 전압제어법
② 계자제어법
③ 저항제어법
④ 2차 저항제어법

해설 직류전동기 속도제어방법의 종류
전압제어, 계자제어, 저항제어

28 전하의 성질을 잘못 설명한 것은?

① 같은 종류의 전하는 흡인하고, 다른 종류의 전하끼리는 반발한다.
② 대전체에 들어 있는 전하를 없애려면 접지시킨다.
③ 대전체의 영향으로 비대전체에 전기가 유도된다.
④ 전하는 가장 안정한 상태를 유지하려는 성질이 있다.

해설 같은 종류의 전하는 반발하고, 다른 종류의 전하는 흡인한다.

29 실내 전체를 균일하게 조명하는 방식으로 광원을 일정한 간격으로 배치하며 공장, 학교, 사무실 등에서 채용되는 조명방식은?

① 국부조명　　② 전반조명
③ 직접조명　　④ 간접조명

해설 ① 국부조명 : 필요한 범위를 높은 광속으로 유지(진열장)
② 전반조명 : 실내 전체를 균등한 광속으로 유지(사무실)
③ 직접조명 : 특정 부분만 광속의 90[%] 이상을 작업면에 투사시키는 방식
④ 간접조명 : 광속의 90[%] 이상을 벽이나 천장에 투사시켜 간접적으로 빛을 얻는 방식

30 발전기나 변압기 내부 고장 보호에 쓰이는 계전기는?

① 접지계전기   ② 차동계전기

③ 과전압계전기   ④ 역상계전기

해설 발전기, 변압기 내부 고장 보호용 계전기에는 차동계전기, 비율차동계전기, 부흐홀츠계전기가 있다.

31 단상 유도전동기 중 역률이 좋아서 가정용 선풍기, 세탁기, 냉장고 등에 주로 사용되는 것은?

① 분상 기동형

② 영구 콘덴서 기동형

③ 반발 기동형

④ 셰이딩 코일형

해설 영구 콘덴서 기동형은 구조가 간단하고 역률이 좋기 때문에 큰 기동 토크를 요하지 않고 속도를 조정할 필요가 있는 선풍기나 세탁기 등에서 이용한다.

32 2개의 저항 R_1, R_2를 병렬 접속하면 합성저항은?

① $\dfrac{1}{R_1+R_2}$ ② $\dfrac{R_1}{R_1+R_2}$

③ $\dfrac{R_1 R_2}{R_1+R_2}$ ④ $\dfrac{R_2}{R_1+R_2}$

해설 R_1, R_2 병렬 접속 시 합성저항

$$R_0 = \dfrac{1}{\dfrac{1}{R_1}+\dfrac{1}{R_2}} = \dfrac{R_1 R_2}{R_1+R_2}[\Omega]\text{이 된다.}$$

33 전선의 굵기가 6[mm²] 이하의 가는 단선인 경우 어떤 접속을 하여야 하는가?

① 브리타니아 접속   ② 쥐꼬리 접속

③ 트위스트 접속   ④ 슬리브 접속

해설 단선의 직선 접속
• 단면적 6[mm²] 이하 : 트위스트 접속
• 단면적 10[mm²] 이상 : 브리타니아 접속

34 정격전압 100[V], 전기자전류 50[A], 전기자저항이 0.2[Ω]인 직류발전기의 유기기전력은 몇 [V]인가?

① 117   ② 120

③ 110   ④ 125

해설 발전기의 유기기전력
$E = V + I_a R_a = 100 + 50 \times 0.2 = 110[V]$

35 광도가 I[cd]인 구광원의 광속 F[lm]는?

① $F = \pi I$

② $F = \pi^2 I$

③ $F = 2\pi I$

④ $F = 4\pi I$

해설 광도 $I = \dfrac{\text{광속}(F)}{\text{입체각}(\omega)} = \dfrac{F}{4\pi}$ [cd, 칸델라]

$F = 4\pi I$ [lm, 루멘]

※ 구광원의 입체각 $\omega = 4\pi$[sr]

36 다음 중 금속관을 절단할 때 사용되는 공구는 어느 것인가?

① 오스터

② 녹아웃 펀치

③ 파이프 커터

④ 파이프 렌치

해설 금속관을 절단하는 공구
파이프 커터, 쇠톱

37 전압 200[V]이고 $C_1 = 10[\mu F]$와 $C_2 = 5[\mu F]$인 콘덴서를 병렬로 접속하면 C_2에 분배되는 전하량은 몇 [μC]인가?

① 100   ② 2,000

③ 500   ④ 1,000

해설 C_2에 축적되는 전하량
$Q_2 = C_2 V = 5 \times 200 = 1,000[\mu C]$

38 사용전압 15[kV] 이하의 특고압 가공전선로의 중성선의 접지선을 중성선으로부터 분리하였을 경우 1[km]마다의 중성선과 대지 사이의 합성 전기저항값은 몇 [Ω] 이하로 하여야 하는가?

① 30　　　　　　　　② 100
③ 150　　　　　　　　④ 300

해설 사용전압 15[kV] 이하의 특고압 가공전선로의 중성선의 접지선을 중성선으로부터 분리하였을 경우 1[km]마다의 중성선과 대지 사이의 합성 전기저항값은 30[Ω] 이하로 하여야 한다.

39 전선 접속 시 전선의 인장강도는 몇 [%] 이상 감소시키면 안 되는가?

① 10
② 20
③ 30
④ 80

해설 전선 접속 시 접속 부분의 인장강도는 접속 전보다 80[%] 이상 유지해야 하므로 20[%] 이상 감소되지 않도록 하여야 한다.

40 다이오드를 사용한 정류회로에서 다이오드를 여러 개 직렬로 연결하여 사용하는 경우의 설명으로 가장 옳은 것은?

① 다이오드를 과전류로부터 보호할 수 있다.
② 다이오드를 과전압으로부터 보호할 수 있다.
③ 부하출력의 맥동률을 감소시킬 수 있다.
④ 낮은 전압 전류에 적합하다.

해설 다이오드 직렬접속 시 전압강하로 인하여 과전압으로부터 보호할 수 있다.

41 정격전압 3상 24[kV], 정격차단전류 300[A]인 수전설비의 차단용량은 몇 [MVA]인가?

① 24.94　　　　　　② 28.34
③ 12.47　　　　　　④ 17.24

해설 3상 수전설비의 차단용량
$$P_s = \sqrt{3}\, VI$$
$$= \sqrt{3} \times 24 \times 0.3 \fallingdotseq 12.47 [\text{MVA}]$$

42 정격전압에서 1[kW]의 전력을 소비하는 저항에 정격의 90[%] 전압을 가했을 때, 전력은 몇 [W]가 되는가?

① 630　　　　　　　　② 780
③ 810　　　　　　　　④ 900

해설
$$P = \frac{V^2}{R} = 1,000 [\text{W}] \text{라 하면,}$$
$$P' = \frac{(0.9V)^2}{R} = 0.81 \frac{V^2}{R} = 0.81P$$
$$= 0.81 \times 1,000 = 810 [\text{W}]$$

43 주파수가 1,000[Hz]일 때 용량성 리액턴스에 10[A]의 전류가 흘렀다면 주파수가 2,000[Hz]인 경우 전류는 몇 [A]인가?

① 5　　　　　　　　② 10
③ 20　　　　　　　　④ 40

해설 용량성 리액턴스$\left(X_C = \dfrac{1}{\omega C} = \dfrac{1}{2\pi f C}\right)$에 의한 전류 $I = \dfrac{V}{X_C} = 2\pi f CV [\text{A}]$이고 주파수에 비례하므로 주파수가 2배가 증가하면 전류도 2배가 된다.
∴ 전류 $I' = 2 \times 10 = 20 [\text{A}]$

44 다음 전원과 부하가 다같이 Y결선된 3상 평형회로가 있다. 상전압이 200[V], 부하 임피던스가 $\dot{Z} = 8 + j6 [\text{Ω}]$인 경우 상전류는 몇 [A]인가?

① 20　　　　　　　　② $\dfrac{20}{\sqrt{3}}$
③ $20\sqrt{3}$　　　　　　④ $10\sqrt{3}$

해설 한 상의 임피던스 $\dot{Z} = 8 + j6 [\text{Ω}] \rightarrow |Z| = 10 [\text{Ω}]$
∴ 상전류 $I_P = \dfrac{V}{Z} = \dfrac{200}{10} = 20 [\text{A}]$

정답 38. ①　39. ②　40. ②　41. ③　42. ③　43. ③　44. ①

45 수 · 변전설비에서 계기용 변류기(CT)의 설치 목적은?

① 고전압을 저전압으로 변성
② 대전류를 소전류로 변성
③ 선로전류 조정
④ 지락전류 측정

해설 **계기용 변류기(CT)**
대전류를 소전류(5[A])로 변성하여 측정 계기나 전기의 전류원으로 사용하기 위한 전류 변성기이다.

46 가공전선로의 지지물에 시설하는 지지선의 안전율은 얼마 이상이어야 하는가? (단, 허용인장하중은 4.31[kN] 이상)

① 2 ② 2.5
③ 3 ④ 3.5

해설 **지지선의 시설 규정**
• 구성 : 소선 3가닥 이상의 아연 도금 연선
• 안전율 : 2.5 이상
• 허용인장하중 : 4.31[kN] 이상

47 변압기의 정격용량은 변압기의 전압정격과 변압기 권선에 흐를 수 있는 전류를 결정하는 값이다. 다음 중 정격용량의 단위로 맞는 것은 어느 것인가?

① [VA] ② [Var]
③ [W] ④ [J]

해설 **변압기의 정격용량 단위**
[VA]

48 동기발전기의 돌발 단락전류를 주로 제한하는 것은?

① 누설 리액턴스 ② 역상 리액턴스
③ 동기 리액턴스 ④ 권선 저항

해설 동기발전기의 돌발 단락전류를 제한하는 것은 누설 리액턴스이다.

49 출력 10[kW], 효율 80[%]인 기기의 손실은 약 몇 [kW]인가?

① 0.6 ② 1.1
③ 2.0 ④ 2.5

해설 $\eta = \dfrac{출력}{입력} \times 100[\%]$이고,

입력$= \dfrac{출력}{\eta} \times 100 = \dfrac{10}{0.8} \times 100 = 12.5[kW]$

∴ 손실=입력−출력=12.5−10=2.5[kW]

50 그림은 전력제어 소자를 이용한 위상제어회로이다. 전동기의 속도를 제어하기 위하여 '가'부분에 사용되는 소자는?

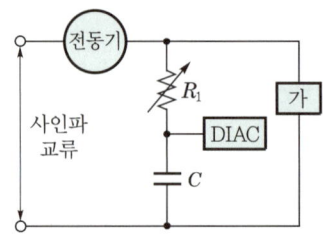

① 트라이액
② 제어 다이오드
③ 전력용 트랜지스터
④ 레귤레이터 78XX 시리즈

해설 트라이액(TRIAC)은 양방향성이고, 교류를 제어하는 반도체 교류전류 스위치로서 연속적으로 변화하는 교류제어용으로 사용된다.

51 복권발전기의 병렬운전을 안전하게 하기 위해서 두 발전기의 전기자와 직권 권선의 접속점에 연결해야 하는 것은?

① 집전환 ② 균압선
③ 안정저항 ④ 브러시

해설 복권발전기 운전 중 과복권발전기로 운전 시 발전기 특성상 수하 특성을 지니지 않으므로 안전하게 운전하기 위해서는 균압선을 연결해야 한다.

52 직류발전기의 정격전압 100[V], 무부하전압 103[V]이다. 이 발전기의 전압변동률 ε[%]은?

① 1 　　　　　　② 3

③ 6 　　　　　　④ 9

해설 **전압변동률**

$$\varepsilon = \frac{V_0 - V_n}{V_n} \times 100 = \frac{103 - 100}{100} \times 100 = 3[\%]$$

53 3상 100[kVA], 13,200/200[V] 변압기의 저압측 선전류의 유효분 전류[A]는 약 얼마인가? (단, 역률은 0.8이다.)

① 100

② 173

③ 230

④ 260

해설 $P_a = \sqrt{3}\, VI$[kVA]에서

$$I_2 = \frac{P_a}{\sqrt{3}\, V_2} = \frac{100 \times 10^3}{200\sqrt{3}} \fallingdotseq 288.68[A]$$

∴ 유효분 전류

$$I_{2유효분} = I_2 \cos\theta = 288.68 \times 0.8 = 230.94 \fallingdotseq 230[A]$$

54 한국전기설비규정에 의한 저압 가공전선의 굵기 및 종류에 대한 설명 중 틀린 것은?

① 저압 가공전선에 사용하는 나전선은 중성선 또는 다중 접지된 접지측 전선으로 사용하는 전선에 한한다.

② 사용전압이 400[V] 이하인 저압 가공전선은 지름 2.6[mm] 이상의 경동선이어야 한다.

③ 사용전압이 400[V] 초과인 저압 가공전선에는 인입용 비닐절연전선을 사용한다.

④ 사용전압이 400[V] 초과인 저압 가공전선으로 시가지 외에 시설하는 것은 4.0[mm] 이상의 경동선이어야 한다.

해설 **저·고압 가공전선의 굵기**

사용전압	전선의 굵기
400[V] 이하	• 절연전선 : 2.6[mm] 이상 경동선 • 나전선 : 3.2[mm] 이상 경동선
400[V] 초과	• 시가지 내 : 5.0[mm] 이상 경동선 • 시가지 외 : 4.0[mm] 이상 경동선

※ 400[V] 초과 시 인입용 비닐절연전선은 사용할 수 없음

55 3상 유도전동기의 회전 방향을 바꾸기 위한 방법으로 옳은 것은?

① 전원의 전압과 주파수를 바꾸어 준다.

② 전동기의 1차 권선에 있는 3개의 단자 중 어느 2개의 단자를 서로 바꾸어 준다.

③ 기동보상기를 사용하여 권선을 바꾸어 준다.

④ △-Y 결선으로 결선법을 바꾸어 준다.

해설 3상 유도전동기는 회전자계에 의해 회전하며 회전자계의 방향을 바꾸려면 전원의 3선 가운데 2선을 바꾸어 전원에 다시 연결하면 회전 방향은 반대로 된다.

56 전기 배선용 도면을 작성할 때 사용하는 매입용 콘센트 도면 기호는?

① ●

② ○

③ ◐

④ ▣

해설 **심벌 명칭**
① 점멸기
② 백열전등
③ 매입용 콘센트
④ 점검구

57 한국전기설비규정에 의하면 480[V] 가공인입선이 철도를 횡단할 때 레일면상의 최소 높이는 약 몇 [m]인가?

① 4.0   ② 4.5

③ 5.5   ④ 6.5

해설 저압 가공인입선의 최소 높이

장소의 구분	노면상 높이[m]
도로 횡단	5 이상 *) 3 이상
철도 횡단	6.5 이상
횡단보도교	3 이상
기타 장소	4 이상 *) 2.5 이상

*) 기술상 부득이하고 교통에 지장이 없는 경우

58  코드나 케이블 등을 기계기구의 단자 등에 접속할 때 몇 [mm²]가 넘으면 그림과 같은 터미널러그(압착단자)를 사용하여야 하는가?

① 10   ② 6

③ 4   ④ 8

해설 코드나 케이블 등을 기계기구의 단자 등에 접속할 때 단면적 6[mm²]를 초과하는 연선에 터미널러그를 부착할 것

59 폭연성 분진이 존재하는 곳의 금속관공사에 있어서 관 상호 및 관과 박스의 접속은 몇 턱 이상의 죔 나사로 시공하여야 하는가?

① 6턱   ② 5턱

③ 4턱   ④ 3턱

해설 폭연성 분진이 존재하는 곳의 금속관공사에 있어서 관 상호 및 관과 박스의 접속은 5턱 이상의 죔 나사로 시공하여야 한다.

60 똑같은 크기의 저항 4개를 가지고 얻을 수 있는 합성저항 최대값은 최소값의 몇 배인가?

① 4   ② 16

③ 10   ④ 5

해설 합성저항 최대와 최소의 비
- 최대 합성저항 : 직렬 $R_{직렬} = 4R_1$
- 최소 합성저항 : 병렬 $R_{병렬} = \dfrac{R_1}{4}$

∴ 최대값을 최소값으로 나누면 $\dfrac{4R_1}{\dfrac{R_1}{4}} = \dfrac{16R_1}{R_1} = 16$ 배가

된다.

핵디딤 전기기능사 필기 반복기출 500제

2023. 4. 19. 초 판 1쇄 발행
2026. 1. 7. 4차 개정증보 4판 1쇄 발행

┌─────┐
│ 검 │
│ 인 │
└─────┘

지은이 │ 전기자격시험연구회
펴낸이 │ 이종춘
펴낸곳 │ **BM** ㈜도서출판 **성안당**
주소 │ 04032 서울시 마포구 양화로 127 첨단빌딩 3층(출판기획 R&D 센터)
     │ 10881 경기도 파주시 문발로 112 파주 출판 문화도시(제작 및 물류)
전화 │ 02) 3142-0036
     │ 031) 950-6300
팩스 │ 031) 955-0510
등록 │ 1973. 2. 1. 제406-2005-000046호
출판사 홈페이지 │ www.cyber.co.kr
ISBN │ 978-89-315-1445-2 (13560)
정가 │ **19,800원**

이 책을 만든 사람들
기획 │ 최옥현
진행 │ 박경희
교정 · 교열 │ 김원갑
전산편집 │ 이다혜
표지 디자인 │ 박현정
홍보 │ 김계향, 임진성, 김주승, 최정민, 이해솔
국제부 │ 이선민, 조혜란
마케팅 │ 구본철, 차정욱, 오영일, 나진호, 강호묵
마케팅 지원 │ 장상범
제작 │ 김유석